DEUTSCHE AKADEMIE DER WISSENSCHAFTEN ZU BERLIN

Veröffentlichungen des Geodätischen Instituts in Potsdam

Nr. 30

TH. ALBRECHT

FORMELN UND HILFSTAFELN FÜR GEOGRAPHISCHE ORTSBESTIMMUNGEN

5. vollständig neu bearbeitete Auflage

von

Prof. Dr. phil. habil. H.-U. Sandig

mit Beiträgen von

Dr.-Ing. M. Schädlich

Mit 34 Tafeln

AKADEMIE-VERLAG · BERLIN

1967

Erschienen im Akademie-Verlag GmbH, 108 Berlin, Leipziger Straße 3—4

Lizenznummer: 202 · 100/539 /67
Gesamtherstellung: VEB Druckerei „Thomas Müntzer", 582 Bad Langensalza
Bestellnummer: 2016/30 · ES 19 C
40,–

VORWORT

Seit Jahren erhält das Geodätische Institut Potsdam Anfragen und Anregungen von Fachgenossen aus verschiedenen Ländern wegen einer Neuauflage von ALBRECHTS Formeln und Hilfstafeln. Das verbreitete und beliebte Werk, das bereits 1908 in seiner vierten und letzten Auflage erschienen war, ist schon lange vor dem zweiten Weltkrieg im Buchhandel vergriffen und nur noch schwer antiquarisch erhältlich gewesen.

Die Neuauflage nach so langer Zwischenzeit bedurfte einer sorgfältigen Überlegung. In den vergangenen 60 Jahren hat auch ein so abgeschlossen erscheinendes Gebiet wie die Geodätische Astronomie durch neu entwickelte Instrumente (z. B. Prismenastrolabium) und durch die neuartige Rechen- und Auswertetechnik eine beachtliche Weiterentwicklung erfahren, die einen unveränderten Neudruck untunlich erscheinen ließ. Bei einer Änderung insbesondere in der Zusammenstellung der Tafeln entstand die schwierige Frage der zweckmäßigsten Auswahl. Wir glaubten uns durch eine Umfrage bei den Fachkollegen des In- und Auslandes die Entscheidung erleichtern zu können, bei welcher Gelegenheit wir zugleich die Notwendigkeit der Neuauflage überhaupt zur Diskussion stellten. Die bei weitem überwiegende Mehrzahl der Stellungnahmen antwortete prinzipiell bejahend, zum Teil begeisternd zustimmend. Dabei waren sich alle Zustimmenden über die Notwendigkeit einer Neubearbeitung einig, so daß 1960 im Geodätischen Institut der Entschluß reifte, eine Neubearbeitung in Angriff zu nehmen. Die Wünsche bezüglich der Aufnahme oder Herausnahme einzelner Tafeln waren wesentlich weniger einheitlich. Es mußte ein Kompromiß geschlossen werden, der möglichst viele Wünsche befriedigt. Wir hoffen, daß uns dies einigermaßen gelungen ist.

Es sollen hier nur die allgemeinen Grundsätze erwähnt werden, die uns bei der Auswahl und Änderung der Tafeln leiteten. Es war meine Absicht, an dem altrenommierten Werk möglichst wenig zu ändern. Die notwendigen Änderungen sind dann allerdings so zahlreich und umfassend gewesen, daß der größte Teil des Buches neu geschrieben und berechnet werden mußte. Entsprechend den weltweiten Aufgaben der Geodätischen Astronomie wurden die Tafeln jeweils über den Bereich der geographischen Breiten ausgedehnt, in dem das betreffende Verfahren zur Ortsbestimmung überhaupt mit Erfolg angewendet werden kann. Ausgeschlossen blieben jedoch die Polargebiete. Die Tafeln für die MAYERschen Koeffizienten I und K wurden auf 3 bzw. 4 Stellen erweitert. Es entspricht dies dem Zustand in der 1. Auflage von ALBRECHTS Formeln und Hilfstafeln. Wir sind der Meinung, daß eine geringere Stellenzahl, wie sie in ALBRECHTS späteren Auflagen gegeben wurde, dem Beobachter wenig nützt. Tafeln, die für heute wenig gebrauchte Beobachtungsverfahren benötigt werden (z. B. Zirkum–Meridian-Zenitdistanzen), wurden weggelassen. Statt dessen wurden für Verfahren, die in zunehmendem Maße verwendet werden, die folgenden Tafeln neu aufgenommen: Tafeln zur Programmvorbereitung der Beobachtung von Almukantarat-Durchgängen, die den Stundenwinkel und das Azimut für den Durchgang durch den Almukantarat $z = 30°$ geben (Tafel 5 und 6), sowie eine Tafel zur Berücksichtigung der Krümmung des Parallels bei der Beobachtung von Almukantarat-Durchgängen mit dem Prismenastrolab bzw. dem Zirkumzenital (Tafel 7). Um der Forderung, die Tafeln auch auf der Südhalbkugel der Erde verwenden zu können, zu entsprechen, wurden ferner Tafeln zur näherungsweisen Berechnung des Azimuts und der Zenitdistanz von σ Octantis (Tafel 10 und 11) sowie zur Berechnung der Polhöhe aus Beobachtungen von σ Octantis (Tafel 21) aufgenommen, die ebenso wie die entsprechenden Tafeln von α Ursae minoris für die Zeit von 1963 bis 1987 benutzt werden können. Schließlich wurde eine graphische Netztafel zur Reduktion von Vertikaldurchgängen, berechnet von M. SCHÄDLICH, als Tafel 34 angefügt. Die Tafeln über die Gestalt der Erde wurden weggelassen. Zur Bestimmung des geozentrischen Beobachtungsortes wurde eine C- und S-Tafel mit den von der Internationalen Astronomischen Union 1964 in Hamburg angenommenen Konstanten für den äquatorealen Erdradius und die Abplattung berechnet (Tafel 32). Das 1964 in Hamburg beschlossene System der astronomischen Konstanten liegt auch der am Schluß des Tafelteils gegebenen Zusammenstellung von Konstanten zugrunde.

Von dem Textteil konnten nur die Abschnitte I bis III nahezu unverändert übernommen werden, während die (alten) Teile IV bis VIII einer vollständigen Um- und Neubearbeitung unterzogen werden mußten. Obwohl einige wenige Antworten der erwähnten Umfrage einen Wegfall des gesamten Textteiles empfahlen, entschloß ich mich für diese Neubearbeitung, da zur Zeit keine moderne Darstellung der Verfahren der geographischen Ortsbestimmung in Deutschland existiert und das ausgezeichnete Buch von NIETHAMMER, „Die genauen Methoden der astronomisch-geographischen Ortsbestimmung“, das 1947 in Basel erschien, für die Studenten der Technischen Universität Dresden nicht erhältlich ist. In diesen Textteil sind je ein Abschnitt über Sternkoordinaten und Zeitsysteme (IV und V) sowie als IX. Abschnitt ein Überblick über die genauen Simultanverfahren aufgenommen und der Abschnitt über Längendifferenzmessungen an die zehnte Stelle gerückt worden. Als Abschnitt XI ist ein von Dr. SCHÄDLICH in Leipzig verfaßter Beitrag über Ausgleichung der Längenmessungen hinzugekommen. Der von ALBRECHT gegebene Anhang (alte Nr. VIII), der in das Gebiet der Landesvermessung und Erdmessung gehört, wurde weggelassen. Desgleichen wurden alle heute wenig gebräuchlichen Verfahren in den (neuen) Abschnitten VI bis VIII nicht mehr aufgeführt.

Ich hoffe, daß diese Änderungen dem Werk von TH. ALBRECHT erneut den „Charakter eines Hilfs- und Handbuches für astronomisch-geographische Stationsbeobachtungen erster Ordnung“ verleihen, wie es im Vorwort zur 4. Auflage heißt. Dabei soll die Dreisprachigkeit der Erläuterungen zu den Tafeln diesen auch den Weg in die englisch und russisch sprechende Welt öffnen, in der die früheren Auflagen bereits eine gewisse Verbreitung gefunden hatten.

Es ist mir eine angenehme Pflicht, meinen Mitarbeitern G. HEMMLEB und Dr. M. MEINIG in Potsdam und S. WÄCHTER in Dresden für die Überwachung der Rechenarbeiten für die Tabellen sowie den Mitarbeiterinnen E. FELSMANN und H. WEILAND in Potsdam und E. HÄNSELMANN und C. WITSCHAS in Dresden für die umfangreichen Rechen- und Schreibarbeiten sowie die Unterstützung beim Korrekturlesen zu danken. Besonderen Dank schulde ich Herrn Dr. M. SCHÄDLICH für den wertvollen Beitrag zur Ausgleichung der Längenmessungen, der dieses Problem mit den modernen Methoden der Mathematischen Statistik in neuartiger Weise behandelt, sowie für das Nomogramm am Schluß des Tafelteils.

Potsdam, März 1966 H.-U. SANDIG

INHALTSVERZEICHNIS

Erster Teil: Formeln für astronomisch-geodätische Ortsbestimmungen

Zweiter Teil: Hilfstafeln für astronomisch-geodätische Ortsbestimmungen

I. Relationen zwischen den verschiedenen Systemen sphärischer Koordinaten

Bezeichnungen
- α Rektaszension
- δ Deklination
- t Stundenwinkel (= Sternzeit minus α)
- a Azimut von Nord über E, S, W gezählt
- z Zenitdistanz
- φ Geographische Breite
- q Parallaktischer Winkel
- ε Schiefe der Ekliptik
- λ Ekliptikale Länge
- β Ekliptikale Breite

1. Azimut und Zenitdistanz für einen gegebenen Stundenwinkel

Grundformeln:

$$\sin z \sin a = -\cos\delta \sin t$$

$$\sin z \cos a = \cos\varphi \sin\delta - \sin\varphi \cos\delta \cos t$$

$$\cos z = \sin\varphi \sin\delta + \cos\varphi \cos\delta \cos t$$

Abgeleitete Formeln:

$$\tan a = \frac{\sin t}{\sin\varphi \cos t - \cos\varphi \tan\delta} = -\frac{\cot\delta \sec\varphi \sin t}{1 - \cot\delta \tan\varphi \cos t}$$

$$\cot\frac{a-q}{2} = -\frac{\sin\frac{\varphi+\delta}{2}}{\cos\frac{\varphi-\delta}{2}}\tan\frac{t}{2} \qquad \cot\frac{a+q}{2} = -\frac{\cos\frac{\varphi+\delta}{2}}{\sin\frac{\varphi-\delta}{2}}\tan\frac{t}{2}$$

Hilfswinkel:

$$\tan M = \frac{\tan\delta}{\cos t} \qquad \cos z = \frac{\cos(\varphi - M)\sin\delta}{\sin M} \qquad \tan z = -\frac{\tan(\varphi - M)}{\cos a}$$

$$\tan a = \frac{\cos M \tan t}{\sin(\varphi - M)}$$

Differentialausdrücke:

$$dz = -\cos a\, d\varphi - \cos q\, d\delta + \cos\delta \sin q\, dt$$

$$\sin z\, da = +\cos z \sin a\, d\varphi + \sin q\, d\delta + \cos\delta \cos q\, dt$$

2. Stundenwinkel für ein gegebenes Azimut und eine gegebene Zenitdistanz

Grundformeln:

$$\cos\delta \sin t = -\sin z \sin a$$
$$\cos\delta \cos t = \cos\varphi \cos z - \sin\varphi \sin z \cos a$$
$$\sin\delta = \sin\varphi \cos z + \cos\varphi \sin z \cos a$$

Abgeleitete Formel:

$$\tan t = -\frac{\sin a}{\cos\varphi \cot z - \sin\varphi \cos a}$$

Hilfswinkel:

$$\tan N = -\tan z \cos a \qquad \cos t = \cot(\varphi - N) \tan\delta \qquad \tan t = \frac{\sin N}{\cos(\varphi - N)} \tan a$$

Differentialausdrücke:

$$d\delta = +\cos t\, d\varphi + \sin z \sin q\, da - \cos q\, dz$$
$$\cos\delta\, dt = +\sin\delta \sin t\, d\varphi + \sin z \cos q\, da + \sin q\, dz$$

3. Stundenwinkel und Zenitdistanz für ein gegebenes Azimut

Grundformeln:

$$\cos\varphi \tan\delta = \sin\varphi \cos t - \cot a \sin t$$
$$\sin\delta = \sin\varphi \cos z + \cos\varphi \sin z \cos a$$

Hilfswinkel:

$$\tan P = \sin\varphi \tan a \qquad \tan Q = -\tan\varphi \sec a$$
$$\sin(P - t) = \cot\varphi \tan\delta \sin P \qquad \sin(Q - z) = \sin\delta \operatorname{cosec}\varphi \sin Q$$

Differentialausdrücke:

$$dt = +\frac{\cos z \tan q}{\cos\varphi} d\varphi - \frac{\tan q}{\cos\delta} d\delta + \frac{\sin z}{\cos\delta \cos q} da$$
$$dz = +\frac{\cos t}{\cos q} d\varphi - \frac{1}{\cos q} d\delta + \sin z \tan q\, da$$

4. Stundenwinkel und Azimut für eine gegebene Zenitdistanz

Abgeleitete Formeln:

$$\cos t = \frac{\cos z}{\cos\varphi \cos\delta} - \tan\varphi \tan\delta \qquad \tan\frac{t}{2} = \sqrt{\frac{\sin(S-\varphi)\sin(S-\delta)}{\cos S \cos(S-z)}} \qquad S = \frac{\varphi + \delta + z}{2}$$

$$\cos a = \frac{\sin\delta}{\cos\varphi \sin z} - \tan\varphi \cot z \qquad \cot\frac{a}{2} = -\sqrt{\frac{\sin(S-\varphi)\cos(S-z)}{\cos S \sin(S-\delta)}} \qquad S = \frac{\varphi + \delta + z}{2}$$

Differentialausdrücke:

$$dt = -\frac{1}{\cos\varphi \tan a} d\varphi - \frac{\cos q}{\cos\varphi \sin a} d\delta - \frac{1}{\cos\varphi \sin a} dz$$
$$dt = -\frac{1}{\cos\varphi \tan a} d\varphi + \frac{1}{\cos\delta \tan q} d\delta + \frac{1}{\cos\delta \sin q} dz$$
$$da = -\frac{\cot t}{\cos\varphi} d\varphi + \frac{1}{\cos\varphi \sin t} d\delta + \frac{1}{\sin z \tan q} dz$$
$$da = -\frac{\cos t}{\sin z \sin q} d\varphi + \frac{1}{\sin z \sin q} d\delta + \frac{1}{\sin z \tan q} dz$$

5. Parallaktischer Winkel

Grundformeln:

$$\sin z \sin q = \cos \varphi \sin t$$

$$\sin z \cos q = \sin \varphi \cos \delta - \cos \varphi \sin \delta \cos t$$

$$\cos \delta \sin q = - \cos \varphi \sin a$$

$$\cos \delta \cos q = \sin \varphi \sin z - \cos \varphi \cos z \cos a$$

Abgeleitete Formel:

$$\tan q = \frac{\sin t}{\tan \varphi \cos \delta - \sin \delta \cos t} = - \frac{\sin a}{\tan \varphi \sin z - \cos z \cos a}$$

Hilfswinkel:

$$\tan L = \cot \varphi \cos t \qquad \tan Q = - \tan \varphi \sec a \qquad \tan q = \frac{\sin L \tan t}{\cos (\delta + L)} = \frac{\cos Q \tan a}{\cos (z - Q)}$$

Differentialausdrücke:

$$dq = - \tan \varphi \tan q \, d\varphi + \cot t \tan q \, dt - \cot z \tan q \, dz$$

$$dq = - \tan \varphi \tan q \, d\varphi + \tan \delta \tan q \, d\delta + \cot a \tan q \, da$$

6. Beziehungen zwischen dem System der Ekliptik und dem System des Äquators. Kurzperiodische Glieder der Nutation

Grundformeln:

$$\sin \delta = \sin \beta \cos \varepsilon + \cos \beta \sin \varepsilon \sin \lambda$$

$$\cos \delta \sin \alpha = - \sin \beta \sin \varepsilon + \cos \beta \cos \varepsilon \sin \lambda$$

$$\cos \delta \cos \alpha = \cos \beta \cos \lambda$$

Differentialformeln:

$$d\alpha = (\cos \varepsilon + \sin \varepsilon \sin \alpha \tan \delta) \, d\lambda - \cos \alpha \tan \delta \, d\varepsilon$$

$$d\delta = \sin \varepsilon \cos \alpha \, d\lambda + \sin \alpha \, d\varepsilon$$

In der Theorie der Nutation werden folgende Bezeichnungen benutzt: $d\psi$ statt $d\lambda$ für die Summe der kurzperiodischen (Mond-)Glieder der Nutation in Länge (entspricht $d\lambda$ in den Differentialformeln) und $d\varepsilon$ für die Summe der kurzperiodischen Glieder der Nutation in Schiefe. (Für die Summen der langperiodischen Glieder sind die Symbole $\Delta\psi$ und $\Delta\varepsilon$ üblich.) Mit den Abkürzungen

$$d\alpha(\psi) = \cos \varepsilon + \sin \varepsilon \sin \alpha \tan \delta$$

$$d\delta(\psi) = \sin \varepsilon \cos \alpha$$

$$d\alpha(\varepsilon) = - \cos \alpha \tan \delta$$

$$d\delta(\varepsilon) = \sin \alpha$$

ergibt sich für die kurzperiodischen Glieder der Nutation in Rektaszension und Deklination:

$$d\alpha = d\alpha(\psi) \, d\psi + d\alpha(\varepsilon) \, d\varepsilon$$

$$d\delta = d\delta(\psi) \, d\psi + d\delta(\varepsilon) \, d\varepsilon$$

$d\psi$ und $d\varepsilon$ können der Tabelle I in Apparent Places of Fundamental Stars entnommen werden.

II. Relationen zwischen den sphärischen Koordinaten für spezielle Fälle

1. Stundenwinkel und Azimut für den Auf- oder Untergang

$$\cos t = -\tan\varphi \tan\delta \qquad \tan\frac{t}{2} = \sqrt{\frac{\cos(\varphi-\delta)}{\cos(\varphi+\delta)}}$$

$$\cos a = \frac{\sin\delta}{\cos\varphi} \qquad \tan\frac{a}{2} = -\sqrt{\frac{\tan{}^1/_2\,(90^\circ-\varphi-\delta)}{\tan{}^1/_2\,(90^\circ-\varphi+\delta)}}\,.$$

Der Stundenwinkel und das Azimut sind wegen der Wirkung der Refraktion $\Delta z = R \cong 36\overset{'}{.}6$ zu verbessern:

$$\Delta t = \frac{R}{\cos\varphi\cos\delta\sin t} \qquad \Delta a = -\frac{\tan\varphi}{\sin a}R$$

2. Stundenwinkel, Zenitdistanz und parallaktischer Winkel für den Durchgang durch den I. Vertikal

$$\tan\frac{t}{2} = \sqrt{\frac{\sin(\varphi-\delta)}{\sin(\varphi+\delta)}} \qquad \tan\frac{z}{2} = \sqrt{\frac{\tan{}^1/_2\,(\varphi-\delta)}{\tan{}^1/_2\,(\varphi+\delta)}} \qquad \tan q = \frac{\cos\varphi}{\sqrt{\sin(\varphi+\delta)\sin(\varphi-\delta)}}$$

3. Stundenwinkel, Azimut und Zenitdistanz für die größte Digression

$$\tan t = \frac{\sqrt{\sin(\delta+\varphi)\sin(\delta-\varphi)}}{\sin\varphi\cos\delta} \qquad \tan a = \frac{\cos\delta}{\sqrt{\sin(\delta+\varphi)\sin(\delta-\varphi)}} \qquad \tan z = \frac{\sqrt{\sin(\delta+\varphi)\sin(\delta-\varphi)}}{\sin\varphi}$$

4. Sternzeit und Azimut für den gleichzeitigen Durchgang zweier Sterne durch denselben Vertikal

$$\tan S = \frac{\sin(\delta_1+\delta_2)}{\sin(\delta_1-\delta_2)}\tan\frac{1}{2}(\alpha_2-\alpha_1) \qquad \sin\left[\frac{1}{2}(t_1+t_2)-S\right] = \frac{\tan\varphi}{\tan\delta_2}\sin\left[\frac{1}{2}(\alpha_2-\alpha_1)-S\right]$$

$$\frac{1}{2}(t_1-t_2) = \frac{1}{2}(\alpha_2-\alpha_1) \qquad T = \alpha_1+t_1 = \alpha_2+t_2 \qquad \tan a = -\frac{\tan\left[\frac{1}{2}(t_1+t_2)-S\right]}{\sin\varphi}$$

5. Sternzeit und Zenitdistanz für den gleichzeitigen Durchgang zweier Sterne durch den gleichen Almukantarat

$$\tan M = \tan\frac{1}{2}(\delta_1+\delta_2)\tan\frac{1}{2}(\delta_1-\delta_2)\cot\frac{1}{2}(\alpha_1-\alpha_2)$$

$$\sin(M+R) = \tan\varphi\,\frac{\tan\frac{1}{2}(\delta_1-\delta_2)}{\sin\frac{1}{2}(\alpha_1-\alpha_2)}\cos M \qquad T = \frac{1}{2}(\alpha_1+\alpha_2)-R$$

$$\cos z = \sin\varphi\sin\delta_1+\cos\varphi\cos\delta_1\cos(T-\alpha_1) = \sin\varphi\sin\delta_2+\cos\varphi\cos\delta_2\cos(T-\alpha_2)$$

III. Genäherte Ephemeriden für die Einstellung der Sterne

Im folgenden sind nur die gebräuchlichsten Methoden der Bestimmung der Zeit, der Polhöhe und des Azimuts aufgeführt. Für die seltener in Anwendung kommenden Methoden sind die diesbezüglichen Anweisungen bei der Behandlung dieser Methoden gegeben.

Zur Erleichterung der Ephemeridenrechnung dienen die Tafeln 3 bis 16. Für den Gebrauch dieser Tafeln sei auf die Erläuterungen am Schluß des Buches verwiesen.

1. Zeitbestimmung

Im Meridian

Zeitsterne: $z = \varphi - \delta_s$ (südl. des Zenit)
$z = \delta_n - \varphi$ (nördl. des Zenit)

Polsterne: $z = \delta - \varphi$ (obere Kulmination)
$z = (180^\circ - \delta) - \varphi$ (untere Kulmination)

Im Vertikal des Polarsterns, bzw. Azimutunterschiede zwischen Polarstern und Südsternen

Polarstern. Azimut

Die Berechnung erfolgt mit der Formel:

$$a = \frac{90^\circ - \delta}{90^\circ - \delta_0}\left[-(90^\circ - \delta_0)\sin t - \frac{1}{2}(90^\circ - \delta_0)^2 \sin 1' \tan\varphi \sin 2t\right]\sec\varphi$$

$$a = \frac{90^\circ - \delta}{90^\circ - \delta_0} \cdot A$$

A und $\frac{90^\circ - \delta}{90^\circ - \delta_0}$ werden der Tafel 8 für α UMi bzw. der Tafel 10 für σ Oct entnommen.

Zenitdistanz

Die Berechnung erfolgt mit der Formel:

$$z = 90^\circ - \varphi - (90^\circ - \delta)\cos t + \frac{1}{2}(90^\circ - \delta_0)^2 \sin 1' \tan\varphi \sin^2 t \qquad z = 90^\circ - \varphi + R + S$$

R und S werden der Tafel 9 für α UMi bzw. der Tafel 11 für σ Oct entnommen.

Südsterne. Stundenwinkel bzw. Azimut

Mit dem wie oben berechneten Azimut bzw. dem Stundenwinkel $t = \Theta - \alpha$ ergibt sich der Stundenwinkel bzw. das Azimut des Südsterns näherungsweise zu

$$a - 180^\circ = 15\frac{\cos\delta}{\sin(\varphi - \delta)}t$$

$a - 180^\circ$ in Bogenminuten, t in Zeitminuten.

Tafel 12 gibt $15\frac{\cos\delta}{\sin(\varphi - \delta)}$

Zenitdistanz

Mit dem Stundenwinkel t findet man die Zenitdistanz näherungsweise mit der Formel:

$$z = \varphi - \delta + \frac{15^2 \cdot 60}{2}\sin 1' \frac{\cos\varphi\cos\delta}{\sin(\varphi - \delta)}t^2$$

z in Bogenminuten, t in Zeitminuten.
Tafel 13 gibt den Faktor von t^2, Tafel 14 die Quadrate von t.

2. Bestimmung der Polhöhe

Messung von Meridian-Zenitdistanzen

Sterne in oberer Kulmination (o. K.) südl. vom Zenit $z_s = \varphi - \delta_s$
Sterne in oberer Kulmination (o. K.) nördl. vom Zenit $z_n = \delta_n - \varphi$

Messung von Zenitdistanzdifferenzen im Meridian

Es werden Sternpaare beobachtet, deren Deklinationen folgender Bedingung genügen müssen:

$$2\varphi - \delta_s - g < \delta_n < 2\varphi - \delta_s + g\,.$$

g ist ein geeigneter Bruchteil (etwa 0.8) des Gesichtsfelddurchmessers des Beobachtungsfernrohres.

Durchgangsbeobachtungen im I. Vertikal

Der Stundenwinkel und die Zenitdistanz für den Durchgang durch den I. Vertikal ergeben sich aus den Gleichungen:

$$\cos t_0 = \frac{\tan\delta}{\tan\varphi} \qquad \cos z_0 = \frac{\sin\delta}{\sin\varphi}$$

t_0 und z_0 sind mit den Argumenten φ und $\varphi - \delta$ den Hilfstafeln 15 und 16 zu entnehmen.

Für den Antritt an den Faden der Distanz F erhält man folgende differentielle Korrekturen an t_0 und z_0:

$$dt = \frac{F}{\sin\varphi\sin z_0} \qquad dz = \frac{F}{\tan\varphi\sin z_0} = \cos\varphi\, dt$$

3. Bestimmung des Azimuts

Polarisazimut

Azimut und Zenitdistanz des Polarsterns sind wie unter 1., Zeitbestimmungen im Vertikal des Polarsterns, zu ermitteln. Hierzu dienen für α UMi die Tafeln 8 und 9, für σ Oct die Tafeln 10 und 11.

Vertikal des Ziels

Die Aufsuchungs-Koordinaten t und z für Sterne der Deklination δ für das Azimut a des Ziels können mit den unter I.3 S. 8 gegebenen Formeln berechnet werden. Für ein bestimmtes Azimut a sind außer φ auch die Hilfswinkel P und Q konstant, so daß für den in Frage kommenden Bereich von z die Abhängigkeit von z und t von δ rasch in einer kleinen Tafel dargestellt werden kann.

4. Simultane Bestimmung von Zeit und Polhöhe (und Azimut)

Höhenstandlinien

Die Aufsuchungs-Koordinaten t und a für Sterne der Deklination δ für den Durchgang durch den Almukantarat $z = \text{const}$ können mit den unter I.4 S. 8 gegebenen Formeln berechnet werden. Für den meist verwendeten Almukantarat $z = 30°$ können t und a in Abhängigkeit von δ für die Polhöhen φ den Tafeln 6 und 7 entnommen werden.

Azimutstandlinien

Da die Vertikaldurchgänge zweckmäßigerweise in konstanter Zenitdistanz beobachtet werden, können die gleichen Formeln für die Berechnung der Aufsuchungs-Koordinaten benutzt werden, so daß die Tafeln 6 und 7 auch für die Vorbereitung von Beobachtungen nach der Methode der Azimutstandlinien dienen können.

IV. Die äquatorealen Koordinaten der Programmsterne

Die Koordinaten der für die Ortsbestimmungsaufgaben benutzten Sterne bedürfen einer besonderen Erwähnung. Fehler in den Sternkoordinaten gehen in das Ergebnis ein, oft in vollem Umfang, wie die Differentialformeln ausweisen. Gute, d. h. mit kleinen systematischen und individuellen Fehlern behaftete Gestirnskoordinaten haben nur dann einen Wert, wenn zu den Koordinaten auch die Eigenbewegungen (EB) in beiden Koordinaten angegeben sind. Einen Sternkatalog mit hoher systematischer und individueller Genauigkeit und Angabe der EB nennt man einen Fundamentalkatalog (FK). Auf Empfehlung der Internationalen Astronomischen Union (IAU) 1938 liegt den nationalen Ephemeriden der FK des Berliner Astronomischen Jahrbuchs zugrunde, der 1963 in seiner dritten Revision erschien und unter der Abkürzung FK4 zitiert wird. Er enthält 1535 Sterne des Nord- und Südhimmels. Für alle Sterne werden die mittleren Örter für Jahresanfang und die scheinbaren Örter im Intervall von 10 Tagen (für die Polsterne im Tagesintervall) in der Ephemeride (Jahrbuch) „Apparent Places of Fundamental Stars" gegeben. Diese Ephemeride wird vom Astronomischen Recheninstitut in Heidelberg bearbeitet und erscheint jährlich, jeweils etwa 2 Jahre im voraus.

An die Örter, die aus der Ephemeride der scheinbaren Örter mit 2. Differenzen entnommen werden müssen, sind die kurzperiodischen Glieder der Nutation

$$\Delta\alpha = d\alpha(\psi)\, d\psi + d\alpha(\varepsilon)\, d\varepsilon$$

$$\Delta\delta = d\delta(\psi)\, d\psi + d\delta(\varepsilon)\, d\varepsilon$$

anzubringen. Die Größen $d\alpha(\psi)$, $d\alpha(\varepsilon)$, $d\delta(\psi)$, $d\delta(\varepsilon)$ sind Sternkonstanten, die für jeden Stern am Ende der Tabelle der scheinbaren Örter gegeben werden. Sie sind die für die Koordinaten α, δ des Sterns gültigen Differentialbeziehungen (vgl. Abschn. I.6. S. 9). $d\psi$ und $d\varepsilon$ sind in Table I am Schluß der Apparent Places of Fundamental Stars tabuliert.

Kann aus FK4-Sternen allein kein lückenloses Beobachtungsprogramm aufgestellt werden, was z. B. bei der Methode der Polhöhenbestimmung nach Horrebow-Talcott die Regel ist, so müssen Sterne aus anderen FK hinzugezogen werden. An erster Stelle ist hier der „General Catalogue" von Boss (GC)[1]) zu erwähnen, der die mittleren Örter für 1950 von 33342 Sternen enthält, allerdings mit wesentlich geringerer individueller Genauigkeit als der FK4. Die systematischen Fehler müssen durch eine Umrechnung auf das System des FK3 (FK4) verbessert werden. Umrechnungstabellen vom System des GC auf das System des FK3 sind im GC Vol. I auf S. 330/1 enthalten. Die geringfügigen systematischen Korrektionen vom System des FK3 auf das System des FK4 können dem FK4 (Veröff. d. Astron. Recheninst. Heidelberg, Nr. 10, 1963) entnommen werden. Die so verbesserten GC-Örter müssen sodann vom Normaläquinox 1950 des Kataloges auf das Äquinox zu Anfang des Beobachtungsjahres durch Berücksichtigung der Präzession gestellt werden. Die hierfür erforderlichen Präzessionsgrößen sind im GC für jeden Stern enthalten, desgl. die EB, durch deren Berücksichtigung der Ort von der Epoche des Kataloges auf die Epoche der Beobachtung umgerechnet wird. Vom mittleren Ort α, δ zu Jahresanfang erfolgt dann die Berechnung des scheinbaren Ortes α', δ' für das Beobachtungsdatum durch Zuschlag der nach den Formeln

$$\alpha' - \alpha = f + \frac{1}{15} g \cos(G + \alpha) \tan\delta + \frac{1}{15} h \cos(H + \alpha) \sec\delta + \left[f' + \frac{1}{15} g' \sin(G' + \alpha) \tan\delta\right],$$

$$\delta' - \delta = g \cos(G + \alpha) + h \cos(H + \alpha) \sin\delta + i \cos\delta + [g' \cos(G' + \alpha)]$$

berechneten Differenzen zu den mittleren Örtern α, δ. $g, f, h, G, H, i, f', g', G'$ sind in den Jahrbüchern unter dem Ausdruck „Independent Day Numbers" von Tag zu Tag gegeben. Die in eckigen Klammern stehenden Terme der Formeln, in denen die gestrichenen Größen vorkommen, berücksichtigen die kurzperiodischen Glieder der Nutation.

Auch Supplementsterne des FK3 (FK3 Supp) können herangezogen werden. Sie stehen im System des FK3 (FK4). Es ist jedoch erst nach 1970 damit zu rechnen, daß ihre Örter

---

[1]) B. Boss, General Catalogue of 33342 stars for the Epoch 1950, Carnegie Institution, Washington 1937, Vol. I—V.

von annähernd gleich hoher individueller Genauigkeit sind wie die des Hauptkataloges FK4. Insbesondere die Gewinnung verläßlicher Werte der EB verlangt für diese Sterne noch Beobachtungen mit großen Epochendifferenzen.

Für photographische Himmelsaufnahmen zur Ortsbestimmung (Satellitenaufnahmen, Aufnahmen zur Stellartriangulation) werden die Bezugssterne (Anhaltsterne) zweckmäßig dem 2. Zonenkatalog der Astronomischen Gesellschaft (AGK2), Hamburg und Bonn, entnommen. Die Örter des AGK2, die auf photographischem Wege im Anschluß an mit zahlreichen Meridiankreisen beobachtete Sterne gewonnen wurden, zeichnen sich durch hohe innere Genauigkeit aus. Systematisch stehen sie im System des FK3 (FK4). Die EB werden mit der endgültigen Fertigstellung des AGK3, der Wiederholung des AGK2, in Kürze zur Verfügung stehen.

V. Die Systeme der Zeitmessung

1. Sternzeit

Unter Sternzeit wird ganz allgemein der Stundenwinkel des Widderpunktes verstanden. Die Sternzeit ist also durch die Rotationszeit der Erde definiert. Werden hierbei die Präzessions- und die Nutationsbewegungen des Widderpunktes berücksichtigt, so wird die „Wahre Sternzeit“ erhalten. Sie entspricht also der Rotationsphase der Erde in bezug auf die wahre Lage des Koordinatensystems. Die astronomischen Zeitbestimmungen liefern „Wahre Sternzeit“ (apparent sidereal time) in bezug auf den instantanen Ortsmeridian. Wird nur die Präzession berücksichtigt, so wird die „Mittlere Sternzeit“ erhalten, die — bis auf die Ungleichförmigkeiten (Fluktuationen) der Erdrotation — gleichförmig abläuft. Die Differenz zwischen Wahrer und Mittlerer Sternzeit bezeichnet man — im Sinne einer Korrektion an die Mittlere Sternzeit — als „Gleichung der Äquinoktien“.

Die Ortssternzeit unterscheidet sich von der in den Ephemeriden tabulierten Sternzeit für Greenwich ($\lambda = 0°$) durch die geographische (astronomische) Länge λ des Beobachtungsortes.

Ortssternzeit = Sternzeit Greenwich minus Länge.

Dabei wird λ nach Westen positiv, nach Osten negativ gezählt.

2. Weltzeit

Als Weltzeit mit der Abkürzung TU_2 wird ein mit dem Tagesablauf in Greenwich verbundenes, vom Einfluß der Polschwankungen und der kurzperiodischen Rotationszeitschwankungen befreites System der Zeitmessung bezeichnet, das nur noch die säkularen Ungleichförmigkeiten (Fluktuationen) der Erdrotation enthält. Die Definition benutzt einen Punkt, der sehr nahe mit einer fiktiven „Mittleren Sonne“ zusammenfällt, die sich „gleichförmig“ im Äquator bewegt. Der um 12^h vermehrte Greenwicher Stundenwinkel dieses Punktes wird als Weltzeit TU_2 definiert. Seine Rektaszension α_u beträgt, gemessen vom mittleren Äquinox des jeweiligen Datums,

$$\alpha_u = 18^h 38^m 45\overset{s}{.}836 + 8640184\overset{s}{.}542\ T_u + 0\overset{s}{.}0929\ T_u^2\,,$$

wobei T_u in Weltzeit gemessen wird, und zwar in „Julianischen Jahrhunderten“ zu je 36525 Weltzeittagen. Die Zählung beginnt 12^h Weltzeit des Tages 1900 Januar 0.

Da sich sowohl die Mittlere Sternzeit als auch die Weltzeit TU_2 auf das mittlere Äquinox des Datums beziehen, lassen sie sich eindeutig ineinander umrechnen. Es geschieht dies in der bekannten Weise, wobei die beobachtete Wahre Sternzeit zunächst durch Berücksichtigung der Gleichung der Äquinoktion in Mittlere Sternzeit verwandelt werden muß. Die Mittlere Sternzeit Greenwich ist für jeden Tag für 0^h Weltzeit in den Ephemeriden tabuliert. (Beispiel für die Umrechnung siehe unten.)

Die aus astronomischen Zeitbestimmungen über die Wahre und Mittlere Sternzeit erhaltene Weltzeit ist — außer den säkularen Fluktuationen der Erdrotationszeit — noch mit kurzperiodischen Schwankungen des Zeitmaßes behaftet. Sie wird daher zum Unterschied von der oben definierten Weltzeit TU_2 mit Weltzeit TU_0 bezeichnet. Die kurzperiodischen Schwankungen rühren einerseits von den Bewegungen der Erdachse innerhalb des Erdkörpers her (Polhöhenschwankungen), andererseits haben sie ihre Ursache in kurzperiodischen Schwankungen der Rotationszeit der Erde, vor allem mit Jahresperiode.

Werden die rechtwinkligen Koordinaten des instantanen Pols in bezug auf den mittleren Pol der Erde in der bekannten Weise mit x und y (in Bogensek.) bezeichnet, so ergibt sich die Längenänderung des Ortsmeridians für den Beobachtungsort der Breite φ infolge Polschwankung zu

$$d\lambda = \lambda - \lambda_0 = (x \sin \lambda - y \cos \lambda) \tan \varphi ,$$

wobei λ die Länge des instantanen Meridians und λ_0 die Länge des mittleren Meridians bedeutet. Die Längen werden hierbei auf dem Äquator gemessen und der Schnittpunkt des Greenwicher Meridians mit dem Äquator als Bezugspunkt festgehalten. Die Länge von Greenwich ist also auch mit der Polschwankung veränderlich, und zwar um den Betrag $y \tan \varphi$. Die Koordinaten x, y des Pols werden durch den Breitenschnelldienst (S.I.R.) aus den Beobachtungen zahlreicher Stationen (z. Z. 33) ständig ermittelt und mit etwa vierteljähriger Verzögerung im Bulletin Horaire des B.I.H. publiziert. Die von dem Einfluß der Polschwankungen befreite Weltzeit TU_0 wird mit Weltzeit TU_1 bezeichnet. Sie stellt ein für die ganze Erde gültiges System der Zeitmessung dar, das jedoch noch mit den (kurzperiodischen und säkularen) Ungleichförmigkeiten der Erdrotation behaftet ist.

Befreit man die Weltzeit TU_1 auch noch von den kurzperiodischen Schwankungen der Erdrotation, so wird endlich die oben definierte Weltzeit TU_2 erhalten. Sie ist also bis auf die säkularen Schwankungen der Rotationszeit der Erde gleichförmig. Die Reduktionsgrößen $\Delta T_s = TU_2 - TU_1$ von TU_1 auf TU_2 werden ebenfalls dem Bulletin Horaire des B.I.H. entnommen. Da die Korrektionen mit Jahresperiode sich von Jahr zu Jahr sehr ähnlich verhalten, können sie im allgemeinen im voraus mit hinreichender Genauigkeit gegeben werden.

Alle astronomischen Zeitbestimmungen müssen in der geschilderten Weise auf die Weltzeit TU_2 reduziert werden, bevor sie mit den (definitiv korrigierten) Zeitsignalen verglichen werden können. Beispiel für die Umrechnung von beobachteter Wahrer Sternzeit in Weltzeit TU_2: 1964 März 5 wurde im Geodätischen Institut Potsdam ($\lambda = -0^h52^m16\overset{s}{.}069$; $\varphi = +52°22\overset{'}{.}9$) eine Wahre Orts-Sternzeit beobachtet. Es ist der zugehörige Zeitpunkt in Weltzeit TU_2 anzugeben.

Beobachtete Orts-Sternzeit Potsdam	$8^h47^m07\overset{s}{.}317$
Gleichung der Äquinoktion (interpoliert für 21^h Weltzeit)	+ 1.012
Beobachtete Mittlere Sternzeit	8 47 08.329
Länge	−0 52 16.069
Mittlere Sternzeit Greenwich	7 54 52.260
Mittlere Sternzeit Greenwich für 0^h Weltzeit	10 51 04.235
Differenz-Intervall in Mittlerer Sternzeit	21 03 48.025
Reduktion zur Verwandlung des Intervalls in Mittlere Sonnenzeit	− 03 27.043
Weltzeit TU_0 der Beobachtung	21 00 20.982
Korrektion wegen Polschwankung ($x = -0\overset{''}{.}222$; $y = +0\overset{''}{.}128$) (Bulletin Horaire)	− 0.006
Weltzeit TU_1	21 00 20.976
Korrektion wegen jährlicher Rotationszeitschwankung (Bulletin Horaire)	+ 0.005
Weltzeit TU_2	21 00 20.981

3. Ephemeridenzeit

Die von den säkularen Ungleichförmigkeiten befreite Weltzeit TU_2 wird als ,,Ephemeridenzeit" (EZ) bezeichnet. Sie ist durch die Bewegung der Erde um die Sonne definiert, die innerhalb der Beobachtungsfehler und bis auf nicht erfaßte Störungsbeträge nach dem NEWTONschen Gravitationsgesetz verläuft, wenn die Ephemeridenzeit als Zeit-Argument eingeführt wird. Die Ephemeridenzeit kann also nur empirisch und nachträglich in Form einer Korrektion ΔT ermittelt werden.

$$EZ = TU_2 + \Delta T .$$

Die Ephemeriden (Jahrbücher) geben eine Tafel der ΔT. Im Nautical Almanac befindet sie sich auf der ersten Textseite, im Jahrbuch der UdSSR ist sie zu Beginn der Erläuterungen am Schluß des Buches zu finden. Die empirische Ermittlung der ΔT geschieht durch Mondbeobachtungen (durch Sternbedeckungen oder mit der MARKOWITZ-Kamera), die wegen der bedeutend rascheren scheinbaren Bewegung des Mondes eine höhere Genauigkeit als Sonnen-(Erd-) oder Planetenbeobachtungen liefern. ΔT ergibt sich dabei unmittelbar, wenn man mit dem beobachteten Mondort in die nach dem Gravitationsgesetz bestmöglich berechnete Ephemeride eingeht. Die zum beobachteten Ort nach der Ephemeride gehörende (Ephemeriden-)Zeit ergibt gegenüber der zur Beobachtung gehörigen Weltzeit TU_2 die Differenz ΔT, die gesuchte Korrektion.

Die Ephemeriden der Sonne werden in den Jahrbüchern mit dem Argument Ephemeridenzeit gegeben, was beim Gebrauch zu beachten ist. Um den Stundenwinkel der Sonne (des Mondes und der Planeten) unabhängig von der erst nachträglich bestimmbaren Korrektion ΔT mit einer der Theorie entsprechenden Genauigkeit im voraus berechnen und in den Jahrbüchern bekanntgeben zu können, wurde der Begriff ,,Ephemeriden-Meridian" für Greenwich geschaffen. Dieser Meridian liegt um $1.002738\,\Delta T$ östlich des geographischen Meridians von Greenwich. (Der Faktor von ΔT ist das Verhältnis Sternzeit zu Mittlerer Sonnenzeit.) Auf den Ephemeriden-Meridian können alle Rechnungen im voraus bezogen werden, da er mit gleichförmiger, d. h. Ephemeridenzeit rotiert. Die Beziehung des Ephemeriden-Meridians zu dem auf TU_2 bezogenen geographischen Meridian, d. h. die Beziehung zur tatsächlichen Rotationsphase der Erde, kann im voraus nur durch extrapolatorische Schätzung von ΔT und erst nachträglich definitiv angegeben werden. Dies ist bei Benutzung der Sonne für Ortsbestimmungsaufgaben zu beachten.

Der Stundenwinkel der Sonne muß hierbei über die Spalte ,,Ephemeriden-Transit" aus der Sonnenephemeride entnommen werden. Es ist dies der Zeitpunkt (in Ephemeridenzeit) des Durchgangs der wahren Sonne durch den Ephemeriden-Meridian für Greenwich. Der Durchgang durch den Greenwicher Meridian (in Ephemeridenzeit) folgt dem Ephemeriden-Transit in hinreichender Näherung nach einem Zeitabschnitt, der sich aus der Summe von ΔT und der Änderung der Rektaszension während des Ablaufs von ΔT zusammensetzt. Der Durchgang durch den Greenwicher Meridian in Weltzeit erfolgt um ΔT früher. Zur Berechnung des Greenwicher Durchgangs der wahren Sonne in Weltzeit TU_2 muß also zum Ephemeriden-Transit lediglich die während ΔT erfolgte Änderung der Rektaszension $\Delta T \frac{\Delta\alpha}{h}$ algebraisch addiert werden. $\Delta\alpha$ ist dabei die Änderung der Rektaszension für das Intervall h des Tafelarguments der Sonnenephemeride ($\Delta\alpha$, h und ΔT in Sekunden). Eine Unsicherheit von 1^s in ΔT verursacht also eine Unsicherheit von etwa 3 ms bei der Sonne und von etwa 50 ms beim Mond für den Durchgang Greenwich bzw. den Stundenwinkel. Die ,,Zeitgleichung" ergibt sich in der üblichen Weise als Differenz 12^h minus Durchgang der wahren Sonne durch den Meridian von Greenwich (beide in Weltzeit).

Für weitere Informationen über die Definition und den Gebrauch der Systeme der Zeitmessung sei auf die Erläuterungen in den Jahrbüchern (Ephemeriden) und insbesondere auf das ,,Explanatory Supplement to the Astronomical Ephemeris" London, H. M. Stationery Office, 1961, verwiesen.

VI. Zeitbestimmungen

Uhren

Das Problem der Zeitbewahrung wird heute auch auf Feldstationen entweder durch transportable Quarzuhren oder durch unmittelbaren Anschluß an ein Dauer-Zeitzeichen jedem Anspruch gerecht werdend gelöst. Da bereits zahlreiche Dauer-Zeitsignale gesendet werden und in den meisten Gegenden der Erde ein solches Signal empfangen werden kann, braucht auf die aufwendigere Lösung der transportablen Quarzuhr und ihre Behandlung nicht eingegangen zu werden.

Ein Verzeichnis aller Zeitzeichensendungen der Erde befindet sich im ,,Annuaire" des ,,Bureau des Longitudes" in Paris, das jährlich neu herausgegeben wird.

Die Korrektionen der Zeitsignale auf die von den kurzperiodischen Schwankungen befreite Weltzeit (TU_2) werden im ,,Bulletin Horaire" des ,,Bureau International de l'Heure" (B.I.H.) in Paris, 61. Avenue de l'Observatoire, veröffentlicht. Dabei erfolgt die Bekanntgabe der demidefinitiven Werte, die nur auf den Zeitbestimmungen und dem Zeitsystem des B.I.H. beruhen, mit knapp halbjähriger, die Bekanntgabe der auf den Beobachtungen aller (z. Z. 43) Zeitdienste der Erde beruhenden, definitiven Korrektionen mit etwa einjähriger Verzögerung.

Bei der Registrierung von Zeitsignalen — sei es zur Verwendung als Stationsuhr oder zum Vergleich mit der (mechanischen oder elektronischen) Stationsuhr — müssen die Signalimpulse dem Hochfrequenzausgang des Empfängers entnommen werden. Die Verzögerung im Empfänger ist dann wesentlich kleiner und ziemlich konstant (<1 ms). Sie sollte für Längenbestimmungen gemessen und unter Kontrolle gehalten werden (durch Impulse, die direkt und über den Empfänger auf einen Impulszähler bzw. Intervallmesser gegeben werden). Elektromechanische Relais zur Aufzeichnung der Signale (auf Schreib- oder Druckchronographen) sind zu vermeiden und durch elektronische Relais zu ersetzen. Die Verzögerungen im Chronographen sind belanglos, wenn sie konstant sind und wenn die Kontakte vom Beobachtungsinstrument auf dem gleichen elektromechanischen Wege aufgezeichnet werden wie die zu Kontakten umgewandelten Zeitsignale.

Da auf Expeditionen und auf Hochgebirgsstationen wegen der Schwierigkeiten der Stromversorgung auch weiterhin Boxchronometer in Anwendung kommen werden, deren Stand gegen TU_2 mit einem transistorisierten Batterieempfänger und einem batteriebetriebenen Feldchronographen ermittelt werden kann, sei noch kurz auf die Behandlung der Boxchronometer eingegangen.

Beim Transport eines Chronometers sind schnelle Bewegungen, ganz besonders Drehungen in horizontaler Richtung, sorgfältig zu vermeiden.

Das Aufziehen geschieht wegen der meist merklichen kurzperiodischen Glieder im Gang am zweckmäßigsten täglich genau zu der gleichen Zeit; meist sind die Chronometer mit einem sog. ,,Auf-Ab-Werk" versehen, woran man die seit dem Aufziehen verflossene Zeit ablesen kann. Die vom Ablaufzustand der Zugfeder abhängige Gangänderung über 24 Stunden, den sogenannten Isochronismusfehler, ermittelt man durch Standvergleich mit einem Dauerzeitzeichen über 24 Stunden in stündlichen Intervallen auf der Heimatstation. Zur Sicherung des Anschlusses der astronomischen Beobachtungen auf der Feldstation wird mindestens vor und nach den Beobachtungen ein Standvergleich mit einem Zeitsignal durchgeführt, bei unsicherem Gang noch häufiger.

Man wird beim Chronometer nur dann auf ein gutes Funktionieren der Temperatur-Kompensationseinrichtung rechnen können, wenn man schnelle und große Temperaturänderungen nach Möglichkeit vermeidet. Es ist deshalb zweckmäßig, Boxchronometer in gepolsterten Kästen zu halten.

Um den Einfluß unterschiedlicher Luftfeuchtigkeit zu vermeiden, ist für einen guten Verschluß des Chronometergehäuses zu sorgen. Ein Beschlagen des Chronometers beim

Transport aus einem kalten in einen warmen Raum ist durch Schließen des Überkastens tunlichst zu vermeiden.

Für die Versendung von Chronometern ist es empfehlenswert, die Unruhe mit einem Pinsel oder Papierstreifen anzuhalten, langsam in die Ruhelage zu führen und dann zwei schlank keilförmig zugeschnittene Korkstückchen mit sanftem Druck unter die Unruhe zu schieben, und zwar an den Stellen, wo die Lamellen an der Speiche befestigt sind.

Chronometer müssen, um sie vor dauerndem Schaden zu bewahren, alle 3—4 Jahre gereinigt und frisch geölt werden.

1. Durchgangsbeobachtungen im Meridian

Die Methode der Durchgangsbeobachtungen im Meridian ist sowohl der Güte der Resultate als auch der Ökonomie der Rechnung nach als die hervorragendste aller Methoden der Zeitbestimmung anzusehen, vorausgesetzt, daß die Aufstellung des Instrumentes hinreichend stabil ist. Wenn man insbesondere die Vorsichtsmaßregel gebraucht, als Zeitsterne ausschließlich solche in der Nähe des Zenits mit der algebraischen Summe der Azimutkoeffizienten K nahe Null zu wählen, bietet keine andere Methode bei ähnlichem Arbeitsaufwand einen gleichen Genauigkeitsgrad der Resultate.

Für eine Zeitbestimmung werden im allgemeinen 10 bis 12 Zeitsterne ($-15° < z < +15°$; $\sum K \cong 0$) und 2 bis 3 Polsterne zur Kontrolle des Azimuts ($75° < \delta < 85°$) beobachtet. Die Beobachtung von Polsternen in Oberer und Unterer Kulmination (O. K. und U. K.) empfiehlt sich bei visuellen Durchgangsbeobachtungen, da die (auch bei Verwendung des Registriermikrometers) großen persönlichen Fehler bei Polsternen sich in O. K. und U. K. in entgegengesetzter Richtung auswirken. Bei lichtelektrischen Durchgangsbeobachtungen ist es günstiger, statt der Polsterne Äquatorsterne ($-15° < \delta < +15°$) zur Bestimmung des Azimuts zu verwenden, weil durch die rasche Bewegung der Einfluß der Luftunruhe bei Antritten an festen Lamellen gemindert wird. Die Beobachtungen werden auch für Zeitsterne mit Umlegen während des Durchgangs ausgeführt, so daß der Einfluß des Kollimationsfehlers c herausfällt und die Ermittlung der genauen äquatorealen Fadendistanzen bzw. des Schraubenwertes entfällt.

Reduktion auf den Mittelfaden

Strenge Formel: $\sin f = \sin F \sec \delta$,

Näherungsformel: $f^s = F^s \sec \delta$,

in welchen Ausdrücken f die Reduktion im Parallel des Sterns und F die äquatoreale Fadendistanz bezeichnet. Der Unterschied beider Formeln erreicht bei einer Deklination von 80° und einer äquatorealen Fadendistanz von 40^s den Betrag $0\overset{s}{.}01$. Der Genauigkeitsgrad der Bestimmung der Fadendistanzen läßt sich nach den Ausdrücken für die Fehler der Erfassung eines Sterns beurteilen, für welche gefunden wurden (auf mittl. Fehler umgerechnet)[1]:

$$m = \sqrt{0\overset{s}{.}10^2 + \left(\frac{4\overset{s}{.}7}{v}\right)^2 \sec^2 \delta} \qquad \text{für die Auge-Ohr-Methode,}$$

$$m = \sqrt{0\overset{s}{.}07^2 + \left(\frac{4\overset{s}{.}7}{v}\right)^2 \sec^2 \delta} \qquad \text{für die Taster-Methode,}$$

$$m = \sqrt{0\overset{s}{.}04^2 + \left(\frac{2\overset{s}{.}1}{v}\right)^2 \sec^2 \delta} \qquad \text{für die Registrier-Methode.}$$

v ist die Vergrößerung des Fernrohres. Der Wert m für das Registrier-Mikrometer bezieht sich auf das Mittel beider Achslagen für einen Kontakt und wurde aus allen in den Jahren 1893 bis 1904 vom Geodätischen Institut Potsdam ausgeführten Längenbestimmungen erhalten.

[1]) TH. ALBRECHT, Über die Bestimmung von Längendifferenzen, Leipzig, 1869, S. 9.

Verbesserung der Durchgangszeiten wegen der Instrumentalfehler

Mayersche Formel

i = Neigung der Kippachse gegen den Horizont; positiv, wenn das Westende der Achse höher ist.

k = Azimut der Kippachse; positiv, wenn das Westende der Achse vom Westpunkt nach Süden ausweicht.

c = Kollimation oder Zielachsenfehler; positiv, wenn der Winkel zwischen Zielachse und Okularende der Kippachse größer als 90° ist.

$$\text{O. K.:}\qquad T = U + i\frac{\cos(\varphi-\delta)}{\cos\delta} + k\frac{\sin(\varphi-\delta)}{\cos\delta} \pm c\sec\delta \qquad \text{Okular}\begin{cases}\text{W}\\ \text{E}\end{cases},$$

$$\text{U. K.:}\qquad T = U + i\frac{\cos(\varphi+\delta)}{\cos\delta} + k\frac{\sin(\varphi+\delta)}{\cos\delta} \mp c\sec\delta \qquad \text{Okular}\begin{cases}\text{W}\\ \text{E}\end{cases},$$

wo O. K. und U. K. obere bzw. untere Kulmination, U das Mittel der auf den Mittelfaden reduzierten Durchgangszeiten und T die Durchgangszeit durch den Meridian bezeichnen. Wird die Achse während des Durchgangs umgelegt, so ist U das Mittel aus allen Antrittszeiten an Fäden, die in beiden Lagen beobachtet wurden. Beim Registriermikrometer wird das Mittel aus meist 10 Kontakten gebildet, die in beiden Drehrichtungen registriert wurden. Das Mittel der Kontakte muß wegen Kontaktbreite und totem Gang der Mikrometerschraube korrigiert werden (Formel siehe weiter unten), die vorher empirisch ermittelt werden müssen. Die Kontaktbreite b muß häufig kontrolliert werden, da sie vom Verschmutzungs- und Abnutzungszustand der Kontaktlamellen abhängig ist. Sie ist außerdem abhängig von der Drehgeschwindigkeit, also der Deklination. Die übliche Methode, den Kontaktbeginn und das Kontaktende bei sehr langsamer Drehung der Schraube akustisch oder optisch anzuzeigen und die zugehörige Trommelstellung abzulesen, führt also im allgemeinen nicht zu den im Registrierbetrieb gültigen Werten der Kontaktbreite, die nur durch eine sehr aufwendige Apparatur zu ermitteln sind. Die Registrierung sollte daher nach einem anderen Prinzip, am besten nach einer objektiven, d. h. vom Beobachter unabhängigen Methode erfolgen. Die Bestimmung des toten Ganges d kann so erfolgen, daß der bewegliche Faden mit einem festen Faden koinzidiert wird, wobei man abwechselnd von beiden Seiten an den festen Faden herandreht.

Die numerischen Werte der Koeffizienten I, K, C der Neigung, des Azimuts und der Kollimation sind in den Tafeln 17, 18 und 19 gegeben.

$$I = \frac{\cos(\varphi-\delta)}{\cos\delta}, \qquad K = \frac{\sin(\varphi-\delta)}{\cos\delta}, \qquad C = \frac{1}{\cos\delta}.$$

Die so berechneten Durchgangszeiten T bedürfen noch der Korrektion wegen der täglichen Aberration, die beim Registriermikrometer zweckmäßig mit der halben Kontaktbreite plus totem Gang gemeinsam angebracht wird:

$$\Delta U = \left[\frac{1}{2n}\sum_1^n (b_i + d) \pm 0{,}^{\mathrm{s}}021\cos\varphi\right]\sec\delta = (\varkappa \pm 0{,}^{\mathrm{s}}021\cos\varphi)\sec\delta \begin{cases}\text{O. K.}\\ \text{U. K.}\end{cases}$$

$$\varkappa = \frac{1}{2n}\sum_1^n (b_i + d)$$

b_i = Kontaktbreite, d = toter Gang (beides in Zeitsekunden), n = Anzahl der Kontakte.

Der Uhrstand ergibt sich dann zu:

$$u = \alpha - T + \Delta U \qquad \text{(O. K.)}$$

$$u = \alpha + 12^{\mathrm{h}} - T + \Delta U \qquad \text{(U. K.)}\,.$$

Besselsche Formel

n und $90° - m$ sind die Deklination und der Stundenwinkel desjenigen Punktes, in dem die über das Westende verlängerte Kippachse die Himmelskugel trifft. m und n sind für sehr stabil aufgestellte Instrumente (z. B. Meridiankreise) über längere Zeit konstante Größen.

$$\text{O. K.:} \quad T = U + m + n \tan\delta \pm c \sec\delta \quad \text{Okular} \begin{cases} \text{W} \\ \text{E} \end{cases}$$

$$\text{U. K.:} \quad T = U + m - n \tan\delta \mp c \sec\delta \quad \text{Okular} \begin{cases} \text{W} \\ \text{E} \end{cases}.$$

Die Bedeutung von T und U sowie die Formeln für ΔU und den Uhrstand u sind dieselben wie oben.

Relationen zwischen den Größen: i, k, m und n.

$$i = m \cos\varphi + n \sin\varphi \qquad m = i \cos\varphi + k \sin\varphi$$
$$k = m \sin\varphi - n \cos\varphi \qquad n = i \sin\varphi - k \cos\varphi\,.$$

Ermittlung der Instrumentalfehler

Neigung

Die Neigung wird noch fast ausschließlich durch Röhrenlibellen (Niveaus) mit einer Angabe von 1″ bis 2″ bestimmt, obwohl die Röhrenlibellen manchen Nachteil haben, so vor allem die langsame Anzeige und die hohe Temperaturempfindlichkeit. Da Libellen außerdem einen Alterungseffekt zeigen (Bildung von Ausscheidungen auf der Innenwand der Röhren), sind sie unter Kontrolle zu halten. Der Parswert sowie der Krümmungsfehler (Abweichung vom zylindrischen Schliff der Röhre)[1]) werden auf dem Libellenprüfer bestimmt und in etwa Jahresabständen bzw. vor und nach einer größeren Beobachtungsreihe kontrolliert. Die Libelle wird hierbei nach Möglichkeit nicht aus ihrer Fassung genommen.

Die Neigung i der Kippachse ergibt sich aus dem Mittel der Ablesungen an den Blasenenden l (links) und r (rechts) vor und nach dem Umlegen zu

$$i = \frac{1}{4} p \left[(l_1 + r_1) - (l_2 + r_2)\right].$$

p ist der Parswert der Libelle in Zeitsekunden. Die Indizes 1 und 2 gehören zu den beiden Achslagen. Die Umkehr des Vorzeichens ergibt sich durch die Umkehr der Bezifferungsrichtung beim Umlegen der Achse mit angehängter Libelle. Die Skala ist von 0 bis (meist) 60 durchlaufend geteilt. Es ist vorausgesetzt, daß die beiden Achszapfen gleichen Durchmesser haben, welche Voraussetzung bei modernen Instrumenten auf mindestens 1 μm erfüllt ist. Die Blasenlänge ist vor Beginn der Neigungsbestimmungen auf etwa die halbe Teilungslänge zu bringen (Kammerlibelle). Ebenfalls vor Beginn der Beobachtungen ist die Neigung durch Betätigen der Fußschraube nach Möglichkeit $i < 1''$ zu justieren, um einen fehlerhaften Parswert und Krümmungsfehler möglichst unschädlich zu machen. Nach jeder Achsumlegung ist mindestens 1 Minute zu warten, bevor die Libelle abgelesen werden kann.

Kollimation

Wie schon hervorgehoben, wird man nach Möglichkeit die Kollimation durch Umlegen der Achse inmitten jedes Sterndurchgangs eliminieren.

Für Meridiankreise ist die Umlegung während des Durchganges im allgemeinen nicht möglich. Die Bestimmung der Kollimation erfolgt hier zweckmäßig durch Nadirbeobach-

---

[1]) Siehe R. Brein, Beitrag zur Libellenprüfung. Deutsche Geodät. Kommission Reihe B, Veröff. Nr. 21, Frankfurt a. M. (1954).

tung in Autokollimation über einen Quecksilberhorizont. Sind m_e und m_w die mittels des beweglichen Fadens gemessenen Entfernungen des Mittelfadens von seinem Spiegelbild und i_e und i_w die Neigungen der Achse in den Lagen Kreis Ost und Kreis West, so ergibt sich die Kollimation c zu:

$$c = \frac{1}{4}(m_w - m_e) + \frac{1}{2}(i_w - i_e) .$$

Azimut

Wird die wegen Kontaktbreite, totem Gang und täglicher Aberration sowie wegen des Einflusses der Kippachsneigung $i\,I$ korrigierte Durchgangszeit U mit U' bezeichnet, so besteht für jeden Sterndurchgang die lineare Beziehung:

$$\alpha - U' = u + k\,K .$$

Hieraus können durch eine Ausgleichung die Unbekannten k und u gewonnen werden. Die Normalgleichungen lauten für n Sterne:

$$[\alpha - U'] = n\,u + [K]\,k , \qquad [(\alpha - U')\,K] = [K]\,u + [K\,K]\,k .$$

Für eine erste Orientierung kann eine graphische Ausgleichung dienen, bei der k als Steigung der ausgleichenden Geraden erscheint.

Die angegebene Art der Ermittlung des Azimuts setzt voraus, daß das Azimut während der Dauer des Beobachtungsprogramms konstant bleibt. Dies erfordert vor allem eine hohe Pfeilerstabilität. Ist diese nicht gegeben, so verwende man die Methode (Döllen) im Vertikal des Polarsterns (siehe S. 22). Aber auch bei stabilem Pfeiler kann sich das Azimut durch ,,Auflaufen" der Zapfen in den Achslagern ändern, wenn die Achse zur Einstellung der Zenitdistanz gedreht wird.[1]) Dadurch kann das Azimut der Achse in beiden Achslagen unterschiedliche Werte annehmen. Auch die Neigung ist dann (bei ,,Auflaufen" der Libelle) in beiden Lagen verschieden, so daß sich aus der o. a. Formel zur Berechnung der Achsneigung ein fehlerhafter Wert ergibt. Das Auflaufen der Achszapfen läßt sich vermeiden, wenn man der Achsentlastung den richtigen Wert gibt und außerdem beim Einstellen der Zenitdistanz ,,einpendelt", d. h. mehrfach in beiden Richtungen über den Sollwert in immer kleiner werdenden Beträgen hinausdreht.[2])

Die Entlastung der Achse prüft man mit einer Kupferfolie von 0,01 mm Stärke, die sich, zwischen den (entfetteten) Zapfen und das Lager gelegt, gerade noch ohne Zerreißen herausziehen lassen muß, wenn der Achsdruck (die Entlastung) richtig bemessen ist.

Gelegentlich kann es von Vorteil sein, zur Kontrolle bzw. zur Bewahrung des Azimuts eine Mire bzw. einen Kollimator aufzustellen, doch ist es oft ungewiß, ob die Stabilität ihrer Aufstellung hinreichend ist.

Mißt man mittels des beweglichen Fadens in beiden Lagen der Achse die Entfernungen m_e und m_w der Mire vom Mittelfaden, indem man diese Größen positiv zählt, wenn die Mire im geraden astronomischen Fernrohr links, im gebrochenen Fernrohr rechts vom Mittelfaden erscheint, so ist das Azimut der Mire mit der Zenitdistanz z:

$$a = -k + \frac{1}{2}\,\frac{m_e + m_w}{\sin z} \pm \frac{1}{2}\,\frac{i_e + i_w}{\tan z} \qquad \text{Mire im} \begin{cases} \text{N} \\ \text{S} \end{cases} .$$

Bestimmung der Besselschen Größen m und n

n wird, in entsprechender Weise wie k, durch Ausgleichung der linearen Beziehung $\alpha - U' = u + n \tan \delta$ erhalten. m ergibt sich sodann aus der Transformation $m = i \sec \varphi - n \tan \varphi$.

---

[1]) Dulian, B.: Un erreur systematique peu connue dans des instruments des passages. Communication présenté XI Assemblée générale UIGG. Warzawa. 1957.

[2]) Steinert, K. G.: Die Achsstabilität bei Passageinstrumenten. Vermessungstechnik 12, 1964 = Mitt. d. Lohrmann-Instituts d. TU Dresden, Nr. 8.

2. Durchgangsbeobachtungen im Vertikal des Polarsterns (Methode DÖLLEN)

Bestehen Bedenken bezüglich der Konstanz des Azimuts — z. B. bei der Beobachtung auf Türmen oder Gerüsten — so empfiehlt es sich nach der von DÖLLEN[1]) angegebenen Methode Durchgangsbeobachtungen im Vertikal des Polarsterns anzustellen. Hierbei wird jeder Zeitstern mit einer Beobachtung des Polarsterns verbunden, so daß das Azimut hinreichend unter Kontrolle steht und das Verfahren zur Mitbestimmung des Azimuts eines terrestrischen Zieles verwendet werden kann. Die Auswahl der Zeitsterne (Südsterne) erfolgt nach den Ergebnissen einer Untersuchung von NIETHAMMER[2]) aus fehlertheoretischen Gründen am günstigsten für $z = 15°$ nach Süden. Diese Vorschrift gilt für $30° < \varphi < 70°$, für näher am Äquator oder an den Polen gelegene Stationen ist die Methode nicht geeignet. Um für die Auswahl der Sterne einen größeren Spielraum zu haben, kann man nach Norden vom günstigsten Punkt bis zum Zenit ($\delta = \varphi$), nach Süden (wenn keine Lateralrefraktion zu befürchten ist) bis zum Äquator ($\delta = 0°$) gehen. Der Polarstern ist nach Möglichkeit in der Nähe der größten Digression zu beobachten. Statt α UMi kann auch λ UMi beobachtet werden, dessen Digressionszeiten etwa in der Mitte zwischen denen von α UMi liegen. Auf der Südhalbkugel der Erde ist σ Oct zu verwenden. Die Beobachtungen erfolgen zweckmäßig unter Umlegung der Achse während des Durchgangs des Südsterns. In beiden Lagen wird der Polarstern mit dem beweglichen Vertikalfaden eingestellt und die Libelle abgelesen, um den Einfluß der Neigung der Kippachse berücksichtigen zu können.

Aus den Trommelablesungen M_1 und M_2 in beiden Achslagen und dem Schraubenwert R (in Zeitsekunden) ergibt sich der Abstand f des Polarsterns vom Achsenvertikal in Zeitsekunden zum Zeitpunkt $U' = \frac{1}{2}(U_1' + U_2')$:

$$f = \pm \frac{1}{2}(M_1 - M_2)\, R + \frac{m''}{15} \sin \delta' \sin a' \cos \varphi \,.$$

Dabei ist $m'' = 2 \sin^2 \frac{U_1' - U_2'}{2} \cdot \frac{1}{\sin 1''}$, wobei $U_{1,2}'$ die zu den Pointierungen des Polarsterns gehörigen Uhrzeiten (Sternzeit) in beiden Achslagen und a' und δ' Azimut und Deklination des Polarsterns bedeuten. Die Werte m'' können der Tafel 24 entnommen werden, das Azimut a' und die Zenitdistanz z' des Polarsterns entnimmt man den Tafeln 8 und 9 bzw. 10 und 11 mit genügender Näherung sowohl für die Aufsuchung als auch für die Berechnung von f. Der Achsenvertikal soll so nahe dem Vertikal des Polarsterns gelegt werden, daß f nur wenige Zeitsekunden erreicht, auf jeden Fall $f < 30^s$.

Die Durchgangszeit des Südsterns ergibt sich zu:

$$U_0 = U + \varkappa \sec \delta \,,$$

wobei

$$U = \frac{1}{n} \sum_{i=1}^{n} \frac{(U_1 + U_2)_i}{2} \qquad \text{und} \qquad \varkappa = \frac{1}{2n} \sum_{i=1}^{n} (b_i + d)$$

das Mittel aus n Kontakten des Registriermikrometers in beiden Achslagen und das Mittel aus den halben Kontaktbreiten der n Kontakte plus halbem toten Gang bedeuten (siehe VI.1, S. 19). $U_{1,2}$ sind die Zeiten des gleichen Kontakts in beiden Achslagen, δ ist die Deklination des Südsterns. Zur Ermittlung der Aufsuchungsephemeriden für die Zeitsterne können die Tafeln 12 und 13 verwendet werden, wobei a (in Grad) als für den Polarstern bekannt genommen und durch die aus Tafel 12 entnommenen Werte dividiert werden

---

[1]) W. Döllen, Die Zeitbestimmung vermittels des tragb. Durchgangsinstr. im Verticale des Polarsterns, St. Petersburg 1863.

[2]) TH. NIETHAMMER, Die genauen Methoden der astronomisch-geographischen Ortsbestimmung, Basel 1947, S. 105. Dort auch weitere Literaturangaben.

muß, um die unbekannten Stundenwinkel t zu erhalten. Sind α', δ' und α, δ, die scheinbaren Örter des Polarsterns bzw. des Südsterns, t' und t die zugehörigen Stundenwinkel und z' und z die Zenitdistanzen, so berechnet sich die Uhrkorrektion u aus folgendem Formelsystem über die Hilfsgrößen x und m, wobei, wie bisher, die gestrichenen Größen dem Polarstern, die ungestrichenen dem Südstern zugehören:

$$t' - t = (U' - \alpha') - (U_0 - \alpha)\,, \qquad \tan x = \frac{\cot \delta' \tan \delta \sin (t' - t)}{1 - \cot \delta' \tan \delta \cos (t' - t)}\,,$$

$$\sin m = \tan \varphi \cot \delta \tan x \cos x\,, \qquad \Delta t = -\left(i + f \frac{\sin z}{\sin (z + z')}\right) \sec a_0 \sec \varphi\,,$$

$$u = (\alpha - U_0) + \frac{x - m}{15} + \Delta t + 0^{\mathrm{s}}.0215 \frac{\sin z + \sin z'}{\cos \delta}\,.$$

Das Glied mit $0^{\mathrm{s}}.0215$ berücksichtigt den Einfluß der täglichen Aberration. Für das Azimut a_0 des Instrumentenvertikals kann unbedenklich $a_0 = a'$ gesetzt werden, da sich $\sec a_0$ und $\sec a'$ nur unmerklich voneinander unterscheiden.

Die Neigung i ergibt sich aus Ablesungen der Blasenenden l (links) und r (rechts) in den Achslagen 1 und 2 zu

$$i = \frac{1}{4} p\, [(l_1 + r_1) - (l_2 + r_2)]\,,$$

wenn p der Parswert der Libelle in Zeitsekunden ist (vgl. VI.1, S. 20).

3. Messung des Azimutunterschiedes des Polarsterns und eines Zeitsterns

Das Verfahren zeichnet sich durch große Einfachheit in der Vorbereitung und Reduktion sowie durch den Vorteil aus, daß, wie bei der Methode Döllen, ein terrestrisches Azimut mitbestimmt werden kann. In der Genauigkeit steht es den anderen hier behandelten Methoden nach. Es erfordert die Verwendung eines Theodoliten, der mit einer guten Reitlibelle für die Kippachse ausgerüstet sein muß. Verfügt man außerdem über ein Registriermikrometer, so könnte bei Durchgangsregistrierung mehrerer Zeitsterne eine der den übrigen Methoden etwa entsprechende Genauigkeit erreicht werden, doch empfiehlt es sich in diesem Falle wegen der besseren Azimutkontrolle, die unter VI.2 behandelte Durchgangsbeobachtung im Vertikal des Polarsterns (Methode Döllen) anzuwenden. Das vorliegende Verfahren kann jedoch in vielen Fällen einen ausreichend genauen Wert für Zeit und Länge auf einer Feldstation liefern, insbesondere bei ungünstiger Witterung oder auf Forschungsreisen bei gebotener Eile.

Die Beobachtungen beginnen mit der Durchgangsbeobachtung des Zeitsterns am vertikalen Mittelfaden und der zugehörigen Horizontalkreis- und Libellenablesung, Anzielung des Polarsterns in der gleichen Fernrohrlage mit Kreis- und Libellenlesung und Wiederholung der Messungen in symmetrischer Folge in der zweiten Fernrohrlage. Der Neigungseinfluß ist $i \cot z$. Er ist an die Lesungen des Horizontalkreises anzubringen. i ergibt sich als Mittel aus den Libellenlesungen in beiden Fernrohrlagen zu $i = \frac{1}{4}\mu\, [(l_1 + r_1) - (l_2 + r_2)]$. μ ist der Parswert in Bogensekunden. Zur Berechnung des Azimuts des Polarsterns ist eine genäherte Kenntnis der Uhrkorrektion u' erforderlich. Aus der Beobachtungszeit U' und der Rektaszension α' des Polarsterns ergibt sich der Stundenwinkel:

$$t' = U' + u' - \alpha'\,,$$

woraus sich mit der Deklination δ' das Azimut a' des Polarsterns errechnet:

$$\tan a' = -\frac{\cot \delta' \sec \varphi \sin t'}{1 - \cot \delta' \tan \varphi \cos t'}\,.$$

Bezeichnet man die Ablesung des Horizontalkreises bei der Einstellung auf den Polarstern mit A', beim Durchgang des Zeitsterns mit A, die zugehörigen, auf das Westende bezogenen Neigungen mit i' und i, so ist das Azimut a des Zeitsterns, getrennt für jede Fernrohrlage:

$$a = a' + 0\overset{\circ}{.}32 + (A - A') - i' \cot z' - i \cot z \, ,$$

wenn, wie üblich, die Kreisteilung von links nach rechts wächst. Zur Aufsuchung des Südsterns können folgende Differentialformeln verwendet werden:

$$a - 180^\circ = 15 \frac{\cos \delta}{\sin (\varphi - \delta)} t \qquad z = \varphi - \delta + \frac{15^2 \cdot 60^2}{2} \frac{\cos \varphi \cos \delta}{\sin (\varphi - \delta)} \sin 1' \cdot t^2 \, .$$

Dabei ergeben sich die genäherten Werte $a - 180^\circ$ und z in Bogenminuten, wenn der genäherte Stundenwinkel $t = U + u' - \alpha$ in Zeitminuten eingegeben wird. Das Quadrat des Stundenwinkels kann der Tafel 14 entnommen werden. Für die Berechnung von $a - 180^\circ$ und z können die Tafeln 12 und 13 Verwendung finden. Der genaue Wert t für den Stundenwinkel errechnet sich mit dem aus den Beobachtungen abgeleiteten Azimut a des Südsterns nach der unter I.3 gegebenen Formel über den Hilfswinkel P:

$$\tan P = \sin \varphi \tan a \qquad \sin (P - t) = \cot \varphi \tan \delta \sin P \, .$$

Aus der getrennten Behandlung der Zeitsterndurchgänge in beiden Fernrohrlagen 1 und 2 ergeben sich die noch mit dem Einfluß der Kollimation behafteten Uhrkorrektionen u_1 und u_2 zu

$$u_1 = \alpha + t_1 - U_1 \, ; \qquad u_2 = \alpha + t_2 - U_2 \, .$$

Die resultierende Uhrkorrektion ist das Mittel $u = \frac{1}{2}(u_1 + u_2)$, vorausgesetzt, daß der Beobachtungsablauf hinreichend rasch erfolgen konnte. Im anderen Falle muß man die Kollimation c aus den Polsternzielungen in beiden Fernrohrlagen ermitteln und den Einfluß c cosec z an die Ablesungen A_1 und A_2 des Südsternes anbringen. Zur Erhöhung der Genauigkeit und zum Schutz vor groben Fehlern sollte man bei modernen Instrumenten, insbesondere solchen mit photographischer Kreisregistrierung, drei Antritte des Zeitsterns am Mittelfaden unmittelbar hintereinander beobachten und die Mittelwerte aus den Antrittszeiten und aus den Kreislesungen in die obige Rechnung eingeben.

Wenn der resultierende Uhrstand u erheblich von dem angenommenen Wert u' abweicht, bringt man eine differentielle Verbesserung Δu an u an:

$$\Delta u = (\tan \varphi - \tan \delta) \cot \delta' \cos t' \, (u' - u) \, .$$

Die dem Nordpunkt entsprechende Kreisstellung A_0 ergibt sich zu:

$$A_0 = A' - (a' + 0\overset{\circ}{.}32 - i' \cot z') \, .$$

4. Messung korrespondierender Zenitdistanzen verschiedener Sterne (Methode ZINGER)

Die Methode der Messung korrespondierender Zenitdistanzen wurde von ZINGER[1]) angegeben. Sie gestattet, infolge der gleichen Zenitdistanzen östlich und westlich vom Meridian die Zeit frei von Fehlern im angenommenen Refraktionsbetrag, der Fernrohrbiegung und von Kreisteilungsfehlern zu ermitteln. Ihre Anwendung erfordert außerdem einen geringen Aufwand an instrumentellen Hilfsmitteln, da weder eine stabile Aufstellung (die Unveränderlichkeit des Instrumentes wird nur für die kurze Zeit während des Sterndurchgangs und der Ablesung der HORREBOW-Libelle vorausgesetzt) noch überhaupt ein Instrument von

---

[1]) N. ZINGER, Die Zeitbestimmung aus correspondierenden Höhen verschiedener Sterne. Aus dem Russischen übersetzt von H. Kelchner. Leipzig 1877.

besonderer Güte benötigt wird. Ein Fernrohr mit einem Netz horizontaler Fäden, welches um eine nahezu horizontale und eine vertikale Achse drehbar und mit einer HORREBOW-Libelle versehen ist, deren Neigung sowohl gegen das Fernrohr als auch mit demselben gemeinschaftlich verändert werden kann, reicht zur Ausführung der Methode ZINGER aus. Andererseits bedingt aber die Anwendung dieser Methode ziemlich aufwendige Vorbereitungsarbeiten, welche durch geeignet konstruierte Tafeln allerdings wesentlich erleichtert werden können, und erfordert daher einen Mehraufwand an Rechnungsarbeit.

Die Sterne sind so auszuwählen, daß sie sich im Moment ihrer gleichzeitigen gleichen Zenitdistanz innerhalb der Azimutgrenzen von $\pm 30°$ in der Nähe des Ost- bzw. Westvertikals befinden und nicht zu nahe am Horizont ($z < 70°$) stehen und daß ihre Deklinationsdifferenzen kleiner als einige Grad sind. Damit müssen also Sternpaare annähernd gleicher Deklination aus dem FK4 herausgesucht werden, deren Deklination zwischen 20° und $\varphi - 2°$ liegen soll. Die zugehörigen Rektaszensionen sollen sich für die zenitnahen Sterne um etwa 3 Stunden, für die horizontnahen um etwa 10 Stunden unterscheiden.

Bei der praktischen Ausführung dieser Methode beobachtet man den einen Stern einige Minuten vor, den anderen ebenso viele Minuten nach dem Moment der gleichzeitigen gleichen Zenitdistanz. Bei Beginn der Beobachtungen mit dem Oststern werden daher die zu beobachtenden gleichen Zenitdistanzen größer, bei Beginn mit dem Weststern kleiner als die gleichzeitige gleiche Zenitdistanz sein. Das Netz horizontaler Fäden erlaubt eine Vervielfältigung der Beobachtungen. Man beobachtet bei unveränderter Zenitdistanz des Fernrohrs den Antritt an allen Fäden in der Nähe des vertikalen Mittelfadens. Die HORREBOW-Libelle wird vor und nach den Fadenantritten abgelesen. Kann ein Fadenantritt nicht beobachtet werden, so ist der Antritt für den gleichen Faden auch bei dem korrespondierenden Stern zu streichen. Es kann dann für beide Durchgänge der Mittelwert der Fadenantrittszeiten verwendet werden, wenn die Azimute der beiden Sterne symmetrisch zum Meridian liegen, d. h. $a_w + a_e = 360°$ bzw. $\delta_w = \delta_e$ ist. Die Korrektur wegen ungleichförmiger Bewegung in Zenitdistanz ist dann für beide Sterne gleich und hebt sich in der Uhrkorrektion heraus.[1])

Da die Beobachtung beider Sterne eines Paares wegen der HORREBOW-Libelle in gleicher Fernrohrlage ausgeführt werden muß, empfiehlt es sich, die Fernrohrlage zwischen den Sternpaaren zu wechseln, um das Resultat möglichst frei von instrumentellen Fehlern, insbesondere auch von zeitlichen Veränderungen des Instrumentes zu erhalten.

Für die nach der oben angegebenen Rahmenvorschrift herausgesuchten Sternpaare müssen Aufsuchungs-Koordinaten berechnet werden. Dies kann entweder nach den in Abschn. II.5 gegebenen Formeln oder wie folgt geschehen: Zunächst werden der Moment T der gleichzeitigen gleichen Zenitdistanz Z des betreffenden Paares sowie Z selbst ermittelt. Mit den Bezeichnungen

$$\delta = \frac{\delta_e + \delta_w}{2}, \qquad \varepsilon = \frac{\delta_e - \delta_w}{2}, \qquad \Theta = \frac{\alpha_e - \alpha_w}{2}$$

(ε in Bogensekunden) finden sich die Werte T und Z aus den Gleichungen:

$$T = \frac{\alpha_e + \alpha_w}{2} - \frac{\varepsilon}{15}\left(\frac{\tan\varphi}{\sin\Theta} - \frac{\tan\delta}{\tan\Theta}\right),$$

$$\cos Z = \sin\varphi \sin\delta_e + \cos\varphi\cos\delta_e\cos(T - \alpha_e) = \sin\varphi\sin\delta_w + \cos\varphi\cos\delta_w\cos(T - \alpha_w)$$

oder nach I.1 mit der Hilfsgröße M:

$$\tan M_{e,w} = \frac{\tan\delta_{e,w}}{\cos(T - \alpha_{e,w})}, \qquad \cos Z = \frac{\cos(\varphi - M_{e,w})\sin\delta_{e,w}}{\sin M_{e,w}}.$$

Die Genauigkeit dieser Näherungsrechnung, die nur auf Bogenminuten ausgeführt zu werden braucht, genügt für Einstellungszwecke vollkommen.

---

[1]) NIETHAMMER, a. a. O. S. 57f.

Die Azimute ergeben sich aus den Formeln:

$$\sin a_e = \frac{\cos \delta_e \sin (\alpha_e - T)}{\sin Z}, \qquad \sin a_w = \frac{\cos \delta_w \sin (\alpha_w - T)}{\sin Z}.$$

Die berechneten Werte gelten, wie gesagt, für den Moment der gleichzeitigen gleichen Zenitdistanz. Da man aber den einen Stern einige Minuten vor, den anderen einige Minuten nach diesem Moment zu beobachten hat, müssen an Z und $a_{e,w}$ noch Korrekturen dz und da angebracht werden, die einer zeitlichen Verschiebung $\pm dt$ entsprechen. Sie ergeben sich aus den Differentialausdrücken:

$$dz = -15 \cos \varphi \sin a \cdot dt, \qquad da = 15 (\sin \varphi + f \cos \varphi) \cdot dt,$$

wobei $f = -\cos a \cot z$ ist.

dt ist in Zeitminuten einzugeben, dz und da ergeben sich dann in Bogenminuten. Die Berechnung der Korrektionen kann mit dem Rechenschieber oder mittels nachstehender Tabellen erfolgen. Diese Vorbereitungsrechnungen zur Aufstellung des Beobachtungsprogramms können bei Benutzung der sowjetischen „Working Ephemerides" eingespart werden.[1])

$$dz = 15 \cos \varphi \sin a \cdot dt$$
$$dt = 1 \text{ Zeitminute}$$

a	φ								a
	0°	10°	20°	30°	40°	50°	60°	70°	
120°	13,'0	12,'8	12,'2	11,'2	10,'0	8,'4	6,'5	4,'4	60°
115	13,6	13,4	12,8	11,8	10,4	8,7	6,8	4,6	65
110	14,1	13,9	13,2	12,2	10,8	9,1	7,0	4,8	70
105	14,5	14,3	13,6	12,5	11,1	9,3	7,2	5,0	75
100	14,8	14,5	13,9	12,8	11,3	9,5	7,4	5,1	80
95	14,9	14,7	14,0	12,9	11,4	9,6	7,5	5,1	85
90	15,0	14,8	14,1	13,0	11,5	9,6	7,5	5,1	90

$$f = -\cos a \cot z$$

a	z							a
	10°	20°	30°	40°	50°	60°	70°	
120°	+2,84	1,37	0,87	0,60	0,42	0,29	0,18 –	60°
115	+2,40	1,16	0,73	0,50	0,35	0,24	0,15 –	65
110	+1,94	0,94	0,59	0,41	0,29	0,20	0,12 –	70
105	+1,47	0,71	0,45	0,31	0,22	0,15	0,09 –	75
100	+0,98	0,48	0,30	0,21	0,15	0,10	0,06 –	80
95	+0,49	0,24	0,15	0,10	0,07	0,05	0,03 –	85
90	+0,00	0,00	0,00	0,00	0,00	0,00	0,00 –	90

Die Reduktion der Beobachtungen erfolgt unter Anwendung der Formeln:

$$\delta = \frac{\delta_e + \delta_w}{2}, \qquad \varepsilon = \frac{\delta_e - \delta_w}{2}, \qquad t = \frac{\alpha_e - \alpha_w}{2} - \frac{U_e - U_w}{2},$$

$$\tan m = \tan \delta \tan \varepsilon \cot t, \qquad \sin (m + r) = \frac{\tan \varphi \tan \varepsilon}{\sin t} \cos m,$$

$$u = \frac{\alpha_e + \alpha_w}{2} - \frac{U_e + U_w}{2} - \frac{r}{15} - \frac{(n_e - n_w)\, p}{2 \cos \varphi \sin a},$$

[1]) ZVETKOV, Working Ephemerides, Moskau 1929.

$$da = 15\,(\sin\varphi + f\cdot\cos\varphi)\cdot dt$$
$$dt = 1 \text{ Zeitminute}$$

f	φ								f
	0°	10°	20°	30°	40°	50°	60°	70°	
+1,5	+22',5	+24',8	+26',3	+27',0	+26',9	+26',0	+24',2	+21',8	+1,5
+1,4	+21,0	+23,3	+24,9	+25,7	+25,7	+25,0	+23,5	+21,3	+1,4
+1,3	+19,5	+21,8	+23,5	+24,4	+24,6	+24,0	+22,7	+20,8	+1,3
+1,2	+18,0	+20,3	+22,0	+23,1	+23,4	+23,1	+22,0	+20,3	+1,2
+1,1	+16,5	+18,9	+20,6	+21,8	+22,3	+22,1	+21,2	+19,7	+1,1
+1,0	+15,0	+17,4	+19,2	+20,5	+21,1	+21,1	+20,5	+19,2	+1,0
+0,9	+13,5	+15,9	+17,8	+19,2	+20,0	+20,2	+19,7	+18,7	+0,9
+0,8	+12,0	+14,4	+16,4	+17,9	+18,8	+19,2	+19,0	+18,2	+0,8
+0,7	+10,5	+12,9	+15,0	+16,6	+17,7	+18,2	+18,2	+17,7	+0,7
+0,6	+ 9,0	+11,5	+13,6	+15,3	+16,5	+17,3	+17,5	+17,2	+0,6
+0,5	+ 7,5	+10,0	+12,2	+14,0	+15,4	+16,3	+16,7	+16,7	+0,5
+0,4	+ 6,0	+ 8,5	+10,8	+12,7	+14,2	+15,3	+16,0	+16,1	+0,4
+0,3	+ 4,5	+ 7,0	+ 9,4	+11,4	+13,1	+14,4	+15,2	+15,6	+0,3
+0,2	+ 3,0	+ 5,6	+ 7,9	+10,1	+11,9	+13,4	+14,5	+15,1	+0,2
+0,1	+ 1,5	+ 4,1	+ 6,5	+ 8,8	+10,8	+12,5	+13,7	+14,6	+0,1
0,0	± 0,0	+ 2,6	+ 5,1	+ 7,5	+ 9,6	+11,5	+13,0	+14,1	0,0
−0,1	− 1,5	+ 1,1	+ 3,7	+ 6,2	+ 8,5	+10,5	+12,2	+13,6	−0,1
−0,2	− 3,0	− 0,3	+ 2,3	+ 4,9	+ 7,3	+ 9,6	+11,5	+13,1	−0,2
−0,3	− 4,5	− 1,8	+ 0,9	+ 3,6	+ 6,2	+ 8,6	+10,7	+12,6	−0,3
−0,4	− 6,0	− 3,3	− 0,5	+ 2,3	+ 5,0	+ 7,6	+10,0	+12,0	−0,4
−0,5	− 7,5	− 4,8	− 1,9	+ 1,0	+ 3,9	+ 6,7	+ 9,2	+11,5	−0,5
−0,6	− 9,0	− 6,3	− 3,3	− 0,3	+ 2,7	+ 5,7	+ 8,5	+11,0	−0,6
−0,7	−10,5	− 7,7	− 4,7	− 1,6	+ 1,6	+ 4,7	+ 7,7	+10,5	−0,7
−0,8	−12,0	− 9,2	− 6,1	− 2,9	+ 0,4	+ 3,8	+ 7,0	+10,0	−0,8
−0,9	−13,5	−10,7	− 7,6	− 4,2	− 0,7	+ 2,8	+ 6,2	+ 9,5	−0,9
−1,0	−15,0	−12,2	− 9,0	− 5,5	− 1,8	+ 1,8	+ 5,5	+ 9,0	−1,0
−1,1	−16,5	−13,6	−10,4	− 6,8	− 3,0	+ 0,9	+ 4,7	+ 8,5	−1,1
−1,2	−18,0	−15,1	−11,8	− 8,1	− 4,1	− 0,1	+ 4,0	+ 7,9	−1,2
−1,3	−19,5	−16,6	−13,2	− 9,4	− 5,3	− 1,0	+ 3,2	+ 7,4	−1,3
−1,4	−21,0	−18,1	−14,6	−10,7	− 6,4	− 2,0	+ 2,5	+ 6,9	−1,4
−1,5	−22,5	−19,6	−16,0	−12,0	− 7,6	− 3,0	+ 1,7	+ 6,4	−1,5

in denen U_e und U_w die Mittelwerte der Antrittszeiten für Ost- und Weststern bezeichnen und die Stellungen der Blasenmitte n der Horrebow-Libelle positiv zu nehmen sind, wenn die Libelle eine zu große Zenitdistanz des Fernrohres anzeigt. p ist der Parswert der Libelle in Zeitsekunden.

Für höchste Genauigkeitsansprüche, oder wenn $|\delta_e - \delta_w| > 1°$, muß an die Uhrkorrektion u eine Korrektion wegen der unsymmetrischen Zenitdistanzänderung[1]) angebracht werden:

$$\Delta u_1 = -\frac{\Delta z_e - \Delta z_w}{2\cos\varphi\sin a},$$

wobei

$$\Delta z_{e,w} = C_{e,w}\,\frac{\sum_1^n dz_i^2}{30\,n}\sin 1'', \qquad C_{e,w} = \cot z + \frac{\cot t_{e,w}}{\cos\varphi\sin a_{e,w}}.$$

n ist die Anzahl der Fäden; $\frac{\sum_1^n dz_i^2}{30\,n}\sin 1''$ ist eine Intrumentalkonstante, die sich aus den Fadendistanzen dz_i (in Bogensekunden) errechnet. Die Stundenwinkel t_e und t_w ergeben sich aus der halben Summe $\frac{1}{2}(t_e + t_w) = \frac{r}{15}$ und der halben Differenz $\frac{1}{2}(t_e - t_w) = t$

[1]) Siehe z. B. Roelofs, Astronomy Applied to Land Surveying, Amsterdam 1950, S. 97.

der obigen Reduktionsrechnung, die Azimute a_e und a_w werden der vorbereitenden Rechnung für die Aufsuchungsephemeriden entnommen (siehe oben). Schließlich ist in jedem Fall an das Ergebnis noch der Einfluß der täglichen Aberration anzubringen in der Form:

$$\Delta u_2 = + 0^s\!.021 \cos z \, .$$

VII. Die Bestimmung der Polhöhe

1. Messung von Meridian-Zenitdistanzen (Methode STERNECK)

Die Methode der Zirkum-Meridian-Zenitdistanzen, die früher sehr gebräuchlich war, ist durch die von STERNECK angegebene Methode der Messung von Meridian-Zenitdistanzen heute wohl ausnahmslos verdrängt worden.

Die Methode STERNECK ist sowohl in der Programmvorbereitung als auch in der Durchführung und Auswertung denkbar einfach. Sie kann durchaus hohe Genauigkeitsansprüche erfüllen, insbesondere, wenn sie mit einem festen Sternprogramm nach besonderen Gesichtspunkten beobachtet und ausgewertet wird. Aber auch ohne Programm, wenn die Zenitdistanzen einer größeren Zahl beliebiger FK-Sterne in der Reihenfolge beobachtet werden, wie sie bei ihrem Meridiandurchgang erhalten werden können, liefert die Methode gute Resultate.

Für eine Programmvorbereitung empfiehlt es sich — ebenfalls nur FK-Sterne — in Gruppen von 8 oder 10 Sternen so auszuwählen, daß Σz_n etwa gleich Σz_s für eine solche Gruppe ist. Außerdem sollten wegen der Unsicherheiten der Refraktion Zenitdistanzen größer als 30°, äußerstenfalls 45°, vermieden werden. Es werden dann pro Abend zwei oder drei solche Gruppen beobachtet, wobei — sofern eine Verstellmöglichkeit vorhanden ist — in verschiedenen Kreisständen (gruppenweise oder abendweise) zu beobachten ist. Außerdem ist es wichtig, die Messungen auf beide Fernrohrlagen gleichmäßig zu verteilen und die Einstellungen der Sterne (Bisektionen durch den Horizontalfaden in der Nähe des mittleren Vertikalfadens) nur in einer Drehrichtung der Höhenfeinschraube des Fernrohres vorzunehmen, da nur in diesem Falle außer dem Zenitpunktfehler auch der systematische Einstellungsfehler eliminiert wird.

Die Reduktion erfolgt in der Weise, daß zunächst an die Ablesungen des optischen Mikrometers bzw. an das Mittel der Mikroskopablesungen ein eventueller Run anzubringen ist. Diese Mittel sind — sofern keine automatische Horizontierung des Index vorhanden ist — wegen der Ablesung an der Indexlibelle zu korrigieren und unter Anwendung der Tafel 25 vom Einfluß der Refraktion zu befreien. Zu diesem Zweck müssen im Laufe des Beobachtungsabends mehrfach Luftdruck und Lufttemperatur ermittelt werden. Um den Refraktionsbetrag hinreichend sicher ermitteln zu können, muß der Indexfehler (Zenitpunktskorrektion) des Höhenkreises bis auf mindestens 1′ bekannt oder korrigiert sein. Sind die Teilungsfehler bzw. Durchmesserkorrektionen des Höhenkreises bekannt, so werden sie angebracht.

Man erhält auf diese Weise die wahren Zenitdistanzen, die eventuell noch um kleine Beträge zu korrigieren sind, wenn die Beobachtungen in einem größeren Azimut erfolgt sein sollten, oder wenn der Stern nicht am Mittelfaden, sondern an einem Seitenfaden der Distanz F mit dem Horizontalfaden pointiert sein sollte.

Die Korrektion wegen eines Azimutes k in Bogensekunden des Instrumentenvertikals beträgt

$$dz_1 = -\frac{1}{2} k^2 \sin 1'' \, K \cdot \cos \varphi \, , \qquad \text{wobei} \quad K = \frac{\sin(\varphi - \delta)}{\cos \delta}$$

der Tafel 19 entnommen wird. Man erkennt, daß es genügt, das Instrument bis auf 30″ genau in den Meridian zu bringen, wenn man die Korrektion dz_1 vernachlässigen will und die Polhöhe durch den Azimutfehler für Sterne bis zur Deklination von 85° um nicht mehr als 0″.01 verfälscht erhalten werden soll.

Wird der Stern nicht am Mittelfaden, sondern an einem Seitenfaden der Distanz F pointiert, so beträgt die Korrektur wegen Krümmung des Parallels:

$$dz_2 = 112.5 \sin 1'' \tan \delta \, (F^s)^2 \, .$$

Zur Berechnung der Krümmung des Parallels kann man sich der Hilfstafel im Abschnitt VII.2 a) S. 31/32 bedienen. Dabei ist zu beachten, daß die Zenitdistanz nach Süden positiv, nach Norden negativ gezählt wird, so daß ihr absoluter Betrag für Sterne zwischen Pol und Zenit sowie für solche südlich des Äquators verkleinert wird. Ferner ist zu beachten, daß die Korrektionen dz_1 und dz_2 nicht unabhängig voneinander angebracht werden können, sondern daß vorausgesetzt ist, daß wechselseitig jeweils die andere Korrektion vernachlässigt werden kann, d. h. daß im ersten Fall am Mittelfaden, im zweiten Fall mit dem Instrumentenvertikal in unmittelbarer Nähe des Meridians beobachtet wurde. Aus den Zenitdistanzen wird die Polhöhe φ erhalten durch $\varphi = \delta_s + z_s$ bzw. $\varphi = \delta_n - z_n$.

Die so erhaltenen Resultate φ werden gemittelt, zunächst für jede Kreislage, dann wird das Mittel aus beiden Fernrohrlagen gebildet. Die Abweichungen der Einzelwerte vom Mittel der Fernrohrlage ergeben einen Einblick in die innere Meßgenauigkeit. Es kann versucht werden, diese durch Berücksichtigung einer eventuell vorhandenen Fernrohrbiegung zu verbessern. Bezeichnet φ_i den Einzelwert, φ das Mittel, so lauten die Fehlergleichungen:

$$\varphi_i - \varphi = d\varphi \pm \zeta - b \sin z_i + v_i \, .$$

ζ ist hierbei der Indexfehler des Höhenkreises, das Vorzeichen richtet sich nach der Fernrohrlage. b ist der Koeffizient der Biegung. Die Verbesserung $d\varphi$ des Mittels φ wird im allgemeinen wegen der Anlage des Beobachtungsprogramms unmerklich sein, so daß man auch auf die Bestimmung des Biegungskoeffizienten verzichten kann, da sich im allgemeinen kein signifikanter Wert ergibt und die innere Genauigkeit lediglich rechnungsmäßig erhöht wird,

Bezüglich der Reduktion auf den Mittleren Pol siehe die Bemerkungen unter VII.2.a). Methode HORREBOW-TALCOTT, Ableitung der Endresultate.

2. Messung der Differenzen von Zenitdistanzen

a) Meridian-Zenitdistanzen (HORREBOW-TALCOTT-*Methode*)

Von allen Methoden zur Bestimmung der Polhöhe ist die mikrometrische Messung der Differenzen von Meridianzenitdistanzen nördlich und südlich vom Zenit kulminierender Sterne diejenige, welche mit einem Minimum an Rechnungsarbeit den höchsten Genauigkeitsgrad der Resultate verbindet und welche die Polhöhe nahezu völlig frei von systematischen Fehlern zu bestimmen gestattet.

Da kein Kreis und keine Uhr benutzt werden, wird die Polhöhe frei von Teilungsfehlern und dem Einfluß einer fehlerhaften Uhrkorrektion erhalten. Die Symmetrie läßt Einflüsse der Biegung und der Refraktion unschädlich werden, so daß nur die Fehler der Deklinationen der Sterne, und zwar im vollen Betrag eingehen. Man sollte daher nach Möglichkeit FK-Sterne verwenden, doch wird sich damit meist noch kein vollständiges Programm aufstellen lassen. Werden GC-Sterne oder Sterne eines anderen Kataloges hinzugenommen, so ist in jedem Falle eine systematische Korrektur auf den FK vorzunehmen (siehe Abschnitt IV, S. 13). Bei der Verwendung anderer Kataloge bereitet es Schwierigkeiten, die EB zu ermitteln.

Da die Meßgrößen Schraubenablesungen und Libellenablesungen sind und deren Fehler voll in die Resultate eingehen, benötigt man ein vorzügliches Mikrometer und gute Libellen, deren man meist zwei zur gegenseitigen Kontrolle verwendet (HORREBOW-Niveaus). Die Libellen sind vor störenden Einflüssen, insbesondere vor Wärmestrahlung seitens des Beobachters oder der Beobachtungslampen, sowie vor seitlichen Luftströmungen von einem zu tief herabgehenden Spalt, einem offenen Fenster oder einer offenen Tür sorgfältig zu schützen.

Die Auswahl der Sterne ist so zu treffen, daß die je zwei miteinander zu kombinierenden Sterne in einem Zeitintervall von zirka $4^m—10^m$ aufeinander folgen und die Zenitdistanz den Betrag von 25° möglichst nicht überschreitet. Für die Ermittlung der passenden Deklinationen der Paare vgl. III.2, S. 12. Zweckmäßig wird man die Sternpaare in Gruppen von je etwa 12 Paaren beobachten. Für eine Breitenbestimmung erster Ordnung werden ein oder zwei solcher Gruppen in drei bis fünf Nächten beobachtet. Für den Internationalen Poldienst (IPMS) und den Breitenschnelldienst (SIR) werden für alle Rektaszensionen solche Gruppen gebildet, die dann durch Anwendung der sogenannten Kettenmethode eine Verbesserung der Deklinationsdifferenzen der Sternpaare erlauben. Der IPMS bedient sich wegen der hervorragenden Resultate und aus Gründen der Kontinuität noch immer auf den Internationalen Breitenstationen ($\varphi = +39°8'$) der 1890 eingeführten HORREBOW-TALCOTT-Methode mit visuellen Zenitteleskopen. Die Ausführung der Beobachtungen erfolgt in der Weise, daß zunächst das Fernrohr auf das arithmetische Mittel der Zenitdistanzen der beiden Sterne eingestellt wird und die Libellen angeklemmt und durch Betätigung der Libellen-Feinbewegungsschraube nahezu eingespielt werden. Hierauf wird der bewegliche Horizontal-Faden entsprechend der Zenitdistanzdifferenz der beiden Komponenten des Sternpaares und der Fernrohrlage annähernd auf den Revolutionswert eingestellt, bei dem der erste Stern des Paares zu erwarten ist. Kurz bevor der Stern in das Gesichtsfeld eintritt werden beide Libellen abgelesen, hierauf mit dem beweglichen Faden eine möglichst große Anzahl von Pointierungen des Sterns symmetrisch zum vertikalen Mittelfaden gemacht und dann die Libellen nochmals abgelesen. Durch eine große Anzahl von Pointierungen kann nicht nur der Pointierungsfehler herabgedrückt werden, sondern es wird vor allem auch der Einfluß von kurzzeitigen Refraktionsstörungen vermindert.[1]) Es empfiehlt sich, die Trommelablesungen zunächst auf ein Tonbandgerät zu sprechen, um die Zahl der Pointierungen möglichst groß zu erhalten und sich ganz darauf konzentrieren zu können. Die Mikrometerschraube wird hierbei immer nur in einer Richtung, entsprechend dem Heranziehen des Schlittens durch die Schraube, gedreht, da bei der entgegengesetzten Bewegungsrichtung durch den von der Anspannung der Feder abhängigen toten Gang ein unkontrollierbares Element in die Messung eingeht.

Hierauf wird die Achse umgelegt bzw., beim Zenitteleskop, das Instrument um 180° gedreht. Die Libellen werden mit der Höhenfeinbewegung des Fernrohres wieder nahezu eingespielt. Nachdem der bewegliche Faden annähernd auf den Revolutionswert eingestellt worden ist, bei dem der zweite Stern zu erwarten ist, wird mit den Libellenablesungen und den Pointierungen in gleicher Weise verfahren wie beim ersten Stern.

Die Berechnung der Beobachtungen erfolgt in der Weise, daß zunächst die arithmetischen Mittel der Mikrometerablesungen für jeden Sterndurchgang gebildet und diese dann wegen der Neigung, der Krümmung des Parallels und des Fehlers der Schraube verbessert werden.

Bezeichnet man den Parswert der Libelle in Einheiten der Schraubenumdrehung mit ϱ, die Ablesungen an beiden Blasenenden bei durchgeteilter Libelle mit n und s, die der Mitte der Teilung entsprechende Ablesung mit M, beträgt die Verbesserung der Schraubenablesung wegen der Neigung:

$$\pm \varrho\left(\frac{n+s}{2} - M\right),$$

wobei das Vorzeichen nur von der Richtung der Bezifferung der Libellen und der Schraubentrommel abhängt und daher für ein bestimmtes Instrument für alle Lagen ein für allemal gegeben ist.

---

[1]) MACKO, O., Über die Genauigkeit der Zenitdistanzdifferenz der HORREBOW-TALCOTT-Paare. Wiss. Zeitschr. d. TU. Dresden 14. = Mitt. Nr. 11, d. Lohrmanninstituts d. TU Dresden (1965).

Die Korrektion wegen der Krümmung des Parallels wird, ebenfalls in Einheiten der Schraubenumdrehung, nach der Formel

$$\pm 112.5 \sin 1'' \tan \delta (F^s)^2 \frac{1}{R}$$

berechnet, in welcher F die äquatoreale Distanz vom Mittelfaden in Zeitsekunden und R den Winkelwert der Schraubenrevolution in Bogensekunden bezeichnet. Hinsichtlich der Wahl des Vorzeichens kann man von der Überlegung ausgehen, daß der bewegliche Faden bei Einstellung auf Sterne außerhalb des Meridians immer dem Pol zu nahe steht. Die Korrektionen in Bogensekunden sind in der folgenden Tabelle in Abhängigkeit von F und δ

Korrektion wegen der Krümmung des Parallels in Bogensekunden

δ	F						
	0^s	5^s	10^s	15^s	20^s	25^s	30^s
0°	0.″00	0.″00	0.″00	0.″00	0.″00	0.″00	0.″00
1	0.00	0.00	0.00	0.00	0.00	0.01	0.01
2	0.00	0.00	0.00	0.00	0.01	0.01	0.02
3	0.00	0.00	0.00	0.01	0.01	0.02	0.03
4	0.00	0.00	0.00	0.01	0.02	0.03	0.03
5	0.00	0.00	0.00	0.01	0.02	0.03	0.04
6	0.00	0.00	0.01	0.01	0.02	0.04	0.05
7	0.00	0.00	0.01	0.02	0.03	0.04	0.06
8	0.00	0.00	0.01	0.02	0.03	0.05	0.07
9	0.00	0.00	0.01	0.02	0.03	0.05	0.08
10	0.00	0.00	0.01	0.02	0.04	0.06	0.09
11	0.00	0.00	0.01	0.02	0.04	0.07	0.10
12	0.00	0.00	0.01	0.03	0.05	0.07	0.10
13	0.00	0.00	0.01	0.03	0.05	0.08	0.11
14	0.00	0.00	0.01	0.03	0.05	0.08	0.12
15	0.00	0.00	0.01	0.03	0.06	0.09	0.13
16	0,00	0.00	0.02	0.04	0.06	0.10	0.14
17	0.00	0.00	0.02	0.04	0.07	0.10	0.15
18	0.00	0.00	0.02	0.04	0.07	0.11	0.16
19	0.00	0.00	0.02	0.04	0.08	0.12	0.17
20	0.00	0.00	0.02	0.04	0.08	0.12	0.18
21	0.00	0.01	0.02	0.05	0.08	0.13	0.19
22	0.00	0.01	0.02	0.05	0.09	0.14	0.20
23	0.00	0.01	0.02	0.05	0.09	0.14	0.21
24	0.00	0.01	0.02	0.05	0.10	0.15	0.22
25	0.00	0.01	0.03	0.06	0.10	0.16	0.23
26	0.00	0.01	0.03	0.06	0.11	0.17	0.24
27	0.00	0.01	0.03	0.06	0.11	0.17	0.25
28	0.00	0.01	0.03	0.07	0.12	0.18	0.26
29	0.00	0.01	0.03	0.07	0.12	0.19	0.27
30	0.00	0.01	0.03	0.07	0.13	0.20	0.28
31	0.00	0.01	0.03	0.07	0.13	0.20	0.29
32	0.00	0.01	0.03	0.08	0.14	0.21	0.31
33	0.00	0.01	0.04	0.08	0.14	0.22	0.32
34	0.00	0.01	0.04	0.08	0.15	0.23	0.33
35	0.00	0.01	0.04	0.09	0.15	0.24	0.34
36	0.00	0.01	0.04	0.09	0.16	0.25	0.36
37	0.00	0.01	0.04	0.09	0.16	0.26	0.37
38	0.00	0.01	0.04	0.10	0.17	0.27	0.38
39	0.00	0.01	0.04	0.10	0.18	0.28	0.40
40	0.00	0.01	0.05	0.10	0.18	0.29	0.41

Korrektion wegen der Krümmung des Parallels in Bogensekunden

δ	*F*						
	0^s	5^s	10^s	15^s	20^s	25^s	30^s
40°	0.″00	0.″01	0.″05	0.″10	0.″18	0.″29	0.″41
41	0.00	0.01	0.05	0.11	0.19	0.30	0.43
42	0.00	0.01	0.05	0.11	0.20	0.31	0.44
43	0.00	0.01	0.05	0.11	0.20	0.32	0.46
44	0.00	0.01	0.05	0.12	0.21	0.33	0.47
45	0.00	0.01	0.05	0.12	0.22	0.34	0.49
46	0.00	0.01	0.06	0.13	0.23	0.35	0.51
47	0.00	0.01	0.06	0.13	0.23	0.37	0.53
48	0.00	0.02	0.06	0.14	0.24	0.38	0.55
49	0.00	0.02	0.06	0.14	0.25	0.39	0.56
50	0.00	0102	0.06	0.15	0.26	0.41	0.58
51	0.00	0.02	0.07	0.15	0.27	0.42	0.61
52	0.00	0.02	0.07	0.16	0.28	0.44	0.63
53	0.00	0.02	0.07	0.16	0.29	0.45	0.65
54	0.00	0.02	0.08	0.17	0.30	0.47	0.68
55	0.00	0.02	0.08	0.18	0.31	0.49	0.70
56	0.00	0.02	0.08	0.18	0.32	0.51	0.73
57	0.00	0.02	0.08	0.19	0.34	0.53	0.76
58	0.00	0.02	0.09	0.20	0.35	0.55	0.79
59	0.00	0.02	0.09	0.20	0.36	0.57	0.82
60	0.00	0.02	0.09	0.21	0.38	0.59	0.85
61	0.00	0.02	0.10	0.22	0.39	0.61	0.89
62	0.00	0.03	0.10	0.23	0.41	0.64	0.92
63	0.00	0.03	0.11	0.24	0.43	0.67	0.96
64	0.00	0.00	0.11	0.25	0.45	0.70	1.01
65	0.00	0.03	0.12	0.26	0.47	0.73	1.05
66	0.00	0.03	0.12	0.28	0.49	0.77	1.10
67	0.00	0.03	0.13	0.29	0.51	0.80	1.16
68	0.00	0.03	0.14	0.30	0.54	0.84	1.22
69	0.00	0.04	0.14	0.32	0.57	0.89	1.28
70	0.00	0.04	0.15	0.34	0.60	0.94	1.35
71	0.00	0.04	0.16	0.36	0.63	0.99	1.43
72	0.00	0.04	0.17	0.38	0.67	1.05	1.51
73	0.00	0.04	0.18	0.40	0.71	1.12	1.61
74	0.00	0.05	0.19	0.43	0.76	1.19	1.72
75	0.00	0.05	0.20	0.46	0.81	1.27	1.83
76	0.00	0.05	0.22	0.49	0.88	1.37	1.97
77	0.00	0.06	0.24	0.53	0.95	1.48	2.13
78	0.00	0.06	0.26	0.58	1.03	1.60	2.31
79	0.00	0.07	0.28	0.63	1.12	1.75	2.53
80	0.00	0.08	0.31	0.70	1.24	1.98	2.78

gegeben. Sie brauchen nur noch durch den Schraubenwert in Bogensekunden dividiert zu werden, um sie in Einheiten des Schraubenwertes zu erhalten.

Als dritte Korrektion ist an die Mikrometerablesungen die Verbesserung wegen der Schraubenfehler anzubringen. Da ein Fehler der Schraube mit seinem vollen Betrag in das Resultat eingeht, ist eine sorgfältige Untersuchung der Schraube sowohl auf ihre fortschreitenden als auch auf ihre periodischen Fehler auszuführen. Außerdem ist der Wert einer Schraubenrevolution in Bogensekunden so genau wie möglich zu ermitteln.

Die Untersuchung der Schraubenfehler geschieht am besten im Laboratorium, da die Messungen hier nicht durch die Luftunruhe und durch Unbequemlichkeit beeinflußt werden. Die periodischen Fehler werden durch Ausmessung eines kleinen, etwa 0.3 Revolutionen betragenden Intervalls ermittelt. Hierbei wird das Intervall jeweils um 0.1 Revolutionen verschoben. Die Auswertung der Messungsergebnisse geschieht durch eine FOURIER-Analyse.[1]) Die fortschreitenden Fehler werden ermittelt, indem ein etwa 1 Revolution großes Intervall, jeweils um 1 Revolution verschoben, mit der Schraube fortlaufend ausgemessen wird.

Ein sehr genaues Meßverfahren läßt sich durch eine Projektionsmethode realisieren, bei der die Fadenplatte in weiten Grenzen beliebig vergrößert werden kann, so daß die Distanzen mit einer wesentlich größeren Genauigkeit als bei der normalen Benutzung des Mikrometers ausgemessen werden können.

Der Winkelwert der Schraubenrevolution läßt sich allerdings nur am Himmel mit hinreichender Genauigkeit ermitteln. Geeignete Sternpaare mit geringen Deklinationsunterschieden und annähernd gleicher Rektaszension gestatten eine Benutzung des Mikrometers in vertikaler Richtung, worauf unbedingt geachtet werden muß. Kann das Instrument aus dem Meridian herausbewegt werden, so kann man den Polarstern in der größten Digression verwenden, indem man Durchgänge an dem in Schritten von 0.2 Revolutionen verstellten Faden, symmetrisch zur Digression und zum Mittelfaden beobachtet. Die Zenitdistanzunterschiede der einzelnen Antritte mit der Zenitdistanz in der größten Digression ergeben sich aus der Formel:

$$z - z_0 = \frac{1}{\sin 1''} \cos \delta \sin (U - U_0) \, ,$$

wenn U die jeweilige Antrittszeit und U_0 der Moment der größten Digression, z und z_0 die zugehörigen Zenitdistanzen sind. Die so erhaltenen Zenitdistanzdifferenzen sind noch wegen der differentiellen Refraktion zu verbessern. Der Schraubenwert ergibt sich aus diesen Differenzreihen mit hoher Sicherheit, wenn an die Schraubenlesungen noch die Schraubenfehler angebracht worden sind, die im Labor bestimmt wurden. Eine gemeinsame Bestimmung von Schraubenfehlern und Schraubenwert aus den Polarismessungen ist zwar prinzipiell möglich, aber nicht zu empfehlen.

Wenn die drei Korrektionen wegen der Neigung, der Krümmung des Parallels und der Schraubenfehler an die einzelnen Schraubenablesungen angebracht sind, so erfolgt die weitere Berechnung der Beobachtungen unter Anwendung der Formel:

$$\varphi = \frac{\delta_s + \delta_n}{2} \pm R \frac{m_e - m_w}{2} + \frac{r_s - r_n}{2} \, ,$$

in welcher δ_s und δ_n die scheinbaren Deklinationen (einschließlich der kurzperiodischen Nutationsglieder) des Süd- und Nordsterns, m_e und m_w die korrigierten Mittel der Mikrometerablesungen beider Achslagen (Kreis Ost und West), R den Schraubenwert und r_s und r_n die Refraktionsbeträge für den Süd- und Nordstern bezeichnen. Das Vorzeichen für das Schraubenglied richtet sich nach der Richtung der Bezifferung der Mikrometertrommel, es ist stets gleich dem Vorzeichen von $z_s - z_n$.

Da die Refraktion nur differentiell wirkt, kann mit einem mittleren Refraktionskoeffizienten α (in Bogensekunden) gerechnet werden unter Ansatz von $r = \alpha \tan z$. Es ergibt sich dann das Refraktionsglied genähert zu

$$\frac{r_s - r_n}{2} = \alpha \frac{z_s - z_n}{2 \cos^2 z} \sin 1' \, .$$

[1]) Siehe z. B. BRÜNNOW, Lehrbuch der Sphärischen Astronomie, Berlin 1881, S. 446 f.

$z_s - z_n$ wird hierbei in Bogenminuten eingesetzt, das Resultat in Bogensekunden erhalten. Der Betrag dieser Korrektion ist mit den Argumenten z und $z_s - z_n$ unmittelbar der nachstehenden Tabelle zu entnehmen, die für $\alpha = 60''$ gilt. Will man den Druck p [Torr] und die Lufttemperatur t [°C] berücksichtigen, so multipliziere man die Werte der Tabelle mit $\frac{p}{760} \cdot \frac{273}{273 + t}$.

Korrektion wegen Refraktion

$z_s - z_n$	z						
	0°	5°	10°	15°	20°	25°	30°
0′ 0″	0″.00	0″.00	0″.00	0″.00	0″.00	0″.00	0″.00
1 0	0.01	0.01	0.01	0.01	0.01	0.01	0.01
2 0	0.02	0.02	0.02	0.02	0.02	0.02	0.02
3 0	0.02	0.03	0.03	0.03	0.03	0.03	0.03
4 0	0.03	0.03	0.03	0.04	0.04	0.04	0.04
5 0	0.04	0.04	0.04	0.04	0.05	0.05	0.05
6 0	0.05	0.05	0.05	0.05	0.06	0.06	0.07
7 0	0.06	0.06	0.06	0.06	0.07	0.07	0.08
8 0	0.07	0.07	0.07	0.07	0.08	0.08	0.09
9 0	0.08	0.08	0.08	0.08	0.09	0.09	0.10
10 0	0.08	0.08	0.09	0.09	0.10	0.10	0.11
11 0	0.09	0.09	0.10	0.10	0.10	0.11	0.12
12 0	0.10	0.10	0.10	0.11	0.11	0.12	0.13
13 0	0.11	0.11	0.11	0.12	0.12	0.13	0.14
14 0	0.12	0.12	0.12	0.13	0.13	0.14	0.15
15 0	0.13	0.13	0.13	0.13	0.14	0.15	0.16
16 0	0.13	0.14	0.14	0.14	0.15	0.16	0.18
17 0	0.14	0.14	0.15	0.15	0.16	0.17	0.19
18 0	0.15	0.15	0.16	0.16	0.17	0.18	0.20
19 0	0.16	0.16	0.17	0.17	0.18	0.20	0.21
20 0	0.17	0.17	0.18	0.18	0.19	0.21	0.23

Einfluß der Instrumentalfehler

Mit den Bezeichnungen c, i, k, für Kollimation, Neigung und Azimut sowie den Koeffizienten C, I, K der Mayerschen Reduktionsformel für Meridiandurchgangsbeobachtungen berechnet sich der Einfluß dieser Fehler auf die Polhöhe zu

$$\frac{1}{\sin 1''} d\varphi = + \frac{1}{2} c^2 \tan\delta + \frac{1}{2} i^2 I \sin\varphi - \frac{1}{2} k^2 K \cos\varphi - k\,i\,I \cos\varphi - k\,c\,C \cos\varphi + i\,c\,C \sin\varphi\,.$$

Eine Diskussion dieser Formel zeigt, daß insbesondere der Kollimationsfehler wegen des Faktors $\tan\delta$ bei Nordsternen sich merklich auswirkt. Es empfiehlt sich daher, c unter $30''$ zu halten, wodurch erreicht wird, daß $d\varphi$ unter 0″.01 bleibt. k und i sollen dabei unter $60''$ bleiben. Auf jeden Fall wird man sich bemühen, die Instrumentalfehler c, i, k möglichst klein und unter Kontrolle zu halten.

Ableitung der Endresultate

Es werden zunächst die arithmetischen Mittel für die einzelnen Sternpaare über die Abende hinweg gebildet, um Sternpaare (nicht dem FK entnommen) herauszufinden, die systematisch vom Gesamtresultat abweichen. Wenn ein Sternpaar mit mehr als dem doppelten oder dreifachen der inneren Übereinstimmung vom Gesamtmittel aller Sternpaare abweicht, so kann es unbedenklich gestrichen werden. Eine Ableitung von Deklinationskorrektionen ist nur aus einem über mindestens 1½ Jahre erstreckten Beboachtungsmaterial nach der Kettenmethode möglich, aus dem dann auch die mittlere, von den Polschwankungen befreite Polhöhe der Station abgeleitet werden kann. In jedem anderen Fall muß die gemessene Polhöhe mit den Angaben des SIR oder des IPMS auf den Mittleren Pol reduziert werden, was jedoch immer erst nachträglich, nach Vorliegen der Informationsbulletins dieser Dienste möglich ist.

Es werden nunmehr zweckmäßig die Abendmittel über alle Paare gebildet, um die Übereinstimmung der einzelnen Abende zu kontrollieren. Ein Herausfallen eines einzelnen Abends ist bei der streng differentiellen Methode jedoch sehr ungewöhnlich. Es kann nunmehr das Gesamtmittel gebildet werden, wobei von einer Gewichtsverteilung abzusehen ist. Das Endresultat muß, wie erwähnt, nach Vorliegen der Koordinaten des Instantanen Pols, noch auf den Mittleren Pol reduziert werden. Dies gilt naturgemäß für alle Verfahren der Polhöhenbestimmung.

b) Zenitdistanzen außerhalb des Meridians (*Methode* PEWZOW)

Wenn ein Okularmikrometer nicht zur Verfügung steht, kann man von einem der ZINGERschen Methode der Zeitbestimmung analogen Verfahren der Messung korrespondierender Zenitdistanzen verschiedener Sterne Gebrauch machen, das von PEWZOW[1]) angegeben und eingehend behandelt wurde. Die Methode beruht darauf, genau gleiche Höhen eines nördlichen und eines südlichen Sterns zu beobachten, und ersetzt die mikrometrischen Einstellungen der Sterne durch Durchgangsbeobachtungen der Sterne durch eine Anzahl horizontaler Fäden im Fernrohr.

Dieses Verfahren setzt — wie bei der ZINGERschen Methode — das Vorhandensein einer oder zweier Versicherungslibellen (HORREBOW-Niveaus) voraus und verlangt die ziemlich gut genäherte Kenntnis des Uhrstandes, der notfalls gesondert bestimmt werden muß, eventuell durch Kombination mit Beobachtungen nach der ZINGERschen Methode.

Die Sternpaare werden symmetrisch zum I. Vertikal in der Nähe des Meridians (5° bis 30° Meridianabstand) ausgesucht. Die Symmetrie zum I. Vertikal mindert den Einfluß eines Fehlers in der Uhrkorrektion in starkem Maße, die Meridiannähe wirkt sich für Fehler in der Zenitdistanz günstig aus, wie aus der Differentialformel hervorgeht:

$$d\varphi = \frac{\cos\varphi}{\tan\frac{a_1 + a_2}{2}}\, du + \frac{1}{\cos a_1 - \cos a_2}\, dz\,.$$

Die Auswahl der Sternpaare, die diesen Bedingungen genügen, ist noch umständlicher als bei der ZINGERschen Methode. Dies ist ein ausgesprochener Nachteil des Verfahrens. Im Gegensatz zur Methode HORREBOW-TALCOTT dürfte es jedoch hier fast immer gelingen, die Paare aus FK-Sternen auszuwählen. Die Auswahl geschieht am besten auf graphischem Wege: Für eine Sternkarte in stereographischer Projektion wird ein transparentes Deckblatt gezeichnet, das für den der Breite φ der Station entsprechenden Polabstand des Zenits Linien gleicher Höhe (Almukantarate) und Linien gleichen Azimuts enthält. Da sich Kugelkreise in der stereographischen Projektion wieder als Kreise (oder als Gerade, wenn sie durch den kartographischen Pol gehen) abbilden, ist die Zeichnung verhältnismäßig einfach, da man drei Punkte, die den Kreis festlegen, in den meisten Fällen unmittelbar in die Deckpause aus dem darunterliegenden äquatorealen Netz entnehmen kann. Die Deckpause wird sodann so bewegt, daß der Meridian (der sich gradlinig abbildende Vertikal) stets durch den Pol geht und der Zenit dabei ständig den Abstand 90° — φ hat. Eine Auswahl geeigneter Paare, die die oben angegebenen Bedingungen erfüllen, ist dann verhältnismäßig einfach.

---

[1]) M. PEWZOW, Über die Bestimmung der geographischen Breite durch korrespondierende Höhen zweier Sterne. Schr. d. Kais. Russ. Geogr. Ges. Teil XVII Nr. 5, St. Petersburg 1888 und Teil XXXII Nr. 2, St. Petersburg 1899.

Die Einstellwerte dieser so ausgesuchten Paare erhält man aus folgenden Formeln, die für den Durchgang durch den gleichen Almukantarat der Zenitdistanz z gelten:

$$\cos z = \sin \delta \cos \varepsilon \cos \varphi ,$$
$$\cos a_s = \cos \delta \sin \varepsilon \operatorname{cosec} z \sec \varphi , \qquad a_n = 180^\circ - a_s ,$$
$$\sin t_s = \sin z \sin a_s \sec \delta_s , \qquad T_s = \alpha_s + t_s ,$$
$$\sin t_n = \sin z \sin a_n \sec \delta_n , \qquad T_n = \alpha_n + t_n ,$$

wobei

$$\delta = \frac{\delta_n + \delta_s}{2} \quad \text{und} \quad \varepsilon = \frac{\delta_n - \delta_s}{2} ,$$

T_s und T_n die Durchgangszeiten, α_s, α_n, δ_s, δ_n die äquatorealen Koordinaten des Nord- und Südsterns bedeuten. Will man den Antritt am Faden der Distanz Δz vom Mittelfaden beobachten, so verschiebt sich die Antrittszeit um

$$\Delta t = \frac{1}{15} \frac{\Delta z}{\sin a_s \cos \varphi} ,$$

worin Δt in Zeitminuten erhalten wird, wenn Δz in Bogenminuten ausgedrückt ist.

Berechnung der Beobachtungen

Bezeichnen U_s und U_n die Durchgangszeiten des südlichen und des nördlichen Sterns durch einen und denselben Faden sowie u den Uhrstand, ergibt sich die Polhöhe φ aus den Formeln:

$$t_s = U_s + u - \alpha_s , \qquad t_n = U_n + u - \alpha_n ,$$

$$\tan \varphi = \frac{\cos \delta_s \cos t_s - \cos \delta_n \cos t_n}{\sin \delta_n - \sin \delta_s}$$

oder, mit den Bezeichnungen

$$\delta = \frac{\delta_n + \delta_s}{2} , \qquad \varepsilon = \frac{\delta_n - \delta_s}{2} , \qquad \sigma = \frac{t_n + t_s}{2} , \qquad \tau = \frac{t_n - t_s}{2} ,$$

aus der Formel:

$$\tan \varphi = \cot \varepsilon \sin \sigma \sin \tau + \tan \delta \cos \sigma \cos \tau .$$

Bedeuten U_i die Antrittszeiten an den Einzelfäden und $\overline{U}_s$ und $\overline{U}_n$ die Mittel der Durchgangszeiten durch alle Fäden für den Süd- und Nordstern, so ist wegen der mit der Zeit nicht linearen Zenitdistanzänderung eine Korrektion $\Delta\varphi$ an die nach den obigen Formeln berechnete Polhöhe anzubringen, die sich folgendermaßen berechnet:

$$\Delta\varphi = \frac{1}{2} \left[\frac{\sum_1^n m''_{s\,i}}{2\,n} + \frac{\sum_1^n m''_{n\,i}}{2\,n} \right] \sin 2\,\varphi .$$

Hierbei bedeutet n die Zahl der Fäden und $m''_i = 2 \sin^2 \frac{(U_i - \overline{U})}{2} \frac{1}{\sin 1''}$.
Zur Berechnung der Größen m''_i kann Tafel 24 dienen.

An das auf den Durchgang durch den Mittelfaden reduzierte Ergebnis muß noch die Korrektion wegen der Neigungsänderung angebracht werden

$$\Delta\varphi_i = \frac{\cos \varphi \sin z}{\sin \delta_n - \sin \delta_s} (i_s - i_n) , \qquad i = \mu \left(\frac{z + w}{2} - M \right) ,$$

wenn i_s und i_n die durch den Parswert μ in Bogensekunden ausgedrückten Ausschläge der Blasenmitten gegenüber dem Teilungsmittelpunkt M bedeuten.

Eine Reduktion wegen des Einflusses der täglichen Aberration ist nicht erforderlich, wenn $a_s + a_n = 180°$, wie es das Beobachtungsprogramm fordert.

Bezeichnet man den aus den mittleren Durchgangszeiten berechneten, unkorrigierten Wert mit φ', so ergibt sich also das Endresultat für ein Sternpaar zu:

$$\varphi = \varphi' + \Delta\varphi + \Delta\varphi_i\,.$$

Für eine hinreichend gesicherte Bestimmung der Polhöhe sind mindestens 6 Sternpaare in mindestens 3 Nächten zu beobachten. Die Ergebnisse werden im allgemeinen ohne Gewichtsverteilung für jeden Abend gemittelt und dann das Mittel aus allen Abenden gebildet. Wegen der Reduktion des Mittels auf den Mittleren Pol vgl. VII.2.a) (Horrebow-Talcott-Methode) unter der Ableitung der Endresultate.

3. Durchgangsbeobachtungen im I. Vertikal

Die Methode, die Polhöhe aus Beobachtungen der Sterndurchgänge durch den Ost- und Westvertikal zu bestimmen, besitzt gegenüber den Verfahren der Messung von Meridian-Zenitdistanzen (Sterneck) bzw. Meridian-Zenitdistanzdifferenzen (Horrebow-Talcott) den Vorzug, daß sie die Polhöhe frei von den Fehlern in der Teilung der Kreise bzw. den Unvollkommenheiten der mikrometrischen Hilfsapparate sowie von Anomalien in der Refraktion ergibt, während sie andererseits die Anwendung eines stabil gebauten und mit einer empfindlichen Libelle versehenen Instrumentes voraussetzt, das zudem noch solide aufgestellt sein muß. Die außerdem notwendige Konstanz des Uhrganges ist heute durch die Anwendung der Dauerzeitsignale bzw. transportabler Quarzuhren jederzeit realisierbar.

Ein Hauptaugenmerk bei rationeller Ausführung dieser Methode ist darauf zu richten, daß der Kollimationsfehler und das Azimut des Instrumentes so klein wie möglich gemacht werden, weil dann die Rechnung wesentlich einfacher wird, da die in den Instrumentalfehlern quadratischen Glieder in diesem Fall nicht berücksichtigt zu werden brauchen.

Man wird daher zunächst den Kollimationsfehler aus Sternbeobachtungen oder durch Einstellung eines gut sichtbaren irdischen Objekts in beiden Lagen des Instrumentes nahezu auf Null zu bringen suchen und alsdann das Instrument so genau wie möglich in den I. Vertikal bringen. Dies geschieht am besten in der Weise, daß man unter Anwendung der Formel:

$$\cos t = \frac{\tan\delta}{\tan\varphi}$$

für einen Stern von größerer Zenitdistanz den Moment ermittelt, wann derselbe den I. Vertikal passieren muß. Man justiert dann das Instrument so, daß sich der Stern in dem betreffenden Moment in Koinzidenz mit dem Mittelfaden befindet.

Ferner ist große Sorgfalt auf die Nivellierungen der Achse zu verwenden, weil die Unsicherheit in der Kenntnis der Neigung bei im übrigen vorsichtiger Handhabung der Methode als eine Hauptfehlerquelle anzusehen ist, da die Neigung mit dem vollen Betrag in das Ergebnis eingeht.

Die Durchgänge werden entweder als Fadenantritte mit dem Taster oder mit dem Registriermikrometer beobachtet. Da für die Methode wegen der erwähnten Anforderung an die Stabilität fast ausschließlich das Passageinstrument Verwendung findet, wird man während des Durchgangs des Sterns durch den I. Vertikal die Achse umlegen, so daß der Kollimationsfehler c eliminiert wird. Beim Durchgang ist auf Symmetrie zum mittleren Horizontalfaden zu achten, um eine eventuell vorhandene Fadenschiefe möglichst unschädlich zu machen, was jedoch streng nur gelingt, wenn alle Beobachtungen in unmittelbarer Nähe des Horizontalfadens gemacht werden. Niethammer[1]) empfiehlt eine automatische Nach-

[1]) Th. Niethammer, a. a. O. S. 29f.

führung in Zenitdistanz. Um auch den Einfluß eines Azimutfehlers k zu eliminieren, muß der Durchgang eines Sterns sowohl im Ost- als auch im Westvertikal beobachtet werden. Dies kann in der ursprünglich üblichen und vor allem von W. STRUVE propagierten Weise dadurch geschehen, daß man denselben Stern im Osten und im Westen beobachtet. Nach NIETHAMMER werden verschiedene Sterne paarweise im Osten und Westen beobachtet, was verschiedene Vorteile bietet.[1])

Was die Auswahl der Sterne anlangt, so lehren die Differentialausdrücke, daß die Fehler in der resultierenden Polhöhe um so geringer werden, je kleiner die Zenitdistanzen der Sterne beim Durchgang durch den I. Vertikal sind, oder, was dasselbe besagt, je weniger sich die Deklination der Sterne von dem Werte der Polhöhe unterscheidet. Man wird daher eine Meridianzenitdistanz $\varphi - \delta$ von 2° nicht wesentlich überschreiten, insbesondere bei Anwendung der Methode in der von STRUVE angegebenen Form, weil dann die Zeitintervalle zwischen dem Durchgang durch den Ost- und Westvertikal so bedeutend werden, daß die Konstanz der Kollimation und des Azimuts während der Dauer der Beobachtungen nicht mehr vorausgesetzt werden kann. Beobachtet man in der von NIETHAMMER angegebenen Weise verschiedene Sterne in Ost- und Westvertikal, so wird man solche Sterne kombinieren, bei denen die Zwischenzeit möglichst kurz ist. Dabei können auch Sterne verwendet werden, für die $\varphi - \delta > 2°$. Nach einer Untersuchung von NIETHAMMER[2]) ist es dann fehlertheoretisch am günstigsten, wenn die Zenitdistanzen z_e und z_w des Ost- und Weststerns der Bedingung

$$\tan (z_w + z_e) = 2 \tan z_e$$

genügen. Diese Beziehung gestattet, für ein vorgegebenes z_e des Oststerns den günstigsten Weststern herauszusuchen. Seine Zenitdistanz im I. Vertikal muß z_w sein. Zur Berechnung der Zenitdistanzen und Stundenwinkel können die Tafeln 3 und 4 sowie 15 und 16 Verwendung finden.

Fundamentalformeln

Durchgangszeiten durch den Ost- und Westvertikal:

Kreis Nord, Stern Ost: $$T = U - \frac{i}{\sin\varphi \tan z} - \frac{k}{\sin\varphi} - \frac{c}{\sin\varphi \sin z},$$

Stern West: $$T = U + \frac{i}{\sin\varphi \tan z} - \frac{k}{\sin\varphi} + \frac{c}{\sin\varphi \sin z},$$

Kreis Süd, Stern Ost: $$T = U - \frac{i}{\sin\varphi \tan z} - \frac{k}{\sin\varphi} + \frac{c}{\sin\varphi \sin z},$$

Stern West: $$T = U + \frac{i}{\sin\varphi \tan z} - \frac{k}{\sin\varphi} - \frac{c}{\sin\varphi \sin z}.$$

Bestimmung der Polhöhe:

Formeln:

$$\tan\varphi = \tan\delta \sec t,$$

$$\sin(\varphi - \delta) = 2 \sin\varphi \cos\delta \sin^2\frac{t}{2},$$

$$\sin(\varphi - \delta) = \sin(\varphi + \delta) \tan^2\frac{t}{2}.$$

---

[1]) TH. NIETHAMMER, a. a. O. S. 113.

[2]) NIETHAMMER, a. a. O., S. 111.

Differentialausdrücke

für die erste Formel: $$\frac{d\varphi}{dt} = \sin\varphi \tan z = \frac{1}{2}\sin 2\,\varphi \tan t\,,$$

$$\frac{d\varphi}{d\delta} = \frac{\sin 2\,\varphi}{\sin 2\,\delta} = \frac{\cos\varphi}{\cos\delta\cos z}\,.$$

Die beiden anderen Formeln werden im folgenden nicht benutzt, sie sind nur der Vollständigkeit halber gegeben.

Für einen Vertikal, dessen Azimut von 90° abweicht, gilt mit U_e und U_w für den Durchgang durch diesen Vertikal im Osten und Westen die modifizierte Formel:

$$\tan\varphi = \tan\delta \sec\frac{U_w - U_e}{2}\cos\Delta\,,$$

wobei $$\Delta = \frac{U_e + U_w}{2} - \alpha\,.$$

Wenn sich die Achse im Meridian befindet, ist Δ offenbar gleich Null, so daß $\cos\Delta$ in der Nähe des Meridians sehr nahe gleich 1 ist.

Einfluß der Instrumentalfehler

i = Neigung der Drehungsachse gegen den Horizont, positiv, wenn das Nordende der Achse zu hoch ist.

c = Kollimation, positiv, wenn der Winkel zwischen der Ziellinie und dem Kreisende der Drehungsachse größer als 90° ist.

k = Azimut, positiv, wenn das Nordende der Drehungsachse nach Osten abweicht.

Mit diesen Instrumentalfehlern lautet die Formel, wenn angenommen wird, daß infolge der Kleinheit der Instrumentalfehler nur deren 1. Potenzen in Rechnung zu ziehen sind:

$$\tan\varphi' = \tan\delta\sec t$$

Kreis Nord, Stern Ost: $\varphi = \varphi' + c\sec z + i + k\tan z\,,$

Stern West: $\varphi = \varphi' + c\sec z + i - k\tan z\,,$

Kreis Süd, Stern Ost: $\varphi = \varphi' - c\sec z + i + k\tan z\,,$

Stern West: $\varphi = \varphi' - c\sec z + i - k\tan z\,.$

Berechnung der Beobachtungen

a) Beobachtung des gleichen Sterns im Ost- und Westvertikal (Methode Struve)

Die bequemsten Formeln für die Reduktion der Durchgänge an einem einzelnen Faden lauten, wenn U_1 bis U_4 die wegen Uhrstandes korrigierten Antrittszeiten in beiden Achslagen in der Reihenfolge Kreis NSSN oder SNNS bedeuten und U_1, U_2 dem Ostdurchgang, U_3, U_4 dem Westdurchgang entsprechen:

$$\frac{U_4 - U_1}{2} = t'\,, \quad \frac{U_3 - U_2}{2} = t''\,, \quad \frac{U_1 + U_2 + U_3 + U_4}{4} - \alpha = \Delta\,,$$

$$\tan\varphi' = \tan\delta\sec\frac{t' + t''}{2}\sec\frac{t' - t''}{2}\cos\Delta\,,$$

$$\varphi = \varphi' + \frac{1}{2}(i_e + i_w)\,.$$

i_e und i_w sind die Achsneigungen beim Ost- und Westdurchgang. Die Sekanten können der Tafel 23 entnommen werden. Diese Berechnungsmethode setzt die genäherte Kenntnis der Uhrkorrektion (etwa auf 0ˢ1) voraus, was jedoch kaum einen Nachteil bedeutet.

Für Stationsbeobachtungen wird man ausschließlich von diesen Formeln Gebrauch machen. Dagegen empfiehlt es sich, für laufende Polhöhenbestimmungen auf Sternwarten die erste Formel in der nachstehenden Weise umzugestalten:

$$m = \sec\frac{t' + t''}{2}\sec\frac{t' - t''}{2}\cos\Delta\,, \qquad n = 1 - \frac{1}{m}\,,$$

$$\tan(\varphi' - \delta) = \frac{n\sin\varphi\cos\varphi}{1 - n\sin^2\varphi}$$

und für die betreffende Polhöhe eine Tabelle zu berechnen, aus der man unmittelbar mit dem Argument m den Winkelwert $\varphi' - \delta$ entnimmt.

Diese Formeln können auch Anwendung bei Gebrauch eines Registriermikrometers finden. U_1 bis U_4 sind dann die entsprechenden Registrierzeiten für ein und denselben Kontakt des Mikrometers in den 4 Lagen des Instruments. An das arithmetische Mittel der 4 Kontaktzeiten ist jedoch eine Korrektion wegen der Kontaktbreite und wegen des toten Ganges anzubringen. Bezeichnet $\varkappa$ die halbe Summe von Kontaktbreite und totem Gang $\varkappa = \frac{1}{2n}\sum_1^n (b_i + d)$, so ist $\varkappa \cdot \sec\delta\sec q$ die additive Konstante, die an die arithmetischen Mittel für alle Kontakte anzubringen ist. Über die Ermittlung von $\varkappa$ siehe VI.1, S. 19.

Eine andere Möglichkeit der Reduktion von Beobachtungen mit dem Registriermikrometer besteht darin, daß man für den Durchgang im Osten und im Westen jeweils das Mittel aus allen Kontaktzeiten bildet, das jedoch wegen der verschiedenen Geschwindigkeit des Sterns vor und nach dem Umlegen der Achse nicht der Durchgangszeit durch die kollimationsfreie Zielachse entspricht. Durch eine verhältnismäßig leicht zu berechnende Korrektion, deren Ermittlung unter b) angegeben ist, kann auf den Instrumentenvertikal umgerechnet werden. Bezeichnet man die wegen Uhrkorrektion reduzierten Durchgangszeiten durch den Instrumentenvertikal im Osten und im Westen mit U_e und U_w, so kann die noch mit dem Einfluß der Achsneigung behaftete Polhöhe φ' mit der oben gegebenen, modifizierten Formel berechnet werden:

$$\tan\varphi' = \tan\delta\sec\frac{U_w - U_e}{2}\cos\Delta\,,$$

wobei

$$\Delta = \frac{U_e + U_w}{2} - \alpha\,, \qquad \varphi = \varphi' + \frac{1}{2}(i_e + i_w)\,.$$

b) Beobachtung zweier verschiedener Sterne im Ost- und Westvertikal (Methode Niethammer)

Die Verwendung zweier Sterne bringt gegenüber der Methode von Struve, die denselben Stern im Durchgang durch den Ost- und Westvertikal verwendet, verschiedene Vorteile, von denen die schnellere Aufeinanderfolge der Durchgänge hervorgehoben sei, da die Methode damit geringere Anforderungen an die Konstanz des Azimutes stellt. Über die grobe Auswahl der Sternpaare ist zu Eingang des Abschnitts VI.4 (Methode Zinger) bereits das Nötige gesagt worden. Zur Berechnung der Aufsuchungs-Ephemeriden können die Tafeln 15 und 16 dienen. Die Beobachtungen erfolgen in der gleichen Weise mit Umlegen während jedes Durchganges, am besten mit dem Registriermikrometer, wobei der Einfluß der Fadenschiefe durch symmetrischen Durchgang oder durch eine automatische Nachführung in Zenitdistanz ausgeschaltet werden muß.

Die Berechnung von Registriermikrometerbeobachtungen erfolgt, indem zunächst die arithmetischen Mittel $\overline{U}_e$ und $\overline{U}_w$ aller vor und nach dem Umlegen an den gleichen Kontakten registrierten und wegen Uhrstand korrigierten Zeiten U_{ei} und U_{wi} gebildet werden. Diese Mittel werden zunächst zur Berechnung der Stundenwinkel $\bar{t}_e$ und $\bar{t}_w$ benutzt, die sich aber noch nicht auf die kollimationsfreie Ziellinie, d. h. den Instrumentenvertikal, beziehen.

$$\bar{t}_e = |\overline{U}_e - \alpha_e| \qquad \bar{t}_w = |\overline{U}_w - \alpha_w| \,, \qquad t_e = \bar{t}_e + \mathrm{d}t_e \qquad t_w = \bar{t}_w + \mathrm{d}t_w \,,$$

$$\mathrm{d}t_{e,w} = \frac{\overline{m}''}{15} \cot (\bar{t}_{e,w} \pm \mu) \mp \varkappa \sec \delta \sec q \,, \qquad \varkappa = \frac{1}{2n} \sum_{i=1}^{n} (b_i + d) \,,$$

hierbei sind μ und ν der Stundenwinkel (von der unteren Kulmination gerechnet) und die Poldistanz des nördlichen Poles des Achsenäquators. $\overline{m}'' = \frac{1}{n} \sum_{i=1}^{n} m_i''$ und $m_i'' = 2 \sin^2 \frac{\vartheta}{2} \frac{1}{\sin 1''}$, wobei ϑ die Differenz der am gleichen Kontakt (Faden) vor und nach dem Umlegen beobachteten Durchgangszeiten ist. m'' läßt sich mit $\vartheta = t$ der Tafel 24 entnehmen. $\varkappa$ ist die halbe Summe von Kontaktbreite und totem Gang. Die oberen Vorzeichen gelten für den Durchgang des Oststerns, die unteren für den des Weststerns durch den I. Vertikal. Mit hinreichender Genauigkeit erhält man

$$\mu = k \operatorname{cosec} \varphi_0 \qquad \nu = \varphi_0 \qquad (\varphi_0 \text{ ist ein Näherungswert von } \varphi)$$

$$\cos q = \sin \nu \sin (t \pm \mu) \,,$$

wenn k das Azimut der Drehachse (positiv, wenn das Nordende nach Osten abweicht) und dieses sowie die Neigung i klein sind. Diese für $dt_{e,w}$ angegebene Näherungsformel kann für $\varphi - \delta > 1°$ immer verwendet werden. Für $\varphi - \delta < 1°$, was jedoch bei Anwendung der Methode Niethammer im allgemeinen nicht vorkommt, kann nicht mehr mit den Mittelwerten $\bar{t}_{e,w}$ und $\overline{m}''$ gerechnet werden, und es müssen die Korrektionen für jeden Kontakt (bzw. Faden) gesondert berechnet werden. Man wird dann zweckmäßig in der unter a) angegebenen Weise die Beobachtungen reduzieren.

Mit den auf den Instrumentenvertikal bezogenen Stundenwinkeln t_e und t_w wird die Polhöhe wie folgt berechnet:

$$t_0 = \frac{1}{2}(t_e + t_w) \,, \qquad \Delta t = \frac{1}{2}(t_w - t_e) \,,$$

$$\tan (\Delta t - \mu) = \cot t_0 \frac{\sin (\delta_e - \delta_w)}{\sin (\delta_e + \delta_w)} \,,$$

$$\mu = \Delta t - (\Delta t - \mu) \,, \qquad \tan \varphi' = \tan \delta_e \sec (t_e + \mu) \cos \mu$$

bzw.

$$\tan \varphi' = \tan \delta_w \sec (t_w - \mu) \cos \mu \,, \qquad \varphi = \varphi' + \frac{1}{2}(i_e + i_w) \,.$$

Wegen der Reduktion auf den Mittleren Pol vgl. VII.2.a) (Horrebow-Talcott-Methode).

Einfluß der Beobachtungs- und Instrumentalfehler

Beobachtungsfehler der Fadendurchgänge

Der mittlere Fehler, welcher aus der Unsicherheit der Beobachtung der Durchgangszeiten durch die einzelnen Fäden erwächst, beträgt für die resultierende Polhöhe bei Gültigkeit des in Abschn. VI.1, S. 18 gegebenen Ausdrucks für Meridiandurchgänge näherungsweise für zenitnahe Sterne, die an n Fäden beobachtet wurden,

$$\mu_\varphi = \frac{15}{2\sqrt{n}} \frac{b}{v} \,.$$

Für $n = 6$ Fäden, $b = 4\overset{s}{.}7$ und $v = 100$fache Vergrößerung ergibt sich $\mu_\varphi = 0\overset{''}{.}10$. Dies gilt für Methode Struve und Methode Niethammer in gleicher Weise, unter der Voraussetzung absoluter Azimut- und Kollimationskonstanz.

Aus der Formel geht hervor, daß μ_φ umgekehrt proportional der Wurzel aus n ist, und es somit wenig zweckmäßig ist, mehr als 4 oder 5 Fäden zu beobachten. Da μ_φ jedoch der Vergrößerung umgekehrt proportional ist, ist eine möglichst starke Vergrößerung bei Beobachtungen im I. Vertikal anzuwenden.

Neigung

Die Neigung geht mit vollem Betrag in die Polhöhe ein. Es müssen alle Einflüsse, welche verändernd auf den Wert der Neigung einwirken könnten, wie z. B. Annäherung von Beobachtungslampen an das Instrument, sorgfältig vermieden werden.

Kollimation

Der Einfluß der Kollimation wird durch die Umlegung während jedes Durchganges eliminiert.

Azimut

Dem Einfluß des Azimuts wird durch den Faktor $\cos \Delta$ bzw. $\cos \mu$ Rechnung getragen, sofern die Zeiten der Fadenantritte bzw. die Kontaktzeiten auf den Instrumentenvertikal reduziert sind. Durch die o. a. Rechenverfahren wird das immer erreicht, da auch bei Reduktion eines einzelnen Kontaktes (Fadens) auf den Instrumentenvertikal immer nur die Kombination aus beiden Achslagen verwendet wird, also strenge Symmetrie zum Achsenvertikal herrscht. Eine Änderung des Azimutes Δk beim Übergang vom Ost- zum Westdurchgang verändert die resultierende Polhöhe um $d\varphi = \frac{1}{2}\Delta k \tan z$. Bei $\varphi - \delta = 1°$ würde also ein $\Delta k = 1''$ ein $d\varphi = 0''.02$ zur Folge haben.

Ermittlung der Kollimation und des Azimutes

Die Kollimation läßt sich aus einer Durchgangsbeobachtung in beiden Achslagen bestimmen. Bezeichnet man die Antrittszeiten am Mittelfaden (wegen Uhrstand korrigiert) bei Kreis Nord bzw. Kreis Süd mit U_n und U_s, so ist die Kollimation:

$$c = \pm \frac{U_n - U_s}{2} \sin\varphi \sin z + \frac{i_s - i_n}{2} \cos z \qquad \text{Stern} \begin{cases} \text{Ost} \\ \text{West} \end{cases}.$$

Das Azimut bestimmt man durch Beobachtung zweier Sterne in beiden Kreislagen, die kurz nacheinander im Osten und Westen durch den I. Vertikal gehen (Methode NIETHAMMER). Man berechnet dann die Durchgangszeiten T_e und T_w durch den I. Vertikal mit Hilfe der Formeln:

$$\tan\frac{t_e}{2} = \sqrt{\frac{\sin(\varphi - \delta_e)}{\sin(\varphi + \delta_e)}}, \qquad T_e = \alpha_e - t_e,$$

$$\tan\frac{t_w}{2} = \sqrt{\frac{\sin(\varphi - \delta_w)}{\sin(\varphi + \delta_w)}}, \qquad T_w = \alpha_w - t_w.$$

Setzt man $m_e = \frac{\sin z_e}{\sin z_e + \sin z_w}$ und $m_w = \frac{\sin z_w}{\sin z_e + \sin z_w}$, so ergibt sich das Azimut aus dem Ausdruck:

$$k = [m_e(U_e - T_e) + m_w(U_w - T_w)] \sin\varphi - \frac{i_e \cos z_e - i_w \cos z_w}{\sin z_e + \sin z_w},$$

wo U_e und U_w die wegen des Uhrstandes korrigierten und auf den Instrumentenvertikal bezogenen Durchgangszeiten des Ost- und Weststerns sind.

Einfluß der täglichen Aberration

Da der Einfluß der täglichen Aberration auf die Durchgangszeit durch den I. Vertikal:

$$dt = -0\overset{s}{.}32 \cos z$$

beträgt, ergibt sich, daß der Stundenwinkel auf der Ostseite vergrößert und auf der Westseite um den gleichen Betrag verkleinert wird, daß demnach der Einfluß der Aberration sowohl in der Summe der Stundenwinkel oder, was dasselbe ist, in der Differenz der Durchgangszeiten und damit auch im Endresultat verschwindet.

VIII. Bestimmung des Azimutes der Richtung nach einem irdischen Objekt

Bei der Bestimmung des Azimutes ist wegen der endlichen Entfernung des irdischen Objekts das Instrument so genau wie möglich auf den Punkt zu zentrieren, von dem aus das Azimut bestimmt werden soll.

1. Indirekte Azimutbestimmung (Polarisazimut)

Die Bestimmung des Azimutes mit dem Universalinstrument erfolgt durch eine Winkelmessung zwischen dem Polarstern (α Ursae Minoris oder σ Octantis) und dem irdischen Objekt.

Bei gut bekanntem Uhrstand ist es gleichgültig, in welchen Stundenwinkeln man den Polarstern beobachtet; zur Ausschaltung eines Fehlers im Uhrstand und im Ort des Polarsterns ist jedoch die Verteilung der Beobachtungen auf diametrale Stellen der scheinbaren Bahn des Polarsterns zu empfehlen (insbesondere bei σ Oct). Bei ungenau bekanntem Uhrstand ist es zweckmäßig, die Beobachtungen auf die Zeiten der Digressionen des Polarsterns zu beschränken, man wird jedoch vielfach diese Bedingung nicht einhalten können, weil der Termin der Beobachtungen in noch höherem Grade von der Qualität des irdischen Zieles abhängt, die genutzt werden muß, wenn sie ausreichend ist. Da dies häufig gerade bei Bewölkung der Fall ist, empfiehlt es sich, zur besseren Zeitausnutzung ein irdisches Nahziel zu errichten. Der Anschluß an den Polarstern einerseits und an das irdische Fernziel andererseits kann dann zu verschiedenen Zeiten ausgeführt werden, je nach Gunst der Wetterlage. Die Verteilung der Beobachtungen des Polarsterns auf verschiedene Stundenwinkel, d. h. auf Abend- und Morgenbeobachtungen, ist jedoch unbedingt wegen der Elimination der persönlichen Fehler anzuraten, die von der Bewegungsrichtung des Polarsterns abhängen und die erfahrungsgemäß recht erhebliche Beträge erreichen können.

Den Polarstern wird man nur in der Nähe der Digressionen pointieren, in den anderen Stellungen, insbesondere in den Kulminationen wird man Durchgangsbeobachtungen machen. Es ist zweckmäßig, wenn hierfür ein Okularmikrometer vorhanden ist, damit zu einer Ablesung des Horizontalkreises mehrere Pointierungen bzw. Durchgänge beobachtet werden können. Die terrestrischen Ziele werden in der bei der Landesvermessung üblichen Weise eingestellt. Sehr ruhige Lichter deuten auf die Möglichkeit einer Lateralrefraktion hin. Zur Elimination der Teilungsfehler wird man die Beobachtungen auf verschiedene äquidistante Stände des Horizontalkreises sowie auf beide Kreislagen gleichmäßig verteilen.

Besondere Sorgfalt ist auf die Ermittlung der Neigung der Horizontalachse zu verwenden, da diese wegen der großen Erhebung der Ziellinie nach dem Polarstern meist mit einem Faktor größer als 1 multipliziert in das Resultat eingeht. Läßt sich das Instrument in der Achse umlegen, so sind die Beobachtungen auf beide Achslagen zu verteilen. Um einen Taumelfehler der Vertikalachse und einer hierdurch bedingten Veränderlichkeit der Neigung vorzubeugen, ist es vorteilhaft, bei konischer Achse das Achsspiel möglichst weitgehend zu beseitigen. Bei den Anzielungen des Polarsterns wird in jeder Kreis- bzw. Achslage eine vollständige Neigungsbestimmung mit Umsetzen der Libelle durchgeführt. Die Neigung ist dabei auf das Westende der Achse zu beziehen, bei Einstellung auf das irdische Objekt aber auf das linke Ende der Horizontalachse. Bei durchgeteilter Libelle sind also die Ablesungen an beiden Blasenenden positiv zu nehmen, wenn der Nullpunkt der Teilung im Osten bzw. rechts liegt, negativ, wenn er im Westen bzw. links liegt. Der Betrag einer eventuellen Zapfenungleichheit ist durch besondere Beobachtungsreihen zu bestimmen sowie die Zenitdistanz des irdischen Objekts durch einige Messungen genähert zu ermitteln.

Die vorbereitenden Rechnungen zur Reduktion bestehen in der Bildung der Stundenwinkel, die durch Addition der Uhrstände zu den Beobachtungszeiten und durch Subtraktion der mit zweiten Differenzen interpolierten scheinbaren Rektaszensionen erfolgt.

Fundamentalformeln

$$\sin z \sin a = -\cos\delta \sin t\,,$$

$$\sin z \cos a = \cos\varphi \sin\delta - \sin\varphi \cos\delta \cos t\,,$$

$$\cos z = \sin\varphi \sin\delta + \cos\varphi \cos\delta \cos t\,.$$

Das Azimut a wird von Nord über Ost von 0° bis 360° gezählt.

Differentialausdrücke

$$\frac{da}{dt} = \frac{\cos\delta \cos q}{\sin z} = -\frac{\cos q \sin a}{\sin t} = \sin\varphi - \cos\varphi \cot z \cos a = \sin a\,(\sin\varphi \sin a + \cot t \cos a)$$

$$\frac{da}{d\varphi} = \sin a \cot z \qquad \frac{da}{d\delta} = \frac{\sin q}{\sin z} = \frac{\cos\varphi \sin t}{\sin^2 z} = -\frac{\cos\varphi \sin a}{\cos\delta \sin z}$$

Spezieller Fall: Beobachtung des Polarsterns

Strenge Rechnung

Die strenge Rechnung wird entweder nach der Formel

$$\tan a_* = \frac{\sin t}{\sin\varphi \cos t - \cos\varphi \tan\delta}$$

oder vorteilhafter nach der Formel

$$\tan a_* = -\frac{\cot\delta \sec\varphi \sin t}{1 - \cot\delta \tan\varphi \cos t}$$

ausgeführt.

Reihenentwicklungen

Die Verwendung von Reihenentwicklungen zur Berechnung des Azimuts hat durch die Entwicklung der Rechentechnik keine Bedeutung mehr, vielleicht mit Ausnahme des Spezialfalles, wo die Beobachtungen in unmittelbarer Nähe der Digression oder der Kulmination durchgeführt wurden. Berechnet man die Sternzeit U_0 der größten Digression unter Anwendung der Formeln:

$$\cos t_0 = \frac{\tan\varphi}{\tan\delta}\,, \qquad U_0 = \alpha \pm t_0$$

und zählt die Stundenwinkel Δt von diesem Moment ab, so erhält man das Azimut durch die Reduktion auf das Azimut der größten Digression aus den Formeln:

$$a = a_0 + \Delta a; \quad \sin a_0 = \frac{\cos\delta}{\cos\varphi} \quad \text{oder} \quad \tan a_0 = \frac{\cos\delta}{\sqrt{\sin(\delta+\varphi)\sin(\delta-\varphi)}}\,,$$

$$\Delta a = \frac{\sin\delta\cos\delta}{\cos\varphi \sin t_0}\,\frac{2\sin^2\dfrac{\Delta t}{2}}{\sin 1''} \pm 3.966 \cdot 10^{-8}\,\frac{\sin\delta\cos\delta}{\cos\varphi\sin t_0}\cot t_0(\Delta t)^3\,,$$

in deren letztem Glied Δt in Zeitsekunden ausgedrückt ist. Je nachdem der Polarstern sich im oberen oder unteren Teil seiner Bahn befand, ist das obere oder das untere Vorzeichen zu nehmen. Die Werte $2\sin^2\frac{\Delta t}{2}\frac{1}{\sin 1''}$ sind der Tafel 24 zu entnehmen. Das zweite Glied kann 3- bis 4stellig und im allgemeinen mit dem Rechenschieber berechnet werden. Bis zu einem Stundenwinkel von $\Delta t = 10^m$ kann es überhaupt unberücksichtigt bleiben, da sein Einfluß dann erst 0."01 erreicht. Die angegebene Korrektionsformel kann bis zu einer Stundenwinkeldifferenz von $\Delta t = 45^m$ beiderseits der größten Digressionen benutzt werden, ohne daß der Fehler in Δa größer als 0."01 wird. Um den Einfluß eines Fehlers in der Deklination des Polarsterns (besonders bei σ Oct) zu eliminieren, der in der Digression mit einem Faktor größer als 1 in das Resultat eingeht, müssen die Beobachtungen gut auf beide Digressionen verteilt werden.

Beobachtungen in unmittelbarer Nähe der Kulmination können unter Anwendung der nachstehenden Näherungsformel reduziert werden:

$$a = -\,206\,264.''8\,\frac{\cos\delta\sin t}{\sin(\delta\mp\varphi)} \pm \frac{\cos\delta\sin t}{\sin(\delta\mp\varphi)}\,\frac{\sin\varphi\cos\delta}{\sin(\delta\mp\varphi)}\,\frac{2\sin^2\frac{t}{2}}{\sin 1''}\,,$$

welche a in Bogensekunden ergibt, und in welcher das obere Vorzeichen jeweils für die obere und das untere für die untere Kulmination zu nehmen ist. Die Formel ergibt das Azimut für mittlere Breiten bis zu einem Stundenwinkel von 30^m bis auf 0."01 genau; der numerische Betrag des zweiten Gliedes erreicht den Betrag von 0."01 erst bei einem Stundenwinkel von etwa 10^m.

Differentialausdrücke

$$p = 90^\circ - \delta$$

$$\frac{da}{dt} = -\,p\sin 1''\sec\varphi\cos t - p^2\sin^2 1''\sec\varphi\tan\varphi\cos 2t\,,$$

$$\frac{da}{d\varphi} = -\,p\sin 1''\sec\varphi\tan\varphi\sin t - \frac{1}{2}p^2\sin^2 1''\sec^3\varphi\,(1+\sin^2\varphi)\sin 2t\,,$$

$$\frac{da}{dp} = -\sec\varphi\sin t - p\sin 1''\sec\varphi\tan\varphi\sin 2t\,.$$

Diese Formeln können dazu dienen, den Einfluß nachträglich bekanntgewordener Korrekturen im Ort des Polarsterns, des Uhrstandes oder der Polhöhe auf das Azimut zu berücksichtigen. Für $p = 3060''$ (α UMi) und $p = 3420''$ (σ Oct) ergeben sich folgende Verbesserunngen da für $dt = 1^s$, $d\varphi = 1''$ und $dp = 1''$:

α UMi
da für $dt = 1^s$

t	φ				t
	30°	40°	50°	60°	
0^h	−0."26−	−0."29−	−0."35−	−0."46−	24^h
1	−0,25−	−0,28−	−0,34−	−0,44−	23
2	−0,22−	−0,25−	−0,30−	−0,39−	22
3	−0,18−	−0,21−	−0,24−	−0,31−	21
4	−0,13−.	−0,14−	−0,17−	−0,22−	20
5	−0,06−	−0,07−	−0,08−	−0,11−	19
6	0,00	0,00	+0,01+	+0,01+	18
7	+0,07+	+0,08+	+0,09+	+0,13+	17
8	+0,13+	+0,15+	+0,18+	+0,23+	16
9	+0,18+	+0,21+	+0,24+	+0,31+	15
10	+0,22+	+0,25+	+0,30+	+0,38+	14
11	+0,25+	+0,28+	+0,33+	+0,42+	13
12	+0,25+	+0,29+	+0,34+	+0,43+	12

da für $d\varphi = 1''$

t	φ 30°	φ 40°	φ 50°	φ 60°	*t*
0ʰ	0,″00	0,″00	0,″00	0,″00	24ʰ
1	0,00	0,00	−0,01+	−0,01+	23
2	−0,01+	−0,01+	−0,01+	−0,03+	22
3	−0,01+	−0,01+	−0,02+	−0,04+	21
4	−0,01+	−0,01+	−0,02+	−0,05+	20
5	−0,01+	−0,02+	−0,03+	−0,05+	19
6	−0,01+	−0,02+	−0,03+	−0,05+	18
7	−0,01+	−0,02+	−0,03+	−0,05+	17
8	−0,01+	−0,01+	−0,02+	−0,04+	16
9	−0,01+	−0,01+	−0,02+	−0,03+	15
10	0,00	−0,01+	−0,01+	−0,02+	14
11	0,00	0,00	−0,01+	−0,01+	13
12	0,00	0,00	0,00	0,00	12

da für $dp = 1''$

t	φ 30°	φ 40°	φ 50°	φ 60°	*t*
0ʰ	0,″00	0,″00	0,″00	0,″00	24ʰ
1	−0,30+	−0,35+	−0,42+	−0,54+	23
2	−0,59+	−0,67+	−0,80+	−1,04+	22
3	−0,83+	−0,94+	−1,13+	−1,47+	21
4	−1,01+	−1,14+	−1,37+	−1,78+	20
5	−1,12+	−1,27+	−1,52+	−1,96+	19
6	−1,15+	−1,31+	−1,56+	−2,00+	18
7	−1,11+	−1,25+	−1,49+	−1,91+	17
8	−0,99+	−1,12+	−1,32+	−1,69+	16
9	−0,81+	−0,91+	−1,07+	−1,36+	15
10	−0,57+	−0,64+	−0,75+	−0,96+	14
11	−0,29+	−0,33+	−0,39+	−0,49+	13
12	0,00	0,00	0,00	0,00	12

σ Oct

da für $dt = 1^s$

t	φ 30°	φ 40°	φ 50°	φ 60°	*t*
0ʰ	−0″29−	−0,″33−	−0,″39−	−0,″51−	24ʰ
1	−0,28−	−0,32−	−0,38−	−0,49−	23
2	−0,25−	−0,28−	−0,34−	−0,44−	22
3	−0,20−	−0,23−	−0,27−	−0,35−	21
4	−0,14−	−0,16−	−0,19−	−0,24−	20
5	−0,07−	−0,08−	−0,09−	−0,12−	19
6	0,00	0,00	+0,01+	+0,01+	18
7	+0,08+	+0,09+	+0,11+	+0,14+	17
8	+0,14+	+0,16+	+0,20+	+0,26+	16
9	+0,20+	+0,23+	+0,27+	+0,35+	15
10	+0,25+	+0,28+	+0,33+	+0,42+	14
11	+0,28+	+0,31+	+0,37+	+0,47+	13
12	+0,28+	+0,32+	+0,38+	+0,48+	12

da für $d\varphi = 1''$

t	φ 30°	40°	50°	60°	t
0^h	0,″00	0,″00	0,″00	0,″00	24^h
1	0,00	0,00	−0,01+	−0,02+	23
2	−0,01+	−0,01+	−0,02+	−0,03+	22
3	−0,01+	−0,01+	−0,02+	−0,04+	21
4	−0,01+	−0,02+	−0,03+	−0,05+	20
5	−0,01+	−0,02+	−0,03+	−0,06+	19
6	−0,01+	−0,02+	−0,03+	−0,06+	18
7	−0,01+	−0,02+	−0,03+	−0,05+	17
8	−0,01+	−0,02+	−0,03+	−0,05+	16
9	−0,01+	−0,01+	−0,02+	−0,04+	15
10	−0,01+	−0,01+	−0,01+	−0,03+	14
11	0,00	0,00	−0,01+	−0,01+	13
12	0,00	0,00	0,00	0,00	12

da für $dp = 1''$

t	φ 30°	40°	50°	60°	t
0^h	0,″00	0,″00	0,″00	0,″00	24^h
1	−0,30+	−0,35+	−0,42+	−0,55+	23
2	−0,59+	−0,67+	−0,80+	−1,05+	22
3	−0,83+	−0,94+	−1,13+	−1,47+	21
4	−1,01+	−1,15+	−1,37+	−1,78+	20
5	−1,12+	−1,27+	−1,52+	−1,96+	19
6	−1,15+	−1,31+	−1,56+	−2,00+	18
7	−1,11+	−1,25+	−1,49+	−1,90+	17
8	−0,99+	−1,11+	−1,32+	−1,68+	16
9	−0,81+	−0,90+	−1,07+	−1,36+	15
10	−0,57+	−0,64+	−0,75+	−0,95+	14
11	−0,29+	−0,33+	−0,39+	−0,49+	13
12	0,00	0,00	0,00	0,00	12

Zur Zeit der Digressionen ist $\frac{da}{dt}$ Null, während $\frac{da}{d\varphi}$ und $\frac{da}{dp}$ ihr Maximum erreichen, zur Zeit der Kulminationen sind die letzteren beiden Null, aber $\frac{da}{dt}$ ein Maximum. Im übrigen gilt, daß in zwei um 180° voneinander abweichenden Stundenwinkeln die Differentialquotienten von fast genau gleicher Größe, aber entgegengesetztem Vorzeichen sind, so daß durch Beobachtungen in einer Stundenwinkeldifferenz von 12^h die Fehler eliminiert werden.

Ableitung der Endresultate

Bezeichnet man die Kreisablesung für den Stern mit A_*, für das Erdziel mit A_e, die Neigung bei der Einstellung auf den Stern, bezogen auf das Westende, mit i_*, bei der Einstellung auf das Erdziel, bezogen auf das linke Ende der Achse, mit i_e, die Zenitdistanz des Sterns mit z_* und die des Erdziels mit z_e, so ergibt sich für das Azimut a_e des Erdziels, wenn auch noch die tägliche Aberration berücksichtigt wird:

$$a_e = a_* + A_e - A_* - i_* \cot z_* + i_e \cot z_e \mp c\,(\operatorname{cosec} z_* - \operatorname{cosec} z_e) + 0.''32 \frac{\cos\varphi}{\sin z_*}.$$

Diese Formel gilt für ruhenden Teilkreis. Wird der Teilkreis mitgedreht, so sind die Vorzeichen für die beiden Kreislesungen umzukehren. Für den Fall, daß c klein ist und die Kreislagen rasch nacheinander wechseln, ist es zulässig, den Einfluß der Kollimation dadurch zu eliminieren, daß man je ein in beiden Kreislagen kurz nacheinander gemessenes Azimut zu einem arithmetischen Mittel vereinigt, oder, besser noch, indem die Beobachtungen für jeden Kreisstand symmetrisch auf beide Kreislagen verteilt werden, in der Art, daß die Kreislage immer in der Mitte der Zielungen auf den Polarstern gewechselt wird und jeder zweimaligen Zielung auf den Polarstern je eine Zielung auf das Erdziel vorausgeht und folgt. Das arithmetische Mittel aller Kreisstände ergibt das Abendmittel, als Endresultat ist das arithmetische Mittel der Abendmittel zu betrachten. Wegen des möglichen Einflusses von Lateralrefraktion können herausfallende Abendmittel, an denen das Erdziel ein ungewöhnlich ruhiges Aussehen zeigte, mit geringerem Gewicht versehen oder in besonderen Fällen auch bei der Mittelbildung ausgeschlossen werden.

Diese Art der Reduktion ist ziemlich aufwendig, sie erlaubt jedoch einen guten Einblick in die innere und äußere Genauigkeit der Messungen, da jeder Kreisstand und jeder Abend einen Wert für das Azimut liefern und aus der Übereinstimmung Fehlerkriterien abgeleitet werden können. Eine wesentliche Erleichterung der Reduktionsarbeiten ergibt sich für Beobachtungen in der Nähe der größten Digressionen und der Kulminationen, wenn nach den oben angegebenen Näherungsformeln gerechnet wird. Dabei bleibt die Möglichkeit eines Einblickes in die Genauigkeit erhalten.

Um auch außerhalb des Bereichs, in dem $\frac{da}{dt}$ bzw. $\frac{d^2a}{dt^2}$ gleich Null gesetzt werden kann, ein einfacheres Reduktionsverfahren zu erhalten, wird von dem Mittelwert aller Zeitpunkte der Pointierungen bzw. Fadenantritte des Sterns ausgegangen und für diesen das Azimut berechnet, das jedoch wegen der ungleichförmigen Bewegung des Sterns einer Korrektur Δa bedarf, um dem Mittelwert aller einzeln berechneten Azimute zu entsprechen. Bereits in der 4. Auflage dieser „Formeln und Hilfstafeln" wurde eine Näherungsformel auf S. 99 angegeben, die jedoch nur das Hauptglied von Δa berücksichtigte und daher für die Azimutorientierung von Netzen I. Ordnung zu ungenau war. SCHÄDLICH[1]) hat eine Reihenentwicklung für Δa angegeben, die den Genauigkeitsanforderungen der I. Ordnung genügt und die es u. U. gestattet, das Prinzip des arithmetischen Mittels sogleich für das gesamte, auch an mehreren Abenden gewonnene Material anzuwenden. Freilich begibt man sich damit der Möglichkeit der Kontrolle der inneren und äußeren Genauigkeit der Messungen. Da die Einsparungen an Arbeitszeit bis zu 50% betragen, ist diese Art der Reduktion zum mindesten für die Durchführung unabhängiger Kontrollrechnungen zu empfehlen.

Das von SCHÄDLICH angewandte Formelsystem lautet:

$$a = a_* + \Delta a + A_e - A_* , \qquad t_m = \frac{1}{2n} \sum_1^{2n} t_i ; \qquad t_i = U_i + u - \alpha ,$$

n = Anzahl der Messungssätze.

$$\tan a_* = -\frac{\mu \sin t_m}{1 - \nu \cos t_m} , \qquad \mu = \cot \delta \sec \varphi , \qquad \nu = \cot \delta \tan \varphi ;$$

δ wird der Ephemeride für die zeitliche Mitte der Beobachtungen entnommen.

$$\Delta a = \mu \sum_1^4 M_i K_i , \qquad \vartheta_i = t_i - t_m = U_i - U_m \quad \text{(in Minuten bzw. Stunden)}$$

[1]) M. SCHÄDLICH, Beiträge zur Reduktion und Ausgleichung direkt und indirekt gemessener astronomischer Azimute terrestrischer Richtungen. Mitt. d. Lohrmann-Inst. d. TU Dresden, Nr. 7, (1963).

$$K_1 = \sin t_m + 2\,\nu \sin 2\,t_m + 3\,\mu\,\nu \sin 3\,t_m + 4\,\mu\,\nu^2 \sin 4\,t_m\,,$$
$$K_2 = \cos t_m + 4\,\nu \cos 2\,t_m + 9\,\mu\,\nu \cos 3\,t_m\,,$$
$$K_3 = -\sin t_m - 8\,\nu \sin 2\,t_m - 27\,\mu\,\nu \sin 3\,t_m\,,$$
$$K_4 = -\cos t_m - 16\,\nu \cos 2\,t_m\,,$$

$$M_1'' = 0''\!.98175\,\frac{1}{n}\sum_1^{2n}(\vartheta_i^{[\min]})^2\,, \qquad M_2'' = 308''\,\frac{1}{n}\sum_1^{2n}(\vartheta_i^{[h]})^3\,,$$

$$M_3'' = 30''\!.2\,\frac{1}{n}\sum_1^{2n}(\vartheta_i^{[h]})^4\,, \qquad M_4'' = \frac{1''}{n}\sum_1^{2n}(\vartheta_i^{[h]})^5\,.$$

Diese Reihenentwicklung ist für $|\varphi| < 70°$ für beide Polarsterne in der aufgeführten Erstreckung bis zum Glied 5. Ordnung hinreichend konvergent. Der durch die Änderung der Deklination entstehende Fehler in Δa darf für einen Zeitraum von mehreren Tagen vernachlässigt werden.

2. Direkte Azimutbestimmung
(Durchgänge durch den Vertikal des terrestrischen Ziels, Methode Niethammer)

Wenn das Azimut des Erdziels das Azimut des Polarsterns in seiner größten Digression nicht überschreitet, so kann das Azimut mit einem Passageinstrument mit Döllenschem Untersatz direkt gemessen werden, indem die verbleibende Differenz zwischen dem Vertikal des Polarsterns und dem Vertikal des Erdziels mit einem Okularmikrometer ausgemessen wird. Diese Methode wurde bereits in der 4. Auflage der „Formeln und Hilfstafeln" beschrieben, und es wurde dort empfohlen, für Erdziele außerhalb des Azimutbereiches zwischen den Digressionen zunächst das Azimut eines nahen Hilfszieles in diesem Bereich direkt zu bestimmen und das Erdziel dann durch horizontale Winkelmessung an das Hilfsziel anzuschließen.

Dieses Verfahren der direkten Azimutbestimmung wurde von Niethammer[1]) wesentlich erweitert, so daß es im Vertikal eines Erdziels in einem beliebigen Azimut angewandt werden kann und dabei in bezug auf die Genauigkeit den Anforderungen der I. Ordnung genügt. Nach Niethammer beobachtet man im Vertikal des Ziels die Durchgänge zweier Sterne zu beiden Seiten des Zenits. Damit ist die Aufgabe der Bestimmung des Azimuts dieses Vertikals überbestimmt, und es läßt sich daher eine weitere Unbekannte mitbestimmen. Für einen Vertikal in der Nähe des Meridians kann man den Uhrstand, für einen in der Nähe des I. Vertikals gelegenen Vertikal die Polhöhe neben dem Azimut mit Vorteil mitbestimmen, wie die Differentialgleichungen für Vertikaldurchgänge im I. Vertikal und im Meridian sofort erkennen lassen. Da das Verfahren der Mitbestimmung des Uhrstandes du (bzw. der geographischen Länge) jedoch nur bis zu Abständen von 30° bis 35° vom Meridian das Azimut in hinreichender Genauigkeit liefert, während das Verfahren der Mitbestimmung der Polhöhe das Azimut in jeder Richtung mit der gleichen Genauigkeit bestimmen läßt, wird im folgenden nur diese letztere, von Niethammer mit B bezeichnete Methode behandelt. Die Auswahl der Sterne erfolgt so, daß sie in $30° < z < 60°$ durch den Vertikal gehen und die Summe ihrer Zenitdistanzen $z_1 + z_2$ nahe gleich 90° ist. Die erste Forderung bezweckt die Einflüsse von Achsneigung und von Lateralrefraktion möglichst klein zu halten, die zweite Forderung ergibt sich aus der untenstehenden Differentialformel. Es wird stets möglich sein, ein Programm einiger Paare von FK-Sterne aufzustellen, die diesen Forderungen genügen. Für die Auswahl kann man sich einer stereographischen Sternkarte bedienen, die man mit einem transparenten Deckblatt versieht,

[1]) Th. Niethammer, a. a. O. S. 121f.

auf dem das Horizontsystem für die Lage des Zenits des Beobachtungsortes eingetragen ist. Dabei genügt es, wenn die Almukantarate $z = 30°, 40°, 50°$ und $60°$ und der Vertikal des Ziels eingetragen sind.

Die Beobachtungen erfolgen entweder nach der Tastermethode, wobei der Beobachter mit der anderen Hand in Zenitdistanz nachführen kann, oder mit dem Registriermikrometer. Bei letzterer Methode wird man die Orientierung des Mikrometers sehr sorgfältig justieren, wenn keine automatische Nachführung in Zenitdistanz vorhanden ist. Für polnahe Sterne und in der Nähe der Digression wird man auch mit dem Registriermikrometer wegen der geringen azimutalen Bewegung des Sterns nach der Tastermethode arbeiten, indem man die Antritte an voreingestellten Stellungen des beweglichen Fadens beobachtet. Man hat dann wieder die andere Hand für die Nachführung in Zenitdistanz frei. Während des Sterndurchgangs wird die Kreislage gewechselt bzw. die Achse umgelegt. Der Anschluß an das Erdziel erfolgt mit dem Okularmikrometer in beiden Lagen vor und nach dem Sterndurchgang.

Die Reduktion der Beobachtungen

Fundamentalformeln

Die beiden Sterne sind durch die Indizes 1 und 2 unterschieden

$$\tan a_* = \frac{\sin t_1}{\sin\varphi\cos t_1 - \cos\varphi\tan\delta_1} = -\frac{\cot\delta_1\sec\varphi\sin t_1}{1-\cot\delta_1\tan\varphi\cos t_1},$$

$$\tan a_* = \frac{\sin t_2}{\sin\varphi\cos t_2 - \cos\varphi\tan\delta_2} = -\frac{\cot\delta_2\sec\varphi\sin t_2}{1-\cot\delta_2\tan\varphi\cos t_2},$$

$$a = a_* + \beta \quad (\beta = \text{mikrometrisch gemessener Winkel}).$$

Die logarithmische Berechnung von a_* nach der ersten Formel läßt sich jeweils durch die Hilfsgröße M vereinfachen

$$\tan M_{1,2} = \frac{\tan\delta}{\cos t_{1,2}}, \qquad \tan a_* = \frac{\cos M_{1,2}\tan t_{1,2}}{\sin(\varphi - M_{1,2})}.$$

Für einen Vertikal des Erdziels in der Nähe des Meridians muß φ in den obigen Formeln als bekannt vorausgesetzt werden. Für einen Vertikal in der Nähe des I. Vertikals kann φ mitbestimmt werden nach folgenden Formeln:

$$\tan\varphi = \frac{\sin t_1\cot q_1 + \sin\delta_1\cos t_1}{\cos\delta_1} \quad \text{bzw.} \quad \tan\varphi = \frac{\sin t_2\cot q_2 + \sin\delta_2\cos t_2}{\cos\delta_2},$$

wobei

$$\cot q_1 = \frac{\sin\delta_2\cos\delta_1 - \cos\delta_2\sin\delta_1\cos(t_2 - t_1)}{\cos\delta_2\cos(t_2 - t_1)}$$

bzw.

$$\cot q_2 = \frac{\sin\delta_1\cos\delta_2 - \cos\delta_1\sin\delta_2\cos(t_2 - t_1)}{\cos\delta_1\cos(t_2 - t_1)}.$$

Die doppelte Berechnungsmöglichkeit, sowohl für φ und q als auch für a_*, die den beiden zu den beiden Sternen aufgespannten nautischen Dreiecken entspricht, bietet eine durchgreifende Rechenkontrolle.

Differentialformel

$$da = \frac{\cos z_2}{\sin(z_1 + z_2)}(df_1 - df_1^*) + \frac{\cos z_1}{\sin(z_1 + z_2)}(df_2 - df_2^*) + \sin\varphi\, d\lambda,$$

wobei $df_{1,2} = \cos q_{1,2}\cos\delta_{1,2}\, dU_{1,2}$ dem Zeitfehler in der Erfassung des Durchgangs und

$$df^*_{1,2} = \cos q_{1,2}\cos\delta_{1,2}\, d\alpha_{1,2} - \sin q_{1,2}\, d\delta_{1,2}$$

dem Fehler im Gestirnsort entsprechen. Man erkennt, daß der Einfluß eines Fehlers $d\lambda$ in der geographischen Länge (Fehler im Uhrstand) auf das Azimut mit abnehmender Breite φ verschwindet und daß da unabhängig vom Azimut selbst ist.

Reduktion auf den Instrumentenvertikal und wegen Neigung des Instrumentenvertikals

Die Fadenantritte bzw. Kontaktzeiten müssen wegen Krümmung des Deklinationskreises (Parallels), wegen Kontaktbreite und totem Gang sowie wegen der Neigung der Horizontalachse korrigiert werden. Dies geschieht nach NIETHAMMER zweckmäßig nach folgender Formel:

$$(\Delta t)^{\text{sec}} = -\frac{m''}{15}\cot(\mu - t) + (\varkappa \pm i\cos z)\sec\delta\sec q \quad \begin{cases}\text{Stern Süd}\\ \text{Stern Nord}\,.\end{cases}$$
$$= (\Delta t)_1 + (\Delta t)_2 + (\Delta t)_3$$

Es bedeuten hierbei

$$m'' = 2\sin^2\frac{\vartheta}{2}\,\frac{1}{\sin 1''} \qquad \vartheta = \frac{1}{2}(U' - U'')\,,$$

U' und U'' die Mittel der Kontaktzeiten desselben Kontakts der beiden Kreislagen,

i = Neigung (positiv, wenn das Westende höher),

$\varkappa = \frac{1}{2}$ (Kontaktbreite + toter Gang) $= \frac{1}{2n}\sum_1^n (b_i + d)$ (siehe VI.1, S. 19),

μ und ν sind der Stundenwinkel und die Poldistanz des Pols des Achsenäquators. Diese Größen werden nach folgenden Formeln berechnet, vorausgesetzt, daß die Neigung i der horizontalen Drehachse sehr klein ist:

$$\cot\mu = -\sin\varphi\tan a\,, \qquad \cos\nu = \cos\varphi\sin a$$

und daraus

$$\cos q = \sin\nu\sin(\mu - t)\,.$$

Zur graphischen Berechnung der Korrektionen $(\Delta t)_1$, $(\Delta t)_2$ und $(\Delta t)_3$ wurden von SCHÄDLICH[1]) Netztafeln berechnet, die am Schluß dieser „Formeln und Hilfstafeln“ als Tafel 34 beigeheftet sind und denen diese Reduktionsgrößen bequemer entnommen werden können als einer numerischen Berechnung. Die auf dem Diagramm angegebenen Formeln geben in Verbindung mit den schematischen Täfelchen eine klare Anweisung für die Benutzung der Rechentafel.

Ableitung der Endresultate

Hat man mehr als ein Sternpaar beobachtet, so empfiehlt sich eine Ausgleichung der Ergebnisse, die von angenommenen Werten φ_0 und a_0 in der Breite und im Azimut auszugehen hat. Mit $a = a_0 + da$ und $\varphi = \varphi_0 + d\varphi$ ergeben sich nach NIETHAMMER[2]) die Fehlergleichungen

$$x\sin z_i \pm y\cos z_i = l_i\sin z_i + v_i \begin{cases}\text{Stern S}\\ \quad\;\;\text{N}\end{cases},$$

wobei $x = da$, $y = d\varphi\sin a$, $l_i = a_i - a_0$ und v_i die Verbesserungen sind. Dabei sind die Fehlergleichungen als auf gleiches Gewicht reduziert zu verwenden, was wegen der verschiedenen Durchgangsrichtungen und Geschwindigkeiten dadurch geschehen kann, daß

[1]) M. SCHÄDLICH, a. a. O.

[2]) TH. NIETHAMMER, a. a. O. S. 132f

die Zahl $2\,n_i$ der einzelnen Kontaktantritte bzw. Durchgangszeiten so gewählt werden muß, daß der theoretische mittlere Fehler, dargestellt durch die auf S. 18 gegebene und für einen beliebigen Vertikaldurchgang umgeschriebene Formel

$$\sin^2 z_i\, m_i^2 = \frac{1}{n_i}\left[(0^s\!.04)^2 \cos^2 q_i \cos^2 \delta_i + \left(\frac{2^s\!.1}{v}\right)^2\right]$$

für $\sin^2 z_i\, m_i^2$ einen konstanten Wert liefert. n_i ist die Anzahl der Faden- oder Kontaktbeobachtungen in jeder Achslage, v die angewandte Vergrößerung. Die in die Ausgleichung einzuführenden Gewichte sind dann proportional $\sin^2 z_i$. In der obigen Fehlergleichung ist durch Multiplikation mit $\sin z_i$ bereits auf gleiches Gewicht reduziert worden.

Den Einfluß der täglichen Aberration bringt man am besten an die Absolutglieder $l_i \sin z_i$ der Fehlergleichungen an, indem man $-0\overset{''}{.}32 \cos\varphi \cos a_*$ hinzufügt.

Mit den Bezeichnungen

$$a' = \sin z\,, \qquad b' = \cos z \quad \text{und} \quad l' = l \sin z$$

lauten die reduzierten Normalgleichungen:

$$[a'\,a']\,x + [a'\,b']\,y = [a'\,l']\,,$$
$$[b'\,b'\cdot 1]\,y = [b'\,l'\cdot 1]\,.$$

Der mittlere Fehler der Gewichtseinheit beträgt

$$m = \sqrt{\frac{[v\,v]}{n-2}}\,.$$

Der mittlere Fehler des ausgeglichenen Azimuts ergibt sich zu:

$$m_a^2 = m^2\left(\frac{1}{[a'\,a']} + \frac{[a'\,b']^2}{[a'\,a']^2\cdot[b'\,b'\cdot 1]}\right),$$

der mittlere Fehler der Polhöhe zu:

$$m_\varphi^2 = m^2\,\frac{\operatorname{cosec}^2 a}{[b'\,b'\cdot 1]}\,.$$

IX. Simultanverfahren

Die gleichzeitige Bestimmung von Zeit und Breite, für die für niedere Genauigkeit, insbesondere in der Nautik, sehr zweckmäßige, meist graphische Verfahren entwickelt wurden, ist in neuerer Zeit auch für Aufgaben hoher und höchster Genauigkeit mit Erfolg in Anwendung. Die bereits zu Beginn des 20. Jahrhunderts konstruierten Durchgangsinstrumente für einen Almukantarat, das Prismenastrolabium und das Zirkumzenital erfuhren nach dem zweiten Weltkrieg so erhebliche Verbesserungen — das eine durch A. DANJON[1]), das andere durch E. BUCHAR[2]) —, daß in den Arbeitsempfehlungen der internationalen Organisationen für das Geophysikalische Jahr 1957/58 das Prismenastrolab nach A. DANJON zur Kontrolle der Polbewegungen und der Rotationszeitschwankungen der Erde an die erste Stelle gerückt war. Die jetzt vorliegenden Ergebnisse haben die Richtigkeit dieser Empfehlung bestätigt.

---

[1]) Siehe z. B. E. BUSCHMANN, Zeit- und Breitenbestimmung mit dem unpersönlichen Prismenastrolab von A. DANJON. Vermessungstechnik 7. 140—146 (1959). Dort auch die weitere Literatur.

[2]) E. BUCHAR, in International Geophysical Year and Cooperation in Czechoslovakia. Praha 1960, S. 185f. Dort auch weitere Literatur.

Neben dem Verfahren der Almukantarat-Durchgänge, das nach dem nautischen Ausdruck „Standlinien", und zwar Höhenstandlinien liefert, wurde von A. Gougenheim, ebenfalls nach dem zweiten Weltkrieg, auch die Anwendung von Azimutstandlinien empfohlen. Hierbei werden Vertikaldurchgänge beobachtet und daraus die Zeit, die Polhöhe und auch das Azimut simultan bestimmt. Da der Einfluß der Kippachsneigung mit cot z eingeht, ist die Neigung sehr genau zu bestimmen, wodurch das Verfahren umständlich wird und bei Anwendung üblicher Universalinstrumente von vornherein eine geringere Genauigkeit erwarten läßt. Es ist jedoch anzunehmen, daß mit Einführung von Instrumenten mit automatisch stabilisierter Achse[1]) das Verfahren an Bedeutung gewinnen wird.

1. Almukantarat-Durchgänge (Höhenstandlinien)

Abgesehen von den auch anderen Methoden eigenen Vorteilen (Verzicht auf einen Höhenkreis, Ausschaltung von Biegungseinflüssen u. ä.) ist die Methode der Beobachtung von Almukantarat-Durchgängen — wenn sie gleichmäßig auf alle Azimute verteilt werden — im Ergebnis frei von Refraktionsanomalien. Die Methode gestattet die ausschließliche Verwendung von FK4-Sternen, so daß Einflüsse systematischer Sternkoordinatenfehler auf ein Minimum herabgedrückt werden. Da die Beobachtungen in nahezu allen Azimuten erfolgen, werden die bei Meridianbeobachtungen durch den Wechsel der Jahreszeiten entstehenden systematischen Fehler der Form $\Delta\alpha_\alpha$ und $\Delta\delta_\alpha$ vermieden, so daß umgekehrt Beobachtungen von Almukantarat-Durchgängen zur Aufdeckung von systematischen Fehlern im Fundamentalsystem dienen können, das ja fast ausschließlich auf Meridianbeobachtungen beruht. Die Nachteile der Methode der Almukantarat-Durchgangsbeobachtungen bestehen in der Aufwendigkeit bei der Programmaufstellung und bei der Auswertung. Für ortsfeste Instrumente ist die Programmaufstellung im wesentlichen eine einmalige Angelegenheit, und für die Auswertung lassen sich durch Hilfstafeln Vereinfachungen erreichen.

Für die Aufstellung des Programms beachte man zunächst, daß für den Almukantarat $z = 30°$ die Deklinationen der beobachtbaren Sterne in dem Bereich $\varphi + 30° > \delta > \varphi - 30°$ liegen müssen. Für alle in Frage kommenden FK4-Sterne dieses Deklinationsbereiches wird man den Tafeln 5 und 6 Stundenwinkel und Azimut des Almukantarat-Durchgangs entnehmen, wobei vom Meridian ein Mindestabstand von 10° gewahrt bleiben muß (wegen des zu flachen Durchgangs) und im übrigen auf eine möglichst gleichmäßige Verteilung der Durchgänge über alle Himmelsrichtungen zu achten ist. Für hohe Genauigkeitsansprüche ist für eine günstige Gewichtsverteilung anzustreben, daß die trigonometrischen Funktionen der Durchgangsazimute gewissen Summenbedingungen genügen:

$$[\sin a] < 2; \qquad [\cos a] < 2; \qquad [\sin a \cdot \cos a] < 2 \quad \text{und} \quad [\sin^2 a] \simeq [\cos^2 a]\,.$$

Dadurch wird erreicht, daß Zeit und Breite mit etwa dem gleichen Gewicht erhalten werden. Der zeitliche Abstand zwischen zwei Sterndurchgängen sollte mindestens 2 Minuten betragen und 10 Minuten nicht wesentlich übersteigen.

Die Aufsuchungsephemeriden der ausgewählten Sterne erfordern bereits eine genäherte Kenntnis der Koordinaten des Beobachtungsortes. Die Berechnung kann mit den Formeln

$$\cos t = \frac{\cos z}{\cos\varphi\cos\delta} - \tan\varphi\tan\delta \qquad U = \alpha \mp t \quad \left.\begin{matrix}\text{E}\\ \text{W}\end{matrix}\right\}\ \text{Stern}$$

$$\cos a = \tan\varphi\cot z - \frac{\sin\delta}{\cos\varphi\sin z}$$

[1]) Zum Beispiel der Theodolit 003 vom VEB Carl Zeiss, Jena.

geschehen, wobei die Genauigkeit von 1′ für die Aufsuchung ausreichend ist. U bedeutet die Durchgangszeit nach Ortssternzeit. Für die Aufsuchung muß also die Uhrkorrektion u genähert bekannt sein.

Durch eine erste Beobachtung des auf diese Weise aufgestellten Programms wird man sich wesentlich genauere Näherungswerte φ_0 und u_0 für die Breite und die Uhrkorrektion verschaffen, die für ein ortsfestes Instrument meist anderweitig bekannt sind. Die Unsicherheit der genäherten Orts-Koordinaten sollte für Feldstationen kleiner als $\pm 1''$, für ortsfeste Stationen, die der Untersuchung der Polhöhen- und Rotationszeitschwankungen sich widmen, kleiner als $\pm 0\overset{''}{.}1$ sein, um bei der Auswertung hinreichend kleine Verbesserungen $\Delta\varphi$ und Δu zu erhalten, so daß die Koeffizienten der Fehlergleichungen nur mit geringer Stellenzahl berechnet werden müssen.

Die Beobachtung der Almukantarat-Durchgänge setzt zunächst einige instrumentelle Justierungen voraus, die beim Prismenastrolab die richtige Lage des Prismas, beim Zirkumzenital die Lage des Spiegelträgers zur optischen Achse betreffen, die durch Autokollimation überprüft werden kann. Die Beobachtung wird symmetrisch zur Mitte des Gesichtsfeldes ausgeführt, d. h., der Almukantarat-Durchgang soll möglichst nahe der Gesichtsfeldmitte erfolgen. Die Koinzidenz von direkt und reflektiert beobachtetem Bild, die den Almukantarat-Durchgang anzeigt, kann beim Prismenastrolab DANJON durch Verschiebung eines WOLLASTON-Prismas in Richtung der optischen Achse, beim Zirkumzenital BUCHAR durch Drehung eines Keils um die optische Achse über eine gewisse Zeit aufrechterhalten werden. Die lineare Bewegung des WOLLASTON ist dabei proportional der Zeit mit einem Faktor, der sin a entspricht, beim Drehkeil erfolgt die Höhenkompensation mit dem Cosinus des Drehwinkels, was ein Spezialgetriebe erfordert. Die Mikrometerspindel ist wie beim REPSOLDschen Registriermikrometer mit einer Kontakttrommel versehen. Bei dem von der Firma Optique et Précision de Levallois (OPL) serienmäßig hergestellten Gerät nach DANJON trägt das Kontaktrad zwei Kontakte, so daß bei der vorgeschriebenen Beobachtung über 12 Revolutionen der Mikrometerschraube 24 Kontakte erhalten werden. Die Drehung erfolgt durch einen Motor über ein sinnreiches Reibgetriebe der jeweiligen Geschwindigkeit der Änderung der Zenitdistanz entsprechend. Der Beobachter muß die Nachführung kontrollieren. Zu diesem Zweck werden die koinzidierenden Bilder nebeneinander gesetzt (durch geringfügige Neigung der Vorderkante des Prismas bzw. der Spiegel-Schnittgeraden beim Zirkumzenital) und mit Hilfe des horizontalen Doppelfadens die horizontale Stellung beider Bilder überwacht. Über ein zweihändiges großes Handrad und ein Differentialgetriebe kann der Beobachter die Mikrometerspindel kurzzeitig geringfügig beschleunigen oder bremsen. Beim Zirkumzenital (in seiner bisherigen Ausführung) muß, wie beim klassischen REPSOLD-Mikrometer, die gesamte Drehung der Mikrometerspindel von Hand ausgeführt werden.

Eine genäherte Auswertung, die in einer graphischen oder einer rechnerischen Behandlung bestehen kann, geschieht durch Konstruktion der Standlinien bzw. durch Aufstellung ihrer Gleichungen. Hierfür werden mit den Näherungswerten φ_0 und u_0 der Breite und der Uhrkorrektion bzw. der Länge für die beobachteten Durchgangszeiten U die Zenitdistanzen berechnet:

$$\cos \dot{z}_0 = \sin \varphi_0 \sin \delta + \cos \varphi_0 \cos \delta \cos t_0 \qquad t_0 = U + u_0 - \alpha \, .$$

Diese (wegen Refraktion r korrigierten) Zenitdistanzen werden dem aus der Geometrie folgenden Ablenkwinkel P_0 des Prismas bzw. der Spiegel gegenübergestellt. Die sich ergebenden Differenzen rühren — abgesehen von Beobachtungsfehlern und Fehlern in den Sternkoordinaten — von den um $\Delta\varphi$ und Δu fehlerhaften Koordinaten des Beobachtungsortes und der um ΔP fehlerhaften Annahme des Ablenkwinkels her. Die Fehlergleichungen mit den Verbesserungen v lauten mit Berücksichtigung der Differentialbeziehungen im Nautischen Dreieck:

$$\Delta P - \cos a \, \Delta\varphi - \sin a \cos \varphi_0 \, \Delta u = z_0 - P_0 - r - v = l - v \, .$$

Für jeden Sterndurchgang wird eine solche Fehlergleichung erhalten. Durch Ausgleichung werden die plausibelsten Werte der Unbekannten $\Delta\varphi$, Δu und ΔP und ihre mittleren Fehler (innere Genauigkeit) bestimmt.

Die linearen Fehlergleichungen sind die analytischen Ausdrücke für die Höhenstandlinien in einem rechtwinkligen Koordinatensystem mit dem Ursprung φ_0 und u_0. Die Geraden ergeben sich als Senkrechte zu dem jeweils im Azimut a im Ursprung angetragenen Strahl, und zwar im Abstand l von diesem Ursprungspunkt. Die Standlinien müssen bei einwandfreien Beobachtungen einen Kreis mit Radius ΔP einhüllen, dessen Mittelpunkt vom Ursprungspunkt die Abszisse $\Delta u \cos \varphi_0$ und die Ordinate $\Delta\varphi$ hat.

Durch sorgfältige Zeichnung und insbesondere durch die rechnerische Ausgleichung können $\Delta\varphi$ und Δu schon mit dem zu den Wild-Theodoliten T2 und T3 gelieferten Zusatz-Astrolabien bereits aus einem Programm von etwa 25 Sternen mit einer Genauigkeit besser als $\pm 1''$ erhalten werden. Gegebenenfalls ist die Ausgleichung bzw. die Zeichnung in größerem Maßstab mit den aus der ersten Ausgleichung folgenden Werten zu wiederholen. Wegen eines erst von Danjon aufgezeigten prinzipiellen Mangels des Prismenastrolabiums in seiner ursprünglichen Form — von dem das Zirkumzenital frei ist — kann die Genauigkeit mit diesen Wild-Zusatz-Astrolabien nicht nennenswert gesteigert werden, so daß zwei bis drei Beobachtungsnächte (zum Schutz gegen grobe Fehler und für einen Einblick in die äußere Genauigkeit) auf einer Feldstation genügen.

Für ortsfeste Beobachtungen höchster Genauigkeit mit dem oben erwähnten 100/1000 mm Gerät von OPL oder mit ähnlichen Instrumenten (Zirkumzenital) empfiehlt sich eine sehr genaue Berechnung für die Durchgangszeiten aller Programm-Sterne durch den bereits wegen eines Pauschalbetrages von $+30''.00$ für die Refraktion korrigierten Almukantarat $z = 30°$. Dabei werden die scheinbaren Örter den Apparent Places of Fundamental Stars durch Interpolation für die Durchgangszeiten durch den Almukantarat entnommenen und der Berechnung der Ephemeride der gut genäherte Ort ($\Delta\varphi$, $\Delta u < 0''.1$) zugrunde gelegt. Die Berechnung geschieht zweckmäßig nach der Formel

$$\tan^2 \frac{t_0}{2} = \frac{\cos(\varphi_0 - \delta) - \cos z}{\cos z + \cos(\varphi_0 + \delta)}, \qquad U_0 = \alpha + t_0 ,$$

die aus der Tangentenformel im Abschnitt I.4 hervorgeht, wenn die Produkte der trigonometrischen Funktionen in Summen verwandelt werden. Die Rechnungen müssen 9stellig durchgeführt werden und sollen t_0 auf $0^s.001$ liefern. Diese vorausberechneten Durchgangszeiten U_0 werden den beobachteten Durchgangszeiten gegenübergestellt, und der aus dieser Zeitdifferenz resultierende Zenitdistanzunterschied auf das Absolutglied l geworfen. Im Absolutglied erscheinen außerdem wie vorhin die Refraktion, aber nur der die Pauschale von $30''.00$ übersteigende Betrag, sowie die Einflüsse in Zenitdistanz, die die kurzperiodischen (Mond-)Glieder der Nutation in Länge und Schiefe $d\psi$ und $d\varepsilon$ hervorrufen. Weiter muß berücksichtigt werden, daß wegen der Krümmung des Parallels das Mittel der Zeiten der Registrierkontakte nicht zum Mittel der zu diesen Kontaktzeiten gehörenden Zenitdistanzen z paßt, so daß das Mittel der z eine Korrektur $f_1(a)$ erfordert, die vom Azimut abhängt und die ebenfalls in l erscheint. Eine sehr kleine Korrektur $f_2(X)$ rührt schließlich daher, daß bei einer zur Mitte des Gesichtsfeldes um die Strecke X unsymmetrischen Beobachtung die Krümmung des Almukantarats berücksichtigt werden muß. (Bei völlig symmetrischer Beobachtung ist der Einfluß in Zenitdistanz für alle Sterne konstant, so daß er durch die Korrektur ΔP der Ablenkkonstante erfaßt wird.)

Mit Einführung der neuen Unbekannten

$$x = \Delta u \cos \varphi_0 \quad \text{und} \quad y = \Delta\varphi$$

kann man die oben angegebene Fehlergleichung unter Umkehrung der Vorzeichen schreiben:

$$v_i = x \sin a_i + y \cos a_i - \Delta P + l_i ,$$

wobei

$$l_i = 15 \sin a_i \cos \varphi_0 (U_i - U_{0i}) + N(\psi)_i \, d\psi + N(\varepsilon)_i \, d\varepsilon + f_1(a_i) + f_2(X_i) + r_i + k (v_{0i} - v_m) .$$

Dabei sind U_i die wegen u_0 korrigierten Beobachtungszeiten und U_0 die vorausberechneten Durchgangszeiten. Die Faktoren $N(\psi)_i$ und $N(\varepsilon)_i$ ergeben sich mit den Definitionen der Apparent Places of Fundamental Stars $d\alpha = d\alpha(\psi)\, d\psi + d\alpha(\varepsilon)\, d\varepsilon$ und $d\delta = d\delta(\psi)\, d\psi + d\delta(\varepsilon)\, d\varepsilon$ (siehe Abschn. I.6, S. 9) sowie mit den Differentialbeziehungen zwischen dz, $d\alpha$ und $d\delta$ im Nautischen Dreieck zu:

$$N(\psi)_i = - 15 \sin a_i \cos \varphi_0 \, d\alpha(\psi) + \cos q_i \, d\delta(\psi) ,$$

$$N(\varepsilon)_i = - 15 \sin a_i \cos \varphi_0 \, d\alpha(\varepsilon) + \cos q_i \, d\delta(\varepsilon) ;$$

dabei bedeutet q_i den parallaktischen Winkel am Stern.

Die Korrektionen $f_1(a)$ wegen Krümmung des Parallels und $f_2(X)$ wegen Krümmung des Almukantarats ergeben sich durch eine Betrachtung in der Tangentialebene an die Himmelskugel im Durchstoßungspunkt der optischen Achse des Instruments.[1]) In dieser Ebene können die beiden Kleinkreise durch Kreise mit den Radien $\cot \delta$ und $\tan z$ angenähert werden. Es ergibt sich:

$$f_1(a) = k^2 \frac{[\Delta v^2]}{n} \frac{\cot^2 q}{2} \frac{\tan \delta}{\cos q} \quad \text{und} \quad f_2(X) = X^2 k^2 \frac{\cot z_0}{2} = 0.866 \, X^2 \cdot k^2 ,$$

wobei k den Revolutionswert der Mikrometerschraube (Änderung der Zenitdistanz bei einer Umdrehung), Δv den Abstand (in Schraubenrevolutionen) jedes Mikrometerkontaktes vom Mittel aller Kontakte, n die Zahl der Kontakte und X die Abweichung der Mitte des registrierten Durchgangs von der Gesichtsfeldmitte (in Revolutionen) bedeuten. Die Faktoren $\frac{\cot^2 q}{2} \cdot \frac{\tan \delta}{\cos q}$ können der Tafel 7 entnommen werden.

Die Korrektion r wegen Refraktion berechnet sich unter Abzug der in der Ephemeridenrechnung bereits berücksichtigten 30,"00 zu

$$r = 34{,}''69 \frac{b}{760} \frac{273}{273 + t} - 30{,}''00 = 12{,}''46 \frac{b}{273 + t} - 30{,}''00 ,$$

wobei t [°C] die Lufttemperatur und b [Torr] den reduzierten Barometerstand bedeuten. Ist Θ die Temperatur des Quecksilbers und H die Seehöhe des Beobachtungsortes in Metern, so ergibt sich der reduzierte Barometerstand b aus dem abgelesenen b':

$$b = b' (1 - 0.00264 \cos 2 \varphi - 0.000000196 \, H - 0.000163 \, \Theta) .$$

Die letzte in l enthaltene Korrektion ist in dieser Form nur für das Astrolab DANJON notwendig. Sie berücksichtigt Fokusdifferenzen, die hauptsächlich von Temperaturänderungen herrühren und die eine Änderung der Nullstellung des WOLLASTON-Prismas (Mikrometerablesung v_0) zur Folge haben. v_0 muß mittels Autokollimation vor Beginn und nach Schluß jedes Beobachtungsprogramms bestimmt werden und wird linear interpoliert. v_m ist das Mittel der Mikrometerablesungen aller Kontakte.

Die tägliche Aberration kann summarisch für alle Breiten φ mit einer Korrektion von $+0{,}^{s}018$ berücksichtigt werden, die an die geographische Länge λ des Beobachtungsortes anzubringen ist. Der Einfluß der täglichen Aberration von $0{,}''320 \cos \varphi \sin a \cos z$ bedeutet nämlich für alle Standlinien eine Translation von $0{,}''277 \cos \varphi$ nach Osten, was einer Änderung von $0{,}''277$ in λ für den Mittelpunkt des Berührungskreises der Standlinien entspricht.

Die Ausgleichung der Fehlergleichungen kann nach einem Näherungsverfahren oder streng in der üblichen Weise erfolgen, wobei man sich zweckmäßig eines Rechenautomaten bedienen wird.

---

[1]) Siehe B. GUINOT, Bulletin Astronomique 18. 291f. (1955).

Die Koeffizientenproduktsummen sind für jedes Sternprogramm konstante Größen. Die Berechnung der l_i ist jedoch mühsam und anfällig für Vorzeichenfehler.

Beim Näherungsverfahren werden auf dem oben angegebenen graphischen Wege zunächst Näherungswerte x_0 und y_0 gewonnen, wobei die dritte Unbekannte sich aus

$$\Delta P = \frac{[x_0 \sin a + y_0 \cos a + l]}{n}$$

ergibt, wenn n die Anzahl der beobachteten Sterne ist. Mit diesen Werten der Unbekannten ergeben sich die Verbesserungen v der Fehlergleichungen aus

$$v_i = x_0 \sin a_i + y_0 \cos a_i - \Delta P + l_i$$

und die Verbesserungen der Näherungswerte x_0 und y_0 der Unbekannten zu

$$\Delta x = -\frac{[v \sin a]}{[\sin^2 a]}\,, \qquad \Delta y = -\frac{[v \cos a]}{[\cos^2 a]}\,,$$

$$x = x_0 + \Delta x\,, \qquad y = y_0 + \Delta y\,.$$

Die mittleren Fehler ergeben sich, ebenfalls genähert, zu

$$m = \pm\sqrt{\frac{[v\,v]}{n-3}}\,, \quad m_z = \frac{m}{\sqrt{n}}\,, \quad m_x = \frac{m}{\sqrt{[\sin^2 a]}}\,, \quad m_u = m_x \sec\varphi\,, \quad m_\varphi = m_y = \frac{m}{\sqrt{[\cos^2 a]}}\,.$$

m ist der Gewichtseinheitsfehler, d. h. der mittlere Fehler der Bestimmung der Zenitdistanz eines Sterns. Dieses Näherungsverfahren gibt zuverlässige Ergebnisse für Δx, $\Delta y < 0\overset{''}{,}1$. Ergeben sich aus der ersten Ausgleichung größere Beträge für Δx und Δy, so ist die Ausgleichung zu wiederholen.

Zur Erleichterung der Berechnung der Durchgangszeiten U_0 empfiehlt sich für ortsfeste Stationen die Berechnung einer Tabelle sehr genauer Stundenwinkel in Abhängigkeit von der Deklination δ. Die Berechnung kann mit der oben angegebenen Formel für $\tan^2 \frac{t_0}{2}$ erfolgen. Das Tafelintervall für δ kann für $|\varphi - \delta| < 15°$ zu 1 Bogenminute gewählt werden, für $|\varphi - \delta| > 15°$ muß das Intervall zu 30″ und für $|\varphi - \delta| > 27°$ sogar zu 10″ genommen werden, so daß die Tafel ziemlich umfangreich wird. Es ist jedoch dann eine lineare Interpolation für die aus den Apparent Places of Fundamental Stars für den Almukantarat-Durchgang interpolierten Deklinationen möglich, so daß die Aufstellung einer zehntägigen Jahresephemeride der Durchgangszeiten U_0 für einen Stern für einen geübten Rechner nur etwa eine Stunde beansprucht. Wegen der Berücksichtigung der Schwankung der Polhöhe und Rotationszeit der Erde siehe den folgenden Abschnitt (S. 59).

2. Vertikalkreis-Durchgänge (Azimutstandlinien, Methode Gougenheim)

1951 wurde von A. Gougenheim die simultane Methode der Azimutstandlinien vorgeschlagen[1]), die aus der Registrierung von Vertikaldurchgängen und den zugehörigen Horizontalkreisablesungen nicht nur die simultane Bestimmung von φ und u bzw. λ, sondern auch noch den Nordpunkt des Horizontalkreises und damit die Bestimmung des Azimutes eines terrestrischen Zieles gestattet. Die Methode hat eine weitgehende Ähnlichkeit mit dem in der Geodäsie üblichen Verfahren des Rückwärtseinschneidens, da durch die Zeitpunkte der Vertikaldurchgänge drei Richtungen vom Neupunkt im gleichen Koordinatensystem festgelegt werden.

Das Verfahren ist in noch höherem Maße als die Methode der Almukantarat-Durchgangsbeobachtungen frei von Einflüssen der Vertikal-Refraktion und der Biegung, jedoch kann

[1]) Gougenheim, A., Une méthode nouvelle d'astronomie géodésique: la méthode de droites d'azimut. Annales hydrographiques Paris 1951.

nicht auf die Verwendung eines Kreises verzichtet werden, dessen Teilfehler jedoch in der bei der Horizontalwinkelmessung bekannten Weise durch satzweise Messung weitgehend eliminiert werden können. Das Verfahren ist außerdem eventuellen Einflüssen der Seitenrefraktion ausgesetzt, eine Fehlerquelle für alle Azimutbestimmungen. Ein besonderer Vorzug des Verfahrens ist die Möglichkeit, die in der Geodäsie üblichen Theodolite bzw. Universalinstrumente verwenden zu können, so daß die astronomischen Messungen mit den gleichen Instrumenten wie die Winkelmessungen durchgeführt werden können. Die Beobachtungen der Vertikaldurchgänge müssen dabei in Zenitdistanzen $z < 70°$ erfolgen und werden aus fehlertheoretischen Überlegungen am besten alle in $z = \text{const}$ ausgeführt. Es sind dann Fehler der Zapfen und der Kollimation ohne Einfluß auf das Ergebnis der geographischen Koordinaten. Die Programmvorbereitungen können ähnlich wie bei den Almukantarat-Durchgängen durchgeführt werden. Der optimale Wert für die nahezu gleich genaue Bestimmung der drei Unbekannten beträgt etwa $z = 30°$. Dabei muß die Verteilung der Sterne im Azimut möglichst gleichmäßig sein, um Länge und Breite gleich genau zu erhalten. Auch für die Auswertung gibt die konstante Zenitdistanz Vorteile. Wie bereits eingangs erwähnt, erfordert die Bestimmung und Kontrolle der Neigung der Kippachse bei kleineren Zenitdistanzen wegen des mit $\cot z$ in die Horizontalrichtung gehenden Einflusses größte Sorgfalt. Die Stabilität der Achsneigung ist, wie Versuche ergaben, insbesondere auf Signaltürmen, für die bei der I. Ordnung erforderliche Genauigkeit nicht ausreichend. Von M. MEINIG[1]) wurde der Versuch gemacht, den Zielstrahl durch ein einem Wild T 4 vorgesetztes Wild-Prismenastrolabium zu stabilisieren. Die Ergebnisse waren erfolgversprechend. Erfahrungen mit automatisch stabilisierter Kippachse (Theo 003 vom VEB Carl Zeiss, Jena) liegen noch nicht vor.

Zur Verminderung der persönlichen Gleichung sollten die mit großer horizontaler Komponente bewegten Sterne mit dem Registriermikrometer beobachtet werden, das sind für mittlere Breiten bei $z = 30°$ praktisch alle Sterne für $90° < a < 270°$. Für alle Sterne $q > 60°$ sowie für die hohen Deklinationen der Sterne $-20° < a < +20°$ empfiehlt sich die Verwendung der Tastermethode, wobei der Antritt an den auf geeignete Werte voreingestellten beweglichen Faden beobachtet wird. Die Werte für die Voreinstellung des Mikrometers müssen bei der Programmvorbereitung ermittelt werden. Diese Kombination der Beobachtungsverfahren ist zwar für den Beobachter wegen der ständig notwendigen Umstellung nicht einfach, sie gestattet jedoch, die Länge weitgehend frei von der persönlichen Gleichung zu bestimmen. Bei der Nachführung mit dem Registriermikrometer ist zur Ausschaltung der Fadenschiefe darauf zu achten, daß die Symmetrie zur Gesichtsfeldmitte gewahrt ist. Für die Tasterregistrierung ergibt sich die Symmetrie aus der Programmvorbereitung.

Die Auswertung geht von Näherungswerten φ_0, λ_0 und M_0 der Breite, der Länge und der Meridianrichtung aus, für die die Verbesserungen $\Delta\varphi$, $\Delta\lambda$ und ΔM zu bestimmen sind:

$$\varphi = \varphi_0 + \Delta\varphi\ ; \qquad \lambda = \lambda_0 + \Delta\lambda\ ; \qquad M = M_0 + \Delta M\ .$$

M wird dabei mit dem Mittel aus den in jeder Fernrohrlage erhaltenen ΔM berechnet. Die Fehlergleichung ergibt sich aus dem Differentialausdruck in Abschnitt I.1, wenn für $\cos\delta \cos q$ der Ausdruck aus I.5 eingeführt wird zu

$$\sin a\, \Delta\varphi - (\cos\varphi \cos a - \sin\varphi \tan z)\, \Delta t - \tan z\, \Delta a = 0\ .$$

Mit $\Delta a = a' - a_0 - \Delta M$, wo $a' = M_0 +$ Lesung am Horizontalkreis und a_0 das mit φ_0 und λ_0 für die Uhrzeit U berechnete Azimut bedeuten, ergibt sich die Fehlergleichung

$$x + y \cos a_i + z \sin a_i - l_i = v_i$$

[1]) M. MEINIG, Anwendung eines Prismenvorsatzes bei astronomischen Ortsbestimmungen nach der Azimutstandlinienmethode. Mitt. d. Lohrmann-Instituts d. TU Dresden Nr. 10 (1965).

mit den Abkürzungen

$$\Delta\varphi = z\,, \qquad \Delta M = x \cot z + y \tan \varphi\,,$$

$$\Delta t = -\Delta\lambda = -\frac{y}{\cos\varphi}\,, \qquad l = \tan z\,(a' - a_0)\,.$$

Zur Bestimmung der Unbekannten x, y und z genügen drei Sterne. Ein vollständiges Beobachtungsprogramm sollte 12 bis 16 Sterne umfassen. Die Unbekannten x, y und z werden dann durch Ausgleichung erhalten und aus diesen dann die gesuchten Verbesserungen $\Delta\varphi$, $\Delta\lambda$ und ΔM nach den angegebenen Beziehungen berechnet. Die beobachteten Durchgangszeiten bedürfen je einer Korrektion wegen der Krümmung des Parallels, wegen der Neigung und, für die mit dem Registriermikrometer erhaltenen Werte, wegen der halben Summe von Kontaktbreite und totem Gang.

Die beiden ersten Reduktionen können in der gleichen Weise berechnet werden, wie dies im Abschnitt VIII.2, S. 51 angegeben ist. Dabei wird man sich zur Berechnung der dort genannten Korrektionen $(\Delta t)_1$, $(\Delta t)_2$ und $(\Delta t)_3$ zweckmäßig der am Schluß des Tafelteils als Tafel 34 gegebenen graphischen Netztafel bedienen. Über die Bestimmung von Kontaktbreite und totem Gang ist in Abschnitt VI.1, S. 19 das Notwendige gesagt.

An das Ergebnis sind schließlich noch Korrektionen wegen täglicher Aberration und wegen Polschwankung und Schwankung der Rotationszeit der Erde anzubringen. Die Aberration ergibt eine Korrektion in Länge von $d\lambda = -0^{s}\!,021 \sec z = 0^{s}\!,024$ und im Azimut von $da_1 = 0''\!,32 \sin\varphi \sec z = 0''\!,37 \sin\varphi$. Die geographische Breite wird durch die Aberration nicht beeinflußt.

Bezüglich der Korrektion der Länge wegen Polhöhenschwankung und Rotationszeitschwankung ist im Abschnitt V., Die Systeme der Zeitmessung, unter 2. Weltzeit, S. 14f., bereits das Nötige gesagt (die Umrechnung in Weltzeit entfällt hierbei). Die Korrektionen $-d\lambda$ wegen Polschwankung und $-\Delta T_s$ wegen Rotationszeitschwankung können unmittelbar an die instantane Länge $\lambda = \lambda_0 + \Delta\lambda$ angebracht werden. Wegen Polhöhenschwankung müssen entsprechende Korrektionen $-d\varphi$ an die Breite $\varphi = \varphi_0 + \Delta\varphi$ und $-da_2$ an das Azimut $a = a_0 + \Delta M$ angebracht werden. Wenn x und y wie im Abschnitt V.2 die rechtwinkligen Koordinaten des instantanen Pols in bezug auf den mittleren Pol sind, so errechnen sich diese Korrektionen aus:

$$d\varphi = x\cos\lambda + y\sin\lambda\,,$$

$$da_2 = (y\cos\lambda - x\sin\lambda)\sec\varphi\,.$$

λ bedeutet dabei die instantane, d. h. die aus den Beobachtungen folgende Länge $\lambda = \lambda_0 + \Delta\lambda$, die nach Westen positiv gezählt wird.

X. Längendifferenzmessungen

Die Aufgabe der Längendifferenzmessung zerfällt in zwei Teile: Erstens die genaue Zeitbestimmung und zweitens den Uhrvergleich. Diese beiden Teilaufgaben werden in geeigneter Weise miteinander verbunden, was durch eine sinnvolle Programmgestaltung zu geschehen hat.

Die Zeitbestimmungen werden am besten nach der Methode der Durchgangsbeobachtungen durch den Meridian durchgeführt, obwohl auch die Methode Döllen oder die Methode Zinger angewandt werden können. Der Uhrenvergleich wird heute ausschließlich durch den drahtlosen Empfang von Zeitsignalen durchgeführt. Man unterscheidet „Einseitige Längenbestimmungen", bei denen durch den Empfang der Signale in Weltzeit die Längendifferenz gegen Greenwich ermittelt wird, und „Zweiseitige Längenbestimmungen", bei denen durch Beobachtung auf beiden Stationen und Zeitvergleich beider Stationen mit den gleichen Zeitsignalen der Längenunterschied zwischen diesen beiden Stationen unmittelbar erhalten wird. Durch Austausch der Beobachter und der Instrumente läßt sich bei einer zweiseitigen Bestimmung der systematische Einfluß der persönlichen und der instrumentellen Gleichung weitgehend herabdrücken.

Die Meridiandurchgänge werden bei zweiseitigen Bestimmungen nach dem gleichen Sternprogramm durchgeführt, sofern dies der Breitenunterschied der Stationen zuläßt. Die Längendifferenz wird damit unabhängig von den Sternkoordinatenfehlern. Im übrigen gelten für die Programmaufstellung die gleichen Grundsätze, wie dies im Abschnitt VI.1 auseinandergesetzt wurde. Das Programm des Beobachterwechsels wird symmetrisch durchgeführt, so daß die Beobachter am Beginn und am Schluß der Unternehmung auf ihren Heimatstationen eine vorher festgelegte Zahl gemeinsamer Abende (z. B. drei) beobachten und in der Mitte die doppelte Zeit (sechs gemeinsame Abende) auf den fremden Stationen beobachten. Ob ein Austausch der Instrumente zweckmäßig ist, hängt von der Schwierigkeit des Transports ab, der leicht zu einer Änderung der instrumentellen Gleichung führen kann. Bei einer Längendifferenzmessung zwischen Landeszentralen ist es daher u. U. zweckmäßig, die Instrumente am Ort zu belassen und auf beiden Stationen durch nicht auszutauschende Beobachter an weiteren stationären Instrumenten, also durch das „Zeitsystem" der Landeszentrale kontrollieren zu lassen. Um die persönliche Gleichung von den etwaigen Änderungen der instrumentellen Gleichung trennen zu können, muß der Beobachterwechsel noch häufiger vorgenommen werden. Da jedoch der gewünschte Effekt des Beobachterwechsels nur bei Zutreffen der fragwürdigen Voraussetzung einer Konstanz der persönlichen Gleichung jedes Beobachters eintritt, sollte man objektive Beobachtungsverfahren verwenden. Die instrumentelle Gleichung wird dann gegen das Zeitsystem der Landeszentrale bestimmt, für die vom B.I.H. jährlich Verbesserungen der dem System zugrunde liegenden „Konventionellen" Länge auf Grund der Zeitbestimmungen und der Signalempfänge aller Zeitdienste der Erde bekannt gegeben werden. — In der gleichen Weise wird man bei einseitigen Längenbestimmungen die persönliche und instrumentelle Gleichung durch Beobachtungen auf der Landeszentrale vor und nach den Beobachtungen auf den Feldstationen zu bestimmen versuchen, wobei man sich über die mögliche Inkonstanz beider Größen, insbesondere auf Reisen, im klaren sein muß.

Für die Sternprogramme werden ausschließlich Fundamentalsterne des FK4 benutzt. Das Programm besteht aus Gruppen zu je 10 Zeitsternen und zwei Polsternen, von denen der eine in oberer, der andere in unterer Kulmination den Meridian passiert. Die Deklination der Polsterne soll 85° keinesfalls übersteigen, die Zenitdistanz der Zeitsterne nicht mehr als 15° betragen. Bei der Auswahl der Zeitsterne ist die Forderung $\Sigma K \simeq 0$ zu berücksichtigen. Nach Möglichkeit sind an jedem Abend 2 Gruppen zu beobachten. Mit fortschreitender Jahreszeit rückt dabei jeweils die zweite Gruppe an die erste Stelle und wird in der zweiten Stelle durch die nächstfolgende ersetzt (Kettenmethode).

Für die Durchführung der Beobachtungen ist zunächst für eine gute Angleichung der Instrumententemperatur an die Außentemperatur zu sorgen. Das Meridianhaus ist eine Stunde vor Beobachtungsbeginn zu öffnen, und es empfiehlt sich, zur guten Luftdurchmischung das Instrument in Achsenhöhe und in Meridianrichtung aus etwa 2 Meter Entfernung während der Beobachtungen dauernd mit einem kleinen Ventilator anzublasen. Durch ein drehbar angeordnetes Reversionsprisma in Verbindung mit einem Pupillenversetzer kann man erreichen, daß die Sterne in jeder Zenitdistanz in horizontaler Richtung durch das Gesichtsfeld laufen, wobei durch Achsumlegung sich die Bewegungsrichtung umkehrt. Es ist dabei darauf zu achten, daß die Beobachtung der Sterne abwechselnd in Achslage Okular E und Okular W begonnen wird. Die Nachführung eines Zeitsternes erfolgt in beiden Lagen über mindestens 2 volle Revolutionen, bei Polsternen über 1 Revolution. Es empfiehlt sich, das Kontaktrad des Mikrometers so auszulegen, daß es nach Betätigung eines Umschalthebels für Polsterne mehr (etwa doppelt so viel) Kontakte pro Revolution abgibt als bei Zeitsternen.

Der Bestimmung der Instrumentenkonstanten (Parswert der Libelle, Kontaktbreite, Toter Gang) ist besondere Sorgfalt zu widmen, sie ist vor und nach jeder Beobachtungsperiode eines Beobachters auf einer Station durchzuführen. Nähere Angaben sind hierüber in Abschnitt VI.1 gemacht. Die Libelle sollte bei der Prüfung nicht aus der Fassung herausgenommen werden. Besondere Sorgfalt ist auch auf die Justierung der Libelle zu legen, insbesondere auf die Beseitigung einer Libellenkreuzung. Bei der Bestimmung des toten Ganges der Mikrometerschraube ist darauf zu achten, ob eine Abhängigkeit von der Zenitdistanz (Schwerkraftrichtung) besteht.

Für den Signalempfang ist die Verwendung von Langwellensendern vorzusehen (Frequenz kleiner als 100 kHz), da die Ausbreitung der Kurzwellen zu wenig definiert ist. Besonders günstig ist die Verwendung von Dauer-Zeitsignalen (z. B. OMA 50 kHz, HBG 75 kHz). Als Beobachtungsuhren müssen Quarzuhren verwendet werden. Bei Verwendung von Druckchronographen ist der Synchronlauf in den Pausen des Beobachtungsprogrammes durch Ausdrucken der Quarzuhrkontakte zu überprüfen. Die Registrierung der Zeitsignale erfolgt auf beiden Stationen mehrfach täglich zu verabredeten festen Zeiten. Die Signale werden dem Hochfrequenzteil des Empfängers entnommen und einem Zeitzeichenoszillographen zugeführt, der es gestattet, den Beginn des Signales auf einen verabredeten Punkt der Einschwingkurve zu legen.[1]) Die Verzögerung im Hochfrequenzteil des Empfängers sollte bestimmt und unter Kontrolle gehalten werden, obwohl sie im allgemeinen weniger als 1 ms betragen wird. Sie ist abhängig von der empfangenen Frequenz. Die Bestimmung geschieht durch Empfang eines von einem Meßsender erzeugten Impulses, der dem Zeitsignal nachgebildet wird und der eine Zählfrequenz (mindestens 1 MHz) auf eine Zählkette freigibt, die vom Impuls, der durch den Empfänger gelaufen ist, gestoppt wird. Bei der Reduktion der Zeitbestimmungen muß außer der Verzögerung im Empfänger auch die Laufzeit der elektromagnetischen Wellen berücksichtigt werden, wozu die Großkreisentfernung zum Sender ermittelt werden muß und für Langwellen eine Fortpflanzungsgeschwindigkeit von 252000 km/sec angesetzt werden kann.

Die Auswertung der Beobachtungen erfolgt bis zur Gewinnung der Uhrkorrektionen u auf den Stationen in der üblichen Weise nach der Mayerschen Formel, wie dies im Abschnitt VI.1 eingehend erläutert ist. Es ergibt sich für jede Station zunächst die Längendifferenz gegen Greenwich. Dabei werden die von den verschiedenen Beobachtern erhaltenen Werte gemittelt. Die Längendifferenz ergibt sich im einfachsten Fall bei nur zwei Stationen als Mittel der Differenzen der Längen beider Stationen gegen Greenwich. Bei mehr als zwei Stationen, bei einem Längennetz also, ergibt sich die Notwendigkeit, Schlußbedingungen zu berücksichtigen.

XI. Ausgleichung der Längenmessungen

Astronomische Längenmessungen sind ein typischer Fall gruppenweiser Beobachtungen, deren „Fehlertheorie" in der mathematischen Statistik eine zentrale Stellung einnimmt (Varianz- und Regressionsanalyse u. a.). Die während eines Abends registrierten Zeitsterne eines Beobachters ergeben w_i unabhängige einseitige Längen

$$L_j = U + u_j - \mathrm{TU}_2 \tag{1}$$

mit der registrierten Signalankunftszeit U, der auf die Epoche des Signals und den mittleren Ortsmeridian reduzierten Uhrkorrektur u_j und der zugehörigen Greenwicher (Welt-) Zeit TU_2. Bei Beschränkung auf einen genügend kleinen Deklinationsbereich und Auswertung einer konstanten Anzahl Registrierkontakte dürfen die Gewichtsunterschiede der L_j vernachlässigt werden.

---

[1]) Buckbesch, F.: Zeitzeichenempfang im Geodätischen Institut Potsdam. radio und fernsehen **14** (1965) H. 23, S. 730 und H. 24, S. 761.

Die w_i unabhängigen Elemente

$$L_j = \bar{L}_i - v_j \tag{2}$$

eines Abends werden repräsentiert durch die Schätzungen

$$\bar{L}_i = \frac{\sum_1^{w_i} L_j}{w_i} \tag{3}$$

und

$$m_i^2 = \frac{\sum_1^{w_i} v_j^2}{w_i - 1} \tag{4}$$

für die gesuchte Länge λ und die ,,Versuchsfehler"-Varianz s^2. Für ein bestimmtes (visuelles oder unpersönliches) Registriersystem sind die Unterschiede der m_i^2 im allgemeinen nicht signifikant. Das gleiche gilt für die Abweichungen der Verteilungen der Verbesserungen v_j von der zugehörigen Normalverteilung $N(O, s)$. Unter diesen Gegebenheiten ist es möglich, den auszugleichenden Abendmitteln $\bar{L}_i$ des Registriersystems ein statistisch gesichertes (signifikantes) Regressionspolynom n-ten Grades

$$\bar{\bar{L}}_i(t_i) = \bar{L}_i(t_i) + \bar{v}_i = c_0 + c_1 t_i + \cdots + c_n t_i^n = \lambda + \sigma_i(t_i) \tag{5}$$

mit den nach der ,,Methode der kleinsten Quadrate" zu schätzenden Entwicklungskoeffizienten $c_\varkappa$ zuzuordnen, welches die nachweisbaren, von Abend zu Abend stattfindenden Änderungen der ,,Systemgleichung" $\Sigma(t)$[1]) genügend zu approximieren gestattet. (Der Zeitparameter t darf als fehlerfrei gegeben betrachtet werden.) Die Ableitung der gesuchten Längendifferenzen besteht dann

1. in der Schätzung der ,,gemessenen" Längendifferenzen $\Delta\lambda$ der einzelnen Registriersysteme nach dem Verfahren der Varianz- bzw. Regressionsanalyse und
2. in der Tilgung der bei überschüssigen ,,gemessenen" $\Delta\lambda$ entstehenden Widersprüche.

Das Ersatzpolynom $\sigma(t)$ sei eine innerhalb eines sämtliche Abende des Beobachters einschließenden Intervalls $t_1 \leqq t_i \leqq t_N$ stetige Funktion. Die N zu r gemessenen Stationen gehörigen Verbesserungsgleichungen

$$\left.\begin{aligned} \bar{v}_i^A &= c_0^A + \left(\sum_{\varkappa=1}^{n} c_\varkappa t_i^\varkappa - \bar{L}_i\right)^A \\ \bar{v}_i^B &= c_0^B + \left(\sum_{\varkappa=1}^{n} c_\varkappa t_i^\varkappa - \bar{L}_i\right)^B \\ &\cdots\cdots\cdots\cdots \\ \bar{v}_i^r &= c_0^r + \left(\sum_{\varkappa=1}^{n} c_\varkappa t_i^\varkappa - \bar{L}_i\right)^r \end{aligned}\right\} \tag{6}$$

mit den Gliedern nullter Ordnung

$$\left.\begin{aligned} c_0^A &= \lambda^A + \sigma_0(0) = \bar{\lambda} \\ c_0^B &= \bar{\lambda} + \Delta\lambda^{AB} \\ &\cdots\cdots\cdots \\ c_0^r &= \bar{\lambda} + \Delta\lambda^{Ar} \end{aligned}\right\} \tag{7}$$

[1]) $\Sigma(t)$ ist die Verallgemeinerung des Begriffes ,,persönliche + instrumentelle Gleichung" und enthält demgemäß auch die auf $\bar{L}_i$ wirkenden äußeren (durch meteorologische Fakten u. a. bedingten) Einflüsse.

enthalten dann $r + n < N$ zu approximierende Unbekannte $c_\varkappa$. Zur Festlegung der Gewichte von (6) genügt wegen der relativ großen Genauigkeit der Uhrvergleiche (Signalaufnahmen) U — TU gegenüber den Uhrkorrektionen u die Näherung

$$\bar{p}_i = \text{const} \cdot w_i \, .$$

Das zu (6) gehörige (symmetrische) Normalgleichungssystem lautet in abgekürzter Schreibweise

$$\begin{pmatrix} [\bar{p}]^A & 0 & 0 \ldots & [\bar{p}\,t]^A & [\bar{p}\,t^2]^A & \ldots & [\bar{p}\,t^n]^A \\ & [\bar{p}]^B & 0 \ldots & [\bar{p}\,t]^B & [\bar{p}\,t^2]^B & \ldots & [\bar{p}\,t^n]^B \\ \cdot & \cdot & \cdot & \cdot & \cdot & \cdot & \cdot \\ & & [\bar{p}]^r & [\bar{p}\,t]^r & [\bar{p}\,t^2]^r & \ldots & [\bar{p}\,t^n]^r \\ & & & [\bar{p}\,t^2]^{A\cdot r} & [\bar{p}\,t^3]^{A\cdot r} & \ldots & [\bar{p}\,t^{n+1}]^{A\cdot r} \\ \cdot & \cdot & \cdot & \cdot & \cdot & \cdot & \cdot \\ & & & & & & [\bar{p}\,t^{2n}]^{A\cdot r} \end{pmatrix} \begin{pmatrix} c_0^A \\ c_0^B \\ \vdots \\ c_0^r \\ c_1 \\ \vdots \\ c_n \end{pmatrix} = \begin{pmatrix} [\overline{p\,L}]^A \\ [\overline{p\,L}]^B \\ \vdots \\ [\overline{p\,L}]^r \\ [\bar{p}\,t\,\bar{L}]^{A\cdot r} \\ \\ [\bar{p}\,t^n\,\bar{L}]^{A\cdot r} \end{pmatrix} \qquad (8)$$

mit der Koeffizientendeterminante $\Delta \neq 0$.

Der Lösungsvektor $(c_\varkappa)$ ergibt sich aus

$$c_\varkappa = \frac{\Delta_\varkappa}{\Delta}\,, \qquad (9)$$

wenn $\Delta_\varkappa$ die Determinante bezeichnet, in die Δ nach dem Austausch der Spalte $\varkappa$ mit den Elementen des Absolutgliedvektors übergeht (CRAMÉRsche Regel).

Die Standardabweichungen $s_\varkappa$ lassen sich aus

$$m_\varkappa^2 = \overline{m}^2\, Q_{\varkappa\varkappa} \qquad (10)$$

abschätzen, wenn

$$\overline{m}^2 = \frac{\sum\limits_1^N \bar{p}_i\, \bar{v}_i^2}{N - n - r} \qquad (11)$$

die Varianz der Gewichtseinheit und $Q_{\varkappa\varkappa}$ die Diagonalelemente der invertierten Koeffizientenmatrix bedeuten [1]).

Für die Gewichtsreziproke der „gemessenen" Längendifferenzen

$$\Delta\lambda^{A\,P} = c_0^P - c_0^A \qquad (12)$$

gilt

$$Q_{\Delta\lambda}^{A\,P} = (Q_0^P - Q_0^A)^2 = Q_{00}^P - 2\,Q_{00}^{A\,P} + q_{00}^A$$

mit den durch $Q_j\, Q_k = Q_{jk}$ definierten TIENSTRAschen symbolischen Gewichtskoeffizienten Q_0 der Glieder $c_0^{P,\,A}$.

Bei der numerischen Auswertung von (8) ist es zweckmäßig, die Normalgleichungen so umzustellen, daß die Unbekannten c_0 bei Anwendung des GAUSSschen Algorithmus zuerst erhalten werden. Ebenfalls zu empfehlen ist die Transformation der Werte t in das Intervall ± 1 und die Einführung geeigneter Näherungswerte für die c_0 und $\bar{L}_i$.

Der Grad n der Verbesserungsgleichungen (6) ist so zu wählen, daß die $\sqrt{\bar{p}_i}\, \bar{v}_i$ als unabhängige, nach $N(0, \overline{S})$ normalverteilte zufällige Elemente betrachtet werden können. Sie erlauben dann mit

$$m^2 = \frac{\sum\limits_1^N w_i\, v_i^2}{N - n - r} \qquad (13)$$

---

[1]) Siehe z. B. JORDAN/EGGERT/KNEISSL: Vermessungskunde, Bd. I, S. 455, Stuttgart 1961.

neben

$$m_0^2 = \frac{\sum_1^N \sum_1^{w_i} v_{ij}^2}{\bar{N} - N} \qquad \left(\bar{N} = \sum_1^N w_i\right) \tag{14}$$

eine zweite unabhängige und verzerrungsfreie Schätzung der Versuchsfehlervarianz s^2, und der Quotient

$$F = \frac{m^2}{m_0^2} > 1 \tag{15}$$

ist verteilt wie die (in den Lehrbüchern der mathematischen Statistik tabellierte) FISCHERsche Prüffunktion $F_0 = F_0(P_0, f, f_0)$ mit den Freiheitsgraden $f = N - n - r$, $f_0 = \bar{N} - N$ und der vorzugebenden Sicherheitswahrscheinlichkeit P_0.[1])

Man beginnt die Ausgleichung der $\bar{L}_i$ zweckmäßigerweise mit $n = 0$ (Homogenitätsprüfung) und erweitert die Verbesserungsgleichungen (6) so oft, bis $F \leqq F_0$. Weil die skizzierte Regressionsanalyse das Abstecken einer unteren Grenze für n ermöglichen soll, darf F_0 bzw. P_0 nicht zu klein gewählt werden (etwa $P_0 = 99{,}9\%$).

Da die Varianz m^2 eine gewisse untere Grenze nicht unterschreitet, kann die Funktion F bei einem beliebig kleinen, von Null verschiedenen „Versuchsfehler" $|m_0|$ für alle n im Intervall $0 < n < N - r$ einen beliebig großen endlichen Wert annehmen. Dieser Umstand charakterisiert den engen Zusammenhang zwischen Meßtechnik und Fehlertheorie und unterstreicht die Bedeutung des Studiums der „äußeren" Einflüsse bei zunehmender Leistungsfähigkeit des Registriersystems.

Hat man es mit verschiedenen „gemessenen" Richtungssätzen (7) zu tun, dann macht sich offenbar, sofern bei deren Reduktion auf gemeinsame „Leitmeridiane" c_0^P Widersprüche entstehen, eine „Netzausgleichung" nötig. Letztere allgemein übliche Bezeichnung wird der Problemstellung wenig gerecht. Da sich die astronomischen Längenmessungen auch als Richtungsmessungen am mittleren Pol interpretieren lassen, handelt es sich vielmehr um eine Stationsausgleichung gemessener Richtungen, deren spezieller Charakter vom Umfang r, der Anzahl und der Anordnung der gemessenen Richtungssätze abhängt. Sind durch (7) bereits alle Stationen des „Längennetzes" erfaßt, dann umfaßt die dargelegte Theorie die verallgemeinerte Lösung der Stationsausgleichung vollständiger Richtungssätze. Im speziellen Falle $n = 0$ ist diese identisch mit dem in der Triangulation bekannten Verfahren der Mittelbildung. Beim Einsatz mehrerer Beobachtungssysteme haben wir dann nach der Wahl einer gemeinsamen Nullrichtung c_0^A für die übrigen Werte c_0^P lediglich das gewogene Mittel zu bilden.

Bei der Bestimmung der astronomischen Längendifferenzen von zentralen Hauptstationen werden der Umfang und die Anzahl der Richtungssätze weitgehend von praktischen, meßtechnischen und systematischen Einflüssen a priori Rechnung tragenden Gesichtspunkten bestimmt. Insbesondere wird man sich bemühen (soweit möglich), die Beobachtungen auf einen nicht zu großen Rektaszensions- und Deklinationsbereich zu verteilen und das Zeitintervall zwischen den beiden Bestimmungen des „Ausgangsmeridians" c_0^A eines Beobachters nicht zu groß zu wählen. Nur dann ist zu erwarten, daß der durch die Ergebnisse der ersten und letzten Periode angezeigte Trend der Abendmittel $\bar{L}_i$ den restlichen Beobachtungen in genügendem Maße ebenfalls eigen ist. Die Sachlage hat mit dem Problem der geodätischen Richtungs- bzw. Winkelmessungen I. Ordnung vieles gemeinsam, weil sich die lineare Komponente der zeitlichen Änderungen der Systemgleichung $\Sigma(t)$ als Pfeilerdrehung und $\sum_2^n c_\varkappa t^\varkappa$ als Seitenrefraktion interpretieren lassen. Man wird also bei der

---

[1]) Siehe I. W. LINNIK: Die Methode der kleinsten Quadrate in moderner Darstellung, S. 261, Berlin 1961.

Anordnung der Längenmessungen wesentliche empirische Ergebnisse aus der Triangulation übernehmen dürfen und sich im allgemeinen auf $r = 2$ beschränken. Die Stationsausgleichung beinhaltet dann das relativ einfache Problem der Tilgung der sich aus überschüssigen, „gemessenen" Winkeln $\Delta\lambda_{ik}$ ergebenden Widersprüche. Letzteres kann nach der Methode der vermittelnden als auch nach jener der bedingten Beobachtungen erfolgen. Erstere hat den Vorteil der einfacheren Berechnung der den Unbekannten zuzuordnenden Gewichtsreziproken. Die Verbesserungsgleichungen lauten in diesem Falle

$$\Delta\lambda_{ik} + v_{ik} = \bar{\lambda}_k - \bar{\lambda}_i$$

und bei Einführung von Näherungswerten $\bar{L}_{0i,k}$ für $\bar{\lambda}_{i,k}$

$$v_{ik} = d\bar{\lambda}_k - d\bar{\lambda}_i - \Lambda_{ik} \qquad (16)$$

mit den Absolutgliedern

$$\Lambda_{ik} = \Delta\lambda_{ik} - (\bar{L}_k - \bar{L}_i)_0$$

und den Gewichten

$$p_{ik} = \frac{\text{const.}}{m^2_{\Delta\lambda_{ik}}}. \qquad (17)$$

Da man über das $d\bar{\lambda}_0$ einer gewählten Ausgangsstation P_0 beliebig verfügen darf, ist die Zahl der zu approximierenden Unbekannten $d\bar{\lambda}_i$ gleich $R - 1$, wenn das „Längennetz" R Stationen umfaßt. Der weitere Gang der Rechnung unterscheidet sich nicht von dem in den Lehrbüchern über Ausgleichungsrechnung allgemein formulierten Fall überschüssiger vermittelnder Beobachtungen.

Bei der Ausgleichung der $\Delta\lambda_{ik}$ mittels Korrelaten folgt aus der Bedingung

$$\sum_P^q (\Delta\lambda + v)_{ik} = (\Delta\lambda + v)_{P,q} \qquad (18)$$

die Verbesserungsgleichung

$$\sum_P^q v_{ik} - v_{Pq} - w_{Pq} = 0 \qquad (19)$$

mit dem Widerspruch

$$w_{P,q} = \Delta\lambda - \sum_P^q \Delta\lambda_{ik}\,. \qquad (20)$$

Die Zahl der Unbekannten (Korrelaten) ist gleich der Anzahl der unabhängigen „Netzbedingungen".

Die erhaltenen Endergebnisse $\bar{\lambda}_i$ unterscheiden sich von den durch den mittleren Pol definierten astronomischen Längen λ_i der einzelnen Stationen gegenüber Greenwich neben den zufälligen Restfehlern um eine Konstante σ. Letztere genügend klein zu halten, ist die Aufgabe besonderer Anschlußmessungen zwischen einer zentralen Station P_0 und der Sternwarte Greenwich.

Tafeln

1. Tafel der halben Tagbogen t_o

δ \ φ	0°	2°	4°	6°	8°	10°	12°	14°	16°	18°	20°	22°	24°	26°
∓80°	$6^{h}14^{m}$	$5^{h}29^{m}$	$4^{h}42^{m}$	$3^{h}51^{m}$	$2^{h}51^{m}$									
78	6 12	5 34	4 56	4 15	3 30	$2^{h}36^{m}$								
76	6 10	5 38	5 05	4 31	3 55	3 14	$2^{h}25^{m}$							
74	6 09	5 41	5 13	4 43	4 13	3 39	3 02	$2^{h}16^{m}$						
72	6 08	5 43	5 18	4 53	4 26	3 58	3 27	2 52	$2^{h}09^{m}$					
70	6 07	5 45	5 23	5 00	4 37	4 12	3 46	3 17	2 44	$2^{h}03^{m}$				
68	6 07	5 47	5 27	5 06	4 46	4 24	4 01	3 36	3 09	2 37	$1^{h}58^{m}$			
66	6 06	5 48	5 30	5 12	4 53	4 33	4 13	3 51	3 28	3 02	2 31	$1^{h}54^{m}$		
64	6 06	5 49	5 33	5 16	4 59	4 41	4 23	4 04	3 43	3 21	2 56	2 27	$1^{h}50^{m}$	
62	6 05	5 50	5 35	5 20	5 04	4 48	4 32	4 14	3 56	3 36	3 15	2 51	2 23	$1^{h}47^{m}$
60	6 05	5 51	5 37	5 23	5 09	4 54	4 39	4 23	4 07	3 49	3 30	3 10	2 46	2 19
58	6 05	5 52	5 39	5 26	5 13	4 59	4 45	4 31	4 16	4 00	3 43	3 25	3 05	2 43
56	6 04	5 52	5 41	5 29	5 16	5 04	4 51	4 38	4 24	4 10	3 55	3 39	3 21	3 02
54	6 04	5 53	5 42	5 31	5 20	5 08	4 56	4 44	4 32	4 19	4 05	3 50	3 35	3 17
52	6 04	5 54	5 43	5 33	5 23	5 12	5 01	4 50	4 38	4 26	4 14	4 00	3 46	3 31
50	6 04	5 54	5 45	5 35	5 25	5 15	5 05	4 55	4 44	4 33	4 22	4 10	3 57	3 43
48	6 04	5 55	5 46	5 37	5 28	5 19	5 09	5 00	4 50	4 39	4 29	4 18	4 06	3 54
46	6 04	5 55	5 47	5 39	5 30	5 22	5 13	5 04	4 55	4 45	4 35	4 25	4 14	4 03
44	6 03	5 56	5 48	5 40	5 32	5 24	5 16	5 08	4 59	4 51	4 42	4 32	4 22	4 12
42	6 03	5 56	5 49	5 42	5 34	5 27	5 19	5 12	5 04	4 56	4 47	4 38	4 29	4 20
40	6 03	5 56	5 50	5 43	5 36	5 29	5 22	5 15	5 08	5 00	4 52	4 44	4 36	4 27
38	6 03	5 57	5 51	5 44	5 38	5 31	5 25	5 18	5 12	5 05	4 57	4 50	4 42	4 34
36	6 03	5 57	5 51	5 46	5 40	5 34	5 28	5 21	5 15	5 09	5 02	4 55	4 48	4 41
34	6 03	5 58	5 52	5 47	5 41	5 36	5 30	5 24	5 19	5 13	5 06	5 00	4 53	4 47
32	6 03	5 58	5 53	5 48	5 43	5 38	5 32	5 27	5 22	5 16	5 11	5 05	4 59	4 52
30	6 03	5 58	5 54	5 49	5 44	5 40	5 35	5 30	5 25	5 20	5 15	5 09	5 04	4 58
28	6 03	5 59	5 54	5 50	5 46	5 41	5 37	5 32	5 28	5 23	5 18	5 13	5 08	5 03
26	6 03	5 59	5 55	5 51	5 47	5 43	5 39	5 35	5 31	5 26	5 22	5 18	5 13	5 08
24	6 03	5 59	5 56	5 52	5 48	5 45	5 41	5 37	5 33	5 30	5 26	5 21	5 17	5 13
22	6 03	5 59	5 56	5 53	5 50	5 46	5 43	5 40	5 36	5 33	5 29	5 25	5 21	5 18
20	6 03	6 00	5 57	5 54	5 51	5 48	5 45	5 42	5 39	5 36	5 32	5 29	5 26	5 22
18	6 03	6 00	5 57	5 55	5 52	5 49	5 47	5 44	5 41	5 38	5 36	5 33	5 30	5 26
16	6 03	6 00	5 58	5 56	5 53	5 51	5 49	5 46	5 44	5 41	5 39	5 36	5 33	5 31
14	6 03	6 01	5 59	5 57	5 55	5 52	5 50	5 48	5 46	5 44	5 42	5 40	5 37	5 35
12	6 02	6 01	5 59	5 57	5 56	5 54	5 52	5 50	5 49	5 47	5 45	5 43	5 41	5 39
10	6 02	6 01	6 00	5 58	5 57	5 55	5 54	5 52	5 51	5 49	5 48	5 46	5 45	5 43
8	6 02	6 01	6 00	5 59	5 58	5 57	5 56	5 55	5 53	5 52	5 51	5 50	5 48	5 47
6	6 02	6 02	6 01	6 00	5 59	5 58	5 57	5 57	5 56	5 55	5 54	5 53	5 52	5 51
4	6 02	6 02	6 01	6 01	6 00	6 00	5 59	5 59	5 58	5 57	5 57	5 56	5 56	5 55
∓ 2	6 02	6 02	6 02	6 02	6 01	6 01	6 01	6 01	6 00	6 00	6 00	5 59	5 59	5 59

1. Tafel der halben Tagbogen t_o

δ \ φ	0°	2°	4°	6°	8°	10°	12°	14°	16°	18°	20°	22°	24°	26°
0°	6^h02^m	6^h02^m	6^h02^m	6^h02^m	6^h02^m	6^h02^m	6^h02^m	6^h03^m	6^h03^m	6^h03^m	6^h03^m	6^h03^m	6^h03^m	6^h03^m
± 2	6 02	6 03	6 03	6 03	6 04	6 04	6 04	6 05	6 05	6 05	6 06	6 06	6 06	6 07
4	6 02	6 03	6 04	6 04	6 05	6 05	6 06	6 07	6 07	6 08	6 08	6 09	6 10	6 11
6	6 02	6 03	6 04	6 05	6 06	6 07	6 08	6 09	6 09	6 10	6 11	6 12	6 13	6 14
8	6 02	6 04	6 05	6 06	6 07	6 08	6 09	6 11	6 12	6 13	6 14	6 16	6 17	6 18
10	6 02	6 04	6 05	6 07	6 08	6 10	6 11	6 13	6 14	6 16	6 17	6 19	6 21	6 23
12	6 02	6 04	6 06	6 08	6 09	6 11	6 13	6 15	6 17	6 18	6 20	6 22	6 24	6 27
14	6 03	6 05	6 07	6 09	6 11	6 13	6 15	6 17	6 19	6 21	6 24	6 26	6 28	6 31
16	6 03	6 05	6 07	6 09	6 12	6 14	6 17	6 19	6 22	6 24	6 27	6 29	6 32	6 35
18	6 03	6 05	6 08	6 10	6 13	6 16	6 18	6 21	6 24	6 27	6 30	6 33	6 36	6 39
20	6 03	6 06	6 08	6 11	6 14	6 17	6 20	6 24	6 27	6 30	6 33	6 37	6 40	6 44
22	6 03	6 06	6 09	6 12	6 16	6 19	6 22	6 26	6 29	6 33	6 37	6 40	6 44	6 48
24	6 03	6 06	6 10	6 13	6 17	6 21	6 24	6 28	6 32	6 36	6 40	6 44	6 49	6 53
26	6 03	6 07	6 11	6 14	6 18	6 23	6 27	6 31	6 35	6 39	6 44	6 48	6 53	6 58
28	6 03	6 07	6 11	6 16	6 20	6 24	6 29	6 33	6 38	6 43	6 48	6 53	6 58	7 03
30	6 03	6 07	6 12	6 17	6 21	6 26	6 31	6 36	6 41	6 46	6 52	6 57	7 03	7 09
32	6 03	6 08	6 13	6 18	6 23	6 28	6 34	6 39	6 44	6 50	6 56	7 02	7 08	7 14
34	6 03	6 08	6 14	6 19	6 25	6 30	6 36	6 42	6 48	6 54	7 00	7 07	7 13	7 20
36	6 03	6 09	6 15	6 21	6 27	6 33	6 39	6 45	6 51	6 58	7 05	7 12	7 19	7 27
38	6 03	5 09	6 16	6 22	6 28	6 35	6 41	6 48	6 55	7 02	7 10	7 17	7 25	7 33
40	6 03	6 10	6 17	6 23	6 30	6 37	6 44	6 52	6 59	7 07	7 15	7 23	7 32	7 41
42	6 03	6 10	6 18	6 25	6 32	6 40	6 48	6 55	7 03	7 12	7 20	7 29	7 38	7 48
44	6 03	6 11	6 19	6 27	6 35	6 43	6 51	6 59	7 08	7 17	7 26	7 36	7 46	7 57
46	6 04	6 12	6 20	6 29	6 37	6 46	6 55	7 04	7 13	7 23	7 33	7 43	7 54	8 06
48	6 04	6 13	6 21	6 31	6 40	6 49	6 58	7 08	7 18	7 29	7 40	7 51	8 03	8 16
50	6 04	6 13	6 23	6 33	6 42	6 52	7 03	7 13	7 24	7 35	7 47	8 00	8 13	8 27
52	6 04	6 14	6 25	6 35	6 46	6 56	7 07	7 19	7 31	7 43	7 56	8 10	8 24	8 40
54	6 04	6 15	6 26	6 37	6 49	7 01	7 12	7 25	7 38	7 51	8 05	8 21	8 37	8 55
56	6 04	6 16	6 28	6 40	6 53	7 05	7 18	7 32	7 46	8 00	8 16	8 33	8 52	9 12
58	6 05	6 17	6 30	6 43	6 57	7 10	7 25	7 39	7 55	8 11	8 29	8 48	9 09	9 34
60	6 05	6 19	6 33	6 47	7 01	7 16	7 32	7 48	8 05	8 23	8 43	9 05	9 30	10 01
62	6 05	6 20	6 35	6 51	7 07	7 23	7 40	7 58	8 17	8 38	9 01	9 27	9 58	10 42
64	6 06	6 22	6 39	6 56	7 13	7 31	7 50	8 10	8 31	8 55	9 22	9 55	10 40	
66	6 06	6 24	6 42	7 01	7 20	7 40	8 01	8 24	8 49	9 17	9 51	10 37		
68	6 07	6 26	6 47	7 07	7 28	7 51	8 15	8 41	9 11	9 46	10 34			
70	6 07	6 29	6 52	7 15	7 39	8 04	8 32	9 03	9 40	10 31				
72	6 08	6 33	6 58	7 24	7 51	8 21	8 54	9 34	10 27					
74	6 09	6 37	7 06	7 36	8 08	8 43	9 25	10 22						
76	6 10	6 42	7 16	7 51	8 30	9 15	10 15							
78	6 12	6 50	7 29	8 12	9 02	10 07								
±80	6 14	7 00	7 49	8 45	9 57									

1. Tafel der halben Tagbogen t_0

δ \ φ	28°	30°	32°	34°	36°	38°	40°	42°	44°	46°	48°	50°	52°	54°
∓60°	1^h45^m													
58	2 16	1^h43^m												
56	2 40	2 14	1^h41^m											
54	2 59	2 37	2 12	1^h40^m										
52	3 15	2 56	2 35	2 10	1^h39^m									
50	3 28	3 12	2 54	2 34	2 09	1^h38^m								
48	3 40	3 26	3 10	2 52	2 32	2 08	1^h37^m							
46	3 51	3 38	3 24	3 09	2 51	2 31	2 08	1^h37^m						
44	4 01	3 49	3 37	3 23	3 08	2 51	2 31	2 07	1^h37^m					
42	4 10	3 59	3 48	3 35	3 22	3 07	2 50	2 31	2 07	1^h37^m				
40	4 18	4 08	3 58	3 47	3 35	3 21	3 07	2 50	2 31	2 08	1^h37^m			
38	4 26	4 17	4 07	3 57	3 46	3 34	3 21	3 07	2 51	2 31	2 08	1^h38^m		
36	4 33	4 25	4 16	4 07	3 57	3 46	3 35	3 22	3 08	2 51	2 32	2 09	1^h39^m	
34	4 39	4 32	4 24	4 16	4 07	3 57	3 47	3 35	3 23	3 09	2 52	2 34	2 10	1^h40^m
32	4 46	4 39	4 32	4 24	4 16	4 07	3 58	3 48	3 37	3 24	3 10	2 54	2 35	2 12
30	4 52	4 46	4 39	4 32	4 25	4 17	4 08	3 59	3 49	3 38	3 26	3 12	2 56	2 37
28	4 58	4 52	4 46	4 39	4 33	4 26	4 18	4 10	4 01	3 51	3 40	3 28	3 15	2 59
26	5 03	4 58	4 52	4 47	4 41	4 34	4 27	4 20	4 12	4 03	3 54	3 43	3 31	3 17
24	5 08	5 04	4 59	4 53	4 48	4 42	4 36	4 29	4 22	4 14	4 06	3 57	3 46	3 35
22	5 13	5 09	5 05	5 00	4 55	4 50	4 44	4 38	4 32	4 25	4 18	4 10	4 00	4 50
20	5 18	5 15	5 11	5 06	5 02	4 57	4 52	4 47	4 42	4 35	4 29	4 22	4 14	4 05
18	5 23	5 20	5 16	5 13	5 09	5 05	5 00	4 56	4 51	4 45	4 39	4 33	4 26	4 19
16	5 28	5 25	5 22	5 19	5 15	5 12	5 08	5 04	4 59	4 55	4 50	4 44	4 38	4 32
14	5 32	5 30	5 27	5 24	5 21	5 18	5 15	5 12	5 08	5 04	5 00	4 55	4 50	4 44
12	5 37	5 35	5 32	5 30	5 28	5 25	5 22	5 19	5 16	5 13	5 09	5 05	5 01	4 56
10	5 41	5 40	5 38	5 36	5 34	5 31	5 29	5 27	5 24	5 22	5 19	5 15	5 12	5 08
8	5 46	5 44	5 43	5 41	5 40	5 38	5 36	5 34	5 32	5 30	5 28	5 25	5 23	5 20
6	5 50	5 49	5 48	5 47	5 46	5 44	5 43	5 42	5 40	5 39	5 37	5 35	5 33	5 31
4	5 54	5 54	5 53	5 52	5 51	5 51	5 50	5 49	5 48	5 47	5 46	5 45	5 43	5 42
∓ 2	5 59	5 58	5 58	5 58	5 57	5 57	5 56	5 56	5 56	5 55	5 55	5 54	5 54	5 53

1. Tafel der halben Tagbogen t_0

δ \ φ	28°	30°	32°	34°	36°	38°	40°	42°	44°	46°	48°	50°	52°	54°
0°	6^h03^m	6^h03^m	6^h03^m	6^h03^m	6^h03^m	6^h03^m	6^h03^m	6^h03^m	6^h03^m	6^h04^m	6^h04^m	6^h04^m	6^h04^m	6^h04^m
± 2	6 07	6 07	6 08	6 08	6 09	6 09	6 10	6 10	6 11	6 12	6 13	6 13	6 14	6 15
4	6 11	6 12	6 13	6 14	6 15	6 16	6 17	6 18	6 19	6 20	6 21	6 23	6 25	6 26
6	6 16	6 17	6 18	6 19	6 21	6 22	6 23	6 25	6 27	6 29	6 31	6 33	6 35	6 37
8	6 20	6 21	6 23	6 25	6 27	6 28	6 30	6 32	6 35	6 37	6 40	6 42	6 46	6 49
10	6 24	6 26	6 28	6 30	6 33	6 35	6 37	6 40	6 43	6 46	6 49	6 52	6 56	7 01
12	6 29	6 31	6 34	6 36	6 39	6 41	6 44	6 48	6 51	6 55	6 58	7 03	7 07	7 12
14	6 33	6 36	6 39	6 42	6 45	6 48	6 52	6 55	6 59	7 04	7 08	7 13	7 19	7 25
16	6 38	6 41	6 44	6 48	6 51	6 55	6 59	7 03	7 08	7 13	7 18	7 24	7 31	7 38
18	6 43	6 46	6 50	6 54	6 58	7 02	7 07	7 12	7 17	7 23	7 29	7 35	7 43	7 51
20	6 48	6 52	6 56	7 00	7 05	7 10	7 15	7 20	7 26	7 33	7 40	7 47	7 56	8 05
22	6 53	6 57	7 02	7 07	7 12	7 17	7 23	7 29	7 36	7 43	7 51	8 00	8 10	8 21
24	6 58	7 03	7 08	7 13	7 19	7 25	7 32	7 38	7 46	7 54	8 03	8 13	8 24	8 37
26	7 03	7 09	7 14	7 20	7 27	7 33	7 41	7 48	7 57	8 06	8 16	8 27	8 40	8 55
28	7 09	7 15	7 21	7 28	7 35	7 42	7 50	7 59	8 08	8 18	8 30	8 43	8 58	9 15
30	7 15	7 21	7 28	7 35	7 43	7 51	8 00	8 10	8 20	8 32	8 45	9 00	9 17	9 39
32	7 21	7 28	7 36	7 44	7 52	8 01	8 11	8 22	8 34	8 47	9 02	9 19	9 40	10 07
34	7 28	7 35	7 44	7 52	8 02	8 12	8 23	8 35	8 48	9 03	9 21	9 42	10 09	10 47
36	7 35	7 43	7 52	8 02	8 12	8 23	8 35	8 49	9 04	9 22	9 43	10 10	10 48	
38	7 42	7 51	8 01	8 12	8 23	8 35	8 49	9 05	9 23	9 44	10 10	10 49		
40	7 50	8 00	8 11	8 23	8 35	8 49	9 05	9 23	9 44	10 11	10 49			
42	7 59	8 10	8 22	8 35	8 49	9 05	9 23	9 44	10 11	10 49				
44	8 08	8 20	8 34	8 48	9 04	9 23	9 44	10 11	10 50					
46	8 18	8 32	8 47	9 03	9 22	9 44	10 11	10 49						
48	8 30	8 45	9 02	9 21	9 43	10 10	10 49							
50	8 43	9 00	9 19	9 42	10 10	10 49								
52	8 58	9 17	9 40	10 09	10 48									
54	9 15	9 39	10 07	10 47										
56	9 36	10 06	10 46											
58	10 04	10 45												
± 60	10 44													

1. Tafel der halben Tagbogen t_o

δ \ φ	56°	58°	60°	62°	64°	66°	68°	70°	72°	74°	76°	78°	80°
∓32°	1^h41^m												
30	2 14	1^h43^m											
28	2 40	2 16	1^h45^m										
26	3 02	2 43	2 19	1^h47^m									
24	3 21	3 05	2 46	2 23	1^h50^m								
22	3 39	3 25	3 10	2 51	2 27	1^h54^m							
20	3 55	3 43	3 30	3 15	2 56	2 31	1^h58^m						
18	4 10	4 00	3 49	3 36	3 21	3 02	2 37	2^h03^m					
16	4 24	4 16	4 07	3 56	3 43	3 28	3 09	2 44	2^h09^m				
14	4 38	4 31	4 23	4 14	4 04	3 51	3 36	3 17	2 52	2^h16^m			
12	4 51	4 45	4 39	4 32	4 23	4 13	4 01	3 46	3 27	3 02	2^h25^m		
10	5 04	4 59	4 54	4 48	4 41	4 33	4 24	4 12	3 58	3 39	3 14	2^h36^m	
8	5 16	5 13	5 09	5 04	4 59	4 53	4 46	4 37	4 26	4 13	3 55	3 30	2^h51^m
6	5 29	5 26	5 23	5 20	5 16	5 12	5 06	5 00	4 53	4 43	4 31	4 15	3 51
4	5 41	5 39	5 37	5 35	5 33	5 30	5 27	5 23	5 18	5 13	5 05	4 56	4 42
∓ 2	5 52	5 52	5 51	5 50	5 49	5 48	5 47	5 45	5 43	5 41	5 38	5 34	5 29
0	6 04	6 05	6 05	6 05	6 06	6 06	6 07	6 07	6 08	6 09	6 10	6 12	6 14
± 2	6 16	6 17	6 19	6 20	6 22	6 24	6 26	6 29	6 33	6 37	6 42	6 50	7 00
4	6 28	6 30	6 33	6 35	6 39	6 42	6 47	6 52	6 58	7 06	7 16	7 29	7 49
6	6 40	6 43	6 47	6 51	6 56	7 01	7 07	7 15	7 24	7 36	7 51	8 12	8 45
8	6 53	6 57	7 01	7 07	7 13	7 20	7 28	7 39	7 51	8 08	8 30	9 02	9 57
10	7 05	7 10	7 16	7 23	7 31	7 40	7 51	8 04	8 21	8 43	9 15	10 07	
12	7 18	7 25	7 32	7 40	7 50	8 01	8 15	8 32	8 54	9 25	10 15		
14	7 32	7 39	7 48	7 58	8 10	8 24	8 41	9 03	9 34	10 22			
16	7 46	7 55	8 05	8 17	8 31	8 49	9 11	9 40	10 27				
18	8 00	8 11	8 23	8 38	8 55	9 17	9 46	10 31					
20	8 16	8 29	8 43	9 01	9 22	9 51	10 34						
22	8 33	8 48	9 05	9 27	9 55	10 37							
24	8 52	9 09	9 30	9 58	10 40								
26	9 12	9 34	10 01	10 42									
28	9 36	10 04	10 44										
30	10 06	10 45											
±32	10 46												

2. Tafel der Morgen- und Abendweiten

δ \ φ	0°	2°	4°	6°	8°	10°	12°	14°	16°	18°	20°	22°
∓80°	80°,0	80°,1	80°,6	81°,6	83°,2							
78	78,0	78,1	78,5	79,3	80,5	82°,5						
76	76,0	76,1	76,4	77,1	78,1	79,5	81°,8					
74	74,0	74,1	74,3	74,9	75,8	77,0	78,7	81°,1				
72	72,0	72,0	72,3	72,8	73,5	74,5	76,0	77,8	80°,5			
70	70,0	70,0	70,3	70,7	71,3	72,2	73,4	75,0	77,0	79°,9		
68	68,0	68,0	68,2	68,6	69,2	70,0	71,0	72,4	74,1	76,3	79°,4	
66	66,0	66,0	66,2	66,6	67,1	67,8	68,7	69,9	71,3	73,2	75,5	78°,8
64	64,0	64,0	64,2	64,5	65,0	65,6	66,4	67,5	68,8	70,3	72,3	74,8
62	62,0	62,0	62,2	62,5	62,9	63,5	64,2	65,1	66,3	67,7	69,4	71,4
60	60,0	60,0	60,2	60,4	60,8	61,3	62,0	62,9	63,9	65,1	66,6	68,4
58	58,0	58,0	58,1	58,4	58,8	59,2	59,9	60,6	61,5	62,7	64,0	65,6
56	56,0	56,0	56,1	56,4	56,7	57,1	57,7	58,4	59,3	60,3	61,5	62,9
54	54,0	54,0	54,1	54,3	54,6	55,1	55,6	56,2	57,0	57,9	59,0	60,3
52	52,0	52,0	52,1	52,3	52,6	53,0	53,5	54,0	54,8	55,6	56,6	57,7
50	50,0	50,0	50,1	50,3	50,5	50,9	51,3	51,9	52,6	53,3	54,2	55,3
48	48,0	48,0	48,1	48,3	48,5	48,8	49,2	49,8	50,4	51,1	51,9	52,9
46	46,0	46,0	46,1	46,2	46,5	46,8	47,2	47,6	48,2	48,8	49,6	50,5
44	44,0	44,0	44,1	44,2	44,4	44,7	45,1	45,5	46,0	46,6	47,3	48,2
42	42,0	42,0	42,1	42,2	42,4	42,7	43,0	43,4	43,9	44,4	45,1	45,8
40	40,0	40,0	40,1	40,2	40,4	40,6	40,9	41,3	41,7	42,3	42,9	43,6
38	38,0	38,0	38,1	38,2	38,3	38,6	38,8	39,2	39,6	40,1	40,6	41,3
36	36,0	36,0	36,1	36,2	36,3	36,5	36,8	37,1	37,5	37,9	38,4	39,0
34	34,0	34,0	34,0	34,1	34,3	34,5	34,7	35,0	35,4	35,8	36,2	36,8
32	32,0	32,0	32,0	32,1	32,3	32,4	32,7	32,9	33,2	33,6	34,1	34,6
30	30,0	30,0	30,0	30,1	30,2	30,4	30,6	30,8	31,1	31,5	31,9	32,3
28	28,0	28,0	28,0	28,1	28,2	28,4	28,5	28,8	29,0	29,4	29,7	30,1
26	26,0	26,0	26,0	26,1	26,2	26,3	26,5	26,7	26,9	27,2	27,6	27,9
24	24,0	24,0	24,0	24,1	24,2	24,3	24,4	24,6	24,8	25,1	25,4	25,7
22	22,0	22,0	22,0	22,1	22,1	22,2	22,4	22,5	22,7	23,0	23,3	23,6
20	20,0	20,0	20,0	20,0	20,1	20,2	20,3	20,5	20,7	20,9	21,1	21,4
18	18,0	18,0	18,0	18,0	18,1	18,2	18,3	18,4	18,6	18,8	19,0	19,2
16	16,0	16,0	16,0	16,0	16,1	16,1	16,2	16,3	16,5	16,6	16,8	17,0
14	14,0	14,0	14,0	14,0	14,1	14,1	14,2	14,3	14,4	14,5	14,7	14,9
12	12,0	12,0	12,0	12,0	12,0	12,1	12,1	12,2	12,3	12,4	12,6	12,7
10	10,0	10,0	10,0	10,0	10,0	10,0	10,1	10,2	10,2	10,3	10,4	10,5
8	8,0	8,0	8,0	8,0	8,0	8,0	8,0	8,1	8,1	8,2	8,3	8,4
6	6,0	6,0	6,0	6,0	6,0	6,0	6,0	6,0	6,1	6,1	6,2	6,2
4	4,0	4,0	4,0	4,0	4,0	4,0	4,0	4,0	4,0	4,0	4,0	4,1
∓ 2	2,0	2,0	2,0	1,9	1,9	1,9	1,9	1,9	1,9	1,9	1,9	1,9
0	0,0	0,0	0,0	0,1	0,1	0,1	0,1	0,2	0,2	0.2	0,2	0,2

2. Tafel der Morgen- und Abendweiten

δ \ φ	0°	2°	4°	6°	8°	10°	12°	14°	16°	18°	20°	22°
0°	0°,0	0°,0	0°,0	0°,1	0°,1	0°,1	0°,1	0°,2	0°,2	0°,2	0°,2	0°,2
± 2	2,0	2,0	2,0	2,1	2,1	2,1	2,2	2,2	2,3	2,3	2,4	2,4
4	4,0	4,0	4,1	4,1	4,1	4,2	4,2	4,3	4,3	4,4	4,5	4,6
6	6,0	6,0	6,1	6,1	6,1	6,2	6,3	6,3	6,4	6,5	6,6	6,7
8	8,0	8,0	8,1	8,1	8,2	8,2	8,3	8,4	8,5	8,6	8,7	8,9
10	10,0	10,0	10,1	10,1	10,2	10,3	10,4	10,5	10,6	10,7	10,9	11,0
12	12,0	12,0	12,1	12,1	12,2	12,3	12,4	12,5	12,7	12,8	13,0	13,2
14	14,0	14,0	14,1	14,1	14,2	14,3	14,5	14,6	14,8	14,9	15,1	15,4
16	16,0	16,0	16,1	16,2	16,3	16,4	16,5	16,7	16,8	17,1	17,3	17,6
18	18,0	18,0	18,1	18,2	18,3	18,4	18,6	18,7	18,9	19,2	19,4	19,7
20	20,0	20,0	20,1	20,2	20,3	20,4	20,6	20,8	21,0	21,3	21,6	21,9
22	22,0	22,0	22,1	22,2	22,3	22,5	22,7	22,9	23,1	23,4	23,7	24,1
24	24,0	24,0	24,1	24,2	24,3	24,5	24,7	25,0	25,2	25,5	25,9	26,3
26	26,0	26,0	26,1	26,2	26,4	26,6	26,8	27,0	27,3	27,7	28,1	28,5
28	28,0	28,0	28,1	28,2	28,4	28,6	28,8	29,1	29,4	29,8	30,2	30,7
30	30,0	30,0	30,1	30,3	30,4	30,6	30,9	31,2	31,5	32,0	32,4	32,9
32	32,0	32,0	32,1	32,3	32,5	32,7	33,0	33,3	33,7	34,1	34,6	35,2
34	34,0	34,1	34,1	34,3	34,5	34,7	35,0	35,4	35,8	36,3	36,8	37,4
36	36,0	36,1	36,2	36,3	36,5	36,8	37,1	37,5	37,9	38,4	39,0	39,7
38	38,0	38,1	38,2	38,3	38,6	38,8	39,2	39,6	40,1	40,6	41,2	41,9
40	40,0	40,1	40,2	40,4	40,6	40,9	41,3	41,7	42,2	42,8	43,5	44,2
42	42,0	42,1	42,2	42,4	42,6	43,0	43,3	43,8	44,4	45,0	45,7	46,6
44	44,0	44,1	44,2	44,4	44,7	45,0	45,4	45,9	46,5	47,2	48,0	48,9
46	46,0	46,1	46,2	46,4	46,7	47,1	47,5	48,1	48,7	49,5	50,3	51,3
48	48,0	48,1	48,2	48,5	48,8	49,2	49,6	50,2	50,9	51,7	52,6	53,7
50	50,0	50,1	50,2	50,5	50,8	51,2	51,8	52,4	53,1	54,0	55,0	56,2
52	52,0	52,1	52,3	52,5	52,9	53,3	53,9	54,6	55,4	56,3	57,4	58,7
54	54,0	54,1	54,3	54,6	54,9	55,4	56,0	56,8	57,6	58,7	59,9	61,3
56	56,0	56,1	56,3	56,6	57,0	57,5	58,2	59,0	59,9	61,1	62,4	64,0
58	58,0	58,1	58,3	58,6	59,1	59,7	60,4	61,2	62,3	63,5	65,0	66,8
60	60,0	60,1	60,3	60,7	61,2	61,8	62,6	63,5	64,7	66,1	67,7	69,8
62	62,0	62,1	62,4	62,7	63,3	64,0	64,8	65,9	67,2	68,7	70,7	73,1
64	64,0	64,1	64,4	64,8	65,4	66,1	67,1	68,3	69,7	71,5	73,8	76,8
66	66,0	66,1	66,4	66,9	67,5	68,4	69,4	70,8	72,5	74,6	77,4	81,7
68	68,0	68,2	68,5	69,0	69,7	70,6	71,8	73,4	75,4	78,1	82,1	
70	70,0	70,2	70,5	71,1	71,9	73,0	74,4	76,2	78,7	82,6		
72	72,0	72,2	72,6	73,2	74,1	75,4	77,1	79,4	83,0			
74	74,0	74,2	74,7	75,4	76,5	78,0	80,1	83,4				
76	76,0	76,2	76,8	77,6	78,9	80,8	83,9					
78	78,0	78,3	78,9	80,0	81,6	84,4						
±80	80,0	80,3	81,1	82,5	84,9							

2. Tafel der Morgen- und Abendweiten

δ \ φ	24°	26°	28°	30°	32°	34°	36°	38°	40°	42°	44°	46°
∓64°	78°,3											
62	74,1	77°,8										
60	70,6	73,4	77°,2									
58	67,5	69,8	72,7	76°,7								
56	64,5	66,5	69,0	72,0	76°,2							
54	61,7	63,5	65,6	68,1	71,3	75°,6						
52	59,1	60,6	62,5	64,7	67,3	70,6	75°,1					
50	56,5	57,9	59,5	61,5	63,7	66,5	69,9	74°,5				
48	54,0	55,3	56,7	58,4	60,4	62,8	65,6	69,2	74°,0			
46	51,5	52,7	54,0	55,5	57,3	59,4	61,8	64,8	68,5	73°,4		
44	49,1	50,2	51,4	52,8	54,3	56,2	58,3	60,8	63,9	67,7	72°,8	
42	46,7	47,7	48,8	50,0	51,5	53,1	55,0	57,2	59,8	63,0	66,9	72°,2
40	44,3	45,2	46,3	47,4	48,7	50,2	51,9	53,8	56,1	58,8	62,0	66,1
38	42,0	42,8	43,8	44,8	46,0	47,3	48,9	50,6	52,6	55,0	57,7	61,1
36	39,7	40,5	41,3	42,3	43,4	44,6	46,0	47,5	49,3	51,4	53,8	56,6
34	37,4	38,1	38,9	39,8	40,8	41,9	43,1	44,5	46,1	48,0	50,1	52,6
32	35,1	35,8	36,5	37,3	38,2	39,2	40,3	41,6	43,1	44,7	46,6	48,8
30	32,9	33,4	34,1	34,8	35,7	36,6	37,6	38,8	40,1	41,5	43,2	45,1
28	30,6	31,1	31,7	32,4	33,2	34,0	34,9	36,0	37,2	38,5	40,0	41,7
26	28,4	28,9	29,4	30,0	30,7	31,4	32,3	33,2	34,3	35,5	36,8	38,3
24	26,1	26,6	27,1	27,6	28,2	28,9	29,7	30,5	31,5	32,5	33,7	35,1
22	23,9	24,3	24,7	25,2	25,8	26,4	27,1	27,8	28,7	29,6	30,7	31,9
20	21,7	22,0	22,4	22,9	23,4	23,9	24,5	25,2	25,9	26,8	27,7	28,8
18	19,5	19,8	20,1	20,5	21,0	21,4	22,0	22,6	23,2	24,0	24,8	25,7
16	17,3	17,5	17,9	18,2	18,6	19,0	19,5	20,0	20,5	21,2	21,9	22,7
14	15,1	15,3	15,6	15,9	16,2	16,5	16,9	17,4	17,9	18,4	19,0	19,7
12	12,9	13,1	13,3	13,5	13,8	14,1	14,4	14,8	15,2	15,7	16,2	16,8
10	10,7	10,8	11,0	11,2	11,4	11,7	11,9	12,2	12,6	12,9	13,4	13,8
8	8,5	8,6	8,7	8,9	9,1	9,2	9,5	9,7	9,9	10,2	10,6	10,9
6	6,3	6,4	6,5	6,6	6,7	6,8	7,0	7,1	7,3	7,5	7,8	8,0
4	4,1	4,2	4,2	4,3	4,3	4,4	4,5	4,6	4,7	4,8	5,0	5,1
∓ 2	1,9	1,9	1,9	2,0	2,0	2,0	2,0	2,1	2,1	2,1	2,2	2,2
0	0,3	0,3	0,3	0,4	0,4	0,4	0,4	0,5	0,5	0,5	0,6	0,6
± 2	2,5	2,5	2,6	2,7	2,7	2,8	2,9	3,0	3,1	3,2	3,4	3,5
4	4,7	4,7	4,9	5,0	5,1	5,2	5,4	5,6	5,7	5,9	6,2	6,4
6	6,8	7,0	7,1	7,3	7,5	7,7	7,9	8,1	8,4	8,6	9,0	9,3
8	9,0	9,2	9,4	9,6	9,8	10,1	10,4	10,7	11,0	11,4	11,8	12,2
10	11,2	11,4	11,7	11,9	12,2	12,5	12,8	13,2	13,6	14,1	14,6	15,1
12	13,4	13,7	14,0	14,3	14,6	15,0	15,4	15,8	16,3	16,8	17,4	18,1
14	15,6	15,9	16,2	16,6	17,0	17,4	17,9	18,4	19,0	19,6	20,3	21,1
16	17,8	18,2	18,5	18,9	19,4	19,9	20,4	21,0	21,6	22,4	23,2	24,1
18	20,1	20,4	20,8	21,3	21,8	22,3	22,9	23,6	24,4	25,2	26,1	27,1
20	22,3	22,7	23,1	23,6	24,2	24,8	25,5	26,3	27,1	28,0	29,1	30,2
22	24,5	25,0	25,5	26,0	26,6	27,3	28,1	28,9	29,9	30,9	32,1	33,4
24	26,7	27,2	27,8	28,4	29,1	29,9	30,7	31,6	32,7	33,8	35,2	36,6
26	29,0	29,5	30,1	30,8	31,6	32,4	33,3	34,4	35,5	36,8	38,3	40,0
28	31,2	31,8	32,5	33,2	34,1	35,0	36,0	37,2	38,4	39,9	41,5	43,4
30	33,5	34,2	34,9	35,7	36,6	37,6	38,7	40,0	41,4	43,0	44,9	47,0
32	35,8	36,5	37,3	38,2	39,2	40,3	41,5	42,9	44,5	46,3	48,3	50,7
34	38,1	38,9	39,7	40,7	41,8	43,0	44,3	45,9	47,6	49,6	52,0	54,7
36	40,4	41,2	42,2	43,2	44,4	45,7	47,2	49,0	50,9	53,2	55,8	59,0
38	42,7	43,6	44,7	45,8	47,1	48,6	50,2	52,2	54,4	56,9	60,0	63,8
40	45,1	46,1	47,2	48,5	49,9	51,5	53,4	55,5	58,0	61,0	64,7	69,5
42	47,5	48,6	49,8	51,2	52,7	54,5	56,6	59,0	61 9	65,5	70,1	77,0
44	49,9	51,1	52,4	53,9	55,7	57,7	60,0	62,9	66,3	70,8	77,4	
46	52,4	53,7	55,1	56,8	58,8	61,0	63,8	67,1	71,4	77,9		
48	54,9	56,3	57,9	59,8	62,0	64,6	67,9	72,1	78,3			
50	57,5	59,0	60,8	63,0	65,5	68,6	72,7	78,7				
52	60,2	61,9	63,9	66,4	69,4	73,3	79,1					
54	62,9	64,9	67,2	70,1	73,9	79,4						
56	65,8	68,1	70,8	74,5	79,8							
58	68,9	71,6	75,1	80,2								
60	72,3	75,6	80,6									
62	76,2	81,0										
±64	81,4											

2. Tafel der Morgen- und Abendweiten

δ \ φ	48°	50°	52°	54°	56°	58°	60°	62°	64°	66°	68°	70°
∓40°	71,6°											
38	65,3	70,9°										
36	60,1	64,4	70,2°									
34	55,5	59,0	63,5	69,5°								
32	51,3	54,3	57,9	62,5	68,7°							
30	47,3	49,9	53,0	56,7	61,5	67,9°						
28	43,6	45,9	48,5	51,6	55,5	60,3	67,0°					
26	40,0	42,0	44,3	47,0	50,2	54,1	59,1	66,0°				
24	36,6	38,3	40,3	42,6	45,4	48,6	52,7	57,8	65,0°			
22	33,2	34,8	36,5	38,5	40,9	43,6	47,0	51,1	56,4	63,8°		
20	30,0	31,3	32,8	34,6	36,6	38,9	41,7	45,1	49,3	54,8	62,5°	
18	26,7	27,9	29,2	30,7	32,5	34,5	36,8	39,7	43,1	47,4	53,0	61,0°
16	23,6	24,6	25,7	27,0	28,5	30,2	32,2	34,6	37,4	40,8	45,2	51,0
14	20,5	21,3	22,3	23,4	24,6	26,1	27,7	29,7	32,0	34,8	38,3	42,7
12	17,4	18,1	18,9	19,8	20,9	22,0	23,4	25,0	26,9	29,2	31,9	35,4
10	14,3	14,9	15,6	16,3	17,1	18,1	19,2	20,5	22,0	23,8	25,9	28,6
8	11,3	11,8	12,3	12,8	13,5	14,2	15,1	16,0	17,2	18,6	20,2	22,2
6	8,3	8,6	9,0	9,4	9,9	10,4	11,0	11,7	12,5	13,5	14,6	16,0
4	5,3	5,5	5,7	6,0	6,3	6,6	7,0	7,4	7,9	8,5	9,2	10,1
∓ 2	2,3	2,4	2,5	2,6	2,7	2,8	2,9	3,1	3,3	3,5	3,8	4,2
0	0,7	0,7	0,8	0,8	0,9	1,0	1,1	1,1	1,3	1,4	1,5	1,7
± 2	3,7	3,8	4,0	4,2	4,5	4,8	5,1	5,4	5,8	6,3	6,9	7,5
4	6,7	7,0	7,3	7,7	8,1	8,6	9,1	9,7	10,4	11,3	12,3	13,5
6	9,7	10,1	10,6	11,1	11,7	12,4	13,2	14,0	15,1	16,3	17,8	19,6
8	12,7	13,3	13,9	14,6	15,3	16,2	17,3	18,5	19,8	21,5	23,4	25,9
10	15,7	16,4	17,2	18,1	19,0	20,2	21,5	22,9	24,7	26,8	29,3	32,5
12	18,8	19,6	20,6	21,6	22,8	24,2	25,7	27,6	29,7	32,4	35,5	39,6
14	21,9	22,9	24,0	25,2	26,6	28,3	30,2	32,4	35,0	38,2	42,2	47,4
16	25,1	26,2	27,5	28,9	30,6	32,5	34,7	37,4	40,6	44,6	49,7	56,6
18	28,3	29,6	31,0	32,7	34,6	36,9	39,5	42,7	46,6	51,6	58,4	68,9
20	31,5	33,0	34,7	36,6	38,9	41,5	44,6	48,5	53,3	59,9	70,0	
22	34,9	36,5	38,5	40,7	43,3	46,4	50,1	54,9	61,2	70,9		
24	38,3	40,2	42,4	45,0	48,0	51,7	56,3	62,4	71,8			
26	41,8	44,0	46,5	49,5	53,1	57,6	63,5	72,5				
28	45,5	48,0	50,9	54,4	58,8	64,6	73,2					
30	49,4	52,2	55,7	59,9	65,5	73,9						
32	53,5	56,8	61,0	66,4	74,5							
34	57,9	62,0	67,2	75,0								
36	62,9	68,0	75,6									
38	68,7	76,1										
±40	76,5											

3. Stundenwinkel für den Durchgang durch den I. Vertikal

δ \ φ	30°	32°	34°	36°	38°	40°	42°	44°	46°	48°
± 0°	6^h00^m	6^h00^m	6^h00^m	6^h00^m	6^h00^m	6^h00^m	6^h00^m	6^h00^m	6^h00^m	6^h00^m
∓ 1	5 53	5 54	5 54	5 54	5 55	5 55	5 56	5 56	5 56	5 56
2	5 46	5 47	5 48	5 49	5 50	5 50	5 51	5 52	5 52	5 53
3	5 39	5 41	5 42	5 43	5 45	5 46	5 47	5 48	5 48	5 49
4	5 32	5 34	5 36	5 38	5 39	5 41	5 42	5 43	5 45	5 46
5	5 25	5 28	5 30	5 32	5 34	5 36	5 38	5 39	5 41	5 42
6	5 18	5 21	5 24	5 27	5 29	5 31	5 33	5 35	5 37	5 38
7	5 11	5 15	5 18	5 21	5 24	5 26	5 29	5 31	5 33	5 35
8	5 04	5 08	5 12	5 15	5 19	5 21	5 24	5 27	5 29	5 31
9	4 56	5 01	5 06	5 10	5 13	5 16	5 19	5 22	5 25	5 27
10	4 49	4 54	4 59	5 04	5 08	5 11	5 15	5 18	5 21	5 23
11	4 41	4 47	4 53	4 58	5 02	5 06	5 10	5 14	5 17	5 20
12	4 34	4 40	4 47	4 52	4 57	5 01	5 05	5 09	5 13	5 16
13	4 26	4 33	4 40	4 46	4 51	4 56	5 01	5 05	5 08	5 12
14	4 18	4 26	4 33	4 40	4 46	4 51	4 56	5 00	5 04	5 08
15	4 09	4 18	4 26	4 33	4 40	4 46	4 51	4 56	5 00	5 04
16	4 01	4 11	4 19	4 27	4 34	4 40	4 46	4 51	4 56	5 00
17	3 52	4 03	4 12	4 20	4 28	4 35	4 41	4 46	4 51	4 56
18	3 43	3 55	4 05	4 14	4 22	4 29	4 35	4 41	4 47	4 52
19	3 34	3 46	3 57	4 07	4 15	4 23	4 30	4 36	4 42	4 48
20	3 24	3 38	3 49	4 00	4 09	4 17	4 25	4 31	4 38	4 43
21	3 13	3 28	3 41	3 52	4 02	4 11	4 19	4 26	4 33	4 39
22	3 02	3 19	3 33	3 45	3 55	4 05	4 13	4 21	4 28	4 35
23	2 51	3 09	3 24	3 37	3 48	3 58	4 07	4 16	4 23	4 30
24	2 38	2 58	3 15	3 29	3 41	3 52	4 01	4 10	4 18	4 25
25	2 24	2 47	3 05	3 20	3 33	3 45	3 55	4 05	4 13	4 21
26	2 09	2 35	2 55	3 11	3 25	3 38	3 49	3 59	4 08	4 16
27	1 52	2 21	2 44	3 02	3 17	3 30	3 42	3 53	4 02	4 11
28	1 32	2 07	2 32	2 52	3 08	3 23	3 35	3 46	3 56	4 06
29	1 05	1 50	2 19	2 41	2 59	3 15	3 28	3 40	3 50	4 01
30	0 00	1 30	2 05	2 30	2 49	3 06	3 20	3 33	3 44	3 55
31		1 04	1 48	2 17	2 39	2 57	3 13	3 26	3 38	3 49
32		0 00	1 28	2 03	2 28	2 47	3 04	3 19	3 32	3 43
33			1 03	1 47	2 15	2 37	2 55	3 11	3 25	3 37
34			0 00	1 27	2 01	2 26	2 46	3 03	3 17	3 30
35				1 02	1 45	2 14	2 36	2 54	3 10	3 24
36				0 00	1 26	2 00	2 25	2 45	3 02	3 17
37					1 01	1 44	2 13	2 35	2 53	3 09
38					0 00	1 26	1 59	2 24	2 44	3 01
39						1 01	1 44	2 12	2 34	2 53
40						0 00	1 25	1 59	2 23	2 44
41							1 00	1 43	2 12	2 34
42							0 00	1 25	1 58	2 23
43								1 00	1 43	2 12
44								0 00	1 25	1 58
45									1 00	1 43
46									0 00	1 25
47										1 00
- 48										0 00

3. Stundenwinkel für den Durchgang durch den I. Vertikal

δ \ φ	50°	52°	54°	56°	58°	60°	62°	64°	66°	68°	70°
0°	6h00m	6h00m	6h00m	6h00m	6h00m	6h00m	6h00m	6h00m	6h00m	6h00m	6h00m
±1	5 57	5 57	5 57	5 57	5 57	5 58	5 58	5 58	5 58	5 58	5 59
2	5 53	5 54	5 54	5 55	5 55	5 55	5 56	5 56	5 56	5 57	5 57
3	5 50	5 51	5 51	5 52	5 52	5 53	5 54	5 54	5 55	5 55	5 56
4	5 47	5 47	5 48	5 49	5 50	5 51	5 51	5 52	5 53	5 54	5 54
5	5 43	5 44	5 45	5 46	5 47	5 48	5 49	5 50	5 51	5 52	5 53
6	5 40	5 41	5 42	5 44	5 45	5 46	5 47	5 48	5 49	5 50	5 51
7	5 36	5 38	5 40	5 41	5 42	5 44	5 45	5 46	5 47	5 49	5 50
8	5 33	5 35	5 37	5 38	5 40	5 41	5 43	5 44	5 46	5 47	5 48
9	5 29	5 32	5 34	5 35	5 37	5 39	5 41	5 42	5 44	5 45	5 47
10	5 26	5 28	5 31	5 33	5 35	5 37	5 38	5 40	5 42	5 44	5 45
11	5 22	5 25	5 28	5 30	5 32	5 34	5 36	5 38	5 40	5 42	5 44
12	5 19	5 22	5 24	5 27	5 29	5 32	5 34	5 36	5 38	5 40	5 42
13	5 15	5 18	5 21	5 24	5 27	5 29	5 32	5 34	5 36	5 39	5 41
14	5 12	5 15	5 18	5 21	5 24	5 27	5 30	5 32	5 35	5 37	5 39
15	5 08	5 12	5 15	5 18	5 21	5 24	5 27	5 30	5 33	5 35	5 38
16	5 04	5 08	5 12	5 15	5 19	5 22	5 25	5 28	5 31	5 33	5 36
17	5 01	5 05	5 09	5 12	5 16	5 19	5 23	5 26	5 29	5 32	5 34
18	4 57	5 01	5 05	5 09	5 13	5 17	5 20	5 24	5 27	5 30	5 33
19	4 53	4 58	5 02	5 06	5 10	5 14	5 18	5 21	5 25	5 28	5 31
20	4 49	4 54	4 59	5 03	5 07	5 11	5 15	5 19	5 23	5 26	5 30
21	4 45	4 50	4 55	5 00	5 04	5 09	5 13	5 17	5 21	5 24	5 28
22	4 41	4 46	4 52	4 57	5 02	5 06	5 10	5 15	5 19	5 22	5 26
23	4 37	4 43	4 48	4 53	4 58	5 03	5 08	5 12	5 16	5 20	5 24
24	4 32	4 39	4 45	4 50	4 55	5 00	5 05	5 10	5 14	5 19	5 23
25	4 28	4 35	4 41	4 47	4 52	4 58	5 03	5 07	5 12	5 17	5 21
26	4 23	4 30	4 37	4 43	4 49	4 55	5 00	5 05	5 10	5 15	5 19
27	4 19	4 26	4 33	4 40	4 46	4 52	4 57	5 02	5 08	5 12	5 17
28	4 14	4 22	4 29	4 36	4 42	4 48	4 54	5 00	5 05	5 10	5 15
29	4 09	4 18	4 25	4 32	4 39	4 45	4 51	4 57	5 03	5 08	5 13
30	4 04	4 13	4 21	4 28	4 35	4 42	4 48	4 55	5 00	5 06	5 11
31	3 59	4 08	4 17	4 24	4 32	4 39	4 45	4 52	4 58	5 04	5 09
32	3 54	4 03	4 12	4 20	4 28	4 35	4 42	4 49	4 55	5 02	5 07
33	3 48	3 58	4 08	4 16	4 24	4 32	4 39	4 46	4 53	4 59	5 05
34	3 42	3 53	4 03	4 12	4 20	4 28	4 36	4 43	4 50	4 57	5 03
35	3 36	3 48	3 58	4 08	4 16	4 25	4 33	4 40	4 47	4 54	5 01
36	3 30	3 42	3 53	4 03	4 12	4 21	4 29	4 37	4 45	4 52	4 59
37	3 23	3 36	3 48	3 58	4 08	4 17	4 26	4 34	4 42	4 49	4 56
38	3 16	3 30	3 42	3 53	4 03	4 13	4 22	4 30	4 39	4 46	4 54
39	3 09	3 23	3 36	3 48	3 59	4 09	4 18	4 27	4 35	4 44	4 51
40	3 01	3 16	3 30	3 42	3 54	4 04	4 14	4 23	4 32	4 41	4 49
41	2 53	3 09	3 23	3 36	3 49	4 00	4 10	4 20	4 29	4 38	4 46
42	2 44	3 01	3 17	3 30	3 43	3 55	4 06	4 16	4 25	4 35	4 43
43	2 34	2 53	3 10	3 24	3 38	3 50	4 01	4 12	4 22	4 31	4 41
44	2 23	2 44	3 02	3 17	3 32	3 44	3 56	4 08	4 18	4 28	4 38
45	2 12	2 34	2 54	3 10	3 25	3 39	3 52	4 03	4 14	4 25	4 35
46	1 59	2 24	2 45	3 03	3 19	3 33	3 46	3 59	4 10	4 21	4 31
47	1 44	2 12	2 35	2 55	3 12	3 27	3 41	3 54	4 06	4 17	4 28
48	1 25	1 59	2 25	2 46	3 04	3 20	3 35	3 49	4 01	4 13	4 25
49	1 01	1 44	2 13	2 36	2 56	3 13	3 29	3 43	3 57	4 09	4 21
50	0 00	1 26	2 00	2 26	2 47	3 06	3 23	3 38	3 52	4 05	4 17
51		1 01	1 45	2 14	2 38	2 58	3 16	3 32	3 47	4 00	4 13
52		0 00	1 26	2 01	2 28	2 49	3 08	3 25	3 41	3 55	4 09
53			1 01	1 46	2 16	2 40	3 00	3 19	3 35	3 50	4 04
54			0 00	1 27	2 03	2 30	2 52	3 11	3 29	3 45	4 00
55				1 02	1 47	2 18	2 42	3 03	3 22	3 39	3 55
56				0 00	1 28	2 05	2 32	2 55	3 15	3 33	3 49
57					1 03	1 49	2 20	2 45	3 07	3 26	3 44
58					0 00	1 30	2 07	2 35	2 58	3 19	3 38
59						1 04	1 51	2 23	2 49	3 11	3 31
60						0 00	1 32	2 09	2 38	3 02	3 24
61							1 06	1 53	2 26	2 53	3 16
62							0 00	1 34	2 13	2 42	3 07
63								1 07	1 56	2 30	2 58
64								0 00	1 36	2 16	2 47
65									1 09	2 00	2 35
66									0 00	1 39	2 23
67										1 11	2 04
68										0 00	1 43
69											1 14
±70											0 00

4. Zenitdistanz für den Durchgang durch den I. Vertikal

δ \ φ	30°	32°	34°	36°	38°	40°	42°	44°	46°	48°
0°	90°,0	90°,0	90°,0	90°,0	90°,0	90°,0	90°,0	90°,0	90°,0	90°,0
±1	88,0	88,1	88,2	88,3	88,4	88,5	88,5	88,6	88,6	88,7
2	86,0	86,2	86,4	86,6	86,8	86,9	87,0	87,1	87,2	87,3
3	84,0	84,3	84,6	84,9	85,1	85,3	85,5	85,7	85,8	86,0
4	82,0	82,4	82,8	83,2	83,5	83,8	84,0	84,2	84,4	84,6
5	80,0	80,5	81,0	81,5	81,9	82,2	82,5	82,8	83,0	83,3
6	77,9	78,6	79,2	79,8	80,2	80,6	81,0	81,4	81,7	81,9
7	75,9	76,7	77,4	78,0	78,6	79,1	79,5	79,9	80,3	80,6
8	73,8	74,8	75,6	76,3	76,9	77,5	78,0	78,5	78,9	79,2
9	71,8	72,8	73,8	74,6	75,3	75,9	76,5	77,0	77,4	77,9
10	69,7	70,9	71,9	72,8	73,6	74,3	75,0	75,5	76,0	76,5
11	67,6	68,9	70,1	71,1	71,9	72,7	73,4	74,1	74,6	75,1
12	65,4	66,9	68,2	69,3	70,3	71,1	71,9	72,6	73,2	73,8
13	63,3	64,9	66,3	67,5	68,6	69,5	70,4	71,1	71,8	72,4
14	61,1	62,8	64,4	65,7	66,9	67,9	68,8	69,6	70,4	71,0
15	58,8	60,8	62,4	63,9	65,1	66,3	67,3	68,1	68,9	69,6
16	56,5	58,7	60,5	62,0	63,4	64,6	65,7	66,6	67,5	68,2
17	54,2	56,5	58,5	60,2	61,7	63,0	64,1	65,1	66,0	66,8
18	51,8	54,3	56,5	58,3	59,9	61,3	62,5	63,6	64,6	65,4
19	49,4	52,1	54,4	56,4	58,1	59,6	60,9	62,1	63,1	64,0
20	46,8	49,8	52,3	54,4	56,3	57,9	59,3	60,5	61,6	62,6
21	44,2	47,5	50,1	52,4	54,4	56,1	57,6	59,0	60,1	61,2
22	41,5	45,0	47,9	50,4	52,5	54,4	56,0	57,4	58,6	59,7
23	38,6	42,5	45,7	48,3	50,6	52,6	54,3	55,8	57,1	58,3
24	35,6	39,9	43,4	46,2	48,6	50,8	52,6	54,2	55,6	56,8
25	32,4	37,1	40,9	44,0	46,6	48,9	50,8	52,5	54,0	55,3
26	28,8	34,2	38,4	41,8	44,6	47,0	49,1	50,9	52,5	53,9
27	24,8	31,1	35,7	39,4	42,5	45,1	47,3	49,2	50,9	52,4
28	20,1	27,6	32,9	37,0	40,3	43,1	45,5	47,5	49,3	50,8
29	14,2	23,8	29,9	34,4	38,0	41,0	43,6	45,7	47,6	49,3
30	0,0	19,3	26,6	31,7	35,7	38,9	41,7	44,0	46,0	47,7
31		13,6	22,9	28,8	33,2	36,7	39,7	42,2	44,3	46,1
32		0,0	18,6	25,6	30,6	34,5	37,6	40,3	42,6	44,5
33			13,1	22,1	27,8	32,1	35,5	38,4	40,8	42,9
34			0,0	17,9	24,7	29,6	33,3	36,4	39,0	41,2
35				12,6	21,3	26,8	31,0	34,3	37,1	39,5
36				0,0	17,3	23,9	28,6	32,2	35,2	37,7
37					12,1	20,6	25,9	30,0	33,2	35,9
38					0,0	16,7	23,1	27,6	31,1	34,1
39						11,7	19,9	25,1	29,0	32,1
40						0,0	16,1	22,3	26,7	30,1
41							11,4	19,2	24,2	28,0
42							0,0	15,6	21,5	25,8
43								11,0	18,6	23,4
44								0,0	15,1	20,8
45									10,6	17,9
46									0,0	14,5
47										10,2
±48										0,0

4. Zenitdistanz für den Durchgang durch den I. Vertikal

δ \ φ	50°	52°	54°	56°	58°	60°	62°	64°	66°	68°	70°
0°	90°,0	90°,0	90°,0	90°,0	90°,0	90°,0	90°,0	90°,0	90°,0	90°,0	90°,0
± 1	88,7	88,7	88,8	88,8	88,8	88,9	88,9	88,9	88,9	88,9	88,9
2	87,4	87,5	87,5	87,6	87,6	87,7	87,7	87,8	87,8	87,8	87,9
3	86,1	86,2	86,3	86,4	86,5	86,5	86,6	86,7	86,7	86,8	86,8
4	84,8	84,9	85,1	85,2	85,3	85,4	85,5	85,5	85,6	85,7	85,7
5	83,5	83,7	83,8	84,0	84,1	84,2	84,3	84,4	84,5	84,6	84,7
6	82,2	82,4	82,6	82,8	82,9	83,1	83,2	83,3	83,4	83,5	83,6
7	80,9	81,1	81,3	81,6	81,7	81,9	82,1	82,2	82,3	82,4	82,5
8	79,5	79,8	80,1	80,3	80,6	80,8	80,9	81,1	81,2	81,4	81,5
9	78,2	78,6	78,9	79,1	79,4	79,6	79,8	80,0	80,1	80,3	80,4
10	76,9	77,3	77,6	77,9	78,2	78,4	78,7	78,9	79,0	79,2	79,4
11	75,6	76,0	76,4	76,7	77,0	77,3	77,5	77,7	77,9	78,1	78,3
12	74,3	74,7	75,1	75,5	75,8	76,1	76,4	76,6	76,8	77,0	77,2
13	72,9	73,4	73,9	74,3	74,6	75,0	75,2	75,5	75,7	76,0	76,1
14	71,6	72,1	72,6	73,0	73,4	73,8	74,1	74,4	74,6	74,9	75,1
15	70,3	70,8	71,4	71,8	72,2	72,6	73,0	73,3	73,5	73,8	74,0
16	68,9	69,5	70,1	70,6	71,0	71,4	71,8	72,1	72,4	72,7	72,9
17	67,6	68,2	68,8	69,4	69,8	70,3	70,7	71,0	71,3	71,6	71,9
18	66,2	66,9	67,6	68,1	68,6	69,1	69,5	69,9	70,2	70,5	70,8
19	64,9	65,6	66,3	66,9	67,4	67,9	68,4	68,8	69,1	69,4	69,7
20	63,5	64,3	65,0	65,6	66,2	66,7	67,2	67,6	68,0	68,4	68,7
21	62,1	63,0	63,7	64,4	65,0	65,6	66,1	66,5	66,9	67,3	67,6
22	60,7	61,6	62,4	63,1	63,8	64,4	64,9	65,4	65,8	66,2	66,5
23	59,3	60,3	61,1	61,9	62,6	63,2	63,7	64,2	64,7	65,1	65,4
24	57,9	58,9	59,8	60,6	61,4	62,0	62,6	63,1	63,6	64,0	64,4
25	56,5	57,6	58,5	59,4	60,1	60,8	61,4	62,0	62,4	62,9	63,3
26	55,1	56,2	57,2	58,1	58,9	59,6	60,2	60,8	61,3	61,8	62,2
27	53,7	54,8	55,9	56,8	57,6	58,4	59,1	59,7	60,2	60,7	61,1
28	52,2	53,4	54,5	55,5	56,4	57,2	57,9	58,5	59,1	59,6	60,0
29	50,7	52,0	53,2	54,2	55,1	56,0	56,7	57,4	57,9	58,5	58,9
30	49,3	50,6	51,8	52,9	53,9	54,7	55,5	56,2	56,8	57,4	57,9
31	47,8	49,2	50,5	51,6	52,6	53,5	54,3	55,0	55,7	56,3	56,8
32	46,2	47,7	49,1	50,3	51,3	52,3	53,1	53,9	54,5	55,1	55,7
33	44,7	46,3	47,7	48,9	50,1	51,0	51,9	52,7	53,4	54,0	54,6
34	43,1	44,8	46,3	47,6	48,8	49,8	50,7	51,5	52,3	52,9	53,5
35	41,5	43,3	44,9	46,2	47,4	48,5	49,5	50,3	51,1	51,8	52,4
36	39,9	41,8	43,4	44,9	46,1	47,3	48,3	49,2	50,0	50,7	51,3
37	38,2	40,2	41,9	43,5	44,8	46,0	47,0	48,0	48,8	49,5	50,2
38	36,5	38,6	40,5	42,1	43,5	44,7	45,8	46,8	47,6	48,4	49,1
39	34,8	37,0	38,9	40,6	42,1	43,4	44,5	45,6	46,5	47,3	48,0
40	33,0	35,3	37,4	39,2	40,7	42,1	43,3	44,3	45,3	46,1	46,8
41	31,1	33,6	35,8	37,7	39,3	40,8	42,0	43,1	44,1	45,0	45,7
42	29,1	31,9	34,2	36,2	37,9	39,4	40,7	41,9	42,9	43,8	44,6
43	27,1	30,1	32,5	34,7	36,5	38,1	39,4	40,6	41,7	42,6	43,5
44	24,9	28,2	30,8	33,1	35,0	36,7	38,1	39,4	40,5	41,5	42,3
45	22,6	26,2	29,1	31,5	33,5	35,3	36,8	38,1	39,3	40,3	41,2
46	20,1	24,1	27,2	29,8	32,0	33,8	35,4	36,8	38,1	39,1	40,0
47	17,3	21,9	25,3	28,1	30,4	32,4	34,1	35,5	36,8	37,9	38,9
48	14,1	19,4	23,3	26,3	28,8	30,9	32,7	34,2	35,6	36,7	37,7
49	9,9	16,7	21,1	24,4	27,1	29,4	31,3	32,9	34,3	35,5	36,6
50	0,0	13,6	18,8	22,5	25,4	27,8	29,8	31,5	33,0	34,3	35,4
51		9,6	16,2	20,4	23,6	26,2	28,3	30,2	31,7	33,1	34,2
52		0,0	13,1	18,1	21,7	24,5	26,8	28,7	30,4	31,8	33,0
53			9,3	15,6	19,7	22,8	25,2	27,3	29,0	30,5	31,8
54			0,0	12,6	17,4	20,9	23,6	25,8	27,7	29,2	30,6
55				8,9	15,0	18,9	21,9	24,3	26,3	27,9	29,3
56				0,0	12,1	16,8	20,1	22,7	24,8	26,6	28,1
57					8,5	14,4	18,2	21,1	23,4	25,2	26,8
58					0,0	11,7	16,2	19,3	21,8	23,8	25,5
59						8,1	13,9	17,5	20,2	22,4	24,2
60						0,0	11,2	15,5	18,6	20,9	22,8
61							7,9	13,3	16,8	19,4	21,4
62							0,0	10,8	14,9	17,8	20,0
63								7,5	12,8	16,1	18,5
64								0,0	10,3	14,2	17,0
65									7,2	12,2	15,3
66									0,0	9,8	13,5
67										6,9	11,6
68										0,0	9,4
69											6,5
±70											0,0

5. Stundenwinkel für den Durchgang durch den Almukantarat z = 30°

φ \ δ∓φ	∓30°	∓29°	∓28°	∓27°	∓26°	∓25°	∓24°	∓23°	∓22°	∓21°	∓20°	∓19°
0°	0^h03^m	0^h32^m	0^h45^m	0^h54^m	1^h02^m	1^h09^m	1^h14^m	1^h19^m	1^h24^m	1^h28^m	1^h31^m	1^h35^m
2	0 03	0 32	0 45	0 54	1 02	1 08	1 14	1 19	1 23	1 27	1 31	1 34
4	0 03	0 32	0 44	0 54	1 01	1 08	1 13	1 18	1 23	1 27	1 30	1 34
6	0 03	0 32	0 44	0 53	1 01	1 07	1 13	1 18	1 22	1 27	1 30	1 34
8	0 03	0 31	0 44	0 53	1 01	1 07	1 13	1 18	1 22	1 26	1 30	1 33
10	0 03	0 31	0 44	0 53	1 01	1 07	1 13	1 18	1 22	1 26	1 30	1 33
12	0 03	0 31	0 44	0 53	1 00	1 07	1 13	1 18	1 22	1 26	1 30	1 33
14	0 03	0 31	0 44	0 53	1 00	1 07	1 13	1 18	1 22	1 26	1 30	1 34
16	0 03	0 31	0 44	0 53	1 01	1 07	1 13	1 18	1 22	1 27	1 30	1 34
18	0 03	0 31	0 44	0 53	1 01	1 07	1 13	1 18	1 23	1 27	1 31	1 34
20	0 03	0 31	0 44	0 53	1 01	1 08	1 13	1 19	1 23	1 27	1 31	1 35
22	0 03	0 31	0 44	0 54	1 01	1 08	1 14	1 19	1 24	1 28	1 32	1 36
24	0 03	0 32	0 44	0 54	1 02	1 08	1 14	1 20	1 24	1 29	1 33	1 37
26	0 03	0 32	0 45	0 54	1 02	1 09	1 15	1 20	1 25	1 30	1 34	1 38
28	0 03	0 32	0 45	0 55	1 03	1 10	1 16	1 21	1 26	1 31	1 35	1 39
30	0 03	0 32	0 46	0 55	1 03	1 10	1 17	1 22	1 27	1 32	1 36	1 40
32	0 03	0 33	0 46	0 56	1 04	1 11	1 18	1 23	1 28	1 33	1 37	1 41
34	0 03	0 33	0 47	0 57	1 05	1 12	1 19	1 24	1 30	1 34	1 39	1 43
36	0 03	0 34	0 47	0 58	1 06	1 13	1 20	1 26	1 31	1 36	1 41	1 45
38	0 03	0 34	0 48	0 59	1 07	1 15	1 21	1 27	1 33	1 38	1 43	1 47
40	0 03	0 35	0 49	1 00	1 08	1 16	1 23	1 29	1 35	1 40	1 45	1 49
42	0 03	0 36	0 50	1 01	1 10	1 18	1 25	1 31	1 37	1 42	1 47	1 52
44	0 04	0 36	0 51	1 02	1 11	1 19	1 27	1 33	1 39	1 44	1 50	1 54
46	0 04	0 37	0 52	1 04	1 13	1 21	1 29	1 35	1 42	1 47	1 53	1 57
48	0 04	0 38	0 53	1 05	1 15	1 23	1 31	1 38	1 44	1 50	1 56	2 01
50	0 04	0 39	0 55	1 07	1 17	1 26	1 34	1 41	1 47	1 54	1 59	2 05
52	0 04	0 40	0 57	1 09	1 19	1 28	1 37	1 44	1 51	1 57	2 03	2 09
54	0 04	0 41	0 58	1 11	1 22	1 31	1 40	1 48	1 55	2 01	2 08	2 14
56	0 04	0 43	1 00	1 14	1 25	1 35	1 44	1 52	1 59	2 06	2 13	2 19
58	0 04	0 44	1 03	1 16	1 28	1 38	1 48	1 56	2 04	2 11	2 18	2 25
60°	0 05	0 46	1 05	1 20	1 32	1 43	1 52	2 01	2 09	2 17	2 25	2 32

5. Stundenwinkel für den Durchgang durch den Almukantarat z = 30°

φ \ $\delta \mp \varphi$	∓18°	∓17°	∓16°	∓15°	∓14°	∓13°	∓12°	∓11°	∓10°	∓ 9°	∓ 8°	∓ 7°
0°	1^h38^m	1^h40^m	1^h43^m	1^h45^m	1^h47^m	1^h49^m	1^h51^m	1^h52^m	1^h54^m	1^h55^m	1^h56^m	1^h57^m
2	1 37	1 40	1 42	1 45	1 47	1 49	1 51	1 52	1 53	1 55	1 56	1 57
4	1 37	1 40	1 42	1 44	1 47	1 49	1 50	1 52	1 53	1 55	1 56	1 57
6	1 37	1 39	1 42	1 44	1 46	1 48	1 50	1 52	1 53	1 55	1 56	1 57
8	1 36	1 39	1 42	1 44	1 46	1 48	1 50	1 52	1 53	1 55	1 56	1 57
10	1 36	1 39	1 42	1 44	1 47	1 49	1 51	1 52	1 54	1 55	1 56	1 58
12	1 37	1 39	1 42	1 45	1 47	1 49	1 51	1 53	1 54	1 56	1 57	1 58
14	1 37	1 40	1 42	1 45	1 47	1 49	1 51	1 53	1 55	1 56	1 58	1 59
16	1 37	1 40	1 43	1 45	1 48	1 50	1 52	1 54	1 56	1 57	1 58	2 00
18	1 38	1 41	1 44	1 46	1 49	1 51	1 53	1 55	1 56	1 58	1 59	2 01
20	1 38	1 41	1 44	1 47	1 49	1 52	1 54	1 56	1 57	1 59	2 01	2 02
22	1 39	1 42	1 45	1 48	1 50	1 53	1 55	1 57	1 59	2 00	2 02	2 03
24	1 40	1 43	1 46	1 49	1 51	1 54	1 56	1 58	2 00	2 02	2 03	2 05
26	1 41	1 44	1 47	1 50	1 53	1 55	1 58	2 00	2 02	2 03	2 05	2 07
28	1 42	1 46	1 49	1 52	1 54	1 57	1 59	2 01	2 03	2 05	2 07	2 09
30	1 44	1 47	1 50	1 53	1 56	1 59	2 01	2 03	2 05	2 07	2 09	2 11
32	1 45	1 49	1 52	1 55	1 58	2 01	2 03	2 05	2 08	2 10	2 12	2 13
34	1 47	1 50	1 54	1 57	2 00	2 03	2 05	2 08	2 10	2 12	2 14	2 16
36	1 49	1 53	1 56	1 59	2 02	2 05	2 08	2 10	2 13	2 15	2 17	2 19
38	1 51	1 55	1 58	2 02	2 05	2 08	2 11	2 13	2 16	2 18	2 21	2 23
40	1 53	1 57	2 01	2 05	2 08	2 11	2 14	2 17	2 19	2 22	2 24	2 26
42	1 56	2 00	2 04	2 08	2 11	2 14	2 17	2 20	2 23	2 26	2 28	2 30
44	1 59	2 03	2 07	2 11	2 15	2 18	2 21	2 24	2 27	2 30	2 33	2 35
46	2 02	2 07	2 11	2 15	2 19	2 22	2 25	2 29	2 32	2 35	2 38	2 40
48	2 06	2 10	2 15	2 19	2 23	2 27	2 30	2 34	2 37	2 40	2 43	2 46
50	2 10	2 15	2 19	2 24	2 28	2 32	2 36	2 39	2 43	2 46	2 49	2 52
52	2 14	2 19	2 24	2 29	2 33	2 37	2 41	2 45	2 49	2 53	2 56	2 59
54	2 19	2 25	2 30	2 35	2 39	2 44	2 48	2 52	2 56	3 00	3 04	3 07
56	2 25	2 30	2 36	2 41	2 46	2 51	2 55	3 00	3 04	3 08	3 12	3 16
58	2 31	2 37	2 43	2 48	2 54	2 59	3 04	3 09	3 13	3 18	3 22	3 27
60°	2 38	2 45	2 51	2 57	3 02	3 08	3 13	3 19	3 24	3 29	3 34	3 38

5. Stundenwinkel für den Durchgang durch den Almukantarat z = 30°

φ \ δ∓φ	∓ 6°	∓ 5°	∓ 4°	∓ 3°	∓ 2°	∓ 1°	0°	± 1°	± 2°	± 3°	± 4°	± 5°
0°	1^h58^m	1^h59^m	1^h59^m	1^h59^m	2^h00^m	2^h00^m	2^h00^m	2^h00^m	2^h00^m	1^h59^m	1^h59^m	1^h59^m
2	1 58	1 58	1 59	1 59	2 00	2 00	2 00	2 00	2 00	2 00	1 59	1 59
4	1 58	1 58	1 59	2 00	2 00	2 00	2 00	2 00	2 00	2 00	2 00	1 59
6	1 58	1 59	1 59	2 00	2 00	2 01	2 01	2 01	2 01	2 01	2 00	2 00
8	1 58	1 59	2 00	2 00	2 01	2 01	2 01	2 01	2 01	2 01	2 01	2 00
10	1 59	1 59	2 00	2 01	2 01	2 02	2 02	2 02	2 02	2 02	2 02	2 01
12	1 59	2 00	2 01	2 02	2 02	2 02	2 03	2 03	2 03	2 03	2 03	2 02
14	2 00	2 01	2 02	2 02	2 03	2 03	2 04	2 04	2 04	2 04	2 04	2 04
16	2 01	2 02	2 03	2 03	2 04	2 05	2 05	2 05	2 05	2 05	2 05	2 05
18	2 02	2 03	2 04	2 05	2 05	2 06	2 06	2 07	2 07	2 07	2 07	2 07
20	2 03	2 04	2 05	2 06	2 07	2 07	2 08	2 08	2 09	2 09	2 09	2 08
22	2 05	2 06	2 07	2 08	2 09	2 09	2 10	2 10	2 10	2 11	2 11	2 10
24	2 06	2 07	2 09	2 10	2 10	2 11	2 12	2 12	2 13	2 13	2 13	2 13
26	2 08	2 09	2 11	2 12	2 13	2 13	2 14	2 14	2 15	2 15	2 15	2 15
28	2 10	2 12	2 13	2 14	2 15	2 16	2 16	2 17	2 17	2 18	2 18	2 18
30	2 13	2 14	2 15	2 16	2 17	2 18	2 19	2 20	2 20	2 21	2 21	2 21
32	2 15	2 17	2 18	2 19	2 20	2 21	2 22	2 23	2 24	2 24	2 24	2 25
34	2 18	2 20	2 21	2 22	2 24	2 25	2 26	2 26	2 27	2 28	2 28	2 28
36	2 21	2 23	2 24	2 26	2 27	2 28	2 29	2 30	2 31	2 32	2 32	2 32
38	2 25	2 26	2 28	2 30	2 31	2 32	2 33	2 34	2 35	2 36	2 37	2 37
40	2 28	2 30	2 32	2 34	2 35	2 37	2 38	2 39	2 40	2 41	2 42	2 42
42	2 33	2 35	2 37	2 38	2 40	2 42	2 43	2 44	2 46	2 47	2 47	2 48
44	2 37	2 40	2 42	2 44	2 46	2 47	2 49	2 50	2 51	2 53	2 54	2 54
46	2 43	2 45	2 47	2 49	2 51	2 53	2 55	2 57	2 58	2 59	3 01	3 02
48	2 49	2 51	2 54	2 56	2 58	3 00	3 02	3 04	3 06	3 07	3 08	3 10
50	2 55	2 58	3 01	3 03	3 06	3 08	3 10	3 12	3 14	3 16	3 17	3 19
52	3 03	3 06	3 08	3 11	3 14	3 17	3 19	3 21	3 23	3 25	3 27	3 29
54	3 11	3 14	3 17	3 20	3 23	3 26	3 29	3 32	3 34	3 37	3 39	3 41
56	3 20	3 24	3 27	3 31	3 34	3 37	3 41	3 44	3 47	3 49	3 52	3 55
58	3 31	3 35	3 39	3 43	3 47	3 50	3 54	3 58	4 01	4 04	4 08	4 11
60°	3 43	3 48	3 52	3 57	4 01	4 05	4 09	4 14	4 18	4 22	4 26	4 30

5. Stundenwinkel für den Durchgang durch den Almukantarat z = 30°

φ \ δ∓φ	± 6°	± 7°	± 8°	± 9°	±10°	±11°	±12°	±13°	±14°	±15°	±16°	±17°
0°	1^h58^m	1^h57^m	1^h56^m	1^h55^m	1^h54^m	1^h52^m	1^h51^m	1^h49^m	1^h47^m	1^h45^m	1^h43^m	1^h40^m
2	1 58	1 57	1 56	1 55	1 54	1 53	1 51	1 50	1 48	1 46	1 44	1 41
4	1 59	1 58	1 57	1 56	1 55	1 53	1 52	1 50	1 49	1 46	1 44	1 42
6	1 59	1 58	1 58	1 57	1 56	1 54	1 53	1 51	1 49	1 47	1 45	1 43
8	2 00	1 59	1 58	1 57	1 56	1 55	1 54	1 52	1 50	1 48	1 46	1 44
10	2 01	2 00	1 59	1 59	1 57	1 56	1 55	1 53	1 51	1 50	1 47	1 45
12	2 02	2 01	2 01	2 00	1 59	1 57	1 56	1 55	1 53	1 51	1 49	1 46
14	2 03	2 03	2 02	2 01	2 00	1 59	1 58	1 56	1 54	1 52	1 50	1 48
16	2 05	2 04	2 03	2 03	2 02	2 01	1 59	1 58	1 56	1 54	1 52	1 50
18	2 06	2 06	2 05	2 04	2 03	2 02	2 01	2 00	1 58	1 56	1 54	1 51
20	2 08	2 08	2 07	2 06	2 05	2 04	2 03	2 02	2 00	1 58	1 56	1 54
22	2 10	2 10	2 09	2 09	2 08	2 07	2 05	2 04	2 02	2 00	1 58	1 56
24	2 13	2 12	2 12	2 11	2 10	2 09	2 08	2 07	2 05	2 03	2 01	1 59
26	2 15	2 15	2 14	2 14	2 13	2 12	2 11	2 09	2 08	2 06	2 04	2 02
28	2 18	2 18	2 17	2 17	2 16	2 15	2 14	2 13	2 11	2 09	2 07	2 05
30	2 21	2 21	2 21	2 20	2 19	2 18	2 17	2 16	2 15	2 13	2 11	2 08
32	2 25	2 24	2 24	2 24	2 23	2 22	2 21	2 20	2 19	2 17	2 15	2 12
34	2 28	2 28	2 28	2 28	2 27	2 26	2 25	2 24	2 23	2 21	2 19	2 17
36	2 33	2 33	2 33	2 32	2 32	2 31	2 30	2 29	2 28	2 26	2 24	2 22
38	2 37	2 38	2 38	2 37	2 37	2 36	2 36	2 34	2 33	2 32	2 30	2 27
40	2 43	2 43	2 43	2 43	2 43	2 42	2 41	2 40	2 39	2 38	2 36	2 34
42	2 49	2 49	2 49	2 49	2 49	2 49	2 48	2 47	2 46	2 45	2 43	2 41
44	2 55	2 56	2 56	2 56	2 56	2 56	2 55	2 55	2 54	2 52	2 51	2 49
46	3 03	3 03	3 04	3 04	3 04	3 04	3 04	3 03	3 02	3 01	3 00	2 58
48	3 11	3 12	3 12	3 13	3 13	3 13	3 13	3 13	3 12	3 11	3 10	3 08
50	3 20	3 21	3 22	3 23	3 24	3 24	3 24	3 24	3 24	3 23	3 22	3 21
52	3 31	3 32	3 34	3 35	3 36	3 36	3 37	3 37	3 37	3 37	3 36	3 35
54	3 43	3 45	3 47	3 48	3 50	3 51	3 52	3 53	3 53	3 53	3 53	3 53
56	3 57	4 00	4 02	4 04	4 06	4 08	4 09	4 11	4 12	4 13	4 13	4 14
58	4 14	4 17	4 20	4 23	4 25	4 28	4 30	4 33	4 35	4 37	4 39	4 40
60°	4 34	4 38	4 41	4 45	4 49	4 53	4 56	5 00	5 04	5 07	5 11	5 15

5. Stundenwinkel für den Durchgang durch den Almukantarat z = 30°

$\delta \mp \varphi$ / φ	±18°	±19°	±20°	±21°	±22°	±23°	±24°	±25°	±26°	±27°	±28°	±29°	±30°
0°	1^h38^m	1^h35^m	1^h31^m	1^h28^m	1^h24^m	1^h19^m	1^h14^m	1^h09^m	1^h02^m	0^h54^m	0^h45^m	0^h32^m	0^h03^m
2	1 38	1 35	1 32	1 28	1 24	1 20	1 15	1 09	1 03	0 55	0 46	0 33	0 03
4	1 39	1 36	1 33	1 29	1 25	1 21	1 16	1 10	1 03	0 56	0 46	0 33	0 03
6	1 40	1 37	1 34	1 30	1 26	1 22	1 17	1 11	1 04	0 56	0 47	0 33	0 03
8	1 41	1 38	1 35	1 31	1 27	1 23	1 18	1 12	1 05	0 57	0 47	0 34	0 03
10	1 42	1 39	1 36	1 32	1 28	1 24	1 19	1 13	1 06	0 58	0 48	0 35	0 03
12	1 44	1 41	1 37	1 34	1 30	1 25	1 20	1 14	1 07	0 59	0 49	0 35	0 03
14	1 45	1 42	1 39	1 35	1 31	1 27	1 21	1 15	1 08	1 00	0 50	0 36	0 04
16	1 47	1 44	1 41	1 37	1 33	1 28	1 23	1 17	1 10	1 01	0 51	0 37	0 04
18	1 49	1 46	1 43	1 39	1 35	1 30	1 25	1 18	1 11	1 03	0 52	0 38	0 04
20	1 51	1 48	1 45	1 41	1 37	1 32	1 27	1 20	1 13	1 04	0 53	0 39	0 04
22	1 53	1 50	1 47	1 43	1 39	1 34	1 29	1 22	1 15	1 06	0 55	0 40	0 04
24	1 56	1 53	1 50	1 46	1 42	1 37	1 31	1 25	1 17	1 08	0 57	0 41	0 04
26	1 59	1 56	1 53	1 49	1 44	1 39	1 34	1 27	1 19	1 10	0 58	0 42	0 04
28	2 02	1 59	1 56	1 52	1 47	1 42	1 37	1 30	1 22	1 12	1 00	0 44	0 04
30	2 06	2 03	1 59	1 55	1 51	1 46	1 40	1 33	1 25	1 15	1 03	0 45	0 05
32	2 10	2 07	2 03	1 59	1 55	1 50	1 44	1 37	1 28	1 18	1 05	0 47	0 05
34	2 14	2 11	2 08	2 04	1 59	1 54	1 48	1 40	1 32	1 21	1 08	0 49	0 05
36	2 19	2 16	2 13	2 09	2 04	1 59	1 52	1 45	1 36	1 25	1 11	0 52	0 05
38	2 25	2 22	2 18	2 14	2 09	2 04	1 58	1 50	1 41	1 29	1 15	0 55	0 05
40	2 31	2 28	2 25	2 21	2 16	2 10	2 04	1 56	1 46	1 34	1 19	0 58	0 06
42	2 38	2 35	2 32	2 28	2 23	2 17	2 10	2 02	1 52	1 40	1 24	1 02	0 06
44	2 46	2 43	2 40	2 36	2 31	2 25	2 18	2 10	2 00	1 47	1 30	1 06	0 07
46	2 56	2 53	2 49	2 45	2 40	2 35	2 28	2 19	2 08	1 55	1 37	1 11	0 07
48	3 06	3 04	3 00	2 56	2 52	2 46	2 39	2 30	2 19	2 05	1 46	1 18	0 08
50	3 19	3 16	3 13	3 10	3 05	2 59	2 52	2 43	2 32	2 17	1 57	1 27	0 09
52	3 34	3 32	3 29	3 25	3 21	3 16	3 09	3 00	2 48	2 33	2 11	1 38	0 10
54	3 52	3 50	3 48	3 45	3 41	3 36	3 30	3 21	3 09	2 53	2 30	1 54	0 12
56	4 14	4 13	4 12	4 10	4 07	4 03	3 57	3 50	3 39	3 23	2 59	2 19	0 15
58	4 41	4 42	4 43	4 43	4 42	4 40	4 37	4 32	4 24	4 11	3 49	3 06	0 22
60°	5 18	5 22	5 25	5 29	5 32	5 36	5 40	5 43	5 47	5 50	5 54	5 59	

6. Azimut für den Durchgang durch den Almukantarat z = 30°

δ ∓ φ / φ	∓30°	∓29°	∓28°	∓27°	∓26°	∓25°	∓24°	∓23°	∓22°	∓21°	∓20°	∓19°
0°	178°37'	165°46'	159°50'	155°12'	151°13'	147°40'	144°25'	141°22'	138°30'	135°46'	133°09'	130°37'
2	178 36	165 38	159 38	154 57	150 57	147 22	144 05	141 02	138 08	135 23	132 44	130 12
4	178 35	165 30	159 26	154 43	150 41	147 04	143 46	140 41	137 46	135 00	132 20	129 47
6	178 35	165 21	159 15	154 29	150 25	146 46	143 26	140 20	137 24	134 37	131 56	129 22
8	178 34	165 13	159 03	154 15	150 08	146 29	143 07	139 59	137 02	134 14	131 32	128 57
10	178 33	165 05	158 51	154 01	149 52	146 11	142 48	139 38	136 40	133 51	131 08	128 32
12	178 32	164 56	158 40	153 46	149 36	145 53	142 28	139 18	136 18	133 27	130 44	128 06
14	178 31	164 48	158 28	153 32	149 20	145 35	142 08	138 56	135 56	133 04	130 19	127 41
16	178 30	164 39	158 16	153 18	149 03	145 16	141 48	138 35	135 33	132 40	129 54	127 15
18	178 30	164 31	158 04	153 03	148 47	144 58	141 28	138 14	135 10	132 16	129 29	126 49
20	178 29	164 22	157 52	152 48	148 30	144 39	141 08	137 52	134 47	131 52	129 04	126 22
22	178 28	164 13	157 39	152 33	148 12	144 20	140 47	137 29	134 23	131 27	128 38	125 55
24	178 27	164 04	157 27	152 18	147 55	144 00	140 26	137 07	133 59	131 01	128 11	125 27
26	178 26	163 55	157 14	152 02	147 37	143 40	140 04	136 43	133 34	130 35	127 44	124 59
28	178 25	163 46	157 01	151 46	147 18	143 20	139 42	136 19	133 09	130 08	127 16	124 30
30	178 24	163 36	156 47	151 30	146 59	142 59	139 19	135 55	132 43	129 41	126 47	124 00
32	178 23	163 26	156 33	151 13	146 40	142 37	138 55	135 29	132 16	129 12	126 17	123 28
34	178 22	163 16	156 19	150 55	146 19	142 14	138 30	135 03	131 47	128 42	125 46	122 56
36	178 21	163 05	156 04	150 37	145 58	141 51	138 05	134 35	131 18	128 11	125 13	122 22
38	178 20	162 54	155 48	150 18	145 36	141 26	137 38	134 06	130 48	127 39	124 39	121 47
40	178 19	162 42	155 31	149 58	145 13	141 01	137 10	133 36	130 16	127 05	124 04	121 10
42	178 18	162 30	155 14	149 37	144 49	140 34	136 41	133 05	129 42	126 30	123 26	120 31
44	178 16	162 17	154 56	149 14	144 24	140 05	136 10	132 31	129 06	125 52	122 47	119 49
46	178 15	162 03	154 37	148 51	143 57	139 35	135 37	131 56	128 29	125 12	122 05	119 05
48	178 14	161 49	154 17	148 26	143 28	139 03	135 02	131 18	127 48	124 30	121 20	118 19
50	178 12	161 34	153 55	148 00	142 58	138 29	134 25	130 38	127 05	123 44	120 32	117 28
52	178 11	161 17	153 32	147 31	142 25	137 53	133 45	129 55	126 19	122 55	119 41	116 34
54	178 09	160 59	153 07	147 00	141 49	137 13	133 01	129 08	125 29	122 02	118 45	115 35
56	178 07	160 40	152 39	146 27	141 11	136 30	132 14	128 17	124 34	121 04	117 43	114 31
58	178 05	160 19	152 10	145 51	140 29	135 43	131 22	127 21	123 35	120 00	116 36	113 21
60	178 03	159 56	151 37	145 11	139 42	134 51	130 25	126 19	122 28	118 50	115 22	112 03

6. Azimut für den Durchgang durch den Almukantarat z = 30°

φ \ $\delta \mp \varphi$	∓18°	∓17°	∓16°	∓15°	∓14°	∓13°	∓12°	∓11°	∓10°	∓ 9°	∓ 8°	∓ 7°
0°	128°10'	125°46'	123°27'	121°10'	118°56'	116°44'	114°34'	112°26'	110°19'	108°14'	106°09'	104°06'
2	127 44	125 20	122 59	120 42	118 27	116 15	114 04	111 56	109 49	107 43	105 38	103 35
4	127 18	124 53	122,32	120 14	117 59	115 46	113 35	111 26	109 18	107 12	105 07	103 04
6	126 52	124 27	122 05	119 46	117 30	115 17	113 05	110 56	108 48	106 41	104 36	102 32
8	126 26	124 00	121 37	119 18	117 02	114 47	112 36	110 26	108 17	106 10	104 05	102 01
10	126 00	123 33	121 10	118 50	116 33	114 18	112 06	109 55	107 47	105 39	103 33	101 29
12	125 34	123 06	120 42	118 22	116 04	113 49	111 36	109 25	107 15	105 08	103 02	100 57
14	125 08	122 39	120 14	117 53	115 34	113 19	111 05	108 54	106 44	104 36	102 29	100 24
16	124 41	122 12	119 46	117 24	115 05	112 48	110 34	108 22	106 12	104 04	101 57	99 51
18	124 14	121 44	119 17	116 54	114 35	112 18	110 03	107 50	105 40	103 31	101 23	99 17
20	123 46	121 15	118 48	116 24	114 04	111 46	109 31	107 18	105 07	102 57	100 49	98 43
22	123 18	120 46	118 18	115 54	113 32	111 14	108 58	106 44	104 33	102 23	100 15	98 08
24	122 50	120 16	117 48	115 22	113 00	110 41	108 25	106 10	103 58	101 48	99 39	97 32
26	122 20	119 46	117 16	114 50	112 27	110 07	107 50	105 35	103 22	101 11	99 02	96 54
28	121 50	119 15	116 44	114 17	111 53	109 33	107 15	104 59	102 45	100 34	98 24	96 16
30	121 18	118 42	116 10	113 42	111 18	108 56	106 38	104 21	102 07	99 55	97 45	95 36
32	120 46	118 09	115 36	113 07	110 41	108 19	106 00	103 42	101 28	99 15	97 04	94 54
34	120 12	117 34	115 00	112 30	110 03	107 40	105 20	103 02	100 46	98 33	96 21	94 11
36	119 37	116 57	114 22	111 51	109 24	107 00	104 38	102 19	100 03	97 49	95 36	93 26
38	119 00	116 19	113 43	111 11	108 42	106 17	103 55	101 35	99 18	97 03	94 49	92 38
40	118 22	115 39	113 02	110 28	107 59	105 32	103 09	100 48	98 30	96 14	94 00	91 47
42	117 41	114 57	112 18	109 43	107 12	104 45	102 20	99 59	97 39	95 22	93 07	90 54
44	116 58	114 13	111 32	108 56	106 24	103 55	101 29	99 06	96 46	94 27	92 11	89 57
46	116 12	113 25	110 43	108 05	105 31	103 01	100 34	98 10	95 48	93 29	91 12	88 57
48	115 24	112 35	109 51	107 11	104 36	102 04	99 35	97 10	94 46	92 26	90 08	87 51
50	114 31	111 40	108 54	106 13	103 36	101 02	98 32	96 05	93 40	91 18	88 58	86 40
52	113 35	110 41	107 53	105 10	102 31	99 55	97 23	94 54	92 28	90 04	87 43	85 24
54	112 33	109 38	106 47	104 01	101 20	98 42	96 08	93 37	91 09	88 43	86 20	83 59
56	111 26	108 28	105 35	102 46	100 03	97 22	94 46	92 13	89 42	87 15	84 49	82 26
58	110 13	107 11	104 15	101 24	98 37	95 54	93 15	90 39	88 06	85 36	83 08	80 43
60	108 51	105 46	102 46	99 52	97 02	94 16	91 33	88 54	86 18	83 45	81 14	78 46

6. Azimut für den Durchgang durch den Almukantarat z = 30°

φ \ $\delta \mp \varphi$	∓ 6°	∓ 5°	∓ 4°	∓ 3°	∓ 2°	∓ 1°	0°	± 1°	± 2°	± 3°	± 4°	± 5°
0°	102°04'	100°02'	98°01'	96°00'	94°00'	92°00'	90°00'	88°00'	86°00'	84°00'	81°59'	79°58'
2	101 32	99 30	97 29	95 28	93 28	91 28	89 28	87 28	85 28	83 28	81 27	79 26
4	101 01	98 59	96 57	94 56	92 56	90 56	88 56	86 56	84 56	82 55	80 55	78 54
6	100 29	98 27	96 25	94 24	92 24	90 23	88 23	86 23	84 23	82 23	80 23	78 22
8	99 57	97 55	95 53	93 52	91 51	89 51	87 50	85 50	83 50	81 50	79 50	77 50
10	99 25	97 22	95 20	93 19	91 18	89 18	87 17	85 17	83 17	81 17	79 17	77 17
12	98 53	96 50	94 48	92 46	90 45	88 44	86 44	84 44	82 44	80 44	78 44	76 44
14	98 20	96 17	94 14	92 12	90 11	88 10	86 10	84 10	82 10	80 10	78 10	76 10
16	97 46	95 43	93 40	91 38	89 37	87 36	85 36	83 35	81 35	79 35	77 35	75 35
18	97 12	95 09	93 06	91 03	89 02	87 01	85 00	83 00	81 00	79 00	77 00	75 00
20	96 38	94 33	92 30	90 28	88 26	86 25	84 24	82 24	80 24	78 24	76 24	74 24
22	96 02	93 58	91 54	89 51	87 49	85 48	83 47	81 46	79 46	77 46	75 46	73 46
24	95 25	93 21	91 17	89 14	87 11	85 10	83 09	81 08	79 08	77 08	75 08	73 08
26	94 48	92 42	90 38	88 35	86 32	84 31	82 29	80 29	78 28	76 28	74 28	72 28
28	94 09	92 03	89 58	87 55	85 52	83 50	81 48	79 47	77 47	75 47	73 47	71 47
30	93 28	91 22	89 17	87 13	85 10	83 08	81 06	79 05	77 04	75 04	73 03	71 03
32	92 46	90 40	88 34	86 30	84 26	82 23	80 21	78 20	76 19	74 19	72 18	70 18
34	92 02	89 55	87 49	85 44	83 40	81 37	79 35	77 33	75 32	73 32	71 31	69 31
36	91 16	89 09	87 02	84 57	82 52	80 49	78 46	76 44	74 43	72 42	70 41	68 41
38	90 28	88 20	86 12	84 07	82 02	79 58	77 55	75 52	73 51	71 50	69 49	67 48
40	89 37	87 28	85 20	83 13	81 08	79 04	77 00	74 57	72 55	70 54	68 53	66 52
42	88 43	86 33	84 24	82 17	80 11	78 06	76 02	73 59	71 56	69 55	67 53	65 52
44	87 45	85 34	83 25	81 17	79 10	77 05	75 00	72 56	70 53	68 51	66 49	64 48
46	86 43	84 31	82 21	80 12	78 05	75 58	73 53	71 49	69 45	67 42	65 40	63 39
48	85 37	83 24	81 13	79 03	76 54	74 47	72 41	70 36	68 31	66 28	64 25	62 23
50	84 25	82 11	79 58	77 47	75 38	73 29	71 22	69 16	67 11	65 07	63 03	61 01
52	83 06	80 51	78 37	76 25	74 14	72 04	69 56	67 49	65 43	63 38	61 33	59 30
54	81 40	79 23	77 08	74 54	72 42	70 31	68 21	66 13	64 05	61 59	59 53	57 49
56	80 05	77 46	75 29	73 13	70 59	68 46	66 35	64 25	62 16	60 08	58 01	55 55
58	78 19	75 58	73 38	71 20	69 04	66 49	64 36	62 24	60 13	58 03	55 54	53 46
60	76 20	73 56	71 33	69 13	66 54	64 36	62 20	60 05	57 52	55 39	53 28	51 18

6. Azimut für den Durchgang durch den Almukantarat z = 30°

φ \ $\delta \mp \varphi$	± 6°	± 7°	± 8°	± 9°	±10°	±11°	±12°	±13°	±14°	±15°	±16°	±17°
0°	77°56'	75°54'	73°51'	71°46'	69°41'	67°34'	65°26'	63°16'	61°04'	58°50'	56°33'	54°14'
2	77 25	75 22	73 19	71 16	69 11	67 04	64 57	62 47	60 36	58 22	56 06	53 47
4	76 53	74 51	72 48	70 45	68 40	66 34	64 27	62 18	60 07	57 54	55 38	53 20
6	76 21	74 19	72 17	70 13	68 09	66 03	63 57	61 48	59 38	57 25	55 10	52 52
8	75 49	73 47	71 45	69 42	67 38	65 33	63 26	61 18	59 08	56 56	54 42	52 25
10	75 16	73 15	71 13	69 10	67 06	65 01	62 55	60 47	58 38	56 27	54 13	51 57
12	74 43	72 42	70 40	68 37	66 34	64 29	62 24	60 16	58 08	55 57	53 44	51 28
14	74 09	72 08	70 06	68 04	66 01	63 57	61 52	59 45	57 36	55 26	53 14	50 59
16	73 35	71 34	69 32	67 30	65 28	63 24	61 19	59 12	57 05	54 55	52 43	50 29
18	72 59	70 59	68 58	66 56	64 53	62 50	60 45	58 39	56 32	54 23	52 11	49 58
20	72 23	70 23	68 22	66 20	64 18	62 15	60 10	58 05	55 58	53 50	51 39	49 26
22	71 46	69 46	67 45	65 43	63 41	61 39	59 35	57 30	55 23	53 15	51 05	48 53
24	71 08	69 07	67 07	65 06	63 04	61 01	58 58	56 53	54 47	52 40	50 30	48 19
26	70 28	68 28	66 27	64 26	62 25	60 22	58 19	56 15	54 10	52 03	49 54	47 43
28	69 47	67 46	65 46	63 45	61 44	59 42	57 39	55 36	53 31	51 24	49 16	47 06
30	69 03	67 03	65 03	63 03	61 02	59 00	56 58	54 54	52 50	50 44	48 37	46 27
32	68 18	66 18	64 18	62 18	60 17	58 16	56 14	54 11	52 07	50 02	47 55	45 47
34	67 31	65 31	63 31	61 31	59 30	57 29	55 27	53 25	51 22	49 17	47 11	45 03
36	66 41	64 41	62 41	60 41	58 41	56 40	54 38	52 36	50 33	48 29	46 24	44 17
38	65 48	63 48	61 48	59 48	57 48	55 47	53 46	51 45	49 42	47 39	45 34	43 28
40	64 52	62 52	60 52	58 52	56 52	54 52	52 51	50 50	48 48	46 45	44 41	42 36
42	63 52	61 52	59 52	57 52	55 52	53 52	51 51	49 50	47 49	45 46	43 43	41 39
44	62 47	60 47	58 47	56 47	54 47	52 47	50 47	48 46	46 45	44 43	42 41	40 37
46	61 38	59 37	57 37	55 36	53 36	51 37	49 36	47 36	45 36	43 34	41 33	39 30
48	60 22	58 21	56 20	54 20	52 20	50 20	48 20	46 20	44 19	42 19	40 17	38 15
50	58 59	56 57	54 56	52 55	50 55	48 55	46 55	44 55	42 55	40 55	38 54	36 53
52	57 27	55 25	53 23	51 22	49 21	47 21	45 21	43 21	41 21	39 21	37 20	35 20
54	55 45	53 42	51 39	49 37	47 36	45 35	43 34	41 34	39 34	37 34	35 34	33 34
56	53 50	51 46	49 42	47 39	45 37	43 35	41 33	39 32	37 32	35 31	33 31	31 31
58	51 39	49 33	47 28	45 23	43 19	41 16	39 13	37 11	35 09	33 08	31 07	29 06
60	49 08	46 59	44 52	42 45	40 38	38 33	36 28	34 23	32 19	30 16	28 13	26 10

6. **Azimut für den Durchgang durch den Almukantarat z = 30°**

φ \ δ∓φ	±18°	±19°	±20°	±21°	±22°	±23°	±24°	±25°	±26°	±27°	±28°	±29°	±30°
0°	51°50'	49°23'	46°51'	44°14'	41°30'	38°38'	35°35'	32°20'	28°47'	24°48'	20°10'	14°14'	1°23'
2	51 24	48 58	46 27	43 51	41 08	38 17	35 15	32 02	28 30	24 34	19 58	14 05	1 22
4	50 58	48 33	46 02	43 27	40 45	37 55	34 56	31 43	28 14	24 20	19 46	13 56	1 21
6	50 32	48 07	45 38	43 03	40 22	37 34	34 35	31 25	27 57	24 05	19 34	13 48	1 20
8	50 05	47 41	45 12	42 39	39 59	37 12	34 15	31 06	27 40	23 50	19 22	13 39	1 20
10	49 37	47 14	44 47	42 14	39 36	36 49	33 54	30 46	27 22	23 34	19 09	13 30	1 19
12	49 09	46 47	44 21	41 49	39 12	36 27	33 33	30 26	27 04	23 19	18 56	13 20	1 18
14	48 41	46 19	43 54	41 23	38 47	36 03	33 11	30 06	26 46	23 03	18 43	13 11	1 17
16	48 11	45 51	43 26	40 57	38 22	35 39	32 48	29 45	26 27	22 46	18 29	13 01	1 16
18	47 41	45 22	42 58	40 30	37 56	35 15	32 25	29 24	26 08	22 29	18 15	12 51	1 15
20	47 10	44 51	42 29	40 02	37 29	34 49	32 01	29 02	25 47	22 11	18 00	12 40	1 14
22	46 38	44 20	41 59	39 32	37 01	34 23	31 36	28 39	25 26	21 53	17 45	12 29	1 13
24	46 05	43 48	41 27	39 02	36 32	33 55	31 10	28 15	25 05	21 34	17 29	12 18	1 12
26	45 30	43 14	40 54	38 31	36 02	33 27	30 43	27 50	24 42	21 14	17 12	12 06	1 10
28	44 54	42 39	40 20	37 58	35 30	32 56	30 15	27 23	24 18	20 52	16 55	11 53	1 09
30	44 16	42 02	39 44	37 23	34 57	32 25	29 45	26 56	23 53	20 30	16 36	11 40	1 08
32	43 36	41 23	39 06	36 46	34 22	31 51	29 13	26 26	23 26	20 07	16 17	11 26	1 06
34	42 53	40 41	38 26	36 07	33 44	31 16	28 40	25 55	22 57	19 41	15 56	11 10	1 05
36	42 08	39 57	37 43	35 26	33 04	30 38	28 04	25 22	22 27	19 15	15 33	10 54	1 03
38	41 20	39 10	36 58	34 42	32 22	29 57	27 26	24 46	21 54	18 46	15 09	10 37	1 01
40	40 29	38 20	36 08	33 54	31 36	29 13	26 44	24 07	21 19	18 14	14 43	10 18	1 00
42	39 33	37 25	35 15	33 02	30 46	28 25	25 59	23 25	20 40	17 40	14 14	9 57	0 58
44	38 32	36 26	34 17	32 06	29 52	27 33	25 09	22 38	19 58	17 02	13 43	9 34	0 55
46	37 26	35 21	33 13	31 04	28 52	26 36	24 15	21 47	19 11	16 20	13 07	9 08	0 53
48	36 13	34 08	32 03	29 55	27 45	25 32	23 14	20 50	18 18	15 33	12 28	8 39	0 50
50	34 51	32 48	30 44	28 38	26 30	24 19	22 05	19 45	17 18	14 40	11 43	8 06	0 46
52	33 19	31 17	29 14	27 10	25 05	22 57	20 46	18 30	16 09	13 37	10 50	7 27	0 42
54	31 34	29 33	27 32	25 29	23 26	21 21	19 13	17 03	14 47	12 24	9 47	6 41	0 38
56	29 31	27 31	25 31	23 30	21 29	19 27	17 23	15 17	13 08	10 53	8 28	5 42	0 32
58	27 06	25 06	23 06	21 06	19 06	17 06	15 05	13 03	11 00	8 55	6 45	4 22	0 23
60	24 08	22 06	20 04	18 03	16 02	14 01	12 01	10 00	8 00	6 00	4 00	2 00	0 01

7. Tafel zur Reduktion der Almukantaratdurchgänge ($z = 30^\circ$)

$\delta \mp \varphi$ \ φ	0°	2°	4°	6°	8°	10°	12°	14°	16°	18°	20°
∓29°	-6,803	-6,379	-5,953	-5,525	-5,093	-4,655	-4,212	-3,761	-3,302	-2,833	-2,352
28	3,225	3,017	2,809	2,598	2,386	2,170	1,952	1,729	1,502	1,270	1,031
27	2,033	1,898	1,762	1,624	1,485	1,344	1,200	1,054	0,904	0,751	0,593
26	1,439	1,340	1,240	1,139	1,036	0,932	0,826	0,718	0,607	0,493	0,376
25	1,083	1,006	0,928	0,849	0,768	0,686	0,603	0,517	0,430	0,339	0,247
24	0,847	0,784	0,721	0,656	0,590	0,523	0,455	0,385	0,313	0,238	0,162
23	0,679	0,627	0,574	0,520	0,464	0,408	0,350	0,291	0,230	0,167	0,102
22	0,554	0,510	0,464	0,418	0,371	0,322	0,273	0,222	0,169	0,115	0,058
21	0,457	0,419	0,380	0,340	0,299	0,257	0,213	0,169	0,123	0,075	-0,025
20	0,381	0,347	0,313	0,278	0,242	0,205	0,166	0,127	0,086	0,044	0,000
19	0,319	0,289	0,259	0,228	0,196	0,163	0,129	0,094	0,057	-0,020	+0,020
18	0,268	0,241	0,215	0,187	0,158	0,129	0,099	0,067	0,034	0,000	0,036
17	0,225	0,202	0,178	0,153	0,128	0,101	0,074	0,045	-0,015	+0,016	0,048
16	0,189	0,168	0,147	0,125	0,102	0,078	0,053	0,027	0,000	0,028	0,058
15	0,158	0,140	0,121	0,101	0,080	0,058	0,036	-0,012	+0,012	0,038	0,066
14	0,132	0,116	0,099	0,081	0,062	0,042	0,022	0,000	0,023	0,046	0,071
13	0,110	0,095	0,080	0,063	0,046	0,028	-0,010	+0,010	0,031	0,053	0,076
12	0,091	0,077	0,063	0,049	0,033	0,017	0,000	0,018	0,037	0,057	0,079
11	0,074	0,062	0,050	0,036	0,022	-0,008	+0,008	0,024	0,042	0,061	0,080
10	0,059	0,049	0,038	0,026	0,013	0,000	0,014	0,029	0,045	0,063	0,081
9	0,047	0,038	0,028	0,017	-0,006	+0,006	0,019	0,033	0,048	0,063	0,080
8	0,036	0,028	0,020	0,010	0,000	0,011	0,023	0,035	0,049	0,063	0,079
7	0,027	0,020	0,013	-0,004	+0,005	0,014	0,025	0,036	0,049	0,062	0,077
6	0,020	0,014	0,007	0,000	0,008	0,017	0,026	0,037	0,048	0,060	0,074
5	0,014	0,009	-0,003	+0,003	0,010	0,018	0,026	0,036	0,046	0,057	0,070
4	0,009	0,005	0,000	0,005	0,011	0,018	0,026	0,034	0,043	0,053	0,065
3	0,005	-0,002	+0,002	0,006	0,011	0,017	0,024	0,031	0,039	0,049	0,059
2	0,002	0,000	0,003	0,006	0,010	0,015	0,021	0,027	0,035	0,043	0,052
∓ 1	-0,001	+0,001	0,003	0,005	0,008	0,012	0,017	0,023	0,029	0,036	0,044
0	0,000	0,000	+0,001	+0,003	0,005	0,008	0,012	0,017	0,022	0,029	0,036
± 1	-0,001	-0,001	-0,001	0,000	+0,001	+0,003	+0,006	0,010	0,014	0,020	0,026
2	0,002	0,004	0,004	-0,005	-0,004	-0,003	-0,001	+0,002	+0,005	+0,010	0,015
3	0,005	0,007	0,009	0,010	0,010	0,010	0,009	-0,007	-0,005	-0,001	+0,003
4	0,009	0,012	0,015	0,017	0,018	0,019	0,018	0,018	0,016	0,013	-0,010
5	0,014	0,018	0,021	0,024	0,027	0,028	0,029	0,029	0,029	0,027	0,025
6	0,020	0,025	0,030	0,034	0,037	0,040	0,041	0,043	0,043	0,043	0,041
7	0,027	0,034	0,039	0,044	0,049	0,052	0,055	0,058	0,059	0,060	0,059
8	0,036	0,044	0,051	0,057	0,062	0,067	0,071	0,074	0,077	0,079	0,079
9	0,047	0,056	0,063	0,071	0,077	0,083	0,089	0,093	0,097	0,100	0,102
10	0,059	0,069	0,078	0,087	0,095	0,102	0,108	0,114	0,119	0,124	0,127
11	0,074	0,085	0,095	0,105	0,114	0,123	0,131	0,138	0,144	0,150	0,155
12	0,091	0,103	0,115	0,126	0,137	0,147	0,156	0,165	0,173	0,180	0,186
13	0,110	0,124	0,138	0,150	0,163	0,174	0,185	0,196	0,205	0,214	0,222
14	0,132	0,148	0,164	0,178	0,192	0,205	0,218	0,230	0,242	0,252	0,262
15	0,158	0,176	0,194	0,210	0,226	0,241	0,256	0,270	0,284	0,297	0,309
16	0,189	0,209	0,228	0,247	0,265	0,283	0,300	0,316	0,332	0,347	0,362
17	0,225	0,248	0,269	0,291	0,311	0,332	0,351	0,370	0,388	0,406	0,423
18	0,268	0,293	0,318	0,342	0,366	0,389	0,411	0,433	0,455	0,476	0,496
19	0,319	0,348	0,376	0,403	0,430	0,457	0,483	0,508	0,533	0,558	0,582
20	0,381	0,414	0,446	0,478	0,509	0,539	0,569	0,599	0,628	0,657	0,686
21	0,457	0,495	0,532	0,569	0,605	0,641	0,676	0,711	0,745	0,779	0,813
22	0,554	0,598	0,641	0,684	0,726	0,768	0,810	0,851	0,892	0,932	0,973
23	0,679	0,731	0,782	0,833	0,883	0,933	0,982	1,032	1,081	1,130	1,179
24	0,847	0,909	0,971	1,032	1,092	1,153	1,213	1,273	1,334	1,394	1,454
25	1,083	1,160	1,236	1,312	1,387	1,462	1,537	1,613	1,689	1,765	1,841
26	1,439	1,537	1,635	1,732	1,830	1,927	2,025	2,123	2,222	2,322	2,423
27	2,033	2,168	2,302	2,436	2,570	2,704	2,839	2,976	3,113	3,252	3,394
28	3,225	3,431	3,638	3,844	4,052	4,260	4,470	4,683	4,898	5,116	5,337
±29°	-6,803	-7,227	-7,650	-8,075	-8,502	-8,933	-9,368	-9,808	-10,255	-10,710	-11,173

7. Tafel zur Reduktion der Almukantaratdurchgänge (z = 30°)

δ ∓ φ / φ	20°	22°	24°	26°	28°	30°	32°	34°	36°	38°	40°
∓29°	-2,352	-1,858	-1,350	-0,824	-0,280	+0,286	+0,876	+1,493	+2,140	+2.823	+3,545
28	1,031	0,786	0,533	0,272	0,000	0,283	0,578	0,887	1,212	1,555	1,919
27	0,593	0,431	0,263	-0,089	+0,091	0,279	0,476	0,683	0,900	1,130	1,374
26	0,376	0,255	0,130	0,000	0,135	0,276	0,424	0,579	0,743	0,916	1,100
25	0,247	0,151	-0,051	+0,052	0,160	0,273	0,391	0,515	0,646	0,786	0,934
24	0,162	0,082	0,000	0,086	0,175	0,269	0,367	0,471	0,581	0,698	0,822
23	0,102	-0,035	+0,035	0,108	0,185	0,265	0,349	0,439	0,533	0,634	0,741
22	0,058	0,000	0,061	0,124	0,191	0,261	0,335	0,413	0,496	0,584	0,679
21	-0,025	+0,026	0,080	0,136	0,195	0,257	0,322	0,392	0,466	0,545	0,630
20	0,000	0,046	0,094	0,144	0,197	0,252	0,311	0,374	0,441	0,512	0,589
19	+0,020	0,061	0,104	0,150	0,197	0,248	0,301	0,358	0,419	0,484	0,555
18	0,036	0,073	0,112	0,153	0,197	0,243	0,292	0,344	0,400	0,460	0,525
17	0,048	0,082	0,118	0,156	0,196	0,238	0,283	0,331	0,383	0,439	0,499
16	0,058	0,089	0,122	0,157	0,194	0,233	0,275	0,319	0,367	0,419	0,476
15	0,066	0,094	0,125	0,157	0,191	0,227	0,266	0,308	0,353	0,401	0,454
14	0,071	0,098	0,126	0,156	0,187	0,221	0,258	0,297	0,339	0,385	0,435
13	0,076	0,100	0,126	0,154	0,183	0,215	0,249	0,286	0,326	0,369	0,416
12	0,079	0,101	0,125	0,151	0,179	0,209	0,241	0,275	0,313	0,354	0,399
11	0,080	0,101	0,124	0,148	0,174	0,202	0,232	0,265	0,300	0,339	0,382
10	0,081	0,100	0,121	0,144	0,168	0,194	0,223	0,254	0,288	0,325	0,365
9	0,080	0,099	0,118	0,139	0,162	0,187	0,214	0,243	0,275	0,310	0,349
8	0,079	0,096	0,114	0,134	0,155	0,179	0,204	0,232	0,262	0,296	0,334
7	0,077	0,092	0,109	0,128	0,148	0,170	0,194	0,221	0,250	0,282	0,318
6	0,074	0,088	0,104	0,121	0,140	0,161	0,184	0,209	0,237	0,268	0,302
5	0,070	0,083	0,098	0,114	0,132	0,151	0,173	0,197	0,223	0,253	0,286
4	0,065	0,077	0,091	0,106	0,122	0,141	0,161	0,184	0,209	0,238	0,270
3	0,059	0,070	0,083	0,097	0,112	0,130	0,149	0,171	0,195	0,222	0,253
2	0,052	0,062	0,074	0,087	0,102	0,118	0,136	0,157	0,180	0,206	0,236
∓ 1	0,044	0,054	0,064	0,076	0,090	0,105	0,122	0,142	0,164	0,189	0,218
0	0,036	0,044	0,054	0,065	0,077	0,092	0,108	0,126	0,147	0,171	0,199
± 1	0,026	0,034	0,042	0,052	0,064	0,077	0,092	0,109	0,129	0,152	0,179
2	0,015	0,022	0,030	0,038	0,049	0,061	0,075	0,091	0,110	0,132	0,158
3	+0,003	+0,009	+0,016	0,024	0,033	0,044	0,057	0,072	0,090	0,111	0,136
4	-0,010	-0,005	0,000	+0,007	+0,016	0,026	0,038	0,052	0,069	0,089	0,112
5	0,025	0,021	-0,017	-0,011	-0,003	+0,006	+0,016	0,030	0,045	0,064	0,087
6	0,041	0,039	0,035	0,030	0,024	-0,016	-0,006	+0,006	+0,020	0,038	0,059
7	0,059	0,058	0,056	0,052	0,047	0,040	0,031	-0,021	-0,007	+0,009	+0,030
8	0,079	0,079	0,078	0,076	0,072	0,066	0,059	0,049	0,037	-0,022	-0,003
9	0,102	0,103	0,103	0,102	0,099	0,095	0,089	0,081	0,070	0,056	0,038
10	0,127	0,129	0,131	0,131	0,130	0,127	0,122	0,115	0,106	0,093	0,077
11	0,155	0,159	0,162	0,163	0,164	0,162	0,159	0,154	0,146	0,135	0,120
12	0,186	0,192	0,196	0,200	0,201	0,202	0,200	0,197	0,191	0,181	0,168
13	0,222	0,229	0,235	0,240	0,244	0,246	0,247	0,245	0,240	0,233	0,221
14	0,262	0,271	0,280	0,286	0,292	0,296	0,299	0,299	0,297	0,291	0,282
15	0,309	0,320	0,330	0,339	0,347	0,354	0,358	0,361	0,361	0,358	0,351
16	0,362	0,375	0,388	0,400	0,410	0,419	0,427	0,432	0,435	0,434	0,430
17	0,423	0,440	0,455	0,470	0,483	0,495	0,506	0,514	0,520	0,523	0,521
18	0,496	0,515	0,534	0,552	0,569	0,584	0,598	0,610	0,620	0,626	0,629
19	0,582	0,605	0,628	0,649	0,670	0,690	0,708	0,724	0,738	0,749	0,756
20	0,686	0,713	0,741	0,767	0,793	0,817	0,840	0,862	0,881	0,898	0,910
21	0,813	0,846	0,879	0,911	0,943	0,973	1,003	1,031	1,057	1,080	1,099
22	0,973	1,013	1,053	1,092	1,131	1,169	1,207	1,243	1,277	1,309	1,337
23	1,179	1,228	1,277	1,325	1,374	1,422	1,469	1,516	1,561	1,604	1,644
24	1,454	1,515	1,576	1,637	1,698	1,760	1,821	1,881	1,941	1,999	2,055
25	1,841	1,919	1,996	2,075	2,154	2,234	2,314	2,395	2,475	2,555	2,633
26	2,423	2,525	2,628	2,733	2,839	2,946	3,056	3,166	3,278	3,391	3,503
27	3,394	3,537	3,682	3,831	3,982	4,137	4,294	4,456	4,621	4,788	4,959
28	5,337	5,563	5,794	6,030	6,272	6,520	6,776	7,039	7,310	7,590	7,878
±29°	-11,173	-11,648	-12,134	-12,633	-13,147	-13,678	-14,228	-14,798	-15,391	-16,009	-16,654

7. Tafel zur Reduktion der Almukantaratdurchgänge ($z = 30^\circ$)

φ / $\delta \mp \varphi$	40°	42°	44°	46°	48°	50°	52°	54°	56°	58°	60°
∓29°	+3,545	+4,312	+5,130	+6,007	+6,951	+7,973	+9,087	+10,307	+11,653	+13,151	+14,830
28	1,919	2,305	2,718	3,162	3,641	4,160	4,727	5,349	6,038	6,806	7,669
27	1,374	1,634	1,912	2,212	2,535	2,887	3,272	3,696	4,166	4,691	5,283
26	1,100	1,297	1,508	1,735	1,981	2,249	2,543	2,868	3,229	3,633	4,091
25	0,934	1,093	1,263	1,448	1,647	1,866	2,105	2,371	2,666	2,998	3,376
24	0,822	0,956	1,099	1,255	1,424	1,609	1,812	2,038	2,291	2,575	2,899
23	0,741	0,856	0,981	1,116	1,263	1,424	1,602	1,800	2,022	2,273	2,559
22	0,679	0,781	0,891	1,010	1,141	1,285	1,444	1,621	1,820	2,046	2,305
21	0,630	0,721	0,820	0,928	1,045	1,175	1,320	1,481	1,662	1,869	2,107
20	0,589	0,672	0,762	0,860	0,968	1,087	1,220	1,368	1,536	1,728	1,949
19	0,555	0,631	0,714	0,804	0,904	1,014	1,137	1,275	1,432	1,612	1,820
18	0,525	0,595	0,672	0,756	0,849	0,952	1,067	1,197	1,345	1,515	1,713
17	0,499	0,565	0,636	0,715	0,802	0,899	1,008	1,131	1,271	1,433	1,623
16	0,476	0,537	0,604	0,678	0,761	0,852	0,956	1,073	1,207	1,363	1,545
15	0,454	0,512	0,576	0,646	0,724	0,811	0,910	1,022	1,151	1,301	1,478
14	0,435	0,489	0,549	0,616	0,691	0,774	0,869	0,977	1,102	1,247	1,420
13	0,416	0,468	0,525	0,589	0,660	0,740	0,832	0,936	1,057	1,200	1,369
12	0,399	0,448	0,503	0,564	0,632	0,710	0,798	0,899	1,018	1,157	1,323
11	0,382	0,429	0,481	0,540	0,606	0,681	0,767	0,866	0,981	1,118	1,283
10	0,365	0,411	0,461	0,518	0,581	0,654	0,738	0,834	0,948	1,083	1,247
9	0,349	0,393	0,441	0,496	0,558	0,629	0,710	0,805	0,917	1,051	1,214
8	0,334	0,375	0,422	0,475	0,535	0,604	0,684	0,778	0,889	1,022	1,185
7	0,318	0,358	0,404	0,455	0,514	0,581	0,660	0,752	0,862	0,995	1,158
6	0,302	0,341	0,385	0,435	0,492	0,558	0,636	0,727	0,836	0,969	1,134
5	0,286	0,324	0,366	0,415	0,471	0,536	0,612	0,703	0,812	0,945	1,111
4	0,270	0,306	0,347	0,395	0,450	0,514	0,589	0,679	0,788	0,923	1,091
3	0,253	0,288	0,328	0,375	0,429	0,492	0,566	0,656	0,766	0,901	1,072
2	0,236	0,270	0,309	0,354	0,407	0,469	0,544	0,633	0,743	0,880	1,055
∓ 1	0,218	0,251	0,289	0,333	0,385	0,447	0,521	0,611	0,721	0,860	1,039
0	0,199	0,231	0,268	0,311	0,363	0,424	0,497	0,588	0,699	0,841	1,025
± 1	0,179	0,210	0,246	0,289	0,339	0,400	0,474	0,564	0,677	0,822	1,011
2	0,158	0,188	0,223	0,265	0,315	0,375	0,449	0,540	0,655	0,803	0,998
3	0,136	0,165	0,199	0,240	0,290	0,350	0,423	0,515	0,632	0,784	0,987
4	0,112	0,140	0,174	0,214	0,263	0,322	0,396	0,489	0,608	0,765	0,976
5	0,087	0,114	0,146	0,186	0,234	0,293	0,368	0,462	0,584	0,745	0,966
6	0,059	0,085	0,117	0,156	0,203	0,263	0,337	0,433	0,558	0,725	0,957
7	+0,030	0,055	0,085	0,123	0,170	0,230	0,305	0,402	0,530	0,704	0,948
8	-0,003	+0,021	0,051	0,088	0,135	0,194	0,270	0,369	0,501	0,682	0,940
9	0,038	-0,015	+0,013	0,050	0,096	0,155	0,231	0,332	0,469	0,658	0,932
10	0,077	0,055	-0,028	+0,007	0,053	0,112	0,189	0,292	0,433	0,632	0,925
11	0,120	0,100	0,074	-0,039	+0,005	0,064	0,142	0,248	0,395	0,604	0,919
12	0,168	0,149	0,124	0,091	-0,048	+0,011	0,090	0,199	0,351	0,573	0,913
13	0,221	0,205	0,181	0,150	0,107	-0,048	+0,032	0,143	0,302	0,538	0,907
14	0,282	0,267	0,246	0,216	0,174	0,116	-0,035	0,080	0,247	0,499	0,902
15	0,351	0,338	0,319	0,291	0,250	0,193	0,111	+0,007	0,183	0,453	0,898
16	0,430	0,420	0,403	0,377	0,338	0,282	0,199	-0,077	0,108	0,399	0,893
17	0,521	0,515	0,501	0,477	0,441	0,385	0,302	0,176	+0,019	0,335	0,889
18	0,629	0,626	0,616	0,595	0,562	0,508	0,424	0,294	-0,087	0,258	0,886
19	0,756	0,758	0,752	0,736	0,706	0,654	0,571	0,436	0,216	0,163	0,883
20	0,910	0,917	0,917	0,906	0,880	0,832	0,750	0,611	0,377	+0,043	0,880
21	1,099	1,113	1,120	1,116	1,096	1,053	0,972	0,831	0,580	-0,111	0,877
22	1,337	1,360	1,375	1,380	1,369	1,332	1,256	1,112	0,843	0,316	0,875
23	1,644	1,678	1,706	1,723	1,723	1,697	1,628	1,483	1,195	0,596	0,873
24	2,055	2,106	2,150	2,184	2,201	2,190	2,132	1,991	1,683	0,995	0,871
25	2,633	2,707	2,776	2,834	2,876	2,889	2,852	2,721	2,396	1,597	0,869
26	3,503	3,613	3,719	3,817	3,898	3,951	3,951	3,845	3,512	2,574	0,868
27	4,959	5,130	5,300	5,465	5,617	5,742	5,811	5,765	5,449	4,344	0,867
28	7,878	8,174	8,475	8,779	9,078	9,357	9,585	9,690	9,477	8,204	0,867
±29°	-16,654	-17,327	-18,030	-18,761	-19,516	-20,283	-21,031	-21,676	-21,970	-20,811	+ 0,866

8. **Tafel zur näherungsweisen Berechnung des Azimutes von α Ursae Minoris**

t \ φ	20°	21°	22°	23°	24°	25°	26°	27°	28°	29°	φ / t
0^h00^m	0°,0	0°,0	0°,0	0°,0	0°,0	0°,0	0°,0	0°,0	0°,0	0°,0	24^h00^m
20	- 4,8	4,8	4,8	4,9	4,9	4,9	5,0	5,0	5,1	5,1 +	40
40	9,5	9,6	9,6	9,7	9,8	9,8	9,9	10,0	10,1	10,2	20
1 00	14,1	14,2	14,3	14,4	14,5	14,6	14,8	14,9	15,1	15,2	23 00
20	18,7	18,8	18,9	19,1	19,2	19,4	19,5	19,7	19,9	20,1	40
40	23,1	23,2	23,4	23,6	23,7	23,9	24,1	24,4	24,6	24,8	20
2 00	27,3	27,5	27,7	27,9	28,1	28,3	28,6	28,8	29,1	29,4	22 00
20	31,3	31,5	31,7	31,9	32,2	32,5	32,7	33,0	33,3	33,7	40
40	35,0	35,3	35,5	35,8	36,1	36,4	36,7	37,0	37,4	37,7	20
3 00	38,5	38,8	39,1	39,4	39,7	40,0	40,3	40,7	41,1	41,5	21 00
20	41,7	42,0	42,3	42,6	43,0	43,3	43,7	44,1	44,5	44,9	40
40	44,6	44,9	45,2	45,6	45,9	46,3	46,7	47,1	47,5	48,0	20
4 00	47,1	47,4	47,8	48,1	48,5	48,9	49,3	49,8	50,2	50,7	20 00
20	49,3	49,6	50,0	50,4	50,7	51,1	51,6	52,0	52,5	53,0	40
40	51,1	51,4	51,8	52,2	52,6	53,0	53,5	53,9	54,4	55,0	20
5 00	52,5	52,8	53,2	53,6	54,0	54,5	54,9	55,4	55,9	56,4	19 00
20	53,5	53,9	54,2	54,6	55,0	55,5	56,0	56,4	57,0	57,5	40
40	54,1	54,5	54,8	55,2	55,7	56,1	56,6	57,1	57,6	58,1	20
6 00	54,3	54,6	55,0	55,4	55,8	56,3	56,7	57,2	57,8	58,3	18 00
20	54,0	54,4	54,8	55,2	55,5	56,0	56,5	57,0	57,5	58,1	40
40	53,4	53,8	54,1	54,5	54,9	55,4	55,8	56,3	56,8	57,3	20
7 00	52,4	52,7	53,1	53,4	53,8	54,3	54,7	55,2	55,7	56,2	17 00
20	50,9	51,2	51,6	52,0	52,3	52,8	53,2	53,7	54,1	54,6	40
40	49,1	49,4	49,7	50,1	50,5	50,9	51,3	51,7	52,2	52,7	20
8 00	46,9	47,2	47,5	47,8	48,2	48,6	49,0	49,4	49,8	50,3	16 00
20	44,3	44,6	44,9	45,2	45,6	45,9	46,3	46,7	47,1	47,5	40
40	41,4	41,7	42,0	42,3	42,6	42,9	43,3	43,6	44,0	44,4	20
9 00	38,2	38,5	38,7	39,0	39,3	39,6	39,9	40,3	40,6	41,0	15 00
20	34,7	35,0	35,2	35,4	35,7	36,0	36,3	36,6	36,9	37,3	40
40	31,0	31,2	31,4	31,6	31,9	32,1	32,4	32,6	32,9	33,2	20
10 00	27,0	27,2	27,4	27,6	27,8	28,0	28,2	28,4	28,7	29,0	14 00
20	22,8	23,0	23,1	23,3	23,5	23,6	23,8	24,0	24,2	24,5	40
40	18,5	18,6	18,7	18,8	19,0	19,1	19,3	19,4	19,6	19,8	20
11 00	14,0	14,1	14,2	14,3	14,4	14,5	14,6	14,7	14,8	15,0	13 00
20	9,4	9,4	9,5	9,6	9,6	9,7	9,8	9,9	10,0	10,0	40
40	- 4,7	4,7	4,8	4,8	4,8	4,9	4,9	5,0	5,0	5,0 +	20
12 00	0,0	0,0	0,0	0,0	0,0	0,0	0,0	0,0	0,0	0,0	12 00

Tafel der Werte $\frac{90^\circ - \delta}{90^\circ - \delta_0}$

Dekl.	$\frac{90^\circ - \delta}{90^\circ - \delta_0}$	Dekl.	$\frac{90^\circ - \delta}{90^\circ - \delta_0}$	Dekl.	$\frac{90^\circ - \delta}{90^\circ - \delta_0}$	Dekl.	$\frac{90^\circ - \delta}{90^\circ - \delta_0}$
89°05'00"	1,078	89°07'00"	1,039	89°09'00"	1,000	89°11'00"	0,961
10	1,075	10	1,036	10	0,997	10	0,958
20	1,072	20	1,033	20	0,994	20	0,954
30	1,069	30	1,029	30	0,990	30	0,951
40	1,065	40	1,026	40	0,987	40	0,948
50	1,062	50	1,023	50	0,984	50	0,944
06 00	1,059	08 00	1,020	10 00	0,980	12 00	0,941
10	1,056	10	1,016	10	0,977	10	0,938
20	1,052	20	1,013	20	0,974	20	0,935
30	1,049	30	1,010	30	0,971	30	0,931
40	1,046	40	1,007	40	0,967	40	0,928
50	1,043	50	1,003	50	0,964	50	0,925
07 00	1,039	09 00	1,000	11 00	0,961	13 00	0,922

8. Tafel zur näherungsweisen Berechnung des Azimutes von α Ursae Minoris

t \ φ	30°	31°	32°	33°	34°	35°	36°	37°	38°	39°	φ / t
0^h00^m	0',0	0',0	0',0	0',0	0',0	0',0	0,0	0',0	0',0	0',0	24^h00^m
20	- 5,2	5,2	5,3	5,4	5,4	5,5	5,6	5,6	5,7	5,8 +	40
40	10,3	10,4	10,5	10,7	10,8	10,9	11,1	11,2	11,4	11,5	20
1 00	15,4	15,5	15,7	15,9	16,1	16,3	16,5	16,7	16,9	17,2	23 00
20	20,3	20,5	20,8	21,0	21,2	21,5	21,8	22,1	22,4	22,7	40
40	25,1	25,4	25,6	25,9	26,2	26,6	26,9	27,3	27,6	28,0	20
2 00	29,7	30,0	30,3	30,7	31,0	31,4	31,8	32,2	32,7	33,2	22 00
20	34,0	34,4	34,8	35,2	35,6	36,0	36,5	37,0	37,5	38,0	40
40	38,1	38,5	38,9	39,4	39,9	40,3	40,9	41,4	42,0	42,6	20
3 00	41,9	42,3	42,8	43,3	43,8	44,4	44,9	45,5	46,1	46,8	21 00
20	45,4	45,8	46,3	46,9	47,4	48,0	48,6	49,3	50,0	50,7	40
40	48,5	49,0	49,5	50,1	50,7	51,3	52,0	52,7	53,4	54,1	20
4 00	51,2	51,8	52,3	52,9	53,5	54,2	54,9	55,6	56,4	57,2	20 00
20	53,6	54,1	54,7	55,3	56,0	56,7	57,4	58,2	58,9	59,8	40
40	55,5	56,1	56,7	57,3	58,0	58,7	59,5	60,2	61,1	61,9	20
5 00	57,0	57,6	58,2	58,9	59,6	60,3	61,1	61,9	62,7	63,6	19 00
20	58,1	58,7	59,3	60.0	60,7	61,4	62,2	63,0	63,9	64,8	40
40	58,7	59,3	60,0	60,6	61,3	62,1	62,9	63,7	64,5	65,4	20
6 00	58,9	59,5	60,1	60,8	61,5	62,3	63,0	63,9	64,7	65,6	18 00
20	58,6	59,2	59,9	60,5	61,2	62,0	62,7	63,6	64,4	65,3	40
40	57,9	58,5	59,1	59,8	60,5	61,2	62,0	62,8	63,6	64,5	20
7 00	56,8	57,3	58,0	58,6	59,3	60,0	60,7	61,5	62,3	63,2	17 00
20	55,2	55,7	56,3	57,0	57,6	58,3	59,0	59,8	60,6	61,4	40
40	53,2	53,7	54,3	54,9	55,5	56,2	56,9	57,6	58,4	59,2	20
8 00	50,8	51,3	51,8	52,4	53,0	53,6	54,3	55,0	55,7	56,5	16 00
20	48,0	48,5	49,0	49,5	50,1	50,7	51,3	52,0	52,7	53,4	40
40	44,9	45,3	45,8	46,3	46,8	47,4	48,0	48,6	49,2	49,9	20
9 00	41,4	41,8	42,2	42,7	43,2	43,7	44,2	44,8	45,4	46,0	15 00
20	37,6	38,0	38,4	38,8	39,2	39,7	40,2	40,7	41,2	41,8	40
40	33,5	33,9	34,2	34,6	35,0	35,4	35,8	36,3	36,8	37,3	20
10 00	29,2	29,5	29,8	30,2	30,5	30,9	31,2	31,6	32,0	32,5	14 00
20	24,7	24,9	25,2	25,5	25,8	26,1	26,4	26,7	27,1	27,4	40
40	20,0	20,2	20,4	20,6	20,8	21,1	21,3	21,6	21,9	22,2	20
11 00	15,1	15,3	15,4	15,6	15,8	16,0	16,2	16,4	16,6	16,8	13 00
20	10,1	10,2	10,4	10,5	10,6	10,7	10,8	11,0	11,1	11,3	40
40	- 5,1	5,1	5,2	5,3	5,3	5,4	5,4	5,5	5,6	5,7 +	20
12 00	0,0	0,0	0,0	0,0	0,0	0,0	0,0	0,0	0,0	0,0	12 00

Tafel der Werte $\frac{90^\circ - \delta}{90^\circ - \delta_0}$

Dekl.	$\frac{90^\circ - \delta}{90^\circ - \delta_0}$	Dekl.	$\frac{90^\circ - \delta}{90^\circ - \delta_0}$	Dekl.	$\frac{90^\circ - \delta}{90^\circ - \delta_0}$	Dekl.	$\frac{90^\circ - \delta}{90^\circ - \delta_0}$
89°05'00"	1,078	89°07'00"	1,039	89°09'00"	1,000	89°11'00"	0,961
10	1,075	10	1,036	10	0,997	10	0,958
20	1,072	20	1,033	20	0,994	20	0,954
30	1,069	30	1,029	30	0,990	30	0,951
40	1,065	40	1,026	40	0,987	40	0,948
50	1,062	50	1,023	50	0,984	50	0,944
06 00	1,059	08 00	1,020	10 00	0,980	12 00	0,941
10	1,056	10	1,016	10	0,977	10	0,938
20	1,052	20	1,013	20	0,974	20	0,935
30	1,049	30	1,010	30	0,971	30	0,931
40	1,046	40	1,007	40	0,967	40	0,928
50	1,043	50	1,003	50	0,964	50	0,925
07 00	1,039	09 00	1,000	11 00	0,961	13 00	0,922

8. Tafel zur näherungsweisen Berechnung des Azimutes von α Ursae Minoris

t \ φ	40°	41°	42°	43°	44°	45°	46°	47°	48°	49°	φ / t
0^h00^m	0°,0	0°,0	0°,0	0°,0	0°,0	0°,0	0°,0	0°,0	0°,0	0°,0	24^h00^m
20	- 5,9	6,0	6,1	6,2	6,3	6,4	6,5	6,6	6,8	6,9 +	40
40	11,7	11,9	12,1	12,3	12,5	12,7	12,9	13,2	13,5	13,7	20
1 00	17,4	17,7	18,0	18,3	18,6	18,9	19,3	19,7	20,0	20,5	23 00
20	23,0	23,4	23,8	24,2	24,6	25,0	25,5	26,0	26,5	27,0	40
40	28,5	28,9	29,4	29,8	30,4	30,9	31,5	32,1	32,7	33,4	20
2 00	33,7	34,2	34,7	35,3	35,9	36,5	37,2	37,9	38,7	39,4	22 00
20	38,6	39,2	39,8	40,5	41,1	41,9	42,6	43,5	44,3	45,2	40
40	43,2	43,9	44,6	45,3	46,1	46,9	47,8	48,7	49,6	50,6	20
3 00	47,5	48,2	49,0	49,8	50,6	51,5	52,5	53,5	54,5	55,6	21 00
20	51,4	52,2	53,0	53,9	54,8	55,8	56,8	57,9	59,0	60,2	40
40	54,9	55,8	56,7	57,6	58,6	59,6	60,7	61,8	63,0	64,3	20
4 00	58,0	58,9	59,8	60,8	61,8	62,9	64,1	65,3	66,6	67,9	20 00
20	60,7	61,6	62,6	63,6	64,7	65,8	67,0	68,2	69,6	71,0	40
40	62,8	63,8	64,8	65,8	67,0	68,1	69,4	70,7	72,0	73,5	20
5 00	64,5	65,5	66,5	67,6	68,7	69,9	71,2	72,5	73,9	75,4	19 00
20	65,7	66,7	67,7	68,8	70,0	71,2	72,5	73,9	75,3	76,8	40
40	66,4	67,4	68,5	69,6	70,7	71,9	73,2	74,6	76,0	77,6	20
6 00	66,6	67,6	68,6	69,7	70,9	72,1	73,4	74,8	76,2	77,7	18 00
20	66,3	67,2	68,3	69,4	70,5	71,8	73,0	74,4	75,8	77,3	40
40	65,4	66,4	67,4	68,5	69,7	70,9	72,1	73,4	74,9	76,3	20
7 00	64,1	65,1	66,1	67,1	68,2	69,4	70,6	71,9	73,3	74,8	17 00
20	62,3	63,2	64,2	65,2	66,3	67,4	68,6	69,9	71,2	72,6	40
40	60,0	60,9	61,9	62,8	63,9	65,0	66,1	67,3	68,6	70,0	20
8 00	57,3	58,1	59,0	60,0	61,0	62,0	63,1	64,3	65,5	66,8	16 00
20	54,2	54,9	55,8	56,7	57,6	58,6	59,6	60,7	61,8	63,1	40
40	50,6	51,3	52,1	52,9	53,8	54,7	55,7	56,7	57,8	58,9	20
9 00	46,7	47,4	48,1	48,8	49,6	50,5	51,4	52,3	53,3	54,3	15 00
20	42,4	43,0	43,7	44,4	45,1	45,8	46,6	47,5	48,4	49,3	40
40	37,8	38,4	38,9	39,5	40,2	40,9	41,6	42,3	43,1	44,0	20
10 00	32,9	33,4	33,9	34,5	35,0	35,6	36,2	36,9	37,6	38,3	14 00
20	27,8	28,2	28,7	29,1	29,6	30,1	30,6	31,2	31,7	32,3	40
40	22,5	22,8	23,2	23,5	23,9	24,3	24,8	25,2	25,7	26,2	20
11 00	17,0	17,3	17,5	17,8	18,1	18,4	18,7	19,1	19,4	19,8	13 00
20	11,4	11,6	11,8	11,9	12,1	12,3	12,6	12,8	13,0	13,3	40
40	- 5,7	5,8	5,9	6,0	6,1	6,2	6,3	6,4	6,5	6,7 +	20
12 00	0,0	0,0	0,0	0,0	0,0	0,0	0 0	0,0	0,0	0,0	12 00

Tafel der Werte $\frac{90^\circ - \delta}{90^\circ - \delta_0}$

Dekl.	$\frac{90^\circ - \delta}{90^\circ - \delta_0}$	Dekl.	$\frac{90^\circ - \delta}{90^\circ - \delta_0}$	Dekl.	$\frac{90^\circ - \delta}{90^\circ - \delta_0}$	Dekl.	$\frac{90^\circ - \delta}{90^\circ - \delta_0}$
89°05'00"	1,078	89°07'00"	1,039	89°09'00"	1,000	89°11'00"	0,961
10	1,075	10	1,036	10	0,997	10	0,958
20	1,072	20	1,033	20	0,994	20	0,954
30	1,069	30	1,029	30	0,990	30	0,951
40	1,065	40	1,026	40	0,987	40	0,948
50	1,062	50	1,023	50	0,984	50	0,944
06 00	1,059	08 00	1,020	10 00	0,980	12 00	0,941
10	1,056	10	1,016	10	0,977	10	0,938
20	1,052	20	1,013	20	0,974	20	0,935
30	1,049	30	1,010	30	0,971	30	0,931
40	1,046	40	1,007	40	0,967	40	0,928
50	1,043	50	1,003	50	0,964	50	0,925
07 00	1,039	09 00	1,000	11 00	0,961	13 00	0,922

8. Tafel zur näherungsweisen Berechnung des Azimutes von α Ursae Minoris

t \ φ	50°	51°	52°	53°	54°	55°	56°	57°	58°	59°	60°	φ / t
0^h00^m	0'0	0'0	0'0	0'0	0'0	0'0	0'0	0'0	0'0	0'0	0'0	24^h00^m
20	- 7,0	7,2	7,4	7,5	7,7	7,9	8,1	8,4	8,6	8,8	9,1 +	40
40	14,0	14,3	14,7	15,0	15,4	15,8	16,2	16,6	17,1	17,6	18,2	20
1 00	20,9	21,4	21,8	22,4	22,9	23,5	24,1	24,8	25,5	26,2	27,1	23 00
20	27,6	28,2	28,8	29,5	30,3	31,0	31,8	32,7	33,7	34,7	35,7	40
40	34,1	34,8	35,6	36,5	37,4	38,3	39,3	40,4	41,6	42,8	44,1	20
2 00	40,3	41,2	42,1	43,1	44,2	45,3	46,5	47,8	49,1	50,6	52,1	22 00
20	46,2	47,2	48,3	49,4	50,6	51,9	53,3	54,7	56,3	58,0	59,7	40
40	51,7	52,8	54,0	55,3	56,7	58,1	59,6	61,2	63,0	64,9	66,9	20
3 00	56,8	58,1	59,4	60,8	62,2	63,8	65,5	67,3	69,2	71,2	73,4	21 00
20	61,5	62,8	64,2	65,7	67,3	69,0	70,9	72,8	74,9	77,1	79,4	40
40	65,7	67,1	68,6	70,2	71,9	73,7	75,7	77,7	79,9	82,3	84,8	20
4 00	69,3	70,8	72,4	74,1	75,9	77,8	79,9	82,0	84,3	86,8	89,5	20 00
20	72,5	74,0	75,7	77,4	79,3	81,3	83,4	85,7	88,1	90,7	93,5	40
40	75,0	76,6	78,4	80,2	82,1	84,2	86,4	88,7	91,2	93,8	96,7	20
5 00	77,0	78,7	80,4	82,3	84,3	86,4	88,6	91,0	93,5	96,3	99,2	19 00
20	78,4	80,1	81,9	83,7	85,8	87,9	90,2	92,6	95,2	97,9	100,9	40
40	79,2	80,9	82,7	84,6	86,6	88,7	91,0	93,5	96,1	98,9	101,8	20
6 00	79,3	81,0	82,8	84,7	86,8	88,9	91,2	93,6	96,2	99,0	102,0	18 00
20	78,9	80,6	82,4	84,3	86,3	88,4	90,7	93,1	95,7	98,4	101,4	40
40	77,9	79,6	81,3	83,2	85,2	87,2	89,5	91,9	94,4	97,1	100,0	20
7 00	76,3	77,9	79,6	81,4	83,4	85,4	87,6	89,9	92,4	95,0	97,9	17 00
20	74,1	75,7	77,3	79,1	81,0	83,0	85,1	87,3	89,7	92,3	95,0	40
40	71,4	72,9	74,5	76,2	78,0	79,9	81,9	84,1	86,4	88,8	91,4	20
8 00	68,1	69,5	71,1	72,7	74,4	76,2	78,1	80,2	82,4	84,7	87,2	16 00
20	64,3	65,7	67,1	68,6	70,2	72,0	73,8	75,7	77,8	80,0	82,3	40
40	60,1	61,4	62,7	64,1	65,6	67,2	68,9	70,7	72,6	74,7	76,9	20
9 00	55,4	56,6	57,8	59,1	60,5	61,9	63,5	65,1	66,9	68,8	70,8	15 00
20	50,3	51,4	52,5	53,7	54,9	56,2	57,6	59,1	60,7	62,5	64,3	40
40	44,9	45,8	46,8	47,8	48,9	50,1	51,4	52,7	54,1	55,7	57,3	20
10 00	39,1	39,9	40,7	41,7	42,6	43,6	44,7	45,9	47,1	48,5	49,9	14 00
20	33,0	33,7	34,4	35,2	36,0	36,9	37,8	38,8	39,8	40,9	42,1	40
40	26,7	27,2	27,8	28,5	29,1	29,8	30,6	31,3	32,2	33,1	34,0	20
11 00	20,2	20,6	21,1	21,5	22,0	22,5	23,1	23,7	24,3	25,0	25,7	13 00
20	13,5	13,8	14,1	14,4	14,8	15,1	15,5	15,9	16,3	16,8	17,3	40
40	- 6,8	6,9	7,1	7,2	7,4	7,6	7,8	8,0	8,2	8,4	8,7 +	20
12 00	0,0	0,0	0,0	0,0	0,0	0,0	0,0	0,0	0,0	0,0	0,0	12 00

Tafel der Werte $\frac{90^\circ - \delta}{90^\circ - \delta_0}$

Dekl.	$\frac{90^\circ-\delta}{90^\circ-\delta_0}$	Dekl.	$\frac{90^\circ-\delta}{90^\circ-\delta_0}$	Dekl.	$\frac{90^\circ-\delta}{90^\circ-\delta_0}$	Dekl.	$\frac{90^\circ-\delta}{90^\circ-\delta_0}$
89°05'00"	1,078	89°07'00"	1,039	89°09'00"	1,000	89°11'00"	0,961
10	1,075	10	1,036	10	0,997	10	0,958
20	1,072	20	1,033	20	0,994	20	0,954
30	1,069	30	1,029	30	0,990	30	0,951
40	1,065	40	1,026	40	0,987	40	0,948
50	1,062	50	1,023	50	0,984	50	0,944
06 00	1,059	08 00	1,020	10 00	0,980	12 00	0,941
10	1,056	10	1,016	10	0,977	10	0,938
20	1,052	20	1,013	20	0,974	20	0,935
30	1,049	30	1,010	30	0,971	30	0,931
40	1,046	40	1,007	40	0,967	40	0,928
50	1,043	50	1,003	50	0,964	50	0,925
07 00	1,039	09 00	1,000	11 00	0,961	13 00	0,922

8. Tafel zur näherungsweisen Berechnung des Azimutes von α Ursae Minoris

t \ φ	61°	62°	63°	64°	65°	66°	67°	68°	69°	70°	φ / t
0^h00^m	0,0	0,0	0,0	0,0	0,0	0,0	0,0	0,0	0,0	0,0	24^h00^m
20	- 9,4	9,7	10,1	10,5	10,9	11,3	11,8	12,3	12,9	13,5 +	40
40	18,8	19,4	20,1	20,8	21,6	22,5	23,5	24,5	25,7	26,9	20
1 00	27,9	28,9	29,9	31,0	32,3	33,5	34,9	36,5	38,2	40,1	23 00
20	36,9	38,1	39,5	40,9	42,5	44,2	46,1	48,2	50,4	53,0	40
40	45,5	47,1	48,7	50,5	52,5	54,6	56,9	59,5	62,3	65,4	20
2 00	53,8	55,6	57,6	59,7	62,0	64,5	67,2	70,2	73,5	77,2	22 00
20	61,7	63,7	66,0	68,4	71,0	73,9	77,0	80,4	84,2	88,4	40
40	69,0	71,3	73,8	76,5	79,5	82,7	86,2	90,0	94,2	98,8	20
3 00	75,8	78,3	81,1	84,0	87,3	90,8	94,6	98,8	103,4	108,5	21 00
20	82,0	84,7	87,7	90,9	94,3	98,1	102,2	106,8	111,7	117,2	40
40	87,5	90,4	93,6	97,0	100,7	104,7	109,1	113,9	119,2	125,0	20
4 00	92,3	95,4	98,7	102,3	106,2	110,4	115,0	120,1	125,6	131,8	20 00
20	96,4	99,6	103,1	106,8	110,8	115,2	120,0	125,3	131,1	137,5	40
40	99,8	103,1	106,6	110,5	114,6	119,2	124,1	129,5	135,5	142,1	20
5 00	102,3	105,7	109,3	113,3	117,5	122,2	127,2	132,8	138,8	145,6	19 00
20	104,1	107,5	111,2	115,2	119,5	124,2	129,3	134,9	141,1	147,9	40
40	105,0	108,5	112,2	116,2	120,6	125,3	130,4	136,1	142,3	149,1	20
6 00	105,2	108,6	112,3	116,3	120,7	125,4	130,5	136,1	142,3	149,1	18 00
20	104,6	108,0	111,6	115,6	119,9	124,6	129,6	135,2	141,3	148,0	40
40	103,1	106,5	110,1	114,0	118,2	122,8	127,8	133,2	139,2	145,8	20
7 00	100,9	104,2	107,7	111,5	115,6	120.1	124,9	130,3	136,1	142,5	17 00
20	98,0	101,1	104,5	108,2	112,2	116,5	121,2	126,3	132,0	138,2	40
40	94,3	97,3	100,6	104,1	107,9	112,0	116,6	121,5	126,9	132,8	20
8 00	89,9	92,8	95,9	99,2	102,8	106,8	111,1	115,7	120,9	126,5	16 00
20	84,9	87,6	90,5	93,6	97,1	100,8	104,8	109,2	114,0	119,3	40
40	79,2	81,7	84,4	87,4	90,6	94,0	97,7	101,8	106,3	111,2	20
9 00	73,0	75,3	77,8	80,5	83,4	86,6	90,0	93,8	97,9	102,4	5 00
20	66,2	68,3	70,6	73,0	75,7	78,5	81,7	85,1	88,8	92,9	40
40	59,0	60,9	62,9	65,1	67,4	70,0	72,7	75,7	79,0	82,7	20
10 00	51,4	53,0	54,8	56,6	58,7	60,9	63,3	65,9	68,8	71,9	14 00
20	43,4	44,8	46,2	47,8	49,5	51,4	53,4	55,6	58,0	60,7	40
40	35,1	36,2	37,4	38,7	40,0	41,5	43,2	45,0	46,9	49,0	20
11 00	26,5	27,4	28,3	29,2	30,3	31,4	32,6	34,0	35,5	37,1	13 00
20	17,8	18,4	19,0	19,6	20,3	21,1	21,9	22,8	23,8	24,9	40
40	8,9	9,2	9,5	9,8	10,2	10,6	11,0	11,4	11,9	12,5 +	20
12 00	0,0	0,0	0,0	0,0	0,0	0,0	0,0	0.0	0,0	0,0	12 00

Tafel der Werte $\frac{90^\circ - \delta}{90^\circ - \delta_0}$

Dekl.	$\frac{90^\circ-\delta}{90^\circ-\delta_0}$	Dekl.	$\frac{90^\circ-\delta}{90^\circ-\delta_0}$	Dekl.	$\frac{90^\circ-\delta}{90^\circ-\delta_0}$	Dekl.	$\frac{90^\circ-\delta}{90^\circ-\delta_0}$
89°05'00"	1,078	89°07'00"	1,039	89°09'00"	1,000	89°11'00"	0,961
10	1,075	10	1,036	10	0,997	10	0,958
20	1,072	20	1,033	20	0,994	20	0,954
30	1,069	30	1,029	30	0,990	30	0,951
40	1,065	40	1,026	40	0,987	40	0,948
50	1,062	50	1,023	50	0,984	50	0,944
06 00	1,059	08 00	1,020	10 00	0,980	12 00	0,941
10	1,056	10	1,016	10	0,977	10	0,938
20	1,052	20	1,013	20	0,974	20	0,935
30	1,049	30	1,010	30	0,971	30	0,931
40	1,046	40	1,007	40	0,967	40	0,928
50	1,043	50	1,003	50	0,964	50	0,925
07 00	1,039	09 00	1,000	11 00	0,961	13 00	0,922

9. Tafel zur näherungsweisen Berechnung der Zenitdistanz von α Ursae Minoris

$$R = -(90^\circ - \delta)\cos t$$

t		89°06'0"	89°07'0"	89°08'0"	89°09'0"	89°10'0"	89°11'0"	89°12'0"	t	
−	+								+	−
0h00m	12h00m	54',0	53',0	52',0	51',0	50',0	49',0	48',0	12h00m	24h00m
10	10	53,9	52,9	51,9	50,9	50,0	49,0	48,0	50	50
20	20	53,8	52,8	51,8	50,8	49,8	48,8	47,8	40	40
30	30	53,5	52,5	51,6	50,6	49,6	48,6	47,6	30	30
40	40	53,2	52,2	51,2	50,2	49,2	48,3	47,3	20	20
50	50	52,7	51,7	50,8	49,8	48,8	47,8	46,9	10	10
1 00	13 00	52,2	51,2	50,2	49,3	48,3	47,3	46,4	11 00	23 00
10	10	51,5	50,5	49,6	48,6	47,7	46,7	45,8	50	50
20	20	50,7	49,8	48,9	47,9	47,0	46,0	45,1	40	40
30	30	49,9	49,0	48,0	47,1	46,2	45,3	44,3	30	30
40	40	48,9	48,0	47,1	46,2	45,3	44,4	43,5	20	20
50	50	47,9	47,0	46,1	45,2	44,4	43,5	42,6	10	10
2 00	14 00	46,8	45,9	45,0	44,2	43,3	42,4	41,6	10 00	22 00
10	10	45,5	44,7	43,9	43,0	42,2	41,3	40,5	50	50
20	20	44,2	43,4	42,6	41,8	41,0	40,1	39,3	40	40
30	30	42,8	42,1	41,3	40,5	39,7	38,9	38,1	30	30
40	40	41,4	40,6	39,8	39,1	38,3	37,5	36,8	20	20
50	50	39,8	39,1	38,3	37,6	36,9	36,1	35,4	10	10
3 00	15 00	38,2	37,5	36,8	36,1	35,4	34,6	33,9	9 00	21 00
10	10	36,5	35,8	35,1	34,5	33,8	33,1	32,4	50	50
20	20	34,7	34,1	33,4	32,8	32,1	31,5	30,9	40	40
30	30	32,9	32,3	31,7	31,0	30,4	29,8	29,2	30	30
40	40	31,0	30,4	29,8	29,3	28,7	28,1	27,5	20	20
50	50	29,0	28,5	27,9	27,4	26,9	26,3	25,8	10	10
4 00	16 00	27,0	26,5	26,0	25,5	25,0	24,5	24,0	8 00	20 00
10	10	24,9	24,5	24,0	23,5	23,1	22,6	22,2	50	50
20	20	22,8	22,4	22,0	21,6	21,1	20,7	20,3	40	40
30	30	20,7	20,3	19,9	19,5	19,1	18,8	18,4	30	30
40	40	18,5	18,1	17,8	17,4	17,1	16,8	16,4	20	20
50	50	16,2	15,9	15,6	15,3	15,0	14,7	14,4	10	10
5 00	17 00	14,0	13,7	13,5	13,2	12,9	12,7	12,4	7 00	19 00
10	10	11,7	11,5	11,3	11,0	10,8	10,6	10,4	50	50
20	20	9,4	9,2	9,0	8,9	8,7	8,5	8,3	40	40
30	30	7,0	6,9	6,8	6,7	6,5	6,4	6,3	30	30
40	40	4,7	4,6	4,5	4,4	4,4	4,3	4,2	20	20
50	50	2,4	2,3	2,3	2,2	2,2	2,1	2,1	10	10
6 00	18 00	0,0	0,0	0.0	0,0	0,0	0,0	0,0	6 00	18 00
−	+								+	−

$$S = \tfrac{1}{2}(90^\circ - \delta_0)^2 \sin 1' \tan \varphi \sin^2 t$$

$\delta_0 = 89^\circ 09' 0''$

t		30°	34°	38°	42°	46°	50°	54°	58°	62°	66°	70°	t	
0h00m	12h00m	+0',0	+0',0	+0',0	+0',0	+0',0	+0',0	+0',0	+0',0	+0',0	+0',0	+0',0	12h00m	24h00m
30	30	0,0	0,0	0,0	0,0	0,0	0,0	0,0	0,0	0,0	0,0	0,0	30	30
1 00	13 00	0,0	0,0	0,0	0,0	0,0	0,0	0,0	0,0	0,1	0,1	0,1	11 00	23 00
30	30	0,0	0,0	0,0	0,1	0,1	0,1	0,1	0,1	0,1	0,1	0,2	30	30
2 00	14 00	0,1	0,1	0,1	0,1	0,1	0,1	0,1	0,2	0,2	0,2	0,3	10 00	22 00
30	30	0,1	0,1	0,1	0,1	0,1	0,2	0,2	0,2	0,3	0,3	0,4	30	30
3 00	15 00	0,1	0,1	0,2	0,2	0,2	0,2	0,3	0,3	0,4	0,4	0,5	9 00	21 00
30	30	0,1	0,2	0,2	0,2	0,2	0,3	0,3	0,4	0,5	0,5	0,7	30	30
4 00	16 00	0,2	0,2	0,2	0,3	0,3	0,3	0,4	0,5	0,5	0,6	0,8	8 00	20 00
30	30	0,2	0,2	0,3	0,3	0,3	0,4	0,4	0,5	0,6	0,7	0,9	30	30
5 00	17 00	0,2	0,2	0,3	0,3	0,4	0,4	0,5	0,6	0,7	0,8	1,0	7 00	19 00
30	30	0,2	0,3	0,3	0,3	0,4	0,4	0,5	0,6	0,7	0,8	1,0	30	30
6 00	18 00	+0,2	+0,3	+0,3	+0,3	+0,4	+0,5	+0,5	+0,6	+0,7	+0,8	+1,0	6 00	18 00

10. Tafel zur näherungsweisen Berechnung des Azimutes von σ Octantis

t \ φ	20°	21°	22°	23°	24°	25°	26°	27°	28°	29°	φ / t
0^h00^m	0',0	0',0	0',0	0',0	0',0	0',0	0',0	0',0	0',0	0',0	24^h00^m
20	+ 5,3	5,4	5,4	5,4	5,5	5,5	5,6	5,6	5,7	5,7 -	40
40	10,6	10,7	10,7	10,8	10,9	11,0	11,1	11,2	11,3	11,4	20
1 00	15,8	15,9	16,0	16,1	16,3	16,4	16,5	16,7	16,9	17,0	23 00
20	20,9	21,0	21,2	21,3	21,5	21,7	21,9	22,1	22,3	22,5	40
40	25,8	26,0	26,1	26,3	26,5	26,8	27,0	27,2	27,5	27,8	20
2 00	30,5	30,7	30,9	31,1	31,4	31,7	31,9	32,2	32,5	32,8	22 00
20	35,0	35,2	35,5	35,7	36,0	36,3	36,6	36,9	37,3	37,7	40
40	39,2	39,4	39,7	40,0	40,3	40,7	41,0	41,4	41,8	42,2	20
3 00	43,1	43,4	43,7	44,0	44,3	44,7	45,1	45,5	45,9	46,4	21 00
20	46,6	47,0	47,3	47,6	48,0	48,4	48,8	49,3	49,7	50,2	40
40	49,9	50,2	50,6	50,9	51,3	51,7	52,2	52,7	53,1	53,7	20
4 00	52,7	53,0	53,4	53,8	54,2	54,7	55,1	55,6	56,2	56,7	20 00
20	55,1	55,5	55,9	56,3	56,7	57,2	57,7	58,2	58,7	59,3	40
40	57,1	57,5	57,9	58,3	58,8	59,3	59,8	60,3	60,8	61,4	20
5 00	58,7	59,1	59,5	59,9	60,4	60,9	61,4	61,9	62,5	63,1	19 00
20	59,8	60,2	60,6	61,1	61,5	62,0	62,5	63,1	63,7	64,3	40
40	60,5	60,9	61,3	61,7	62,2	62,7	63,2	63,8	64,4	65,0	20
6 00	60,7	61,1	61,5	61,9	62,4	62,9	63,4	64,0	64,6	65,2	18 00
20	60,4	60,8	61,2	61,6	62,1	62,6	63,1	63,7	64,3	64,9	40
40	59,7	60,1	60,5	60,9	61,4	61,9	62,4	62,9	63,5	64,1	20
7 00	58,5	58,9	59,3	59,7	60,2	60,6	61,1	61,7	62,2	62,8	17 00
20	56,9	57,2	57,6	58,0	58,5	58,9	59,4	59,9	60,5	61,0	40
40	54,8	55,2	55,6	56,0	56,4	56,8	57,3	57,8	58,3	58,8	20
8 00	52,4	52,7	53,1	53,4	53,8	54,3	54,7	55,2	55,7	56,2	16 00
20	49,5	49,8	50,2	50,5	50,9	51,3	51,7	52,1	52,6	53,1	40
40	46,3	46,6	46,9	47,2	47,6	47,9	48,3	48,7	49,2	49,6	20
9 00	42,7	43,0	43,3	43,6	43,9	44,2	44,6	45,0	45,4	45,8	15 00
20	38,8	39,1	39,3	39,6	39,9	40,2	40,5	40,9	41,2	41,6	40
40	34,6	34,8	35,1	35,3	35,6	35,8	36,1	36,4	36,8	37,1	20
10 00	30,2	30,4	30,6	30,8	31,0	31,2	31,5	31,8	32,0	32,3	14 00
20	25,5	25,7	25,8	26,0	26,2	26,4	26,6	26,8	27,1	27,3	40
40	20,6	20,8	20,9	21,0	21,2	21,4	21,5	21,7	21,9	22,1	20
11 00	15,6	15,7	15,8	15,9	16,0	16,2	16,3	16,4	16,6	16,7	13 00
20	10,5	10,5	10,6	10,7	10,8	10,8	10,9	11,0	11,1	11,2	40
40	+ 5,3	5,3	5,3	5,4	5,4	5,4	5,5	5,5	5,6	5,6 -	20
12 00	0,0	0,0	0,0	0,0	0,0	0,0	0,0	0,0	0,0	0,0	12 00

Tafel der Werte $\frac{90^\circ+\delta}{90^\circ+\delta_0}$

Dekl.	$\frac{90^\circ+\delta}{90^\circ+\delta_0}$	Dekl.	$\frac{90^\circ+\delta}{90^\circ+\delta_0}$	Dekl.	$\frac{90^\circ+\delta}{90^\circ+\delta_0}$	Dekl.	$\frac{90^\circ+\delta}{90^\circ+\delta_0}$
-89°07'00"	0,9298	-89°05'00"	0,9649	-89°03'00"	1,0000	-89°01'00"	1,0351
06 50	0,9327	04 50	0,9678	02 50	1,0029	00 50	1,0380
40	0,9357	40	0,9708	40	1,0058	40	1,0409
30	0,9386	30	0,9737	30	1,0088	30	1,0439
20	0,9415	20	0,9766	20	1,0117	20	1,0468
10	0,9444	10	0,9795	10	1,0146	10	1,0497
00	0,9474	00	0,9825	00	1,0175	00	1,0526
05 50	0,9503	03 50	0,9854	01 50	1,0205	88 59 50	1,0556
40	0,9532	40	0,9883	40	1,0234	40	1,0585
30	0,9561	30	0,9912	30	1,0263	30	1,0614
20	0,9591	20	0,9942	20	1,0292	20	1,0643
10	0,9620	10	0,9971	10	1,0322	10	1,0673
-89°05'00"	0,9649	-89°03'00"	1,0000	-89°01'00"	1,0351	-88°59'00"	1,0702

10. Tafel zur näherungsweisen Berechnung des Azimutes von σ Octantis

t \ φ	30°	31°	32°	33°	34°	35°	36°	37°	38°	39°	φ / t
0^h00^m	0°,0	0°,0	0°,0	0°,0	0°,0	0°,0	0°,0	0°,0	0°,0	0°,0	24^h00^m
20	+ 5,8	5,9	5,9	6,0	6,1	6,1	6,2	6,3	6,4	6,5 -	40
40	11,5	11,7	11,8	11,9	12,1	12,2	12,4	12,5	12,7	12,9	20
1 00	17,2	17,4	17,6	17,8	18,0	18,2	18,4	18,7	19,0	19,2	23 00
20	22,7	23,0	23,2	23,5	23,8	24,1	24,4	24,7	25,0	25,4	40
40	28,1	28,4	28,7	29,0	29,4	29,7	30,1	30,5	30,9	31,4	20
2 00	33,2	33,5	33,9	34,3	34,7	35,1	35,6	36,1	36,6	37,1	22 00
20	38,0	38,5	38,9	39,3	39,8	40,3	40,8	41,4	41,9	42,5	40
40	42,6	43,1	43,5	44,0	44,6	45,1	45,7	46,3	47,0	47,6	20
3 00	46,9	47,4	47,9	48,4	49,0	49,6	50,2	50,9	51,6	52,4	21 00
20	50,7	51,3	51,8	52,4	53,0	53,7	54,4	55,1	55,9	56,7	40
40	54,2	54,8	55,4	56,0	56,7	57,4	58,1	58,9	59,7	60,5	20
4 00	57,3	57,9	58,5	59,2	59,9	60,6	61,4	62,2	63,0	63,9	20 00
20	59,9	60,5	61,2	61,9	62,6	63,4	64,2	65,0	65,9	66,9	40
40	62,1	62,7	63,4	64,1	64,9	65,6	66,5	67,4	68,3	69,2	20
5 00	63,7	64,4	65,1	65,8	66,6	67,4	68,3	69,2	70,1	71,1	19 00
20	64,9	65,6	66,3	67,1	67,8	68,7	69,5	70,4	71,4	72,4	40
40	65,6	66,3	67,0	67,8	68,6	69,4	70,3	71,2	72,1	73,2	20
6 00	65,8	66,5	67,2	68,0	68,8	69,6	70,5	71,4	72,3	73,3	18 00
20	65,6	66,2	66,9	67,6	68,4	69,2	70,1	71,0	72,0	73,0	40
40	64,7	65,4	66,1	66,8	67,6	68,4	69,2	70,1	71,1	72,1	20
7 00	63,4	64,1	64,7	65,5	66,2	67,0	67,8	68,7	69,6	70,6	17 00
20	61,6	62,3	62,9	63,6	64,4	65,1	65,9	66,8	67,7	68,6	40
40	59,4	60,0	60,6	61,3	62,0	62,8	63,5	64,3	65,2	66,1	20
8 00	56,7	57,3	57,9	58,5	59,2	59,9	60,6	61,4	62,2	63,1	16 00
20	53,6	54,2	54,7	55,3	56,0	56,6	57,3	58,0	58,8	59,6	40
40	50,1	50,6	51,1	51.7	52,3	52,9	53,6	54,2	54,9	55,7	20
9 00	46,2	46,7	47,2	47,7	48,2	48,8	49,4	50,0	50,7	51,4	15 00
20	42,0	42,4	42,9	43,3	43,8	44,3	44,9	45,4	46,0	46,7	40
40	37,5	37,8	38,2	38,6	39,1	39,5	40,0	40,5	41,0	41,6	20
10 00	32,6	33,0	33,3	33,7	34,0	34,4	34,9	35,3	35,8	36,2	14 00
20	27,6	27,8	28,1	28,4	28,8	29,1	29,5	29,8	30,2	30,6	40
40	22,3	22,5	22,8	23,0	23,3	23,5	23,8	24,1	24,4	24,8	20
11 00	16,9	17,0	17,2	17,4	17,6	17,8	18,0	18,2	18,5	18,7	13 00
20	11,3	11,4	11,6	11,7	11,8	11,9	12,1	12,2	12,4	12,6	40
40	+ 5,7	5,7	5,8	5,9	5,9	6,0	6,1	6,1	6,2	6,3 -	20
12 00	0,0	0.0	0,0	0,0	0,0	0,0	0,0	0,0	0,0	0,0	12 00

Tafel der Werte $\frac{90^\circ+\delta}{90^\circ+\delta_0}$

Dekl.	$\frac{90^\circ+\delta}{90^\circ+\delta_0}$	Dekl.	$\frac{90^\circ+\delta}{90^\circ+\delta_0}$	Dekl.	$\frac{90^\circ+\delta}{90^\circ+\delta_0}$	Dekl.	$\frac{90^\circ+\delta}{90^\circ+\delta_0}$
-89°07'00"	0,9298	-89°05'00"	0,9649	-89°03'00"	1,0000	-89°01'00"	1,0351
06 50	0,9327	04 50	0,9678	02 50	1,0029	00 50	1,0380
40	0,9357	40	0,9708	40	1,0058	40	1,0409
30	0,9386	30	0,9737	30	1,0088	30	1,0439
20	0,9415	20	0,9766	20	1,0117	20	1,0468
10	0,9444	10	0,9795	10	1,0146	10	1,0497
00	0,9474	00	0,9825	00	1,0175	00	1,0526
05 50	0,9503	03 50	0,9854	01 50	1,0205	88 59 50	1,0556
40	0,9532	40	0,9883	40	1,0234	40	1,0585
30	0,9561	30	0,9912	30	1,0263	30	1,0614
20	0,9591	20	0,9942	20	1,0292	20	1,0643
10	0,9620	10	0,9971	10	1,0322	10	1,0673
-89°05'00"	0,9649	-89°03'00"	1,0000	-89°01'00"	1,0351	-88°59'00"	1,0702

10. Tafel zur näherungsweisen Berechnung des Azimutes von σ Octantis

t \ φ	40°	41°	42°	43°	44°	45°	46°	47°	48°	49°	φ / t
0^h00^m	0°,0	0°,0	0°,0	0°,0	0°,0	0°,0	0°,0	0°,0	0°,0	0°,0	24^h00^m
20	+ 6,6	6,7	6,8	6,9	7,0	7,1	7,3	7,4	7,6	7,7 -	40
40	13,1	13,3	13,5	13,7	14,0	14,2	14,5	14,8	15,1	15,4	20
1 00	19,5	19,8	20,1	20,5	20,8	21,2	21,6	22,0	22,4	22,9	23 00
20	25,8	26,2	26,6	27,0	27,5	28,0	28,5	29,1	29,6	30,2	40
40	31,8	32,3	32,9	33,4	34,0	34,6	35,2	35,9	36,6	37,4	20
2 00	37,7	38,2	38,8	39,5	40,2	40,9	41,6	42,4	43,3	44,2	22 00
20	43,2	43,8	44,5	45,3	46,0	46,9	47,7	48,6	49,6	50,6	40
40	48,3	49,1	49,9	50,7	51,6	52,5	53,4	54,5	55,5	56,7	20
3 00	53,1	53,9	54,8	55,7	56,7	57,7	58,7	59,8	61,0	62,3	21 00
20	57,5	58,4	59,3	60,3	61,3	62,4	63,6	64,8	66,0	67,4	40
40	61,4	62,4	63,4	64,4	65,5	66,7	67,9	69,2	70,5	71,9	20
4 00	64,9	65,9	66,9	68,0	69,2	70,4	71,7	73,0	74,5	76,0	20 00
20	67,8	68,9	70,0	71,1	72,3	73,6	74,9	76,3	77,8	79,4	40
40	70,3	71,3	72,4	73,6	74,9	76,2	77,6	79,0	80,6	82,2	20
5 00	72,1	73,2	74,4	75,6	76,9	78,2	79,6	81,1	82,7	84,3	19 00
20	73,5	74,6	75,7	77,0	78,3	79,6	81,0	82,6	84,2	85,8	40
40	74,2	75,3	76,5	77,7	79,0	80,4	81,9	83,4	85,0	86,7	20
6 00	74,4	75,5	76,7	77,9	79,2	80,6	82,1	83,6	85,2	86,9	18 00
20	74,0	75,1	76,3	77,5	78,8	80,2	81,6	83,1	84,7	86,4	40
40	73,1	74,2	75,4	76,6	77,9	79,2	80,7	82,2	83,6	85,3	20
7 00	71,6	72,7	73,8	75,0	76,2	77,5	78,9	80,4	81,9	83,5	17 00
20	69,6	70,6	71,7	72,9	74,1	75,3	76,7	78,1	79,5	81,1	40
40	67,0	68,0	69,1	70,2	71,3	72,5	73,8	75,2	76,6	78,1	20
8 00	64,0	64,9	65,9	67,0	68,1	69,2	70,5	71,7	73,1	74,5	16 00
20	60,5	61,4	62,3	63,3	64,3	65,4	66,6	67,8	69,0	70,4	40
40	56,5	57,3	58,2	59,1	60,1	61,1	62,2	63,3	64,5	65,7	20
9 00	52,1	52,9	53,7	54,5	55,4	56,3	57,3	58,4	59,5	60,6	15 00
20	47,3	48,0	48,7	49,5	50,3	51,2	52,1	53,0	54,0	55,0	40
40	42,2	42,8	43,5	44,1	44,9	45,6	46,4	47,2	48,1	49,1	20
10 00	36,8	37,3	37,9	38,4	39,1	39,7	40,4	41,1	41,9	42,7	14 00
20	31,0	31,5	32,0	32,5	33,0	33,6	34,1	34,8	35,4	36,1	40
40	25,1	25,5	25,9	26,3	26,7	27,1	27,6	28,1	28,6	29,2	20
11 00	19,0	19,3	19,6	19,9	20,2	20,5	20,9	21,3	21,7	22,1	13 00
20	12,7	12,9	13,1	13,3	13,5	13,8	14,0	14,3	14,5	14,8	40
40	+ 6,4	6,5	6,6	6,7	6,8	6,9	7,0	7,2	7,3	7,4 -	20
12 00	0,0	0,0	0,0	0,0	0,0	0,0	0,0	0,0	0,0	0,0	12 00

Tafel der Werte $\frac{90^\circ+\delta}{90^\circ+\delta_0}$

Dekl.	$\frac{90^\circ+\delta}{90^\circ+\delta_0}$	Dekl.	$\frac{90^\circ+\delta}{90^\circ+\delta_0}$	Dekl.	$\frac{90^\circ+\delta}{90^\circ+\delta_0}$	Dekl.	$\frac{90^\circ+\delta}{90^\circ+\delta_0}$
-89°07'00"	0,9298	-89°05'00"	0,9649	-89°03'00"	1,0000	-89°01'00"	1,0351
06 50	0,9327	04 50	0,9678	02 50	1,0029	00 50	1,0380
40	0,9357	40	0,9708	40	1,0058	40	1,0409
30	0,9386	30	0,9737	30	1,0088	30	1,0439
20	0,9415	20	0,9766	20	1,0117	20	1,0468
10	0,9444	10	0,9795	10	1,0146	10	1,0497
00	0,9474	00	0,9825	00	1,0175	00	1,0526
05 50	0,9503	03 50	0,9854	01 50	1,0205	88 59 50	1,0556
40	0,9532	40	0,9883	40	1,0234	40	1,0585
30	0,9561	30	0,9912	30	1,0263	30	1,0614
20	0,9591	20	0,9942	20	1,0292	20	1,0643
10	0,9620	10	0,9971	10	1,0322	10	1,0673
-89°05'00"	0,9649	-89°03'00"	1,0000	-89°01'00"	1,0351	-88°59'00"	1,0702

10. Tafel zur näherungsweisen Berechnung des Azimutes von σ Octantis

t \ φ	50°	51°	52°	53°	54°	55°	56°	57°	58°	59°	60°	φ / t
0^h00^m	0,0	0,0	0,0	0,0	0,0	0,0	0,0	0,0	0,0	0,0	0,0	24^h00^m
20	+ 7,9	8,1	8,2	8,4	8,6	8,9	9,1	9,4	9,6	9,9	10,2 -	40
40	15,7	16,0	16,4	16,8	17,2	17,7	18,1	18,6	19,2	19,7	20,4	20
1 00	23,4	23,9	24,5	25,0	25,7	26,3	27,0	27,8	28,6	29,4	30,3	23 00
20	30,9	31,6	32,3	33,1	33,9	34,7	35,7	36,7	37,7	38,8	40,0	40
40	38,1	39,0	39,9	40,8	41,8	42,9	44,0	45,3	46,6	47,9	49,4	20
2 00	45,1	46,1	47,1	48,3	49,4	50,7	52,1	53,5	55,0	56,7	58,4	22 00
20	51,7	52,8	54,0	55,3	56,7	58,1	59,6	61,3	63,0	64,9	66,9	40
40	57,9	59,1	60,5	61,9	63,4	65,0	66,8	68,6	70,5	72,6	74,9	20
3 00	63,6	65,0	66,4	68,0	69,7	71,4	73,3	75,3	77,5	79,8	82,2	21 00
20	68,8	70,3	71,9	73,6	75,4	77,3	79,3	81,5	83,8	86,3	88,9	40
40	73,5	75,1	76,8	78,6	80,5	82,5	84,7	87,0	89,5	92,1	94,9	20
4 00	77,6	79,2	81,0	82,9	84,9	87,1	89,4	91,8	94,4	97,2	100,1	20 00
20	81,0	82,8	84,7	86,6	88,7	91,0	93,3	95,9	98,6	101,5	104,6	40
40	83,9	85,7	87,6	89,7	91,8	94,1	96,6	99,2	102,0	105,0	108,2	20
5 00	86,1	88,0	89,9	92,0	94,2	96,6	99,1	101,8	104,6	107,7	110,9	19 00
20	87,6	89,5	91,5	93,6	95,9	98,3	100,8	103,5	106,4	109,5	112,8	40
40	88,5	90,4	92,4	94,5	96,8	99,2	101,8	104,5	107,4	110,5	113,9	20
6 00	88,7	90,6	92,6	94,7	97,0	99,4	101,9	104,7	107,6	110,7	114,0	18 00
20	88,2	90,1	92,1	94,2	96,4	98,8	101,3	104,0	106,9	110,0	113,3	40
40	87,0	88,9	90,8	92,9	95,1	97,5	100,0	102,6	105,4	108,5	111,7	20
7 00	85,2	87,0	88,9	91,0	93,1	95,4	97,8	100,4	103,2	106,1	109,3	17 00
20	82,8	84,5	86,4	88,3	90,4	92,6	95,0	97,5	100,2	103,0	106,1	40
40	79,7	81,4	83,2	85,0	87,0	89,2	91,4	93,8	96,4	99,1	102,1	20
8 00	76,0	77,6	79,3	81,1	83,0	85,0	87,2	89,5	91,9	94,5	97,3	16 00
20	71,8	73,3	74,9	76,6	78,4	80,3	82,3	84,5	86,8	89,2	91,8	40
40	67,1	68,5	70,0	71,5	73,2	75,0	76,9	78,9	81,0	83,3	85,7	20
9 00	61,8	63,1	64,5	65,9	67,5	69,1	70,8	72,7	74,6	76,7	79,0	15 00
20	56,1	57,3	58,5	59,9	61,2	62,7	64,3	66,0	67,7	69,6	71,7	40
40	50,0	51,1	52,2	53,3	54,6	55,9	57,3	58,8	60,4	62,0	63,8	20
10 00	43,6	44,5	45,4	46,5	47,5	48,7	49,9	51,2	52,5	54,0	55,6	14 00
20	36,8	37,6	38,4	39,2	40,1	41,1	42,1	43,2	44,4	45,6	46,9	40
40	29,8	30,4	31,0	31,7	32,5	33,2	34,1	34,9	35,9	36,9	37,9	20
11 00	22,5	23,0	23,5	24,0	24,5	25,1	25,8	26,4	27,1	27,9	28,7	13 00
20	15,1	15,4	15,7	16,1	16,5	16,9	17,3	17,7	18,2	18,7	19,2	40
40	+ 7,6	7,7	7,9	8,1	8,3	8,5	8,7	8,9	9,1	9,4	9,7 -	20
12 00	0,0	0,0	0,0	0,0	0,0	0,0	0,0	0,0	0,0	0,0	0,0	12 00

Tafel der Werte $\frac{90^\circ+\delta}{90^\circ+\delta_0}$

Dekl.	$\frac{90^\circ+\delta}{90^\circ+\delta_0}$	Dekl.	$\frac{90^\circ+\delta}{90^\circ+\delta_0}$	Dekl.	$\frac{90^\circ+\delta}{90^\circ+\delta_0}$	Dekl.	$\frac{90^\circ+\delta}{90^\circ+\delta_0}$
-89°07'00"	0,9298	-89°05'00"	0,9649	-89°03'00"	1,0000	-89°01'00"	1,0351
06 50	0,9327	04 50	0,9678	02 50	1,0029	00 50	1,0380
40	0,9357	40	0,9708	40	1,0058	40	1,0409
30	0,9386	30	0,9737	30	1,0088	30	1,0439
20	0,9415	20	0,9766	20	1,0117	20	1,0468
10	0,9444	10	0,9795	10	1,0146	10	1,0497
00	0,9474	00	0,9825	00	1,0175	00	1,0526
05 50	0,9503	03 50	0,9854	01 50	1,0205	88 59 50	1,0556
40	0,9532	40	0,9883	40	1,0234	40	1,0585
30	0,9561	30	0,9912	30	1,0263	30	1,0614
20	0,9591	20	0,9942	20	1,0292	20	1,0643
10	0,9620	10	0,9971	10	1,0322	10	1,0673
-89°05'00"	0,9649	-89°03'00"	1,0000	-89°01'00"	1,0351	-88°59'00"	1,0702

10. Tafel zur näherungsweisen Berechnung des Azimutes von σ Octantis

t \ φ	61°	62°	63°	64°	65°	66°	67°	68°	69°	70°	φ / t
0^h00^m	0°,0	0°,0	0°,0	0°,0	0°,0	0°,0	0°,0	0°,0	0°,0	0°,0	24^h00^m
20	+10,6	10,9	11,3	11,7	12,2	12,7	13,2	13,8	14,5	15,2 -	40
40	21,0	21,7	22,5	23,3	24,2	25,2	26,3	27,5	28,8	30,2	20
1 00	31,3	32,4	33,5	34,8	36,1	37,6	39,2	40,9	42,9	45,0	23 00
20	41,3	42,7	44,3	45,9	47,7	49,6	51,7	54,0	56,6	59,4	40
40	51,0	52,8	54,6	56,6	58,8	61,2	63,8	66,7	69,9	73,3	20
2 00	60,3	62,3	64,5	66,9	69,5	72,3	75,4	78,8	82,5	86,6	22 00
20	69,1	71,4	73,9	76,7	79,6	82,8	86,4	90,2	94,5	99,2	40
40	77,3	79,9	82,7	85,8	89,1	92,7	96,6	100,9	105,6	110,9	20
3 00	84,9	87,7	90,8	94,2	97,8	101,7	106,0	110,7	115,9	121,6	21 00
20	91,8	94,9	98,2	101,8	105,7	109,9	114,6	119,6	125,2	131,4	40
40	98,0	101,2	104,8	108,6	112,7	117,2	122,2	127,6	133,5	140,1	20
4 00	103,3	106,8	110,5	114,5	118,9	123,6	128,8	134,5	140,7	147,6	20 00
20	107,9	111,5	115,4	119,5	124,1	129,0	134,4	140,3	146,8	154,0	40
40	111,6	115,3	119,3	123,6	128,3	133,4	138,9	145,0	151,7	159,0	20
5 00	114,4	118,2	122,3	126,7	131,5	136,7	142,3	148,5	155,4	162,9	19 00
20	116,4	120,2	124,3	128,8	133,6	138,9	144,6	150,9	157,8	165,4	40
40	117,4	121,3	125,4	129,9	134,8	140,1	145,8	152,1	159,0	166,7	20
6 00	117,6	121,4	125,6	130,0	134,9	140,1	145,9	152,2	159,1	166,7	18 00
20	116,8	120,6	124,7	129,1	133,9	139,2	144,8	151,0	157,9	165,4	40
40	115,2	118,9	122,9	127,3	132,0	137,1	142,7	148,8	155,5	162,8	20
7 00	112,7	116,3	120,3	124,5	129,1	134,1	139,5	145,4	151,9	159,1	17 00
20	109,4	112,9	116,7	120,8	125,2	130,0	135,3	141,0	147,3	154,2	40
40	105,2	108,6	112,2	116,2	120,4	125,0	130,0	135,5	141,5	148,1	20
8 00	100,3	103,5	107,0	110,7	114,7	119,1	123,9	129,1	134,8	141,0	16 00
20	94,7	97,7	100,9	104,4	108,2	112,3	116,8	121,7	127,1	133,0	40
40	88,3	91,1	94,2	97,4	101,0	104,8	108,9	113,5	118,5	123,9	20
9 00	81,4	84,0	86,7	89,7	93,0	96,5	100,3	104,5	109,0	114,0	15 00
20	73,8	76,2	78,7	81,4	84,3	87,5	91,0	94,7	98,9	103,4	40
40	65,8	67,9	70,1	72,5	75,1	77,9	81,0	84,3	88,0	92,0	20
10 00	57,3	59,1	61,0	63,1	65,4	67,8	70,5	73,4	76,6	80,0	14 00
20	48,3	49,9	51,5	53,3	55,2	57,2	59,5	61,9	64,6	67,5	40
40	39,1	40,3	41,6	43,1	44,6	46,3	48,1	50,0	52,2	54,6	20
11 00	29,6	30,5	31,5	32,5	33,7	35,0	36,3	37,8	39,4	41,2	13 00
20	19,8	20,4	21,1	21,8	22,6	23,4	24,4	25,4	26,4	27,6	40
40	+ 9,9	10,3	10,6	10,9	11,3	11,8	12,2	12,7	13,3	13,9 -	20
12 00	0,0	0,0	0,0	0,0	0,0	0,0	0,0	0,0	0,0	0,0	12 00

Tafel der Werte $\frac{90^\circ+\delta}{90^\circ+\delta_0}$

Dekl.	$\frac{90^\circ+\delta}{90^\circ+\delta_0}$	Dekl.	$\frac{90^\circ+\delta}{90^\circ+\delta_0}$	Dekl.	$\frac{90^\circ+\delta}{90^\circ+\delta_0}$	Dekl.	$\frac{90^\circ+\delta}{90^\circ+\delta_0}$
-89°07'00"	0,9298	-89°05'00"	0,9649	-89°03'00"	1,0000	-89°01'00"	1,0351
06 50	0,9327	04 50	0,9678	02 50	1,0029	00 50	1,0380
40	0,9357	40	0,9708	40	1,0058	40	1,0409
30	0,9386	30	0,9737	30	1,0088	30	1,0439
20	0,9415	20	0,9766	20	1,0117	20	1,0468
10	0,9444	10	0,9795	10	1,0146	10	1,0497
00	0,9474	00	0,9825	00	1,0175	00	1,0526
05 50	0,9503	03 50	0,9854	01 50	1,0205	88 59 50	1,0556
40	0,9532	40	0,9883	40	1,0234	40	1,0585
30	0,9561	30	0,9912	30	1,0263	30	1,0614
20	0,9591	20	0,9942	20	1,0292	20	1,0643
10	0,9620	10	0,9971	10	1,0322	10	1,0673
-89°05'00"	0,9649	-89°03'00"	1,0000	-89°01'00"	1,0351	-88°59'00"	1,0702

11. Tafel zur näherungsweisen Berechnung der Zenitdistanz von σ Octantis

$$R = -(90^\circ + \delta)\cos t$$

t		$-89^\circ06'$	$-89^\circ05'$	$-89^\circ04'$	$-89^\circ03'$	$-89^\circ02'$	$-89^\circ01'$	$-89^\circ00'$	t	
−	+								+	−
0^h00^m	12^h00^m	54',0	55',0	56',0	57',0	58',0	59',0	60',0	12^h00^m	24^h00^m
10	10	53,9	54,9	55,9	56,9	57,9	58,9	59,9	50	50
20	20	53,8	54,8	55,8	56,8	57,8	58,8	59,8	40	40
30	30	53,5	54,5	55,5	56,5	57,5	58,5	59,5	30	30
40	40	53,2	54,2	55,1	56,1	57,1	58,1	59,1	20	20
50	50	52,7	53,7	54,7	55,6	56,6	57,6	58,6	10	10
1 00	13 00	52,2	53,1	54,1	55,1	56,0	57,0	58,0	11 00	23 00
10	10	51,5	52,4	53,4	54,4	55,3	56,3	57,2	50	50
20	20	50,7	51,7	52,6	53,6	54,5	55,4	56,4	40	40
30	30	49,9	50,8	51,7	52,7	53,6	54,5	55,4	30	30
40	40	48,9	49,8	50,8	51,7	52,6	53,5	54,4	20	20
50	50	47,9	48,8	49,7	50,6	51,4	52,3	53,2	10	10
2 00	14 00	46,8	47,6	48,5	49,4	50,2	51,1	52,0	10 00	22 00
10	10	45,5	46,4	47,2	48,1	48,9	49,8	50,6	50	50
20	20	44,2	45,1	45,9	46,7	47,5	48,3	49,2	40	40
30	30	42,8	43,6	44,4	45,2	46,0	46,8	47,6	30	30
40	40	41,4	42,1	42,9	43,7	44,4	45,2	46,0	20	20
50	50	39,8	40,6	41,3	42,0	42,8	43,5	44,2	10	10
3 00	15 00	38,2	38,9	39,6	40,3	41,0	41,7	42,4	9 00	21 00
10	10	36,5	37,2	37,8	38,5	39,2	39,9	40,5	50	50
20	20	34,7	35,4	36,0	36,6	37,3	37,9	38,6	40	40
30	30	32,9	33,5	34,1	34,7	35,3	35,9	36,5	30	30
40	40	31,0	31,5	32,1	32,7	33,3	33,8	34,4	20	20
50	50	29,0	29,6	30,1	30,6	31,2	31,7	32,2	10	10
4 00	16 00	27,0	27,5	28,0	28,5	29,0	29,5	30,0	8 00	20 00
10	10	24,9	25,4	25,9	26,3	26,8	27,2	27,7	50	50
20	20	22,8	23,2	23,7	24,1	24,5	24,9	25,4	40	40
30	30	20,7	21,0	21,4	21,8	22,2	22,6	23,0	30	30
40	40	18,5	18,8	19,2	19,5	19,8	20,2	20,5	20	20
50	50	16,2	16,5	16,8	17,1	17,4	17,7	18,0	10	10
5 00	17 00	14,0	14,2	14,5	14,8	15,0	15,3	15,5	7 00	19 00
10	10	11,7	11,9	12,1	12,3	12,6	12,8	13,0	50	50
20	20	9,4	9,5	9,7	9,9	10,1	10,2	10,4	40	40
30	30	7,0	7,2	7,3	7,4	7,6	7,7	7,8	30	30
40	40	4,7	4,8	4,9	5,0	5,1	5,1	5,2	20	20
50	50	2,4	2,4	2,4	2,5	2,5	2,6	2,6	10	10
6 00	18 00	0,0	0,0	0,0	0,0	0,0	0,0	0,0	6 00	18 00
−	+								+	−

$$S = \tfrac{1}{2}(90^\circ + \delta_o)^2 \sin 1' \tan\varphi \sin^2 t$$

$$\delta_o = -89^\circ03'0''$$

t		30°	34°	38°	42°	46°	50°	54°	58°	62°	66°	70°	t	
0^h00^m	12^h00^m	+0',0	+0',0	+0',0	+0',0	+0',0	+0',0	+0',0	+0',0	+0',0	+0',0	+0',0	12^h00^m	24^h00^m
30	30	0,0	0,0	0,0	0,0	0,0	0,0	0,0	0,0	0,0	0,0	0,0	30	30
1 00	13 00	0,0	0,0	0,0	0,0	0,0	0,0	0,0	0,0	0,1	0,1	0,1	11 00	23 00
30	30	0,0	0,0	0,0	0,1	0,1	0,1	0,1	0,1	0,1	0,2	0,2	30	30
2 00	14 00	0,1	0,1	0,1	0,1	0,1	0,2	0,2	0,2	0,2	0,3	0,3	10 00	22 00
30	30	0,1	0,1	0,1	0,2	0,2	0,2	0,2	0,3	0,3	0,4	0,5	30	30
3 00	15 00	0,1	0,2	0,2	0,2	0,2	0,3	0,3	0,4	0,5	0,5	0,7	9 00	21 00
30	30	0,2	0,2	0,2	0,3	0,3	0,4	0,4	0,5	0,6	0,7	0,8	30	30
4 00	16 00	0,2	0,2	0,3	0,3	0,4	0,4	0,5	0,6	0,7	0,8	1,0	8 00	20 00
30	30	0,2	0,3	0,3	0,4	0,4	0,5	0,6	0,6	0,8	0,9	1,1	30	30
5 00	17 00	0,3	0,3	0,3	0,4	0,5	0,5	0,6	0,7	0,8	1,0	1,2	7 00	19 00
30	30	0,3	0,3	0,4	0,4	0,5	0,6	0,6	0,7	0,9	1,0	1,3	30	30
6 00	18 00	+0,3	+0,3	+0,4	+0,4	+0,5	+0,6	+0,7	+0,7	+0,9	+1,1	+1,3	6 00	18 00

12. **Tafel zur näherungsweisen Berechnung des Azimutes der Südsterne**

δ \ φ	20°	21°	22°	23°	24°	25°	26°	27°	28°	29°	30°	31°	32°	33°
∓20°	21,9	21,5	21,1	20,7	20,3	19,9	19,6	19,3	19,0	18,7	18,4	18,1	17,9	17,7
19	22,5	22,1	21,6	21,2	20,8	20,4	20,1	19,7	19,4	19,1	18,8	18,5	18,3	18,0
18	23,2	22,7	22,2	21,7	21,3	20,9	20,5	20,2	19,8	19,5	19,2	18,9	18,6	18,4
17	23,8	23,3	22,8	22,3	21,9	21,4	21,0	20,6	20,3	19,9	19,6	19,3	19,0	18,7
16	24,5	24,0	23,4	22,9	22,4	22,0	21,5	21,1	20,8	20,4	20,0	19,7	19,4	19,1
15	25,3	24,6	24,1	23,5	23,0	22,5	22,1	21,7	21,2	20,9	20,5	20,1	19,8	19,5
14	26,0	25,4	24,8	24,2	23,6	23,1	22,6	22,2	21,8	21,3	21,0	20,6	20,2	19,9
13	26,8	26,1	25,5	24,9	24,3	23,7	23,2	22,7	22,3	21,8	21,4	21,0	20,7	20,3
12	27,7	26,9	26,2	25,6	25,0	24,4	23,8	23,3	22,8	22,4	21,9	21,5	21,1	20,7
11	28,6	27,8	27,0	26,3	25,7	25,1	24,5	23,9	23,4	22,9	22,4	22,0	21,6	21,2
10	29,5	28,7	27,9	27,1	26,4	25,8	25,1	24,5	24,0	23,5	23,0	22,5	22,1	21,7
9	30,6	29,6	28,8	28,0	27,2	26,5	25,8	25,2	24,6	24,1	23,5	23,0	22,6	22,1
8	31,6	30,6	29,7	28,8	28,0	27,3	26,6	25,9	25,3	24,7	24,1	23,6	23,1	22,6
7	32,8	31,7	30,7	29,8	28,9	28,1	27,3	26,6	26,0	25,3	24,7	24,2	23,7	23,2
6	34,0	32,9	31,8	30,8	29,8	29,0	28,2	27,4	26,7	26,0	25,4	24,8	24,2	23,7
5	35,4	34,1	32,9	31,8	30,8	29,9	29,0	28,2	27,4	26,7	26,1	25,4	24,8	24,3
4	36,8	35,4	34,1	33,0	31,9	30,9	29,9	29,1	28,2	27,5	26,8	26,1	25,5	24,9
3	38,3	36,8	35,4	34,2	33,0	31,9	30,9	30,0	29,1	28,3	27,5	26,8	26,1	25,5
2	40,0	38,4	36,9	35,5	34,2	33,0	31,9	30,9	30,0	29,1	28,3	27,5	26,8	26,1
∓ 1	41,9	40,0	38,4	36,9	35,5	34,2	33,0	31,9	30,9	30,0	29,1	28,3	27,5	26,8
0	43,9	41,9	40,0	38,4	36,9	35,5	34,2	33,0	32,0	30,9	30,0	29,1	28,3	27,5
± 1	46,1	43,9	41,9	40,0	38,4	36,9	35,5	34,2	33,0	31,9	30,9	30,0	29,1	28,3
2	48,5	46,0	43,8	41,8	40,0	38,4	36,9	35,5	34,2	33,0	31,9	30,9	30,0	29,1
3	51,2	48,5	46,0	43,8	41,8	40,0	38,3	36,8	35,4	34,2	33,0	31,9	30,9	30,0
4	54,3	51,2	48,4	46,0	43,8	41,8	39,9	38,3	36,8	35,4	34,1	33,0	31,9	30,9
5	57,7	54,2	51,1	48,4	45,9	43,7	41,7	39,9	38,2	36,7	35,4	34,1	32,9	31,8
6	61,7	57,6	54,1	51,0	48,3	45,8	43,6	41,6	39,8	38,2	36,7	35,3	34,0	32,9
7	66,2	61,5	57,5	54,0	50,9	48,2	45,7	43,5	41,5	39,7	38,1	36,6	35,2	34,0
8	71,4	66,0	61,4	57,4	53,9	50,8	48,1	45,6	43,4	41,4	39,7	38,0	36,5	35,2
9	77,6	71,3	65,9	61,2	57,2	53,7	50,7	47,9	45,5	43,3	41,3	39,5	38,0	36,4
10	85,1	77,4	71,0	65,7	61,1	57,1	53,6	50,5	47,8	45,4	43,2	41,2	39,4	37,8
11	94,1	84,8	77,2	70,8	65,5	60,9	56,9	53,4	50,4	47,6	45,2	43,0	41,1	39,3
12		93,8	84,5	76,9	70,6	65,2	60,6	56,7	53,2	50,2	47,5	45,1	42,9	40,9
13			93,4	84,2	76,6	70,3	65,0	60,4	56,5	53,0	50,0	47,3	44,9	42,7
14				93,0	83,8	76,3	70,0	64,7	60,2	56,2	52,8	49,8	47,1	44,7
15					92,6	83,4	75,9	69,7	64,4	59,9	56,0	52,6	49,6	46,9
16						92,2	83,0	75,6	69,4	64,1	59,6	55,7	52,3	49,3
17							91,7	82,6	75,2	69,0	63,8	59,3	55,4	52,1
18								91,2	82,2	74,8	68,6	63,4	59,0	55,1
19									90,7	81,7	74,3	68,2	63,1	58,6
20										90,1	81,2	73,9	67,8	62,7
21											89,5	80,7	73,4	67,4
22											99,9	88,9	80,1	72,9
23												99,2	88,3	79,5
24													98,5	87,6
±25°														97,7

12. **Tafel zur näherungsweisen Berechnung des Azimutes der Südsterne**

δ \ φ	34°	35°	36°	37°	38°	39°	40°	41°	42°	43°	44°	45°	46°	47°
-20°	17,4	17,2	17,0	16,8	16,6	16,4	16,3	16,1	16,0	15,8	15,7	15,5	15,4	15,3
+19	17,8	17,5	17,3	17,1	16,9	16,7	16,5	16,4	16,2	16,1	15,9	15,8	15,6	15,5
18	18,1	17,9	17,6	17,4	17,2	17,0	16,8	16,6	16,5	16,3	16,2	16,0	15,9	15,7
17	18,5	18,2	18,0	17,7	17,5	17,3	17,1	16,9	16,7	16,6	16,4	16,2	16,1	16,0
16	18,8	18,6	18,3	18,1	17,8	17,6	17,4	17,2	17,0	16,8	16,6	16,5	16,3	16,2
15	19,2	18,9	18,6	18,4	18,1	17,9	17,7	17,5	17,3	17,1	16,9	16,7	16,6	16,4
14	19,6	19,3	19,0	18,7	18,5	18,2	18,0	17,8	17,6	17,4	17,2	17,0	16,8	16,6
13	20,0	19,7	19,4	19,1	18,8	18,5	18,3	18,1	17,8	17,6	17,4	17,2	17,0	16,9
12	20,4	20,1	19,7	19,4	19,2	18,9	18,6	18,4	18,1	17,9	17,7	17,5	17,3	17,1
11	20,8	20,5	20,1	19,8	19,5	19,2	18,9	18,7	18,4	18,2	18,0	17,8	17,6	17,4
10	21,3	20,9	20,5	20,2	19,9	19,6	19,3	19,0	18,7	18,5	18,3	18,0	17,8	17,6
9	21,7	21,3	21,0	20,6	20,3	19,9	19,6	19,3	19,1	18,8	18,5	18,3	18,1	17,9
8	22,2	21,8	21,4	21,0	20,7	20,3	20,0	19,7	19,4	19,1	18,8	18,6	18,4	18,1
7	22,7	22,3	21,8	21,4	21,1	20,7	20,4	20,0	19,7	19,4	19,2	18,9	18,6	18,4
6	23,2	22,7	22,3	21,9	21,5	21,1	20,7	20,4	20,1	19,8	19,5	19,2	18,9	18,7
5	23,7	23,2	22,8	22,3	21,9	21,5	21,1	20,8	20,4	20,1	19,8	19,5	19,2	19,0
4	24,3	23,8	23,3	22,8	22,4	21,9	21,5	21,2	20,8	20,5	20,1	19,8	19,5	19,3
3	24,9	24,3	23,8	23,3	22,8	22,4	22,0	21,6	21,2	20,8	20,5	20,2	19,8	19,6
2	25,5	24,9	24,4	23,8	23,3	22,9	22,4	22,0	21,6	21,2	20,8	20,5	20,2	19,9
∓ 1	26,1	25,5	24,9	24,4	23,8	23,3	22,9	22,4	22,0	21,6	21,2	20,8	20,5	20,2
0	26,8	26,1	25,5	24,9	24,4	23,8	23,3	22,9	22,4	22,0	21,6	21,2	20,8	20,5
± 1	27,5	26,8	26,1	25,5	24,9	24,4	23,8	23,3	22,9	22,4	22,0	21,6	21,2	20,8
2	28,3	27,5	26,8	26,1	25,5	24,9	24,3	23,8	23,3	22,8	22,4	22,0	21,6	21,2
3	29,1	28,3	27,5	26,8	26,1	25,5	24,9	24,3	23,8	23,3	22,8	22,4	22,0	21,6
4	29,9	29,1	28,2	27,5	26,8	26,1	25,5	24,9	24,3	23,8	23,3	22,8	22,4	21,9
5	30,8	29,9	29,0	28,2	27,4	26,7	26,1	25,4	24,8	24,3	23,7	23,2	22,8	22,3
6	31,8	30,8	29,8	29,0	28,2	27,4	26,7	26,0	25,4	24,8	24,2	23,7	23,2	22,7
7	32,8	31,7	30,7	29,8	28,9	28,1	27,3	26,6	26,0	25,3	24,7	24,2	23,7	23,2
8	33,9	32,7	31,6	30,6	29,7	28,8	28,0	27,3	26,6	25,9	25,3	24,7	24,1	23,6
9	35,1	33,8	32,6	31,6	30,6	29,6	28,8	28,0	27,2	26,5	25,8	25,2	24,6	24,1
10	36,3	35,0	33,7	32,5	31,5	30,5	29,5	28,7	27,9	27,1	26,4	25,7	25,1	24,5
11	37,7	36,2	34,8	33,6	32,4	31,4	30,4	29,5	28,6	27,8	27,0	26,3	25,7	25,0
12	39,2	37,6	36,1	34,7	33,5	32,3	31,2	30,3	29,3	28,5	27,7	26,9	26,2	25,6
13	40,8	39,0	37,4	35,9	34,6	33,3	32,2	31,1	30,1	29,2	28,4	27,6	26,8	26,1
14	42,6	40,6	38,9	37,2	35,8	34,4	33,2	32,1	31,0	30,0	29,1	28,3	27,5	26,7
15	44,5	42,4	40,4	38,7	37,1	35,6	34,3	33,0	31,9	30,9	29,9	29,0	28,1	27,3
16	46,7	44,3	42,1	40,2	38,5	36,9	35,4	34,1	32,9	31,8	30,7	29,7	28,8	28,0
17	49,1	46,4	44,1	41,9	40,0	38,3	36,7	35,3	33,9	32,7	31,6	30,5	29,6	28,7
18	51,8	48,8	46,2	43,8	41,7	39,8	38,1	36,5	35,1	33,7	32,5	31,4	30,4	29,4
19	54,8	51,5	48,5	45,9	43,6	41,5	39,6	37,9	36,3	34,9	33,6	32,4	31,2	30,2
20	58,3	54,5	51,1	48,2	45,6	43,3	41,2	39,3	37,6	36,1	34,7	33,4	32,2	31,0
21	62,3	57,9	54,1	50,8	47,9	45,3	43,0	40,9	39,1	37,4	35,8	34,5	33,2	32,0
22	66,9	61,8	57,5	53,7	50,5	47,6	45,0	42,7	40,7	38,8	37,1	35,6	34,2	32,9
23	72,4	66,4	61,4	57,1	53,3	50,1	47,2	44,7	42,4	40,4	38,5	36,9	35,3	33,9
24	78,9	71,8	65,9	60,9	56,6	52,9	49,7	46,9	44,3	42,1	40,1	38,2	36,6	35,1
25	86,9	78,3	71,3	65,4	60,4	56,2	52,5	49,3	46,5	44,0	41,8	39,8	37,9	36,3
26	96,9	86,2	77,6	70,7	64,9	59,9	55,7	52,1	48,9	46,1	43,6	41,4	39,4	37,6
27		96,0	85,4	77,0	70,1	64,3	59,4	55,3	51,6	48,5	45,7	43,2	41,0	39,1
28			95,1	84,7	76,3	69,4	63,7	58,9	54,7	51,2	48,0	45,3	42,9	40,7
29				94,2	83,9	75,6	68,8	63,1	58,3	54,2	50,7	47,6	44,9	42,5
30					93,3	83,0	74,8	68,1	62,5	57,7	53,7	50,2	47,1	44,4
31						92,4	82,2	74,0	67,4	61,8	57,2	53,2	49,7	46,6
32							91,4	81,3	73,2	66,7	61,2	56,5	52,6	49,1
33								90,4	80,4	72,4	65,9	60,5	55,9	52,0
34									89,3	79,5	71,6	65,2	59,8	55,3
35										88,3	78,5	70,8	64,4	59,1
36										99,6	87,2	77,6	69,9	63,6
37											98,3	86,1	76,6	69,0
38												97,0	84,9	75,6
39													95,6	83,8
±40°														94,3

12. **Tafel zur näherungsweisen Berechnung des Azimutes der Südsterne**

δ \ φ	47°	48°	49°	50°	51°	52°	53°	54°	55°	56°	57°	58°
∓20°	15,3	15,2	15,1	15,0	14,9	14,8	14,7	14,7	14,6	14,5	14,5	14,4
18	15,7	15,6	15,5	15,4	15,3	15,2	15,1	15,0	14,9	14,8	14,8	14,7
16	16,2	16,0	15,9	15,8	15,7	15,5	15,4	15,3	15,3	15,2	15,1	15,0
14	16,6	16,5	16,3	16,2	16,1	15,9	15,8	15,7	15,6	15,5	15,4	15,3
12	17,1	16,9	16,8	16,6	16,5	16,3	16,2	16,1	15,9	15,8	15,7	15,6
10	17,6	17,4	17,2	17,1	16,9	16,7	16,6	16,4	16,3	16,2	16,0	15,9
8	18,1	17,9	17,7	17,5	17,3	17,1	17,0	16,8	16,7	16,5	16,4	16,3
6	18,7	18,4	18,2	18,0	17,8	17,6	17,4	17,2	17,1	16,9	16,7	16,6
4	19,3	19,0	18,7	18,5	18,3	18,0	17,8	17,6	17,5	17,3	17,1	16,9
∓ 2	19,9	19,6	19,3	19,0	18,8	18,5	18,3	18,1	17,9	17,7	17,5	17,3
0	20,5	20,2	19,9	19,6	19,3	19,0	18,8	18,5	18,3	18,1	17,9	17,7
± 1	20,8	20,5	20,2	19,9	19,6	19,3	19,0	18,8	18,5	18,3	18,1	17,9
2	21,2	20,8	20,5	20,2	19,9	19,6	19,3	19,0	18,8	18,5	18,3	18,1
3	21,6	21,2	20,8	20,5	20,2	19,8	19,5	19,3	19,0	18,8	18,5	18,3
4	21,9	21,5	21,2	20,8	20,5	20,1	19,8	19,5	19,3	19,0	18,7	18,5
5	22,3	21,9	21,5	21,1	20,8	20,4	20,1	19,8	19,5	19,2	19,0	18,7
6	22,7	22,3	21,9	21,5	21,1	20,7	20,4	20,1	19,8	19,5	19,2	18,9
7	23,2	22,7	22,2	21,8	21,4	21,1	20,7	20,4	20,0	19,7	19,4	19,2
8	23,6	23,1	22,6	22,2	21,8	21,4	21,0	20,6	20,3	20,0	19,7	19,4
9	24,1	23,5	23,0	22,6	22,1	21,7	21,3	20,9	20,6	20,3	19,9	19,6
10	24,5	24,0	23,5	23,0	22,5	22,1	21,7	21,3	20,9	20,5	20,2	19,9
11	25,0	24,5	23,9	23,4	22,9	22,4	22,0	21,6	21,2	20,8	20,5	20,1
12	25,6	25,0	24,4	23,8	23,3	22,8	22,4	21,9	21,5	21,1	20,7	20,4
13	26,1	25,5	24,9	24,3	23,7	23,2	22,7	22,3	21,8	21,4	21,0	20,7
14	26,7	26,0	25,4	24,8	24,2	23,6	23,1	22,6	22,2	21,7	21,3	20,9
15	27,3	26,6	25,9	25,3	24,6	24,1	23,5	23,0	22,5	22,1	21,6	21,2
16	28,0	27,2	26,5	25,8	25,1	24,5	24,0	23,4	22,9	22,4	22,0	21,5
17	28,7	27,8	27,1	26,3	25,6	25,0	24,4	23,8	23,3	22,8	22,3	21,9
18	29,4	28,5	27,7	26,9	26,2	25,5	24,9	24,3	23,7	23,2	22,7	22,2
19	30,2	29,2	28,4	27,5	26,8	26,0	25,4	24,7	24,1	23,6	23,0	22,5
20	31,0	30,0	29,1	28,2	27,4	26,6	25,9	25,2	24,6	24,0	23,4	22,9
21	32,0	30,8	29,8	28,9	28,0	27,2	26,4	25,7	25,0	24,4	23,8	23,3
22	32,9	31,7	30,6	29,6	28,7	27,8	27,0	26,2	25,5	24,9	24,2	23,7
23	33,9	32,7	31,5	30,4	29,4	28,5	27,6	26,8	26,1	25,3	24,7	24,1
24	35,1	33,7	32,4	31,3	30,2	29,2	28,3	27,4	26,6	25,9	25,2	24,5
25	36,3	34,8	33,4	32,2	31,0	29,9	29,0	28,0	27,2	26,4	25,7	25,0
26	37,6	36,0	34,5	33,1	31,9	30,7	29,7	28,7	27,8	27,0	26,2	25,4
27	39,1	37,3	35,7	34,2	32,9	31,6	30,5	29,4	28,5	27,6	26,7	25,9
28	40,7	38,7	37,0	35,4	33,9	32,5	31,3	30,2	29,2	28,2	27,3	26,5
29	42,5	40,3	38,4	36,6	35,0	33,6	32,2	31,0	29,9	28,9	27,9	27,1
30	44,4	42,0	39,9	38,0	36,2	34,7	33,2	31,9	30,7	29,6	28,6	27,7
31	46,6	44,0	41,6	39,5	37,6	35,9	34,3	32,9	31,6	30,4	29,3	28,3
32	49,1	46,1	43,5	41,2	39,1	37,2	35,5	34,0	32,6	31,3	30,1	29,0
33	52,0	48,6	45,6	43,0	40,7	38,6	36,8	35,1	33,6	32,2	30,9	29,8
34	55,3	51,4	48,0	45,1	42,5	40,2	38,2	36,4	34,7	33,2	31,8	30,6
35	59,1	54,6	50,8	47,5	44,6	42,0	39,8	37,7	35,9	34,3	32,8	31,4
36	63,6	58,4	53,9	50,2	46,9	44,0	41,5	39,3	37,3	35,5	33,9	32,4
37	69,0	62,8	57,6	53,2	49,5	46,3	43,5	41,0	38,8	36,8	35,1	33,4
38	75,6	68,1	61,9	56,8	52,5	48,9	45,7	42,9	40,4	38,2	36,3	34,6
39	83,8	74,5	67,1	61,1	56,1	51,8	48,2	45,0	42,3	39,9	37,7	35,8
40	94,3	82,6	73,4	66,2	60,2	55,3	51,1	47,5	44,4	41,7	39,3	37,2
41		92,9	81,3	72,4	65,2	59,3	54,5	50,3	46,8	43,7	41,1	38,7
42			91,5	80,1	71,3	64,2	58,4	53,6	49,6	46,1	43,1	40,4
43				90,0	78,8	70,1	63,2	57,5	52,8	48,8	45,3	42,4
44					88,5	77,5	69,0	62,1	56,6	51,9	48,0	44,6
45						87,0	76,2	67,8	61,1	55,6	51,0	47,2
46						99,7	85,5	74,9	66,6	60,0	54,6	50,1
47							97,9	83,9	73,5	65,4	58,9	53,6
48								96,0	82,4	72,1	64,2	57,8
49									94,1	80,7	70,7	62,9
±50°										92,3	79,1	69,3

12. Tafel zur näherungsweisen Berechnung des Azimutes der Südsterne

δ \ φ	59°	60°	61°	62°	63°	64°	65°	66°	67°	68°	69°	70°
∓10	15,8	15,7	15,6	15,5	15,5	15,4	15,3	15,2	15,2	15,1	15,0	15,0
8	16,1	16,0	15,9	15,8	15,7	15,6	15,5	15,5	15,4	15,3	15,2	15,2
6	16,5	16,3	16,2	16,1	16,0	15,9	15,8	15,7	15,6	15,5	15,4	15,4
4	16,8	16,6	16,5	16,4	16,3	16,1	16,0	15,9	15,8	15,7	15,6	15,6
∓ 2	17,1	17,0	16,8	16,7	16,5	16,4	16,3	16,2	16,1	16,0	15,9	15,8
0	17,5	17,3	17,1	17,0	16,8	16,7	16,6	16,4	16,3	16,2	16,1	16,0
± 1	17,7	17,5	17,3	17,1	17,0	16,8	16,7	16,5	16,4	16,3	16,2	16,1
2	17,9	17,7	17,5	17,3	17,1	17,0	16,8	16,7	16,5	16,4	16,3	16,2
3	18,1	17,9	17,7	17,5	17,3	17,1	17,0	16,8	16,7	16,5	16,4	16,3
4	18,3	18,0	17,8	17,6	17,5	17,3	17,1	16,9	16,8	16,6	16,5	16,4
5	18,5	18,2	18,0	17,8	17,6	17,4	17,3	17,1	16,9	16,8	16,6	16,5
6	18,7	18,4	18,2	18,0	17,8	17,6	17,4	17,2	17,1	16,9	16,7	16,6
7	18,9	18,6	18,4	18,2	18,0	17,8	17,6	17,4	17,2	17,0	16,9	16,7
8	19,1	18,8	18,6	18,4	18,1	17,9	17,7	17,5	17,3	17,2	17,0	16,8
9	19,3	19,1	18,8	18,6	18,3	18,1	17,9	17,7	17,5	17,3	17,1	16,9
10	19,6	19,3	19,0	18,7	18,5	18,3	18,0	17,8	17,6	17,4	17,2	17,1
11	19,8	19,5	19,2	18,9	18,7	18,4	18,2	18,0	17,8	17,6	17,4	17,2
12	20,1	19,7	19,4	19,2	18,9	18,6	18,4	18,1	17,9	17,7	17,5	17,3
13	20,3	20,0	19,7	19,4	19,1	18,8	18,5	18,3	18,1	17,8	17,6	17,4
14	20,6	20,2	19,9	19,6	19,3	19,0	18,7	18,5	18,2	18,0	17,8	17,6
15	20,9	20,5	20,1	19,8	19,5	19,2	18,9	18,6	18,4	18,1	17,9	17,7
16	21,1	20,8	20,4	20,0	19,7	19,4	19,1	18,8	18,6	18,3	18,1	17,8
17	21,4	21,0	20,6	20,3	19,9	19,6	19,3	19,0	18,7	18,5	18,2	18,0
18	21,7	21,3	20,9	20,5	20,2	19,8	19,5	19,2	18,9	18,6	18,4	18,1
19	22,1	21,6	21,2	20,8	20,4	20,1	19,7	19,4	19,1	18,8	18,5	18,2
20	22,4	21,9	21,5	21,1	20,7	20,3	19,9	19,6	19,3	19,0	18,7	18,4
21	22,7	22,2	21,8	21,3	20,9	20,5	20,2	19,8	19,5	19,1	18,8	18,6
22	23,1	22,6	22,1	21,6	21,2	20,8	20,4	20,0	19,7	19,3	19,0	18,7
23	23,5	22,9	22,4	21,9	21,5	21,0	20,6	20,2	19,9	19,5	19,2	18,9
24	23,9	23,3	22,8	22,3	21,8	21,3	20,9	20,5	20,1	19,7	19,4	19,0
25	24,3	23,7	23,1	22,6	22,1	21,6	21,1	20,7	20,3	19,9	19,6	19,2
26	24,8	24,1	23,5	22,9	22,4	21,9	21,4	21,0	20,5	20,1	19,8	19,4
27	25,2	24,5	23,9	23,3	22,7	22,2	21,7	21,2	20,8	20,4	20,0	19,6
28	25,7	25,0	24,3	23,7	23,1	22,5	22,0	21,5	21,0	20,6	20,2	19,8
29	26,2	25,5	24,8	24,1	23,5	22,9	22,3	21,8	21,3	20,8	20,4	20,0
30	26,8	26,0	25,2	24,5	23,9	23,2	22,6	22,1	21,6	21,1	20,6	20,2
31	27,4	26,5	25,7	25,0	24,3	23,6	23,0	22,4	21,9	21,4	20,9	20,4
32	28,0	27,1	26,2	25,4	24,7	24,0	23,4	22,7	22,2	21,6	21,1	20,7
33	28,7	27,7	26,8	25,9	25,2	24,4	23,7	23,1	22,5	21,9	21,4	20,9
34	29,4	28,4	27,4	26,5	25,7	24,9	24,1	23,5	22,8	22,2	21,7	21,2
35	30,2	29,1	28,0	27,1	26,2	25,3	24,6	23,9	23,2	22,6	22,0	21,4
36	31,1	29,8	28,7	27,7	26,7	25,9	25,0	24,3	23,6	22,9	22,3	21,7
37	32,0	30,7	29,5	28,3	27,3	26,4	25,5	24,7	24,0	23,3	22,6	22,0
38	33,0	31,5	30,3	29,1	28,0	27,0	26,0	25,2	24,4	23,6	23,0	22,3
39	34,1	32,5	31,1	29,8	28,7	27,6	26,6	25,7	24,8	24,0	23,3	22,6
40	35,3	33,6	32,1	30,7	29,4	28,3	27,2	26,2	25,3	24,5	23,7	23,0
41	36,6	34,8	33,1	31,6	30,2	29,0	27,8	26,8	25,8	24,9	24,1	23,4
42	38,1	36,1	34,2	32,6	31,1	29,8	28,5	27,4	26,4	25,4	24,6	23,7
43	39,8	37,5	35,5	33,7	32,1	30,6	29,3	28,1	27,0	26,0	25,0	24,2
44	41,7	39,1	36,9	34,9	33,1	31,5	30,1	28,8	27,6	26,5	25,5	24,6
45	43,8	41,0	38,5	36,3	34,3	32,6	31,0	29,6	28,3	27,1	26,1	25,1
46	46,3	43,1	40,3	37,8	35,6	33,7	32,0	30,5	29,1	27,8	26,7	25,6
47	49,2	45,5	42,3	39,5	37,1	35,0	33,1	31,4	29,9	28,5	27,3	26,2
48	52,6	48,3	44,6	41,5	38,8	36,4	34,3	32,5	30,8	29,3	28,0	26,8
49	56,7	51,6	47,3	43,7	40,7	38,0	35,7	33,7	31,8	30,2	28,8	27,5
±50°	61,6	55,5	50,5	46,4	42,9	39,9	37,3	35,0	33,0	31,2	29,6	28,2

13. Tafel zur näherungsweisen Berechnung der Zenitdistanz der Südsterne

δ \ φ	20°	21°	22°	23°	24°	25°	26°	27°	28°	29°	30°	31°	32°	33°
∓30°	2,09	2,04	2,00	1,96	1,92	1,88	1,84	1,81	1,77	1,74	1,70	1,67	1,63	1,60
29	2,14	2,09	2,05	2,01	1,96	1,92	1,88	1,85	1,81	1,77	1,74	1,70	1,67	1,63
28	2,19	2,14	2,10	2,05	2,01	1,97	1,93	1,89	1,85	1,81	1,77	1,73	1,70	1,66
27	2,25	2,20	2,15	2,10	2,06	2,01	1,97	1,93	1,89	1,85	1,81	1,77	1,73	1,69
26	2,31	2,25	2,20	2,15	2,10	2,06	2,01	1,97	1,93	1,88	1,84	1,80	1,77	1,73
25	2,36	2,31	2,26	2,20	2,15	2,11	2,06	2,01	1,97	1,92	1,88	1,84	1,80	1,76
24	2,43	2,37	2,31	2,26	2,21	2,15	2,10	2,06	2,01	1,96	1,92	1,88	1,83	1,79
23	2,49	2,43	2,37	2,31	2,26	2,20	2,15	2,10	2,05	2,01	1,96	1,92	1,87	1,83
22	2,56	2,49	2,43	2,37	2,31	2,26	2,20	2,15	2,10	2,05	2,00	1,95	1,91	1,86
21	2,63	2,56	2,49	2,43	2,37	2,31	2,25	2,20	2,14	2,09	2,04	1,99	1,95	1,90
20	2,70	2,63	2,56	2,49	2,43	2,36	2,31	2,25	2,19	2,14	2,09	2,04	1,99	1,94
19	2,77	2,70	2,62	2,55	2,49	2,42	2,36	2,30	2,24	2,18	2,13	2,08	2,03	1,98
18	2,85	2,77	2,69	2,62	2,55	2,48	2,42	2,35	2,29	2,23	2,18	2,12	2,07	2,02
17	2,93	2,85	2,77	2,69	2,61	2,54	2,47	2,41	2,34	2,28	2,22	2,16	2,11	2,06
16	3,02	2,93	2,84	2,76	2,68	2,61	2,54	2,47	2,40	2,33	2,27	2,21	2,15	2,10
15	3,11	3,01	2,92	2,84	2,75	2,67	2,60	2,53	2,46	2,39	2,32	2,26	2,20	2,14
14	3,20	3,10	3,01	2,91	2,83	2,74	2,66	2,59	2,51	2,44	2,37	2,31	2,24	2,18
13	3,30	3,19	3,09	3,00	2,90	2,82	2,73	2,65	2,57	2,50	2,43	2,36	2,29	2,23
12	3,41	3,29	3,18	3,08	2,99	2,89	2,80	2,72	2,64	2,56	2,49	2,41	2,34	2,28
11	3,52	3,40	3,28	3,17	3,07	2,97	2,88	2,79	2,70	2,62	2,54	2,47	2,40	2,33
10	3,63	3,51	3,38	3,27	3,16	3,06	2,96	2,86	2,77	2,69	2,60	2,53	2,45	2,38
9	3,76	3,62	3,49	3,37	3,25	3,14	3,04	2,94	2,85	2,76	2,67	2,59	2,51	2,43
8	3,89	3,74	3,61	3,48	3,35	3,24	3,13	3,02	2,92	2,83	2,73	2,65	2,57	2,48
7	4,03	3,88	3,73	3,59	3,46	3,33	3,22	3,11	3,00	2,90	2,80	2,71	2,63	2,54
6	4,19	4,02	3,86	3,71	3,57	3,44	3,31	3,19	3,08	2,98	2,88	2,78	2,69	2,60
5	4,35	4,17	3,99	3,84	3,69	3,55	3,41	3,29	3,17	3,06	2,95	2,85	2,76	2,66
4	4,53	4,33	4,14	3,97	3,81	3,66	3,52	3,39	3,26	3,15	3,03	2,93	2,83	2,73
3	4,72	4,50	4,30	4,12	3,95	3,79	3,64	3,49	3,36	3,24	3,12	3,01	2,90	2,80
2	4,92	4,69	4,47	4,27	4,09	3,92	3,76	3,61	3,47	3,33	3,21	3,09	2,98	2,87
∓ 1	5,15	4,89	4,66	4,44	4,24	4,06	3,89	3,73	3,58	3,43	3,30	3,18	3,06	2,94
0	5,39	5,12	4,86	4,63	4,41	4,21	4,03	3,85	3,69	3,54	3,40	3,27	3,14	3,02
± 1	5,67	5,36	5,08	4,82	4,59	4,37	4,18	3,99	3,82	3,66	3,51	3,37	3,23	3,11
2	5,97	5,63	5,32	5,04	4,79	4,55	4,34	4,14	3,95	3,78	3,62	3,47	3,33	3,20
3	6,30	5,92	5,58	5,28	5,00	4,74	4,51	4,30	4,10	3,91	3,74	3,58	3,43	3,29
4	6,68	6,25	5,88	5,54	5,23	4,95	4,70	4,47	4,25	4,05	3,87	3,70	3,54	3,39
5	7,10	6,63	6,20	5,83	5,49	5,18	4,91	4,65	4,42	4,21	4,01	3,82	3,65	3,49
6	7,58	7,04	6,57	6,15	5,77	5,44	5,13	4,86	4,60	4,37	4,16	3,96	3,78	3,61
7	8,14	7,52	6,98	6,51	6,09	5,72	5,38	5,08	4,80	4,55	4,32	4,11	3,91	3,73
8	8,79	8,07	7,45	6,92	6,44	6,03	5,66	5,32	5,02	4,75	4,50	4,27	4,05	3,86
9	9,55	8,71	7,99	7,38	6,85	6,38	5,96	5,59	5,26	4,96	4,69	4,44	4,21	4,00
10		9,46	8,62	7,91	7,30	6,77	6,31	5,89	5,53	5,19	4,90	4,62	4,38	4,15
11			9,37	8,53	7,83	7,22	6,69	6,23	5,82	5,46	5,13	4,83	4,56	4,32
12				9,27	8,44	7,74	7,14	6,61	6,15	5,75	5,38	5,06	4,76	4,49
13					9,16	8,34	7,64	7,05	6,53	6,07	5,67	5,31	4,98	4,69
14						9,05	8,24	7,55	6,95	6,44	5,99	5,59	5,23	4,91
15						9,90	8,93	8,13	7,44	6,86	6,35	5,90	5,50	5,15
16							9,77	8,81	8,02	7,34	6,76	6,25	5,81	5,41
17								9,63	8,69	7,90	7,23	6,65	6,15	5,71
18									9,50	8,56	7,78	7,12	6,55	6,05
19										9,35	8,43	7,65	7,00	6,44
20											9,20	8,29	7,53	6,88
21												9,05	8,15	7,39
22												9,98	8,89	8,00
23													9,80	8,73
±24°														9,62

13. Tafel zur näherungsweisen Berechnung der Zenitdistanz der Südsterne

δ \ φ	34°	35°	36°	37°	38°	39°	40°	41°	42°	43°	44°	45°	46°	47°
∓30°	1,57	1,54	1,51	1,48	1,45	1,42	1,39	1,36	1,33	1,30	1,27	1,25	1,22	1,19
29	1,60	1,57	1,53	1,50	1,47	1,44	1,41	1,38	1,35	1,32	1,29	1,26	1,24	1,21
28	1,63	1,59	1,56	1,53	1,50	1,46	1,43	1,40	1,37	1,34	1,31	1,28	1,25	1,22
27	1,66	1,62	1,59	1,55	1,52	1,49	1,46	1,42	1,39	1,36	1,33	1,30	1,27	1,24
26	1,69	1,65	1,62	1,58	1,55	1,51	1,48	1,45	1,41	1,38	1,35	1,32	1,29	1,26
25	1,72	1,68	1,65	1,61	1,57	1,54	1,50	1,47	1,44	1,40	1,37	1,34	1,31	1,28
24	1,75	1,71	1,68	1,64	1,60	1,56	1,53	1,49	1,46	1,43	1,39	1,36	1,33	1,29
23	1,79	1,75	1,71	1,67	1,63	1,59	1,55	1,52	1,48	1,45	1,41	1,38	1,34	1,31
22	1,82	1,78	1,74	1,70	1,66	1,62	1,58	1,54	1,51	1,47	1,43	1,40	1,36	1,33
21	1,85	1,81	1,77	1,73	1,69	1,65	1,61	1,57	1,53	1,49	1,45	1,42	1,38	1,35
20	1,89	1,85	1,80	1,76	1,71	1,67	1,63	1,59	1,55	1,51	1,48	1,44	1,40	1,37
19	1,93	1,88	1,83	1,79	1,74	1,70	1,66	1,62	1,58	1,54	1,50	1,46	1,42	1,39
18	1,96	1,92	1,87	1,82	1,78	1,73	1,69	1,64	1,60	1,56	1,52	1,48	1,44	1,41
17	2,00	1,95	1,90	1,85	1,81	1,76	1,72	1,67	1,63	1,59	1,54	1,50	1,46	1,43
16	2,04	1,99	1,94	1,89	1,84	1,79	1,74	1,70	1,65	1,61	1,57	1,53	1,49	1,45
15	2,08	2,03	1,97	1,92	1,87	1,82	1,77	1,73	1,68	1,64	1,59	1,55	1,51	1,47
14	2,12	2,07	2,01	1,95	1,90	1,85	1,80	1,76	1,71	1,66	1,62	1,57	1,53	1,49
13	2,17	2,11	2,05	1,99	1,94	1,88	1,83	1,78	1,74	1,69	1,64	1,60	1,55	1,51
12	2,21	2,15	2,09	2,03	1,98	1,92	1,87	1,81	1,76	1,71	1,67	1,62	1,57	1,53
11	2,26	2,20	2,13	2,07	2,01	1,96	1,90	1,85	1,79	1,74	1,69	1,64	1,60	1,55
10	2,31	2,24	2,17	2,11	2,05	1,99	1,93	1,88	1,82	1,77	1,72	1,67	1,62	1,57
9	2,36	2,29	2,22	2,15	2,09	2,03	1,97	1,91	1,85	1,80	1,75	1,69	1,64	1,60
8	2,41	2,34	2,26	2,20	2,13	2,07	2,00	1,94	1,89	1,83	1,77	1,72	1,67	1,62
7	2,46	2,39	2,31	2,24	2,17	2,11	2,04	1,98	1,92	1,86	1,80	1,75	1,70	1,64
6	2,52	2,44	2,36	2,29	2,21	2,15	2,08	2,01	1,95	1,89	1,83	1,78	1,72	1,67
5	2,58	2,49	2,41	2,33	2,26	2,19	2,12	2,05	1,99	1,92	1,86	1,81	1,75	1,69
4	2,64	2,55	2,47	2,38	2,31	2,23	2,16	2,09	2,02	1,96	1,90	1,84	1,78	1,72
3	2,70	2,61	2,52	2,44	2,36	2,28	2,20	2,13	2,06	1,99	1,93	1,87	1,80	1,75
2	2,77	2,67	2,58	2,49	2,41	2,32	2,25	2,17	2,10	2,03	1,96	1,90	1,83	1,77
∓ 1	2,84	2,74	2,64	2,55	2,46	2,37	2,29	2,21	2,14	2,07	2,00	1,93	1,86	1,80
0	2,91	2,81	2,70	2,61	2,51	2,42	2,34	2,26	2,18	2,11	2,03	1,96	1,90	1,83
± 1	2,99	2,88	2,77	2,67	2,57	2,48	2,39	2,31	2,22	2,15	2,07	2,00	1,93	1,86
2	3,07	2,95	2,84	2,73	2,63	2,53	2,44	2,35	2,27	2,19	2,11	2,03	1,96	1,89
3	3,16	3,03	2,91	2,80	2,69	2,59	2,50	2,40	2,32	2,23	2,15	2,07	2,00	1,93
4	3,25	3,12	2,99	2,87	2,76	2,65	2,55	2,46	2,37	2,28	2,19	2,11	2,03	1,96
5	3,34	3,21	3,07	2,95	2,83	2,72	2,61	2,51	2,42	2,32	2,24	2,15	2,07	1,99
6	3,45	3,30	3,16	3,03	2,90	2,79	2,68	2,57	2,47	2,37	2,28	2,19	2,11	2,03
7	3,56	3,40	3,25	3,11	2,98	2,86	2,74	2,63	2,52	2,42	2,33	2,24	2,15	2,07
8	3,68	3,51	3,35	3,20	3,06	2,93	2,81	2,69	2,58	2,48	2,38	2,28	2,19	2,11
9	3,80	3,62	3,46	3,30	3,15	3,01	2,88	2,76	2,65	2,54	2,43	2,33	2,24	2,15
10	3,94	3,75	3,57	3,40	3,25	3,10	2,96	2,83	2,71	2,60	2,49	2,38	2,29	2,19
11	4,09	3,88	3,69	3,51	3,35	3,19	3,05	2,91	2,78	2,66	2,54	2,44	2,33	2,24
12	4,25	4,03	3,82	3,63	3,45	3,29	3,13	2,99	2,85	2,73	2,61	2,49	2,39	2,28
13	4,43	4,18	3,96	3,76	3,57	3,39	3,23	3,08	2,93	2,80	2,67	2,55	2,44	2,33
14	4.62	4,36	4,12	3,89	3,69	3,50	3,33	3,17	3,02	2,87	2,74	2,62	2,50	2,39
15	4,83	4,54	4,28	4,04	3,83	3,62	3,44	3,27	3,11	2,95	2,81	2,68	2,56	2,44
16	5,06	4,75	4,46	4,21	3,97	3,75	3,56	3,37	3,20	3,04	2,89	2,75	2,62	2,50
17	5,32	4,98	4,67	4,39	4,13	3,90	3,68	3,48	3,30	3,13	2,98	2,83	2,69	2,56
18	5,62	5,23	4,89	4,58	4,30	4,05	3,82	3,61	3,41	3,23	3,07	2,91	2,76	2,63
19	5,95	5,52	5,14	4,80	4,49	4,21	3,97	3,74	3,53	3,34	3,16	3,00	2,84	2,70
20	6,32	5,84	5,42	5,04	4,71	4,40	4,13	3,89	3,66	3,45	3,26	3,09	2,92	2,77
21	6,76	6,21	5,73	5,31	4,94	4,61	4,31	4,04	3,80	3,58	3,37	3,19	3,01	2,85
22	7,26	6,63	6,09	5,62	5,20	4,84	4,51	4,22	3,96	3,72	3,50	3,29	3,11	2,94
23	7,85	7,12	6,50	5,97	5,50	5,10	4,74	4,41	4,13	3,87	3,63	3,41	3,21	3,03
24	8,56	7,70	6,98	6,37	5,84	5,39	4,99	4,63	4,31	4,03	3,77	3,54	3,33	3,13
25	9,43	8,39	7,55	6,83	6,23	5,72	5,27	4,87	4,52	4,21	3,93	3,68	3,45	3,24
26		9,24	8,22	7,39	6,69	6,10	5,59	5,15	4,76	4,41	4,11	3,83	3,58	3,36
27			9,05	8,04	7,23	6,54	5,96	5,46	5,02	4,64	4,30	4,00	3,73	3,49
28				8,85	7,87	7,06	6,39	5,82	5,33	4,90	4,52	4,19	3,90	3,63
29				9,85	8,65	7,69	6,89	6,23	5,67	5,19	4,77	4,41	4,08	3,79
±30°					9,63	8,45	7,50	6,73	6,08	5,53	5,06	4,65	4,29	3,97

13. Tafel zur näherungsweisen Berechnung der Zenitdistanz der Südsterne

δ \ φ	47°	48°	49°	50°	51°	52°	53°	54°	55°	56°	57°	58°
∓20°	1,37	1,33	1,30	1,26	1,23	1,19	1,16	1,13	1,10	1,06	1,03	1,00
18	1,41	1,37	1,33	1,30	1,26	1,22	1,19	1,15	1,12	1,09	1,05	1,02
16	1,45	1,41	1,37	1,33	1,29	1,25	1,22	1,18	1,15	1,11	1,08	1,04
14	1,49	1,44	1,40	1,36	1,32	1,28	1,25	1,21	1,17	1,13	1,10	1,06
12	1,53	1,48	1,44	1,40	1,36	1,32	1,28	1,24	1,20	1,16	1,12	1,08
10	1,57	1,52	1,48	1,44	1,39	1,35	1,31	1,26	1,22	1,18	1,14	1,11
8	1,62	1,57	1,52	1,47	1,43	1,38	1,34	1,29	1,25	1,21	1,17	1,13
6	1,67	1,61	1,56	1,51	1,47	1,42	1,37	1,33	1,28	1,24	1,19	1,15
4	1,72	1,66	1,61	1,56	1,51	1,45	1,41	1,36	1,31	1,26	1,22	1,18
∓ 2	1,77	1,71	1,66	1,60	1,55	1,49	1,44	1,39	1,34	1,29	1,25	1,20
0	1,83	1,77	1,70	1,65	1,59	1,53	1,48	1,43	1,38	1,32	1,28	1,23
± 1	1,86	1,80	1,73	1,67	1,61	1,56	1,50	1,45	1,39	1,34	1,29	1,24
2	1,89	1,83	1,76	1,70	1,64	1,58	1,52	1,46	1,41	1,36	1,31	1,25
3	1,93	1,86	1,79	1,72	1,66	1,60	1,54	1,48	1,43	1,37	1,32	1,27
4	1,96	1,89	1,82	1,75	1,69	1,62	1,56	1,50	1,45	1,39	1,34	1,28
5	1,99	1,92	1,85	1,78	1,71	1,65	1,58	1,52	1,47	1,41	1,35	1,30
6	2,03	1,95	1,88	1,81	1,74	1,67	1,61	1,54	1,48	1,43	1,37	1,31
7	2,07	1,99	1,91	1,84	1,77	1,70	1,63	1,57	1,50	1,44	1,39	1,33
8	2,11	2,02	1,94	1,87	1,79	1,72	1,65	1,59	1,53	1,46	1,40	1,35
9	2,15	2,06	1,98	1,90	1,82	1,75	1,68	1,61	1,55	1,48	1,42	1,36
10	2,19	2,10	2,02	1,93	1,85	1,78	1,71	1,64	1,57	1,50	1,44	1,38
11	2,24	2,14	2,05	1,97	1,89	1,81	1,73	1,66	1,59	1,52	1,46	1,40
12	2,28	2,19	2,09	2,01	1,92	1,84	1,76	1,69	1,62	1,55	1,48	1,41
13	2,33	2,23	2,14	2,05	1,96	1,87	1,79	1,71	1,64	1,57	1,50	1,43
14	2,39	2,28	2,18	2,09	1,99	1,91	1,82	1,74	1,67	1,59	1,52	1,45
15	2,44	2,33	2,23	2,13	2,03	1,94	1,85	1,77	1,69	1,62	1,54	1,47
16	2,50	2,38	2,27	2,17	2,07	1,98	1,89	1,80	1,72	1,64	1,57	1,50
17	2,56	2,44	2,33	2,22	2,11	2,02	1,92	1,83	1,75	1,67	1,59	1,52
18	2,63	2,50	2,38	2,27	2,16	2,06	1,96	1,87	1,78	1,70	1,62	1,54
19	2,70	2,56	2,44	2,32	2,21	2,10	2,00	1,90	1,81	1,73	1,64	1,56
20	2,77	2,63	2,50	2,37	2,26	2,14	2,04	1,94	1,84	1,76	1,67	1,59
21	2,85	2,70	2,56	2,43	2,31	2,19	2,08	1,98	1,88	1,79	1,70	1,61
22	2,94	2,78	2,63	2,49	2,36	2,24	2,13	2,02	1,92	1,82	1,73	1,64
23	3,03	2,86	2,71	2,56	2,42	2,30	2,18	2,06	1,96	1,86	1,76	1,67
24	3,13	2,95	2,79	2,63	2,49	2,35	2,23	2,11	2,00	1,89	1,79	1,70
25	3,24	3,05	2,87	2,71	2,56	2,41	2,28	2,16	2,04	1,93	1,83	1,73
26	3,36	3,15	2,96	2,79	2,63	2,48	2,34	2,21	2,09	1,97	1,87	1,77
27	3,49	3,27	3,06	2,88	2,71	2,55	2,40	2,27	2,14	2,02	1,91	1,80
28	3,63	3,39	3,17	2,98	2,79	2,62	2,47	2,33	2,19	2,07	1,95	1,84
29	3,79	3,53	3,29	3,08	2,89	2,71	2,54	2,39	2,25	2,12	1,99	1,88
30	3,97	3,68	3,43	3,20	2,99	2,80	2,62	2,46	2,31	2,17	2,04	1,92
31	4,17	3,85	3,57	3,32	3,10	2,89	2,70	2,53	2,37	2,23	2,09	1,96
32	4,39	4,04	3,74	3,46	3,22	3,00	2,80	2,61	2,44	2,29	2,15	2,01
33	4,64	4,26	3,92	3,62	3,35	3,11	2,90	2,70	2,52	2,36	2,21	2,06
34	4,94	4,50	4,13	3,80	3,50	3,24	3,01	2,80	2,61	2,43	2,27	2,12
35	5,28	4,78	4,36	3,99	3,67	3,39	3,13	2,90	2,70	2,51	2,34	2,18
36	5,68	5,11	4,63	4,22	3,86	3,55	3,27	3,02	2,80	2,60	2,41	2,25
37	6,16	5,50	4,95	4,48	4,08	3,73	3,42	3,15	2,91	2,69	2,50	2,32
38	6,75	5,96	5,32	4,78	4,33	3,94	3,59	3,30	3,04	2,80	2,59	2,40
39	7,48	6,53	5,76	5,14	4,62	4,18	3,80	3,46	3,18	2,92	2,69	2,48
40	8,42	7,23	6,31	5,57	4,96	4,45	4,02	3,65	3,33	3,05	2,80	2,58
41	9,67	8,14	6,98	6,09	5,37	4,78	4,29	3,87	3,51	3,20	2,93	2,69
42		9,34	7,85	6,74	5,87	5,17	4,60	4,12	3,72	3,37	3,07	2,80
43			9,01	7,57	6,49	5,65	4,98	4,42	3,96	3,57	3,23	2,94
44				8,69	7,29	6,25	5,43	4,78	4,25	3,80	3,42	3,09
45					8,36	7,01	6,00	5,22	4,59	4,08	3,64	3,27
46					9,85	8,03	6,74	5,76	5,00	4,39	3,89	3,48
47						9,46	7,71	6,46	5,52	4,79	4,20	3,72
48							9,07	7,39	6,18	5,28	4,57	4,01
49								8,69	7,07	5,91	5,04	4,36
±50°									8,31	6,75	5,64	4,79

13. Tafel zur näherungsweisen Berechnung der Zenitdistanz der Südsterne

δ \ φ	59°	60°	61°	62°	63°	64°	65°	66°	67°	68°	69°	70°
∓10	1,07	1,03	0,99	0,95	0,92	0,88	0,85	0,81	0,78	0,74	0,71	0,67
8	1,09	1,05	1,01	0,97	0,93	0,90	0,86	0,82	0,79	0,75	0,72	0,68
6	1,11	1,07	1,03	0,99	0,95	0,91	0,87	0,84	0,80	0,76	0,72	0,69
4	1,13	1,09	1,05	1,01	0,97	0,93	0,89	0,85	0,81	0,77	0,73	0,70
∓ 2	1,16	1,11	1,07	1,03	0,98	0,94	0,90	0,86	0,82	0,78	0,74	0,71
0	1,18	1,13	1,09	1,04	1,00	0,96	0,92	0,87	0,83	0,79	0,75	0,71
± 1	1,19	1,15	1,10	1,05	1,01	0,97	0,92	0,88	0,84	0,80	0,76	0,72
2	1,20	1,16	1,11	1,06	1,02	0,97	0,93	0,89	0,85	0,80	0,76	0,72
3	1,22	1,17	1,12	1,07	1,03	0,98	0,94	0,90	0,85	0,81	0,77	0,73
4	1,23	1,18	1,13	1,08	1,04	0,99	0,95	0,90	0,86	0,82	0,77	0,73
5	1,25	1,19	1,14	1,10	1,05	1,00	0,95	0,91	0,87	0,82	0,78	0,74
6	1,26	1,21	1,16	1,11	1,06	1,01	0,96	0,92	0,87	0,83	0,79	0,74
7	1,27	1,22	1,17	1,12	1,07	1,02	0,97	0,92	0,88	0,83	0,79	0,75
8	1,29	1,23	1,18	1,13	1,08	1,03	0,98	0,93	0,89	0,84	0,80	0,75
9	1,30	1,25	1,19	1,14	1,09	1,04	0,99	0,94	0,89	0,85	0,80	0,76
10	1,32	1,26	1,21	1,15	1,10	1,05	1,00	0,95	0,90	0,85	0,81	0,76
11	1,34	1,28	1,22	1,16	1,11	1,06	1,01	0,96	0,91	0,86	0,81	0,77
12	1,35	1,29	1,23	1,18	1,12	1,07	1,02	0,97	0,92	0,87	0,82	0,77
13	1,37	1,31	1,25	1,19	1,13	1,08	1,03	0,97	0,92	0,87	0,83	0,78
14	1,39	1,32	1,26	1,20	1,15	1,09	1,04	0,98	0,93	0,88	0,83	0,79
15	1,41	1,34	1,28	1,21	1,16	1,10	1,05	0,99	0,94	0,89	0,84	0,79
16	1,43	1,36	1,29	1,23	1,17	1,11	1,06	1,00	0,95	0,90	0,85	0,80
17	1,45	1,38	1,31	1,25	1,19	1,13	1,07	1,01	0,96	0,91	0,85	0,80
18	1,47	1,40	1,33	1,26	1,20	1,14	1,08	1,02	0,97	0,91	0,86	0,81
19	1,49	1,42	1,35	1,28	1,21	1,15	1,09	1,03	0,98	0,92	0,87	0,82
20	1,51	1,44	1,36	1,29	1,23	1,16	1,10	1,04	0,99	0,93	0,88	0,82
21	1,53	1,46	1,38	1,31	1,24	1,18	1,12	1,05	1,00	0,94	0,88	0,83
22	1,56	1,48	1,40	1,33	1,26	1,19	1,13	1,07	1,01	0,95	0,89	0,84
23	1,58	1,50	1,42	1,35	1,28	1,21	1,14	1,08	1,02	0,96	0,90	0,85
24	1,61	1,53	1,45	1,37	1,29	1,22	1,16	1,09	1,03	0,97	0,91	0,85
25	1,64	1,55	1,47	1,39	1,31	1,24	1,17	1,10	1,04	0,98	0,92	0,86
26	1,67	1,58	1,49	1,41	1,33	1,26	1,19	1,12	1,05	0,99	0,93	0,87
27	1,70	1,61	1,52	1,43	1,35	1,27	1,20	1,13	1,06	1,00	0,94	0,88
28	1,73	1,64	1,54	1,46	1,37	1,29	1,22	1,15	1,08	1,01	0,95	0,89
29	1,77	1,67	1,57	1,48	1,39	1,31	1,23	1,16	1,09	1,02	0,96	0,90
30	1,81	1,70	1,60	1,51	1,42	1,33	1,25	1,18	1,10	1,03	0,97	0,90
31	1,85	1,74	1,63	1,53	1,44	1,35	1,27	1,19	1,12	1,05	0,98	0,91
32	1,89	1,77	1,67	1,56	1,47	1,38	1,29	1,21	1,13	1,06	0,99	0,93
33	1,93	1,81	1,70	1,59	1,49	1,40	1,31	1,23	1,15	1,08	1,00	0,94
34	1,98	1,86	1,74	1,63	1,52	1,43	1,34	1,25	1,17	1,09	1,02	0,95
35	2,04	1,90	1,78	1,66	1,56	1,45	1,36	1,27	1,19	1,11	1,03	0,96
36	2,09	1,95	1,82	1,70	1,59	1,48	1,38	1,29	1,21	1,12	1,05	0,97
37	2,16	2,01	1,87	1,74	1,62	1,51	1,41	1,32	1,23	1,14	1,06	0,98
38	2,22	2,07	1,92	1,78	1,66	1,55	1,44	1,34	1,25	1,16	1,08	1,00
39	2,30	2,13	1,98	1,83	1,70	1,58	1,47	1,37	1,27	1,18	1,09	1,01
40	2,38	2,20	2,04	1,88	1,75	1,62	1,50	1,40	1,29	1,20	1,11	1,03
41	2,47	2,28	2,10	1,94	1,80	1,66	1,54	1,43	1,32	1,22	1,13	1,05
42	2,57	2,36	2,17	2,00	1,85	1,71	1,58	1,46	1,35	1,25	1,15	1,06
43	2,68	2,46	2,25	2,07	1,91	1,76	1,62	1,49	1,38	1,27	1,17	1,08
44	2,81	2,56	2,34	2,15	1,97	1,81	1,67	1,53	1,41	1,30	1,20	1,10
45	2,96	2,68	2,44	2,23	2,04	1,87	1,72	1,58	1,45	1,33	1,22	1,12
46	3,12	2,82	2,56	2,32	2,12	1,93	1,77	1,62	1,49	1,36	1,25	1,15
47	3,32	2,98	2,68	2,43	2,21	2,01	1,83	1,67	1,53	1,40	1,28	1,17
48	3,55	3,16	2,83	2,55	2,31	2,09	1,90	1,73	1,58	1,44	1,31	1,20
49	3,82	3,38	3,00	2,69	2,42	2,18	1,98	1,79	1,63	1,48	1,35	1,23
±50°	4,16	3,63	3,21	2,85	2,55	2,29	2.06	1.86	1,69	1,53	1,39	1,26

14. Quadrate des Stundenwinkels

t	0^m	1^m	2^m	3^m	4^m	5^m	6^m	7^m	8^m	9^m	10^m	11^m	12^m	13^m	14^m	15^m
0^s	0,0	1,0	4,0	9,0	16,0	25,0	36,0	49,0	64,0	81,0	100,0	121,0	144,0	169,0	196,0	225,0
1	0,0	1,0	4,1	9,1	16,1	25,2	36,2	49,2	64,3	81,3	100,3	121,4	144,4	169,4	196,5	225,5
2	0,0	1,1	4,1	9,2	16,2	25,3	36,4	49,5	64,5	81,6	100,7	121,7	144,8	169,9	196,9	226,0
3	0,0	1,1	4,2	9,3	16,4	25,5	36,6	49,7	64,8	81,9	101,0	122,1	145,2	170,3	197,4	226,5
4	0,0	1,1	4,3	9,4	16,5	25,7	36,8	49,9	65,1	82,2	101,3	122,5	145,6	170,7	197,9	227,0
5	0,0	1,2	4,3	9,5	16,7	25,8	37,0	50,2	65,3	82,5	101,7	122,8	146,0	171,2	198,3	227,5
6	0,0	1,2	4,4	9,6	16,8	26,0	37,2	50,4	65,6	82,8	102,0	123,2	146,4	171,6	198,8	228,0
7	0,0	1,2	4,5	9,7	16,9	26,2	37,4	50,6	65,9	83,1	102,3	123,6	146,8	172,0	199,3	228,5
8	0,0	1,3	4,6	9,8	17,1	26,3	37,6	50,9	66,1	83,4	102,7	124,0	147,2	172,5	199,7	229,0
9	0,0	1,3	4,6	9,9	17,2	26,5	37,8	51,1	66,4	83,7	103,0	124,3	147,6	172,9	200,2	229,5
10	0,0	1,4	4,7	10,0	17,4	26,7	38,0	51,4	66,7	84,0	103,4	124,7	148,0	173,3	200,7	230,0
11	0,0	1,4	4,8	10,1	17,5	26,9	38,2	51,6	67,0	84,3	103,7	125,1	148,4	173,8	201,1	230,5
12	0,0	1,4	4,8	10,2	17,6	27,0	38,4	51,8	67,2	84,6	104,0	125,4	148,8	174,2	201,6	231,0
13	0,0	1,5	4,9	10,3	17,8	27,2	38,6	52,1	67,5	84,9	104,4	125,8	149,2	174,6	202,1	231,5
14	0,1	1,5	5,0	10,4	17,9	27,4	38,8	52,3	67,8	85,3	104,7	126,2	149,7	175,1	202,6	232,0
15	0,1	1,6	5,1	10,6	18,1	27,6	39,1	52,6	68,1	85,6	105,1	126,6	150,1	175,6	203,1	232,6
16	0,1	1,6	5,1	10,7	18,2	27,7	39,3	52,8	68,3	85,9	105,4	126,9	150,5	176,0	203,5	233,1
17	0,1	1,6	5,2	10,8	18,3	27,9	39,5	53,1	68,6	86,2	105,7	127,3	150,9	176,4	204,0	233,6
18	0,1	1,7	5,3	10,9	18,5	28,1	39,7	53,3	68,9	86,5	106,1	127,7	151,3	176,9	204,5	234,1
19	0,1	1,7	5,4	11,0	18,6	28,3	39,9	53,5	69,2	86,8	106,4	128,1	151,7	177,3	205,0	234,6
20	0,1	1,8	5,4	11,1	18,8	28,4	40,1	53,8	69,4	87,1	106,8	128,4	152,1	177,7	205,4	235,1
21	0,1	1,8	5,5	11,2	18,9	28,6	40,3	54,0	69,7	87,4	107,1	128,8	152,5	178,2	205,9	235,6
22	0,1	1,9	5,6	11,3	19,1	28,8	40,5	54,3	70,0	87,7	107,5	129,2	152,9	178,7	206,4	236,1
23	0,1	1,9	5,7	11,4	19,2	29,0	40,7	54,5	70,3	88,0	107,8	129,6	153,3	179,1	206,9	236,6
24	0,2	2,0	5,8	11,6	19,4	29,2	41,0	54,8	70,6	88,4	108,2	130,0	153,8	179,6	207,4	237,2
25	0,2	2,0	5,8	11,7	19,5	29,3	41,2	55,0	70,8	88,7	108,5	130,3	154,2	180,0	207,9	237,7
26	0,2	2,1	5,9	11,8	19,7	29,5	41,4	55,3	71,1	89,0	108,9	130,7	154,6	180,5	208,3	238,2
27	0,2	2,1	6,0	11,9	19,8	29,7	41,6	55,5	71,4	89,3	109,2	131,1	155,0	180,9	208,8	238,7
28	0,2	2,2	6,1	12,0	19,9	29,9	41,8	55,8	71,7	89,6	109,6	131,5	155,4	181,4	209,3	239,2
29	0,2	2,2	6,2	12,1	20,1	30,1	42,0	56,0	72,0	89,9	109,9	131,9	155,8	181,8	209,8	239,7
30	0,3	2,3	6,3	12,3	20,3	30,3	42,3	56,3	72,3	90,3	110,3	132,3	156,3	182,3	210,3	240,3
31	0,3	2,3	6,3	12,4	20,4	30,4	42,5	56,5	72,5	90,6	110,6	132,6	156,7	182,7	210,8	240,8
32	0,3	2,4	6,4	12,5	20,5	30,6	42,7	56,7	72,8	90,9	111,0	133,0	157,1	183,2	211,2	241,3
33	0,3	2,4	6,5	12,6	20,7	30,8	42,9	57,0	73,1	91,2	111,3	133,4	157,5	183,6	211,7	241,8
34	0,3	2,5	6,6	12,7	20,8	31,0	43,1	57,3	73,4	91,5	111,7	133,8	157,9	184,1	212,2	242,3
35	0,3	2,5	6,7	12,8	21,0	31,2	43,3	57,5	73,7	91,8	112,0	134,2	158,3	184,5	212,7	242,8
36	0,4	2,6	6,8	13,0	21,2	31,4	43,6	57,8	74,0	92,2	112,4	134,6	158,8	185,0	213,2	243,4
37	0,4	2,6	6,8	13,1	21,3	31,5	43,8	58,0	74,3	92,5	112,7	134,9	159,2	185,4	213,7	243,9
38	0,4	2,7	6,9	13,2	21,5	31,7	44,0	58,3	74,5	92,8	113,1	135,3	159,6	185,9	214,1	244,4
39	0,4	2,7	7,0	13,3	21,6	31,9	44,2	58,5	74,8	93,1	113,4	135,7	160,0	186,3	214,6	244,9
40	0,4	2,8	7,1	13,4	21,8	32,1	44,4	58,8	75,1	93,4	113,8	136,1	160,4	186,8	215,1	245,4
41	0,5	2,8	7,2	13,6	21,9	32,3	44,7	59,0	75,4	93,8	114,1	136,5	160,9	187,2	215,6	245,9
42	0,5	2,9	7,3	13,7	22,1	32,5	44,9	59,3	75,7	94,1	114,5	136,9	161,3	187,7	216,1	246,5
43	0,5	2,9	7,4	13,8	22,2	32,7	45,1	59,5	76,0	94,4	114,8	137,3	161,7	188,1	216,6	247,0
44	0,5	3,0	7,5	13,9	22,4	32,9	45,3	59,8	76,3	94,7	115,2	137,7	162,1	188,6	217,1	247,5
45	0,6	3,1	7,6	14,1	22,6	33,1	45,6	60,1	76,6	95,1	115,6	138,1	162,6	189,1	217,6	248,1
46	0,6	3,1	7,7	14,2	22,7	33,3	45,8	60,3	76,9	95,4	115,9	138,5	163,0	189,5	218,0	248,6
47	0,6	3,2	7,7	14,3	22,9	33,4	46,0	60,6	77,1	95,7	116,3	138,8	163,4	189,9	218,5	249,1
48	0,6	3,2	7,8	14,4	23,0	33,6	46,2	60,8	77,4	96,0	116,6	139,2	163,8	190,4	219,0	249,6
49	0,7	3,3	7,9	14,6	23,2	33,8	46,5	61,1	77,7	96,4	117,0	139,6	164,3	190,9	219,5	250,1
50	0,7	3,4	8,0	14,7	23,4	34,0	46,7	61,4	78,0	96,7	117,4	140,0	164,7	191,3	220,0	250,6
51	0,7	3,4	8,1	14,8	23,5	34,2	46,9	61,6	78,3	97,0	117,7	140,4	165,1	191,8	220,5	251,2
52	0,8	3,5	8,2	15,0	23,7	34,4	47,2	61,9	78,6	97,4	118,1	140,8	165,6	192,3	221,0	251,7
53	0,8	3,5	8,3	15,1	23,8	34,6	47,4	62,1	78,9	97,7	118,4	141,2	166,0	192,7	221,5	252,2
54	0,8	3,6	8,4	15,2	24,0	34,8	47,6	62,4	79,2	98,0	118,8	141,6	166,4	193,2	222,0	252,8
55	0,8	3,7	8,5	15,3	24,2	35,0	47,8	62,7	79,5	98,3	119,2	142,0	166,8	193,7	222,5	253,3
56	0,9	3,7	8,6	15,5	24,3	35,2	48,1	62,9	79,8	98,7	119,5	142,4	167,3	194,1	223,0	253,8
57	0,9	3,8	8,7	15,6	24,5	35,4	48,3	63,2	80,1	99,0	119,9	142,8	167,7	194,6	223,5	254,4
58	0,9	3,9	8,8	15,7	24,7	35,6	48,5	63,5	80,4	99,3	120,3	143,2	168,1	195,1	224,0	254,9
59	1,0	3,9	8,9	15,9	24,8	35,8	48,8	63,7	80,7	99,7	120,6	143,6	168,6	195,5	224,5	255,4
60^s	1,0	4,0	9,0	16,0	25,0	36,0	49,0	64,0	81,0	100,0	121.0	144,0	169,0	196,0	225,0	256,0

15. Stundenwinkel für den Durchgang durch den I. Vertikal (für zenitnahe Sterne)

φ ∓ δ \ φ	30°	31°	32°	33°	34°	35°	36°	37°	38°	39°	40°
0°00'	$0^h00^m,0$	$0^h00^m,0$	$0^h00^m,0$	$0^h00^m,0$	$0^h00^m,0$	$0^h00^m,0$	$0^h00^m,0$	$0^h00^m,0$	$0^h00^m,0$	$0^h00^m,0$	$0^h00^m,0$
02	11,9	11,8	11,7	11,6	11,5	11,4	11,3	11,3	11,2	11,2	11,1
04	16,8	16,6	16,5	16,4	16,2	16,1	16,0	15,9	15,9	15,8	15,8
06	20,6	20,4	20,2	20,0	19,9	19,8	19,6	19,5	19,4	19,3	19,3
08	23,8	23,5	23,3	23,1	23,0	22,8	22,7	22,5	22,4	22,3	22,3
10	26,6	26,3	26,1	25,9	25,7	25,5	25,3	25,2	25,1	25,0	24,9
12	29,1	28,8	28,6	28,3	28,1	27,9	27,8	27,6	27,5	27,4	27,3
14	31,4	31,1	30,8	30,6	30,4	30,2	30,0	29,8	29,7	29,5	29,4
16	33,6	33,3	33,0	32,7	32,5	32,2	32,0	31,9	31,7	31,6	31,4
18	35,6	35,3	35,0	34,7	34,4	34,2	34,0	33,8	33,6	33,5	33,4
20	37,5	37,2	36,9	36,6	36,3	36,0	35,8	35,6	35,4	35,3	35,2
22	39,4	39,0	38,7	38,3	38,0	37,7	37,5	37,3	37,2	37,1	36,9
24	41,1	40,7	40,4	40,0	39,7	39,4	39,2	39,0	38,8	38,7	38,5
26	42,8	42,4	42,0	41,6	41,3	41,0	40,8	40,6	40,4	40,3	40,1
28	44,4	44,0	43,6	43,2	42,9	42,6	42,4	42,1	41,9	41,8	41,6
30	46,0	45,5	45,1	44,7	44,4	44,1	43,8	43,6	43,4	43,2	43,1
32	47,5	47,0	46,6	46,2	45,9	45,6	45,3	45,0	44,8	44,6	44,4
34	49,0	48,5	48,0	47,6	47,3	47,0	46,7	46,4	46,2	46,0	45,8
36	50,4	49,9	49,4	49,0	48,6	48,3	48,0	47,7	47,5	47,3	47,1
38	51,7	51,2	50,8	50,4	50,0	49,6	49,3	49,0	48,8	48,6	48,4
40	53,1	52,6	52,1	51,7	51,3	50,9	50,6	50,3	50,1	49,9	49,7
42	54,4	53,9	53,4	52,9	52,5	52,1	51,8	51,5	51,3	51,1	50,9
44	55,7	55,1	54,6	54,2	53,8	53,4	53,0	52,7	52,5	52,3	52,1
46	56,9	56,3	55,8	55,4	55,0	54,6	54,2	53,9	53,7	53,5	53,3
48	58,1	57,5	57,0	56,5	56,1	55,7	55,4	55,1	54,8	54,6	54,4
50	59,3	58,7	58,2	57,7	57,3	56,9	56,5	56,2	55,9	55,7	55,5
52	1 00,5	59,9	59,4	58,9	58,4	58,0	57,6	57,3	57,0	56,8	56,6
54	01,6	1 01,0	1 00,5	1 00,0	59,5	59,1	58,7	58,4	58,1	57,9	57,7
56	02,8	02,2	01,6	01,1	1 00,6	1 00,2	59,8	59,5	59,2	58,9	58,7
58	03,9	03,3	02,7	02,2	01,7	01,3	1 00,9	1 00,5	1 00,2	59,9	59,7
1 00	05,0	04,3	03,7	03,2	02,7	02,3	01,9	01,5	01,2	1 00,9	1 00,7
04	07,1	06,4	05,8	05,2	04,7	04,3	03,9	03,5	03,2	02,9	02,7
08	09,1	08,4	07,8	07,2	06,7	06,3	05,9	05,5	05,2	04,9	04,6
12	11,1	10,4	09,8	09,2	08,6	08,2	07,8	07,4	07,1	06,8	06,5
16	13,1	12,4	11,7	11,1	10,5	10,0	09,6	09,2	08,9	08,6	08,3
20	15,0	14,2	13,5	12,9	12,4	11,9	11,4	11,0	10,6	10,3	10,0
24	16,8	16,0	15,3	14,7	14,2	13,7	13,2	12,8	12,4	12,1	11,8
28	18,6	17,8	17,1	16,5	15,9	15,4	14,9	14,5	14,1	13,8	13,5
32	20,4	19,5	18,8	18,2	17,6	17,0	16,5	16,1	15,7	15,4	15,1
36	22,1	21,3	20,5	19,8	19,2	18,6	18,1	17,7	17,3	17,0	16,7
40	23,8	23,0	22,2	21,5	20,8	20,2	19,7	19,3	18,9	18,5	18,2
44	25,4	24,6	23,8	23,1	22,4	21,8	21,3	20,8	20,4	20,0	19,7
48	27,0	26,2	25,4	24,7	24,0	23,4	22,8	22,3	21,9	21,5	21,2
52	28,6	27,7	26,9	26,2	25,5	24,9	24,3	23,8	23,4	23,0	22,7
56	30,2	29,3	28,5	27,7	27,0	26,4	25,8	25,3	24,9	24,5	24,1
2 00	31,7	30,8	30,0	29,2	28,5	27,9	27,3	26,8	26,3	25,9	25,6
04	33,2	32,3	31,4	30,6	29,9	29,3	28,7	28,2	27,7	27,3	27,0
08	34,7	33,8	32,9	32,1	31,3	30,7	30,1	29,6	29,1	28,7	28,3
12	36,2	35,2	34,3	33,5	32,7	32,1	31,5	31,0	30,5	30,1	29,7
16	37,6	36,6	35,7	34,9	34,1	33,4	32,8	32,3	31,8	31,4	31,0
20	39,0	38,0	37,1	36,3	35,5	34,8	34,2	33,6	33,1	32,7	32,3
24	40,4	39,4	38,5	37,7	36,9	36,2	35,5	34,9	34,4	34,0	33,6
28	41,8	40,7	39,8	39,0	38,2	37,5	36,8	36,2	35,7	35,3	34,9
32	43,2	42,1	41,1	40,2	39,4	38,7	38,1	37,5	37,0	36,5	36,1
36	44,5	43,4	42,4	41,5	40,7	40,0	39,3	38,7	38,2	37,7	37,3
40	45,8	44,7	43,7	42,8	42,0	41,3	40,6	40,0	39,4	38,9	38,5
44	47,1	46,0	45,0	44,1	43,2	42,5	41,8	41,2	40,6	40,1	39,7
48	48,4	47,3	46,3	45,4	44,5	43,7	43,0	42,4	41,8	41,3	40,9
52	49,7	48,6	47,5	46,6	45,7	44,9	44,2	43,6	43,0	42,5	42,1
56	51,0	49,9	48,8	47,8	46,9	46,1	45,4	44,8	44,2	43,7	43,3
3°00'	$1^h52^m,2$	$1^h51^m,1$	$1^h50^m,0$	$1^h49^m,0$	$1^h48^m,1$	$1^h47^m,3$	$1^h46^m,6$	$1^h45^m,9$	$1^h45^m,3$	$1^h44^m,8$	$1^h44^m,4$

15. Stundenwinkel für den Durchgang durch den I. Vertikal (für zenitnahe Sterne)

$\varphi \mp \delta$ \ φ	40°	41°	42°	43°	44°	45°	46°	47°	48°	49°	50°
0°00'	$0^h00^m,0$	$0^h00^m,0$	$0^h00^m,0$	$0^h00^m,0$	$0^h00^m,0$	$0^h00^m,0$	$0^h00^m,0$	$0^h00^m,0$	$0^h00^m,0$	$0^h00^m,0$	$0^h00^m,0$
02	11,1	11,1	11,1	11,1	11,1	11,1	11,1	11,1	11,1	11,1	11,1
04	15,8	15,7	15,7	15,6	15,6	15,6	15,6	15,6	15,7	15,7	15,7
06	19,3	19,2	19,2	19,2	19,1	19,1	19,1	19,1	19,1	19,2	19,3
08	22,3	22,2	22,2	22,1	22,1	22,1	22,1	22,1	22,1	22,2	22,3
10	24,9	24,8	24,8	24,8	24,7	24,7	24,7	24,7	24,8	24,8	24,9
12	27,3	27,2	27,1	27,1	27,1	27,0	27,0	27,0	27,1	27,2	27,3
14	29,4	29,3	29,3	29,3	29,3	29,2	29,2	29,2	29,3	29,3	29,4
16	31,4	31,4	31,3	31,3	31,3	31,2	31,2	31,3	31,3	31,4	31,5
18	33,4	33,3	33,2	33,2	33,1	33,1	33,1	33,2	33,2	33,3	33,4
20	35,2	35,1	35,0	35,0	34,9	34,9	34,9	34,9	35,0	35,1	35,2
22	36,9	36,8	36,7	36,6	36,6	36,6	36,6	36,6	36,7	36,8	36,9
24	38,5	38,4	38,3	38,3	38,2	38,2	38,2	38,2	38,3	38,4	38,5
26	40,1	40,0	39,9	39,8	39,8	39,8	39,8	39,8	39,9	39,9	40,0
28	41,6	41,5	41,4	41,3	41,3	41,2	41,2	41,3	41,3	41,4	41,5
30	43,1	42,9	42,8	42,8	42,7	42,7	42,7	42,7	42,8	42,9	43,0
32	44,4	44,3	44,2	44,2	44,1	44,1	44,1	44,1	44,2	44,3	44,4
34	45,8	45,7	45,6	45,5	45,5	45,4	45,4	45,5	45,5	45,6	45,8
36	47,1	47,0	46,9	46,8	46,8	46,8	46,8	46,8	46,8	46,9	47,1
38	48,4	48,3	48,2	48,1	48,0	48,0	48,0	48,0	48,1	48,2	48,3
40	49,7	49,5	49,4	49,3	49,3	49,3	49,3	49,3	49,4	49,5	49,6
42	50,9	50,7	50,6	50,6	50,5	50,5	50,5	50,6	50,6	50,7	50,8
44	52,1	51,9	51,8	51,7	51,7	51,7	51,7	51,7	51,7	51,8	52,0
46	53,3	53,1	53,0	52,9	52,8	52,8	52,8	52,8	52,9	53,0	53,1
48	54,4	54,2	54,1	54,0	53,9	53,9	53,9	53,9	54,0	54,1	54,3
50	55,5	55,3	55,2	55,1	55,0	55,0	55,0	55,0	55,1	55,2	55,4
52	56,6	56,4	56,3	56,2	56,1	56,1	56,1	56,1	56,2	56,3	56,5
54	57,7	57,5	57,4	57,3	57,2	57,2	57,2	57,2	57,3	57,4	57,5
56	58,7	58,5	58,4	58,3	58,2	58,2	58,2	58,2	58,3	58,4	58,6
58	59,7	59,5	59,4	59,3	59,2	59,2	59,2	59,2	59,3	59,4	59,6
1 00	1 00,7	1 00,5	1 00,4	1 00,3	1 00,3	1 00,2	1 00,2	1 00,3	1 00,3	1 00,4	1 00,6
04	02,7	02,5	02,4	02,3	02,2	02,2	02,2	02,2	02,3	02,4	02,5
08	04,6	04,4	04,3	04,2	04,1	04,1	04,1	04,1	04,2	04,3	04,4
12	06,5	06,3	06,1	06,0	05,9	05,9	05,9	05,9	06,0	06,1	06,3
16	08,3	08,1	07,9	07,8	07,7	07,7	07,7	07,7	07,8	07,9	08,1
20	10,0	09,8	09,7	09,6	09,5	09,4	09,4	09,4	09,5	09,6	09,8
24	11,8	11,5	11,3	11,2	11,1	11,1	11,1	11,1	11,2	11,3	11,5
28	13,5	13,2	13,0	12,9	12,8	12,7	12,7	12,7	12,8	13,0	13,1
32	15,1	14,8	14,6	14,5	14,4	14,3	14,3	14,3	14,4	14,6	14,7
36	16,7	16,4	16,2	16,1	16,0	15,9	15,9	15,9	16,0	16,1	16,3
40	18,2	18,0	17,8	17,6	17,5	17,4	17,4	17,5	17,6	17,7	17,8
44	19,7	19,5	19,3	19,1	19,0	18,9	18,9	19,0	19,1	19,2	19,3
48	21,2	21,0	20,8	20,6	20,5	20,4	20,4	20,4	20,5	20,6	20,8
52	22,7	22,5	22,3	22,1	21,9	21,9	21,8	21,9	21,9	22,1	22,3
56	24,1	23,9	23,7	23,5	23,4	23,3	23,3	23,3	23,4	23,5	23,7
2 00	25,6	25,3	25,1	24,9	24,8	24,7	24,6	24,7	24,8	24,9	25,1
04	27,0	26,7	26,5	26,3	26,2	26,1	26,0	26,0	26,1	26,2	26,4
08	28,3	28,0	27,8	27,6	27,5	27,4	27,4	27,4	27,5	27,6	27,8
12	29,7	29,4	29,1	28,9	28,8	28,7	28,7	28,7	28,8	28,9	29,1
16	31,0	30,7	30,4	30,2	30,1	30,0	30,0	30,0	30,1	30,2	30,4
20	32,3	32,0	31,7	31,5	31,4	31,3	31,3	31,3	31,4	31,5	31,7
24	33,6	33,3	33,0	32,8	32,7	32,6	32,5	32,5	32,6	32,7	32,9
28	34,9	34,5	34,3	34,1	33,9	33,8	33,8	33,8	33,8	34,0	34,2
32	36,1	35,8	35,5	35,3	35,1	35,0	35,0	35,0	35,1	35,2	35,4
36	37,3	37,0	36,7	36,5	36,3	36,2	36,2	36,2	36,3	36,4	36,6
40	38,5	38,2	37,9	37,7	37,5	37,4	37,4	37,4	37,5	37,6	37,8
44	39,7	39,4	39,1	38,9	38,7	38,6	38,6	38,6	38,6	38,8	39,0
48	40,9	40,6	40,3	40,1	39,9	39,8	39,7	39,7	39,8	39,9	40,1
52	42,1	41,7	41,4	41,2	41,0	40,9	40,9	40,9	40,9	41,0	41,2
56	43,3	42,9	42,6	42,3	42,1	42,0	42,0	42,0	42,0	42,2	42,4
3°00'	$1^h44^m,4$	$1^h44^m,0$	$1^h43^m,7$	$1^h43^m,5$	$1^h43^m,3$	$1^h43^m,2$	$1^h43^m,1$	$1^h43^m,1$	$1^h43^m,2$	$1^h43^m,3$	$1^h43^m,5$

15. Stundenwinkel für den Durchgang durch den I. Vertikal (für zenitnahe Sterne)

$\varphi \mp \delta$ \ φ	50°	51°	52°	53°	54°	55°	56°	57°	58°	59°	60°
0°00'	$0^h00^m,0$	$0^h00^m,0$	$0^h00^m,0$	$0^h00^m,0$	$0^h00^m,0$	$0^h00^m,0$	$0^h00^m,0$	$0^h00^m,0$	$0^h00^m,0$	$0^h00^m,0$	$0^h00^m,0$
02	11,1	11,2	11,2	11,3	11,3	11,4	11,5	11,6	11,7	11,8	11,9
04	15,7	15,8	15,9	15,9	16,0	16,1	16,2	16,3	16,5	16,6	16,8
06	19,3	19,3	19,4	19,5	19,6	19,7	19,9	20,0	20,2	20,4	20,6
08	22,3	22,3	22,4	22,5	22,6	22,8	22,9	23,1	23,3	23,5	23,7
10	24,9	25,0	25,1	25,2	25,3	25,5	25,6	25,8	26,0	26,3	26,5
12	27,3	27,3	27,4	27,6	27,7	27,9	28,1	28,3	28,5	28,8	29,0
14	29,4	29,5	29,6	29,8	30,0	30,1	30,3	30,5	30,8	31,1	31,3
16	31,5	31,6	31,7	31,8	32,0	32,2	32,4	32,6	32,9	33,2	33,5
18	33,4	33,5	33,6	33,7	33,9	34,1	34,3	34,6	34,9	35,2	35,5
20	35,2	35,3	35,4	35,6	35,7	35,9	36,2	36,4	36,7	37,1	37,4
22	36,9	37,0	37,1	37,3	37,5	37,7	37,9	38,2	38,5	38,9	39,2
24	38,5	38,6	38,8	38,9	39,1	39,3	39,6	39,9	40,2	40,6	41,0
26	40,0	40,1	40,3	40,5	40,7	40,9	41,2	41,5	41,8	42,2	42,6
28	41,5	41,7	41,8	42,0	42,2	42,5	42,8	43,1	43,4	43,8	44,2
30	43,0	43,1	43,3	43,5	43,7	44,0	44,3	44,6	44,9	45,3	45,7
32	44,4	44,5	44,7	44,9	45,1	45,4	45,7	46,0	46,4	46,8	47,2
34	45,8	45,9	46,1	46,3	46,5	46,8	47,1	47,4	47,8	48,2	48,7
36	47,1	47,2	47,4	47,6	47,9	48,1	48,4	48,8	49,2	49,6	50,1
38	48,3	48,5	48,7	48,9	49,1	49,4	49,7	50,1	50,5	51,0	51,4
40	49,6	49,7	49,9	50,2	50,4	50,7	51,0	51,4	51,8	52,2	52,7
42	50,8	50,9	51,1	51,4	51,6	51,9	52,3	52,6	53,0	53,5	54,0
44	52,0	52,1	52,3	52,6	52,8	53,1	53,5	53,9	54,3	54,8	55,3
46	53,1	53,3	53,5	53,7	54,0	54,3	54,7	55,1	55,5	56,0	56,5
48	54,3	54,4	54,6	54,9	55,2	55,5	55,8	56,2	56,7	57,2	57,7
50	55,4	55,5	55,7	56,0	56,3	56,6	56,9	57,3	57,8	58,3	58,8
52	56,5	56,6	56,8	57,1	57,4	57,7	58,1	58,5	58,9	59,4	1 00,0
54	57,5	57,7	57,9	58,2	58,5	58,8	59,2	59,6	1 00,0	1 00,5	01,1
56	58,6	58,7	58,9	59,2	59,5	59,8	1 00,2	1 00,6	01,1	01,6	02,2
58	59,6	59,8	1 00,0	1 00,2	1 00,5	1 00,9	01,3	01,7	02,2	02,7	03,3
1 00	1 00,6	1 00,8	01,0	01,2	01,5	01,9	02,3	02,7	03,2	03,7	04,3
04	02,5	02,7	03,0	03,2	03,5	03,9	04,3	04,7	05,2	05,8	06,4
08	04,4	04,6	04,9	05,1	05,5	05,8	06,2	06,7	07,2	07,8	08,4
12	06,3	06,5	06,7	07,0	07,3	07,7	08,1	08,6	09,1	09,7	10,3
16	08,1	08,3	08,5	08,8	09,1	09,5	09,9	10,4	10,9	11,5	12,2
20	09,8	10,0	10,2	10,5	10,9	11,3	11,7	12,2	12,7	13,3	14,0
24	11,5	11,7	11,9	12,2	12,6	13,0	13,4	13,9	14,5	15,1	15,8
28	13,1	13,3	13,6	13,9	14,2	14,6	15,1	15,6	16,2	16,8	17,5
32	14,7	14,9	15,2	15,5	15,9	16,3	16,7	17,2	17,8	18,5	19,2
36	16,3	16,5	16,8	17,1	17,5	17,9	18,3	18,9	19,5	20,1	20,8
40	17,8	18,0	18,3	18,6	19,0	19,4	19,9	20,4	21,0	21,7	22,4
44	19,3	19,5	19,8	20,2	20,5	20,9	21,4	22,0	22,6	23,3	24,0
48	20,8	21,0	21,3	21,6	22,0	22,4	22,9	23,5	24,1	24,8	25,5
52	22,3	22,5	22,8	23,1	23,5	23,9	24,4	25,0	25,6	26,3	27,0
56	23,7	23,9	24,2	24,5	24,9	25,3	25,9	26,5	27,1	27,7	28,5
2 00	25,1	25,3	25,6	25,9	26,3	26,8	27,3	27,8	28,4	29,2	30,0
04	26,4	26,7	26,9	27,3	27,7	28,1	28,6	29,2	29,9	30,6	31,4
08	27,8	28,0	28,3	28,6	29,0	29,5	30,0	30,6	31,3	32,0	32,8
12	29,1	29,3	29,6	30,0	30,4	30,8	31,4	32,0	32,6	33,3	34,1
16	30,4	30,6	30,9	31,3	31,7	32,2	32,7	33,3	33,9	34,7	35,5
20	31,7	31,9	32,2	32,6	33,0	33,5	34,0	34,6	35,2	36,0	36,8
24	32,9	33,2	33,5	33,8	34,2	34,7	35,2	35,8	36,5	37,3	38,1
28	34,2	34,4	34,7	35,1	35,5	36,0	36,5	37,1	37,8	38,6	39,4
32	35,4	35,6	35,9	36,3	36,7	37,2	37,7	38,3	39,0	39,8	40,7
36	36,6	36,8	37,1	37,5	37,9	38,4	38,9	39,6	40,3	41,1	41,9
40	37,8	38,0	38,3	38,7	39,1	39,6	40,2	40,8	41,5	42,3	43,1
44	39,0	39,2	39,5	39,9	40,3	40,8	41,3	42,0	42,7	43,5	44,3
48	40,1	40,3	40,6	41,0	41,4	41,9	42,5	43,1	43,8	44,6	45,5
52	41,2	41,5	41,8	42,2	42,6	43,1	43,7	44,3	45,0	45,8	46,7
56	42,4	42,6	42,9	43,3	43,7	44,2	44,8	45,4	46,2	47,0	47,8
3°00'	$1^h43^m,5$	$1^h43^m,7$	$1^h44^m,0$	$1^h44^m,4$	$1^h44^m,8$	$1^h45^m,3$	$1^h45^m,9$	$1^h46^m,6$	$1^h47^m,3$	$1^h48^m,1$	$1^h49^m,0$

15. Stundenwinkel für den Durchgang durch den I. Vertikal (für zenitnahe Sterne)

φ ± δ \ φ	60°	61°	62°	63°	64°	65°	66°	67°	68°	69°	70°
0°00'	$0^{h}00^{m},0$	$0^{h}00^{m},0$	$0^{h}00^{m},0$	$0^{h}00^{m},0$	$0^{h}00^{m},0$	$0^{h}00^{m},0$	$0^{h}00^{m},0$	$0^{h}00^{m},0$	$0^{h}00^{m},0$	$0^{h}00^{m},0$	$0^{h}00^{m},0$
02	11,9	12,0	12,1	12,3	12,4	12,6	12,8	13,0	13,3	13,5	13,8
04	16,8	17,0	17,2	17,4	17,6	17,8	18,1	18,4	18,7	19,1	19,5
06	20,6	20,8	21,0	21,3	21,5	21,9	22,2	22,5	22,9	23,4	23,8
08	23,7	24,0	24,3	24,5	24,9	25,2	25,6	26,0	26,5	27,0	27,5
10	26,5	26,8	27,1	27,4	27,8	28,2	28,6	29,1	29,6	30,1	30,7
12	29,0	29,3	29,6	30,0	30,4	30,9	31,3	31,8	32,4	33,0	33,6
14	31,3	31,6	32,0	32,4	32,8	33,3	33,8	34,4	35,0	35,6	36,3
16	33,5	33,8	34,2	34,6	35,1	35,6	36,1	36,7	37,3	38,0	38,8
18	35,5	35,9	36,3	36,7	37,2	37,7	38,3	38,9	39,6	40,3	41,1
20	37,4	37,8	38,2	38,7	39,2	39,8	40,3	41,0	41,7	42,5	43,3
22	39,2	39,6	40,1	40,6	41,1	41,7	42,3	43,0	43,7	44,5	45,4
24	41,0	41,4	41,9	42,4	42,9	43,5	44,2	44,9	45,6	46,5	47,4
26	42,6	43,1	43,6	44,1	44,6	45,3	45,9	46,7	47,5	48,3	49,3
28	44,2	44,7	45,2	45,7	46,3	46,9	47,6	48,4	49,2	50,1	51,1
30	45,7	46,2	46,7	47,3	47,9	48,6	49,3	50,1	50,9	51,9	52,9
32	47,2	47,7	48,2	48,8	49,4	50,1	50,9	51,7	52,6	53,5	54,6
34	48,7	49,2	49,7	50,3	50,9	51,7	52,4	53,3	54,2	55,2	56,2
36	50,1	50,6	51,1	51,7	52,4	53,1	53,9	54,8	55,7	56,7	57,8
38	51,4	51,9	52,5	53,1	53,8	54,5	55,4	56,2	57,2	58,2	59,4
40	52,7	53,3	53,9	54,5	55,2	55,9	56,8	57,7	58,6	59,7	1 00,9
42	54,0	54,6	55,2	55,8	56,5	57,3	58,1	59,1	1 00,1	1 01,2	02,4
44	55,3	55,8	56,4	57,1	57,8	58,6	59,5	1 00,4	01,4	02,6	03,8
46	56,5	57,0	57,6	58,4	59,1	59,9	1 00,8	01,7	02,8	03,9	05,2
48	57,7	58,2	58,8	59,6	1 00,3	1 01,2	02,1	03,0	04,1	05,3	06,5
50	58,8	59,4	1 00,1	1 00,8	01,6	02,4	03,3	04,3	05,4	06,6	07,9
52	1 00,0	1 00,6	01,3	02,0	02,7	03,6	04,5	05,5	06,6	07,8	09,2
54	01,1	01,7	02,4	03,1	03,9	04,8	05,7	06,8	07,9	09,1	10,4
56	02,2	02,8	03,5	04,2	05,0	05,9	06,9	07,9	09,1	10,3	11,7
58	03,3	03,9	04,6	05,3	06,2	07,1	08,0	09,1	10,3	11,5	12,9
1 00	04,3	05,0	05,7	06,4	07,3	08,2	09,2	10,3	11,4	12,7	14,1
04	06,4	07,0	07,7	08,6	09,4	10,4	11,4	12,5	13,7	15,0	16,4
08	08,4	09,0	09,7	10,6	11,5	12,4	13,5	14,6	15,9	17,2	18,7
12	10,3	11,0	11,7	12,6	13,5	14,5	15,5	16,7	18,0	19,4	20,9
16	12,2	12,9	13,6	14,5	15,4	16,4	17,5	18,7	20,0	21,4	23,0
20	14,0	14,7	15,5	16,4	17,3	18,4	19,5	20,7	22,0	23,5	25,0
24	15,8	16,5	17,3	18,2	19,2	20,2	21,4	22,6	24,0	25,4	27,0
28	17,5	18,2	19,0	20,0	21,0	22,0	23,2	24,5	25,8	27,3	29,0
32	19,2	19,9	20,7	21,7	22,7	23,8	25,0	26,3	27,7	29,2	30,9
36	20,8	21,6	22,4	23,4	24,4	25,5	26,7	28,0	29,5	31,0	32,7
40	22,4	23,2	24,0	25,0	26,1	27,2	28,4	29,8	31,2	32,8	34,5
44	24,0	24,8	25,6	26,6	27,7	28,8	30,1	31,4	32,9	34,5	36,3
48	25,5	26,3	27,2	28,2	29,3	30,4	31,7	33,1	34,6	36,2	38,0
52	27,0	27,8	28,7	29,8	30,8	32,0	33,3	34,7	36,2	37,9	39,7
56	28,5	29,3	30,2	31,3	32,4	33,6	34,9	36,3	37,8	39,5	41,3
2 00	30,0	30,8	31,7	32,8	33,9	35,1	36,4	37,8	39,4	41,1	42,9
04	31,4	32,2	33,1	34,2	35,3	36,6	37,9	39,3	40,9	42,6	44,5
08	32,8	33,6	34,5	35,6	36,8	38,0	39,4	40,8	42,4	44,1	46,0
12	34,1	35,0	35,9	37,0	38,2	39,4	40,8	42,3	43,9	45,6	47,6
16	35,5	36,4	37,3	38,4	39,6	40,8	42,2	43,7	45,3	47,1	49,0
20	36,8	37,7	38,7	39,8	40,9	42,2	43,6	45,1	46,8	48,6	50,5
24	38,1	39,0	40,0	41,1	42,3	43,6	45,0	46,5	48,2	50,0	51,9
28	39,4	40,3	41,3	42,4	43,6	44,9	46,3	47,9	49,5	51,4	53,4
32	40,7	41,6	42,6	43,7	44,9	46,2	47,7	49,2	50,9	52,7	54,7
36	41,9	42,8	43,8	45,0	46,2	47,5	49,0	50,5	52,2	54,1	56,1
40	43,1	44,0	45,0	46,2	47,5	48,8	50,2	51,8	53,5	55,4	57,5
44	44,3	45,3	46,3	47,5	48,7	50,0	51,5	53,1	54,8	56,7	1 58,8
48	45,5	46,5	47,5	48,7	49,9	51,3	52,8	54,4	56,1	58,0	2 00,1
52	46,7	47,7	48,7	49,9	51,1	52,5	54,0	55,6	57,4	1 59,3	01,4
56	47,8	48,8	49,9	51,1	52,3	53,7	55,2	56,8	58,6	2 00,5	02,6
3°00'	$1^{h}49^{m},0$	$1^{h}50^{m},0$	$1^{h}51^{m},0$	$1^{h}52^{m},2$	$1^{h}53^{m},5$	$1^{h}54^{m},9$	$1^{h}56^{m},4$	$1^{h}58^{m},0$	$1^{h}59^{m},8$	$2^{h}01^{m},8$	$2^{h}03^{m},9$

 Zenitdistanz für den Durchgang durch den I. Vertikal (für zenitnahe Sterne)

φ ∓ δ \ φ	30°	31°	32°	33°	34°	35°	36°	37°	38°	39°	40°	41°	42°
0°00'	0°00'	0°00'	0°00'	0°00'	0°00'	0°00'	0°00'	0°00'	0°00'	0°00'	0°00'	0°00'	0°00'
02	2 34	2 31	2 28	2 26	2 23	2 20	2 18	2 15	2 13	2 10	2 08	2 06	2 04
04	3 38	3 34	3 30	3 26	3 22	3 18	3 15	3 11	3 08	3 04	3 01	2 58	2 55
06	4 27	4 22	4 17	4 12	4 07	4 03	3 58	3 54	3 50	3 46	3 42	3 38	3 34
08	5 09	5 03	4 57	4 51	4 46	4 41	4 35	4 30	4 26	4 21	4 16	4 12	4 07
10	5 45	5 38	5 32	5 26	5 20	5 14	5 08	5 02	4 57	4 52	4 47	4 41	4 37
12	6 18	6 11	6 04	5 57	5 50	5 44	5 37	5 31	5 25	5 20	5 14	5 08	5 03
14	6 49	6 41	6 33	6 26	6 18	6 11	6 04	5 58	5 51	5 45	5 39	5 33	5 27
16	7 17	7 09	7 00	6 52	6 44	6 37	6 29	6 23	6 16	6 09	6 03	5 56	5 50
18	7 44	7 35	7 26	7 17	7 09	7 01	6 53	6 46	6 39	6 32	6 25	6 18	6 11
20	8 09	7 59	7 50	7 41	7 32	7 24	7 16	7 08	7 00	6 53	6 46	6 38	6 31
22	8 33	8 23	8 13	8 03	7 54	7 45	7 37	7 29	7 21	7 13	7 06	6 58	6 51
24	8 56	8 45	8 35	8 25	8 15	8 06	7 57	7 49	7 40	7 32	7 24	7 16	7 09
26	9 18	9 07	8 56	8 46	8 36	8 26	8 17	8 08	7 59	7 51	7 43	7 34	7 26
28	9 39	9 27	9 16	9 06	8 56	8 46	8 36	8 26	8 17	8 09	8 00	7 52	7 43
30	9 59	9 47	9 36	9 25	9 15	9 04	8 54	8 44	8 35	8 26	8 17	8 09	8 00
32	10 19	10 07	9 55	9 44	9 33	9 22	9 12	9 02	8 52	8 43	8 34	8 25	8 16
34	10 38	10 26	10 13	10 02	9 50	9 39	9 29	9 19	9 09	8 59	8 50	8 40	8 31
36	10 57	10 44	10 31	10 19	10 07	9 56	9 46	9 35	9 25	9 15	9 05	8 55	8 46
38	11 15	11 02	10 49	10 36	10 24	10 13	10 02	9 51	9 40	9 30	9 20	9 10	9 01
40	11 33	11 19	11 06	10 53	10 41	10 29	10 18	10 06	9 55	9 45	9 35	9 25	9 15
42	11 50	11 36	11 22	11 09	10 57	10 45	10 33	10 21	10 10	10 00	9 49	9 39	9 28
44	12 07	11 52	11 38	11 25	11 12	11 00	10 48	10 36	10 25	10 14	10 03	9 52	9 42
46	12 23	12 08	11 54	11 40	11 27	11 15	11 03	10 51	10 39	10 27	10 16	10 06	9 55
48	12 39	12 24	12 10	11 56	11 42	11 29	11 17	11 05	10 53	10 41	10 30	10 19	10 08
50	12 55	12 40	12 25	12 11	11 57	11 44	11 31	11 18	11 06	10 54	10 43	10 32	10 21
52	13 10	12 55	12 40	12 25	12 11	11 58	11 45	11 32	11 19	11 07	10 56	10 44	10 33
54	13 25	13 09	12 54	12 39	12 25	12 11	11 58	11 45	11 32	11 20	11 08	10 57	10 46
56	13 40	13 24	13 09	12 54	12 39	12 25	12 12	11 58	11 45	11 33	11 21	11 09	10 58
58	13 55	13 39	13 23	13 08	12 53	12 39	12 25	12 11	11 58	11 45	11 33	11 21	11 09
1 00	14 10	13 53	13 37	13 21	13 06	12 51	12 37	12 24	12 11	11 58	11 45	11 33	11 21
04	14 38	14 21	14 04	13 48	13 32	13 17	13 02	12 48	12 35	12 21	12 08	11 56	11 43
08	15 05	14 47	14 30	14 14	13 57	13 42	13 27	13 12	12 58	12 44	12 31	12 18	12 05
12	15 32	15 13	14 56	14 39	14 22	14 06	13 51	13 36	13 21	13 07	12 53	12 40	12 26
16	15 57	15 38	15 20	15 03	14 46	14 30	14 14	13 58	13 43	13 29	13 15	13 00	12 47
20	16 23	16 03	15 44	15 26	15 09	14 53	14 36	14 20	14 05	13 50	13 36	13 21	13 07
24	16 47	16 27	16 08	15 50	15 32	15 15	14 58	14 42	14 26	14 11	13 56	13 41	13 27
28	17 11	16 51	16 31	16 12	15 54	15 37	15 20	15 03	14 47	14 31	14 16	14 01	13 46
32	17 35	17 14	16 54	16 35	16 16	15 58	15 41	15 24	15 07	14 51	14 36	14 20	14 05
36	17 58	17 37	17 16	16 56	16 37	16 19	16 01	15 44	15 27	15 10	14 55	14 39	14 24
40	18 21	17 59	17 38	17 18	16 58	16 39	16 21	16 03	15 46	15 29	15 13	14 58	14 42
44	18 43	18 21	17 59	17 39	17 19	17 00	16 41	16 23	16 05	15 48	15 32	15 15	15 00
48	19 05	18 42	18 20	17 59	17 39	17 19	17 00	16 42	16 24	16 07	15 50	15 33	15 17
52	19 26	19 03	18 41	18 20	17 59	17 39	17 19	17 01	16 43	16 25	16 08	15 51	15 34
56	19 47	19 24	19 01	18 39	18 18	17 58	17 38	17 19	17 01	16 43	16 25	16 08	15 51
2 00	20 08	19 44	19 21	18 58	18 37	18 17	17 57	17 38	17 19	17 00	16 42	16 25	16 08
04	20 28	20 04	19 40	19 18	18 56	18 35	18 15	17 55	17 36	17 17	16 59	16 41	16 24
08	20 48	20 24	20 00	19 37	19 15	18 53	18 33	18 13	17 53	17 34	17 16	16 58	16 40
12	21 08	20 43	20 19	19 56	19 33	19 11	18 50	18 30	18 10	17 51	17 33	17 14	16 56
16	21 27	21 02	20 37	20 14	19 51	19 29	19 08	18 47	18 27	18 08	17 49	17 30	17 12
20	21 46	21 21	20 56	20 32	20 09	19 47	19 25	19 04	18 44	18 24	18 05	17 46	17 27
24	22 05	21 39	21 14	20 50	20 26	20 04	19 42	19 21	19 00	18 40	18 21	18 01	17 43
28	22 24	21 57	21 32	21 08	20 44	20 21	19 59	19 37	19 16	18 56	18 36	18 16	17 58
32	22 43	22 16	21 50	21 25	21 01	20 38	20 15	19 53	19 32	19 11	18 51	18 32	18 13
36	23 01	22 34	22 08	21 43	21 18	20 54	20 31	20 09	19 48	19 27	19 06	18 47	18 27
40	23 19	22 52	22 25	22 00	21 35	21 11	20 47	20 25	20 03	19 42	19 21	19 01	18 42
44	23 37	23 09	22 42	22 16	21 51	21 27	21 03	20 41	20 19	19 57	19 36	19 16	18 56
48	23 55	23 26	22 59	22 32	22 07	21 43	21 19	20 56	20 34	20 12	19 51	19 30	19 10
52	24 12	23 43	23 16	22 49	22 23	21 59	21 35	21 12	20 49	20 27	20 06	19 45	19 24
56	24 29	24 00	23 32	23 05	22 39	22 14	21 50	21 27	21 04	20 42	20 20	19 59	19 38
3°00'	24°46'	24°17'	23°49'	23°22'	22°55'	22°30'	22°05'	21°41'	21°18'	20°56'	20°34'	20°13'	19°52'

16. Zenitdistanz für den Durchgang durch den I. Vertikal (für zenitnahe Sterne)

$\varphi \mp \delta$ \ φ	43°	44°	45°	46°	47°	48°	49°	50°	51°	52°	53°	54°	55°	56°
0°00'	0°00'	0°00'	0°00'	0°00'	0°00'	0°00'	0°00'	0°00	0°00'	0°00'	0°00'	0°00'	0°00'	0°00
02	2 02	1 59	1 57	1 55	1 53	1 51	1 49	1 47	1 46	1 44	1 42	1 40	1 38	1 36
04	2 52	2 49	2 46	2 43	2 40	2 37	2 35	2 32	2 29	2 27	2 24	2 21	2 19	2 16
06	3 30	3 27	3 23	3 20	3 16	3 13	3 09	3 06	3 03	3 00	2 57	2 53	2 50	2 47
08	4 03	3 59	3 55	3 51	3 47	3 43	3 39	3 35	3 31	3 27	3 24	3 20	3 16	3 13
10	4 32	4 27	4 22	4 18	4 13	4 09	4 05	4 00	3 56	3 52	3 48	3 44	3 40	3 36
12	4 58	4 53	4 48	4 43	4 38	4 33	4 28	4 23	4 19	4 14	4 10	4 05	4 01	3 56
14	5 22	5 16	5 11	5 05	5 00	4 55	4 50	4 45	4 40	4 35	4 30	4 25	4 20	4 15
16	5 44	5 38	5 32	5 26	5 21	5 15	5 10	5 04	4 59	4 54	4 48	4 43	4 38	4 33
18	6 05	5 59	5 52	5 46	5 40	5 34	5 28	5 23	5 17	5 12	5 06	5 01	4 55	4 50
20	6 24	6 18	6 12	6 05	5 59	5 52	5 46	5 40	5 34	5 28	5 23	5 17	5 11	5 05
22	6 44	6 37	6 30	6 23	6 17	6 10	6 03	5 57	5 51	5 44	5 39	5 33	5 26	5 20
24	7 02	6 54	6 47	6 40	6 34	6 27	6 20	6 13	6 06	6 00	5 54	5 47	5 40	5 34
26	7 19	7 12	7 04	6 56	6 50	6 42	6 35	6 28	6 21	6 14	6 08	6 01	5 54	5 48
28	7 35	7 28	7 20	7 12	7 05	6 58	6 50	6 43	6 36	6 29	6 22	6 15	6 08	6 01
30	7 52	7 44	7 36	7 28	7 20	7 12	7 05	6 57	6 50	6 43	6 36	6 29	6 21	6 14
32	8 07	7 59	7 51	7 43	7 35	7 26	7 19	7 11	7 03	6 56	6 49	6 42	6 34	6 27
34	8 22	8 14	8 05	7 57	7 49	7 40	7 33	7 25	7 17	7 09	7 02	6 54	6 46	6 38
36	8 37	8 28	8 20	8 11	8 03	7 54	7 46	7 37	7 30	7 22	7 14	7 06	6 58	6 50
38	8 51	8 42	8 34	8 24	8 16	8 07	7 59	7 50	7 42	7 34	7 26	7 18	7 10	7 02
40	9 05	8 56	8 47	8 37	8 29	8 20	8 11	8 03	7 54	7 46	7 38	7 30	7 21	7 13
42	9 19	9 09	9 00	8 50	8 41	8 32	8 23	8 14	8 06	7 58	7 49	7 41	7 32	7 23
44	9 32	9 22	9 13	9 03	8 54	8 45	8 35	8 26	8 18	8 09	8 00	7 52	7 43	7 34
46	9 45	9 35	9 25	9 15	9 06	8 56	8 47	8 38	8 29	8 20	8 11	8 02	7 53	7 44
48	9 58	9 48	9 37	9 27	9 18	9 08	8 59	8 49	8 40	8 31	8 22	8 13	8 03	7 54
50	10 10	10 00	9 49	9 39	9 29	9 19	9 10	9 00	8 51	8 41	8 32	8 23	8 13	8 04
52	10 22	10 12	10 01	9 51	9 41	9 30	9 21	9 11	9 01	8 52	8 42	8 33	8 23	8 14
54	10 34	10 24	10 13	10 02	9 52	9 42	9 32	9 21	9 12	9 02	8 52	8 43	8 33	8 24
56	10 46	10 35	10 24	10 13	10 03	9 52	9 42	9 32	9 22	9 12	9 02	8 53	8 43	8 33
58	10 58	10 46	10 35	10 24	10 14	10 03	9 53	9 42	9 32	9 22	9 12	9 02	8 52	8 42
1 00	11 09	10 58	10 46	10 35	10 24	10 13	10 03	9 52	9 42	9 32	9 22	9 12	9 01	8 52
04	11 31	11 19	11 08	10 56	10 45	10 33	10 23	10 12	10 01	9 51	9 40	9 30	9 19	9 09
08	11 52	11 40	11 29	11 16	11 05	10 53	10 42	10 31	10 20	10 09	9 58	9 48	9 37	9 26
12	12 13	12 01	11 49	11 36	11 24	11 12	11 01	10 49	10 38	10 27	10 16	10 05	9 54	9 43
16	12 34	12 21	12 08	11 56	11 43	11 31	11 20	11 08	10 56	10 44	10 33	10 22	10 10	9 59
20	12 54	12 40	12 27	12 15	12 02	11 49	11 37	11 25	11 13	11 02	10 50	10 38	10 27	10 15
24	13 13	12 59	12 46	12 33	12 20	12 07	11 55	11 42	11 30	11 18	11 06	10 54	10 42	10 30
28	13 32	13 18	13 05	12 51	12 38	12 25	12 12	11 59	11 47	11 34	11 22	11 10	10 58	10 46
32	13 51	13 36	13 22	13 09	12 55	12 42	12 29	12 16	12 03	11 50	11 38	11 26	11 13	11 00
36	14 09	13 54	13 40	13 26	13 12	12 58	12 45	12 32	12 19	12 06	11 53	11 41	11 28	11 15
40	14 27	14 12	13 57	13 43	13 29	13 15	13 01	12 47	12 34	12 21	12 08	11 55	11 42	11 29
44	14 44	14 29	14 14	14 00	13 45	13 31	13 17	13 03	12 49	12 36	12 23	12 10	11 56	11 43
48	15 01	14 46	14 31	14 16	14 01	13 47	13 32	13 18	13 05	12 51	12 37	12 24	12 10	11 57
52	15 18	15 03	14 47	14 32	14 17	14 02	13 48	13 33	13 19	13 05	12 52	12 38	12 24	12 11
56	15 35	15 19	15 03	14 48	14 33	14 17	14 03	13 48	13 34	13 19	13 06	12 52	12 38	12 24
2 00	15 51	15 35	15 19	15 03	14 48	14 32	14 17	14 03	13 48	13 34	13 19	13 05	12 51	12 37
04	16 07	15 51	15 35	15 18	15 03	14 47	14 32	14 17	14 02	13 47	13 33	13 18	13 04	12 50
08	16 23	16 06	15 50	15 34	15 18	15 02	14 46	14 31	14 16	14 01	13 46	13 32	13 17	13 03
12	16 39	16 22	16 05	15 48	15 32	15 16	15 00	14 45	14 29	14 14	14 00	13 45	13 30	13 15
16	16 54	16 37	16 20	16 03	15 47	15 30	15 14	14 59	14 43	14 28	14 12	13 57	13 42	13 27
20	17 09	16 52	16 35	16 17	16 01	15 44	15 28	15 12	14 56	14 41	14 25	14 10	13 55	13 40
24	17 24	17 06	16 49	16 32	16 15	15 58	15 42	15 26	15 09	14 54	14 38	14 22	14 07	13 52
28	17 39	17 21	17 03	16 46	16 29	16 12	15 55	15 39	15 22	15 06	14 51	14 35	14 19	14 03
32	17 54	17 35	17 17	16 59	16 43	16 25	16 08	15 52	15 35	15 19	15 03	14 47	14 31	14 15
36	18 08	17 49	17 31	17 13	16 56	16 38	16 21	16 04	15 48	15 31	15 15	14 59	14 43	14 27
40	18 22	18 03	17 45	17 27	17 09	16 51	16 34	16 17	16 00	15 44	15 27	15 11	14 55	14 38
44	18 36	18 17	17 59	17 40	17 22	17 04	16 47	16 30	16 13	15 56	15 39	15 23	15 06	14 50
48	18 50	18 31	18 12	17 54	17 35	17 17	17 00	16 42	16 25	16 08	15 51	15 34	15 17	15 01
52	19 04	18 45	18 26	18 07	17 48	17 30	17 12	16 54	16 37	16 20	16 03	15 46	15 29	15 12
56	19 18	18 58	18 39	18 20	18 01	17 43	17 25	17 06	16 49	16 31	16 14	15 57	15 40	15 23
3°00'	19°31'	19°11'	18°52'	18°33'	18°14'	17°55'	17°37'	17°18'	17°01'	16°43'	16°26'	16°08'	15°51'	15°34'

16. Zenitdistanz für den Durchgang durch den I. Vertikal (für zenitnahe Sterne)

$\varphi \mp \delta$ \ φ	57°	58°	59°	60°	61°	62°	63°	64°	65°	66°	67°	68°	69°	70°
0°00'	0°00'	0°00'	0°00'	0°00'	0°00'	0°00'	0°00'	0°00'	0°00'	0°00'	0°00'	0°00'	0°00'	0°00'
02	1 34	1 32	1 31	1 29	1 27	1 26	1 24	1 22	1 20	1 18	1 17	1 15	1 13	1 11
04	2 14	2 11	2 09	2 06	2 03	2 01	1 59	1 56	1 53	1 51	1 48	1 46	1 43	1 40
06	2 44	2 41	2 38	2 35	2 31	2 28	2 25	2 22	2 19	2 16	2 13	2 09	2 06	2 03
08	3 09	3 06	3 02	2 58	2 55	2 51	2 48	2 44	2 40	2 37	2 33	2 29	2 25	2 22
10	3 32	3 27	3 23	3 19	3 15	3 12	3 08	3 03	2 59	2 55	2 51	2 47	2 43	2 39
12	3 52	3 47	3 43	3 38	3 34	3 30	3 26	3 21	3 17	3 12	3 08	3 03	2 58	2 54
14	4 10	4 06	4 01	3 56	3 52	3 47	3 42	3 37	3 32	3 28	3 23	3 18	3 13	3 08
16	4 28	4 23	4 18	4 13	4 07	4 02	3 57	3 52	3 47	3 42	3 37	3 32	3 26	3 21
18	4 44	4 39	4 33	4 28	4 23	4 17	4 12	4 06	4 01	3 56	3 50	3 44	3 39	3 33
20	5 00	4 54	4 48	4 43	4 37	4 32	4 26	4 20	4 14	4 08	4 02	3 57	3 51	3 45
22	5 14	5 08	5 03	4 57	4 50	4 45	4 39	4 33	4 27	4 20	4 14	4 08	4 02	3 56
24	5 28	5 22	5 16	5 09	5 03	4 57	4 51	4 45	4 39	4 32	4 26	4 19	4 13	4 06
26	5 42	5 35	5 29	5 22	5 16	5 10	5 03	4 57	4 50	4 43	4 37	4 30	4 23	4 16
28	5 55	5 48	5 42	5 35	5 28	5 22	5 15	5 08	5 01	4 54	4 47	4 40	4 33	4 26
30	6 07	6 00	5 54	5 47	5 40	5 33	5 26	5 19	5 12	5 05	4 57	4 50	4 43	4 36
32	6 19	6 12	6 06	5 58	5 51	5 44	5 37	5 29	5 22	5 15	5 07	5 00	4 52	4 45
34	6 31	6 24	6 17	6 09	6 02	5 55	5 47	5 39	5 32	5 25	5 17	5 09	5 02	4 54
36	6 43	6 35	6 28	6 20	6 12	6 05	5 57	5 49	5 42	5 34	5 26	5 18	5 10	5 02
38	6 54	6 46	6 39	6 31	6 23	6 15	6 07	5 59	5 51	5 43	5 35	5 27	5 19	5 11
40	7 05	6 57	6 49	6 41	6 33	6 25	6 17	6 09	6 01	5 52	5 44	5 36	5 27	5 19
42	7 15	7 07	6 59	6 51	6 42	6 34	6 26	6 18	6 10	6 01	5 53	5 44	5 36	5 27
44	7 26	7 17	7 09	7 01	6 52	6 44	6 35	6 27	6 18	6 10	6 01	5 53	5 44	5 35
46	7 36	7 27	7 19	7 10	7 01	6 53	6 44	6 36	6 27	6 18	6 09	6 01	5 52	5 43
48	7 46	7 37	7 29	7 20	7 11	7 02	6 53	6 44	6 35	6 27	6 18	6 09	5 59	5 50
50	7 56	7 47	7 38	7 29	7 20	7 11	7 02	6 53	6 44	6 35	6 25	6 16	6 07	5 57
52	8 05	7 56	7 47	7 38	7 28	7 19	7 10	7 01	6 52	6 43	6 33	6 24	6 14	6 05
54	8 15	8 05	7 56	7 47	7 37	7 28	7 19	7 09	7 00	6 50	6 41	6 31	6 22	6 12
56	8 24	8 14	8 05	7 55	7 46	7 36	7 27	7 17	7 08	6 58	6 48	6 39	6 29	6 19
58	8 33	8 23	8 14	8 04	7 54	7 44	7 35	7 25	7 15	7 06	6 56	6 46	6 36	6 26
1 00	8 42	8 32	8 22	8 12	8 02	7 52	7 43	7 33	7 23	7 13	7 03	6 53	6 43	6 32
04	8 59	8 49	8 39	8 29	8 18	8 08	7 58	7 48	7 38	7 28	7 17	7 07	6 56	6 45
08	9 16	9 06	8 55	8 45	8 34	8 23	8 13	8 03	7 52	7 42	7 31	7 20	7 09	6 58
12	9 32	9 22	9 11	9 00	8 49	8 38	8 28	8 17	8 06	7 55	7 44	7 33	7 22	7 11
16	9 48	9 37	9 27	9 15	9 04	8 53	8 42	8 31	8 20	8 09	7 57	7 46	7 35	7 23
20	10 04	9 53	9 42	9 30	9 19	9 08	8 56	8 45	8 33	8 22	8 10	7 59	7 47	7 35
24	10 19	10 07	9 56	9 44	9 33	9 22	9 10	8 58	8 46	8 34	8 23	8 11	7 59	7 46
28	10 34	10 22	10 10	9 58	9 46	9 35	9 23	9 11	8 59	8 47	8 35	8 23	8 10	7 58
32	10 48	10 36	10 24	10 12	10 00	9 48	9 36	9 24	9 11	8 59	8 47	8 34	8 22	8 09
36	11 03	10 51	10 38	10 26	10 13	10 01	9 49	9 36	9 24	9 11	8 58	8 46	8 33	8 20
40	11 17	11 04	10 52	10 39	10 26	10 14	10 01	9 48	9 36	9 23	9 10	8 57	8 44	8 31
44	11 31	11 18	11 05	10 52	10 39	10 26	10 13	10 00	9 47	9 34	9 21	9 08	8 55	8 41
48	11 44	11 31	11 18	11 05	10 52	10 38	10 25	10 12	9 59	9 46	9 32	9 19	9 05	8 51
52	11 57	11 44	11 31	11 17	11 04	10 50	10 37	10 24	10 10	9 57	9 43	9 30	9 16	9 02
56	12 10	11 57	11 43	11 29	11 16	11 02	10 49	10 35	10 22	10 08	9 54	9 40	9 26	9 12
2 00	12 23	12 09	11 56	11 42	11 28	11 14	11 00	10 46	10 33	10 19	10 05	9 50	9 36	9 22
04	12 36	12 22	12 08	11 54	11 40	11 26	11 12	10 58	10 43	10 29	10 15	10 01	9 46	9 31
08	12 48	12 34	12 20	12 05	11 51	11 37	11 23	11 09	10 54	10 40	10 25	10 11	9 56	9 41
12	13 00	12 46	12 32	12 17	12 03	11 48	11 34	11 19	11 05	10 50	10 35	10 21	10 06	9 50
16	13 13	12 58	12 44	12 29	12 14	11 59	11 45	11 30	11 15	11 00	10 45	10 30	10 15	10 00
20	13 25	13 09	12 55	12 40	12 25	12 10	11 55	11 40	11 25	11 10	10 55	10 40	10 25	10 09
24	13 36	13 21	13 06	12 51	12 36	12 21	12 06	11 51	11 36	11 20	11 05	10 50	10 34	10 18
28	13 48	13 33	13 18	13 02	12 47	12 31	12 16	12 01	11 46	11 30	11 15	10 59	10 43	10 27
32	14 00	13 44	13 29	13 13	12 58	12 42	12 27	12 11	11 56	11 40	11 24	11 08	10 52	10 36
36	14 11	13 55	13 40	13 24	13 08	12 52	12 37	12 21	12 05	11 50	11 34	11 18	11 01	10 45
40	14 22	14 06	13 51	13 35	13 19	13 03	12 47	12 31	12 15	11 59	11 43	11 27	11 10	10 54
44	14 33	14 17	14 01	13 45	13 29	13 13	12 57	12 41	12 25	12 09	11 52	11 36	11 19	11 02
48	14 44	14 28	14 12	13 56	13 39	13 23	13 07	12 51	12 34	12 18	12 01	11 45	11 28	11 11
52	14 55	14 39	14 23	14 06	13 50	13 33	13 17	13 00	12 44	12 27	12 10	11 53	11 36	11 19
56	15 06	14 49	14 33	14 16	14 00	13 43	13 26	13 10	12 53	12 36	12 19	12 02	11 45	11 28
3°00'	15°17'	15°00'	14°43'	14°26'	14°10'	13°53'	13°36'	13°19'	13°02'	12°45'	12°28'	12°11'	11°53'	11°36'

17. Tafel des Koeffizienten C der Kollimation

$C = \sec \delta$

Dekl.	C	Dekl.	C	Dekl.	C	Dekl.	C
± 0°	1,000	±50°00'	1,556	±75°00'	3,864	±83°00'	8,206
± 1	000	30	572	10	906	05	304
2	001	51 00	589	20	950	10	405
3	001	30	606	30	994	15	508
4	002	52 00	624	40	4,039	20	614
5	004	30	643	50	086	25	722
6	006	53 00	662	76 00	134	30	834
7	008	30	681	10	182	35	948
8	010	54 00	701	20	232	40	9,065
9	012	30	722	30	284	45	186
				40	336	50	309
10	015	55 00	743	50	390	55	436
11	019	30	766				
12	022	56 00	788	77 00	445	84 00	567
13	026	30	812	10	502	05	701
14	031	57 00	836	20	560	10	839
15	035	30	861	30	620	15	981
16	040	58 00	887	40	682	20	10,128
17	046	30	914	50	745	25	278
18	051	59 00	942	78 00	810	30	433
19	058	30	970	10	876	35	594
				20	945	40	758
20	064	60 00	2,000	30	5,016	45	929
21	071	30	031	40	089	50	11,105
22	079	61 00	063	50	164	55	286
23	086	30	096				
24	095	62 00	130	79 00	241	85 00	474
25	103	30	166	10	320	05	668
26	113	63 00	203	20	403	10	868
27	122	30	241	30	487	15	12,076
28	133	64 00	281	40	575	20	291
29	143	30	323	50	665	25	514
				80 00	759	30	746
30	155	65 00	366	10	855	35	985
31	167	30	411	20	955	40	13,235
32	179	66 00	459	30	6,059	45	494
33	192	30	508	40	166	50	763
34	206	67 00	559	50	277	55	14,044
35	221	30	613				
36	236	68 00	669	81 00	392	86 00	336
37	252	30	728	10	512	05	640
38	269	69 00	790	20	636	10	958
39	287	30	855	30	765	15	15,290
				40	900	20	637
40	305	70 00	924	50	7,040	25	16,000
41	325	30	996	82 00	185	30	380
42	346	71 00	3,072	10	337	35	779
43	367	30	152	20	496	40	17,198
44	390	72 00	236	30	661	45	639
45	414	30	326	40	834	50	18,103
46	440	73 00	420	50	8,016	55	591
47	466	30	521				
48	494	74 00	628	±83°00'	8,206	±87°00'	19,107
49	524	30	742				
±50°	1,556	±75°00'	3,864				

18. Tafel des Koeffizienten I der Neigung

$\delta \mp \varphi$ \ φ	0°	1°	2°	3°	4°	5°	6°	7°	8°	9°	10°
∓30°	+1,000	+0,990	+0,981	+0,972	+0,964	+0,956	+0,948	+0,941	+0,934	+0,928	+0,922
29	000	991	982	973	965	957	950	943	937	931	925
28	000	991	982	974	967	959	952	946	940	934	928
27	000	991	983	975	968	961	954	948	942	937	932
26	000	992	984	976	969	963	956	951	945	940	935
25	000	992	985	977	971	964	959	953	948	943	938
24	000	992	985	979	972	966	961	955	950	946	942
23	000	993	986	980	974	968	963	958	953	949	945
22	000	993	987	981	975	970	965	960	956	952	948
21	000	993	987	982	976	971	967	962	958	954	951
20	000	994	988	983	978	973	968	964	961	957	954
19	000	994	989	984	979	974	970	967	963	960	957
18	000	995	989	985	980	976	972	969	966	963	960
17	000	995	990	986	981	978	974	971	968	966	963
16	000	995	991	937	983	979	976	973	971	968	967
15	000	995	991	988	984	981	978	975	973	971	970
14	000	996	992	988	985	982	980	978	976	974	973
13	000	996	993	989	987	984	982	980	978	977	976
12	000	996	993	990	988	985	984	982	981	979	979
11	000	997	994	991	989	987	985	984	983	982	982
10	000	997	994	992	990	989	987	986	985	985	985
9	000	997	995	993	991	990	989	988	988	988	988
8	000	998	996	994	993	992	991	990	990	990	991
7	000	998	996	995	994	993	993	993	993	993	994
6	000	998	997	996	995	995	995	995	995	996	997
5	000	999	998	997	996	996	996	997	998	999	1,000
4	000	999	998	998	998	998	998	999	1,000	1,001	003
3	000	999	999	999	999	999	1,000	1,001	002	004	006
2	000	1,000	999	1,000	1,000	1,001	002	003	005	007	009
∓ 1	000	000	1,000	000	001	002	004	005	007	010	012
0	000	000	001	001	002	004	006	008	010	012	015
± 1	000	000	001	002	004	005	007	010	012	015	019
2	000	001	002	003	005	007	009	012	015	018	022
3	000	001	002	004	006	008	011	014	017	021	025
4	000	001	003	005	007	010	013	016	020	024	028
5	000	002	004	006	009	012	015	018	022	027	031
6	000	002	004	007	010	013	017	021	025	030	035
7	000	002	005	008	011	015	019	023	028	033	038
8	000	003	006	009	012	016	021	025	030	036	041
9	000	003	006	010	014	018	023	027	033	039	045
10	000	003	007	011	015	020	024	030	035	042	048
11	000	004	007	012	016	021	026	032	038	045	051
12	000	004	008	013	018	023	028	035	041	048	055
13	000	004	009	014	019	025	031	037	044	051	059
14	000	005	009	015	020	026	033	039	046	054	062
15	000	005	010	016	022	028	035	042	049	057	066
16	000	005	011	017	023	030	037	044	052	061	070
17	000	006	011	018	024	031	039	047	055	064	073
18	000	006	012	019	026	033	041	049	058	067	077
19	000	006	013	020	027	035	043	052	061	071	081
20	000	007	013	021	029	037	046	055	064	074	085
21	000	007	014	022	030	039	048	057	067	078	089
22	000	007	015	023	032	041	050	060	071	082	093
23	000	008	016	024	033	043	052	063	074	085	098
24	000	008	016	025	035	045	055	066	077	089	102
25	000	008	017	026	036	047	057	069	081	093	106
26	000	009	018	028	038	049	060	072	084	097	111
27	000	009	019	029	039	051	062	075	088	101	116
28	000	010	020	030	041	053	065	078	091	106	120
29	000	010	020	031	043	055	068	081	095	110	125
±30°	+1,000	+1,010	+1,021	+1,033	+1,045	+1,057	+1,070	+1,084	+1,099	+1,114	+1,131

18. Tafel des Koeffizienten I der Neigung

δ ∓ φ \ φ	10°	11°	12°	13°	14°	15°	16°	17°	18°	19°	20°
∓30°	+0,922	+0,916	+0,911	+0,906	+0,901	+0,897	+0,893	+0,889	+0,885	+0,882	+0,879
29	925	920	915	910	905	901	898	894	891	888	886
28	928	923	919	914	910	906	903	899	897	894	892
27	932	927	922	918	914	911	908	905	902	900	898
26	935	931	926	922	919	916	913	910	908	906	904
25	938	934	930	927	923	920	918	915	913	911	910
24	942	938	934	931	928	925	923	920	919	917	916
23	945	941	938	935	932	930	927	926	924	923	922
22	948	945	941	939	936	934	932	931	929	928	928
21	951	948	945	943	941	939	937	936	935	934	934
20	954	951	949	947	945	943	942	941	940	940	940
19	957	955	953	951	949	948	947	946	946	946	946
18	960	958	956	955	953	952	952	951	951	951	952
17	963	962	960	959	958	957	956	956	956	957	958
16	967	965	964	963	962	961	961	961	962	963	964
15	970	968	967	967	966	966	966	967	967	968	970
14	973	972	971	970	970	970	971	972	973	974	976
13	976	975	975	974	975	975	976	977	978	980	982
12	979	978	978	978	979	979	981	982	984	985	988
11	982	982	982	982	983	984	985	987	989	991	994
10	985	985	985	986	987	989	990	992	994	997	1,000
9	988	988	989	990	991	993	995	997	1,000	1,003	006
8	991	992	993	994	996	998	1,000	1,003	006	009	012
7	994	995	996	998	1,000	1,002	005	008	011	015	019
6	997	998	1,000	1,002	004	007	010	013	017	021	025
5	1,000	1,002	004	006	009	012	015	018	022	027	031
4	003	005	007	010	013	016	020	024	028	033	038
3	006	008	011	014	017	021	025	029	034	039	044
2	009	012	015	018	022	026	030	035	040	045	051
∓ 1	012	015	019	022	026	030	035	040	046	051	057
0	015	019	022	026	031	035	040	046	051	058	064
± 1	019	022	026	030	035	040	046	051	057	064	071
2	022	026	030	035	040	045	051	057	064	070	078
3	025	029	034	039	044	050	056	063	070	077	085
4	028	033	038	043	049	055	062	069	076	084	092
5	031	036	042	047	054	060	067	074	082	090	099
6	035	040	046	052	058	065	073	080	089	097	107
7	038	044	050	056	063	070	078	086	095	104	114
8	041	047	054	061	068	076	084	093	102	111	122
9	045	051	058	065	073	081	090	099	109	119	129
10	048	055	062	070	078	087	096	105	115	126	137
11	051	059	066	075	083	092	102	112	122	133	145
12	055	063	071	079	088	098	108	118	129	141	153
13	059	067	075	084	094	104	114	125	137	149	162
14	062	071	080	089	099	109	120	132	144	157	170
15	066	075	084	094	104	115	127	139	152	165	179
16	070	079	089	099	110	121	133	146	159	173	188
17	073	083	093	104	116	128	140	154	167	182	197
18	077	087	098	110	121	134	147	161	176	191	207
19	081	092	103	115	127	141	154	169	184	200	217
20	085	096	108	120	133	147	162	177	192	209	227
21	089	101	113	126	140	154	169	185	201	219	237
22	093	106	118	132	146	161	177	193	210	229	248
23	098	110	124	138	153	168	184	202	220	239	259
24	102	115	129	144	159	176	193	210	229	249	270
25	106	120	135	150	166	183	201	220	239	260	282
26	111	125	141	157	173	191	209	229	249	271	294
27	116	131	147	163	181	199	218	239	260	283	306
28	120	136	153	170	188	207	227	249	271	295	320
29	125	142	159	177	196	216	237	259	282	307	333
±30°	+1,131	+1,147	+1,165	+1,184	+1,204	+1,225	+1,247	+1,270	+1,294	+1,320	+1,347

18. Tafel des Koeffizienten I der Neigung

φ / δ ∓ φ	20°	21°	22°	23°	24°	25°	26°	27°	28°	29°	30°
∓30°	+0,879	+0,877	+0,875	+0,873	+0,871	+0,869	+0,868	+0,867	+0,867	+0,866	+0,866
29	886	883	881	879	878	877	876	875	875	875	875
28	892	890	888	886	885	884	883	883	883	883	883
27	898	896	894	893	892	892	891	891	891	892	892
26	904	902	901	900	899	899	899	899	899	900	901
25	910	909	908	907	906	906	906	907	908	909	910
24	916	915	914	914	914	914	914	915	916	917	919
23	922	921	921	921	921	921	922	923	924	926	927
22	928	927	927	927	928	928	929	931	932	934	936
21	934	934	934	934	935	936	937	939	941	943	945
20	940	940	940	941	942	943	945	947	949	951	954
19	946	946	947	948	949	951	953	955	957	960	963
18	952	952	953	955	956	958	960	963	966	969	972
17	958	959	960	962	963	966	968	971	974	978	981
16	964	965	967	968	971	973	976	979	983	987	991
15	970	971	973	975	978	981	984	988	991	995	1,000
14	976	978	980	982	985	988	992	996	1,000	1,005	009
13	982	984	987	989	993	996	1,000	1,004	009	014	019
12	988	990	993	996	1,000	1,004	008	013	018	023	028
11	994	997	1,000	1,004	007	012	016	021	026	032	038
10	1,000	1,003	007	011	015	020	024	030	035	042	048
9	006	010	014	018	023	027	033	039	045	051	058
8	012	016	021	025	030	036	041	047	054	061	068
7	019	023	028	033	038	044	050	056	063	070	078
6	025	030	035	040	046	052	058	065	073	080	089
5	031	036	042	047	054	060	067	074	082	090	099
4	038	043	049	055	062	069	076	084	092	101	110
3	044	050	056	063	070	077	085	093	102	111	121
2	051	057	064	070	078	086	094	103	112	122	132
∓ 1	057	064	071	078	086	094	103	112	122	132	143
0	064	071	079	086	095	103	113	122	133	143	155
± 1	071	078	086	094	103	112	122	132	143	155	166
2	078	086	094	103	112	122	132	143	154	166	178
3	085	093	102	111	121	131	142	153	165	178	191
4	092	101	110	120	130	141	152	164	176	189	203
5	099	108	118	128	139	150	162	175	188	202	216
6	107	116	126	137	148	160	173	186	200	214	229
7	114	124	135	146	158	170	183	197	212	227	243
8	122	132	143	155	168	181	194	209	224	240	257
9	129	140	152	165	178	191	206	221	237	253	271
10	137	149	161	174	188	202	217	233	250	267	286
11	145	158	170	184	198	213	229	246	263	281	301
12	153	166	180	194	209	225	241	259	277	296	316
13	162	175	189	204	220	236	254	272	291	311	332
14	170	185	199	215	231	249	267	286	306	327	349
15	179	194	209	226	243	261	280	300	321	343	366
16	188	204	220	237	255	274	294	314	336	359	384
17	197	214	231	248	267	287	308	329	352	377	402
18	207	224	242	260	280	300	322	345	369	395	421
19	217	234	253	272	293	314	337	361	386	413	441
20	227	245	264	285	306	329	353	378	404	432	462
21	237	256	277	298	320	344	369	395	423	452	483
22	248	268	289	311	335	360	386	413	442	473	506
23	259	280	302	325	350	376	403	432	463	495	530
24	270	292	315	340	365	392	421	452	484	518	554
25	282	305	329	354	381	410	440	472	506	542	580
26	294	318	343	370	398	428	460	493	529	567	607
27	306	332	358	386	416	447	481	516	553	593	636
28	320	346	374	403	434	467	502	539	579	621	666
29	333	361	390	421	453	488	525	564	606	650	698
±30°	+1,347	+1,376	+1,407	+1,439	+1,473	+1,510	+1,549	+1,590	+1,634	+1,681	+1,732

18. Tafel des Koeffizienten I der Neigung

δ \ φ	30°	31°	32°	33°	34°	35°	36°	37°	38°	39°	40°
0°	+0,866	+0,857	+0,848	+0,839	+0,829	+0,819	+0,809	+0,799	+0,788	+0,777	+0,766
±1	875	866	857	848	839	829	819	809	799	788	777
2	883	875	867	858	849	839	830	820	810	799	788
3	892	884	876	867	858	849	840	830	820	810	800
4	901	893	885	877	868	859	850	841	831	821	811
5	910	902	894	886	878	869	860	851	842	832	822
6	919	911	904	896	888	879	871	862	853	843	834
7	927	920	913	906	898	890	881	873	864	854	845
8	936	930	923	915	908	900	892	883	875	866	856
9	945	939	932	925	918	910	902	894	886	877	868
10	954	948	941	935	928	920	913	905	897	888	879
11	963	957	951	945	938	931	923	916	908	899	891
12	972	967	961	954	948	941	934	927	919	911	903
13	981	976	970	964	958	952	945	938	930	922	914
14	991	986	980	974	968	962	956	949	942	934	926
15	1,000	995	990	985	979	973	967	960	953	946	938
16	009	1,005	1,000	995	989	984	978	971	965	958	950
17	019	015	010	1,005	1,000	995	989	983	976	970	963
18	028	025	020	016	011	1,006	1,000	994	988	982	975
19	038	035	031	026	022	017	011	1,006	1,000	994	987
20	048	045	041	037	033	028	023	018	012	1,006	1,000
21	058	055	051	048	044	039	035	030	024	019	013
22	068	065	062	059	055	051	046	042	037	031	026
23	078	076	073	070	066	063	059	054	049	044	039
24	089	086	084	081	078	075	071	067	062	057	052
25	099	097	095	093	090	087	083	079	075	071	066
26	110	108	107	104	102	099	096	092	088	084	080
27	121	120	118	116	114	111	109	105	102	098	094
28	132	131	130	128	126	124	122	119	115	112	108
29	143	143	142	141	139	137	135	132	129	126	122
30	155	155	154	153	152	150	148	146	143	140	137
31	166	167	166	166	165	164	162	160	158	155	152
32	178	179	179	179	178	178	176	175	173	170	168
33	191	192	192	192	192	192	191	189	188	186	183
34	203	205	205	206	206	206	205	205	203	202	200
35	216	218	219	220	221	221	221	220	219	218	216
36	229	231	233	234	235	236	236	236	235	234	233
37	243	245	247	249	250	251	252	252	252	251	250
38	257	260	262	264	266	267	268	269	269	269	268
39	271	274	277	280	282	284	285	286	287	287	287
40	286	289	293	296	298	300	302	304	305	305	305
41	301	305	309	312	315	318	320	322	323	324	325
42	316	321	325	329	333	336	338	341	342	344	345
43	332	337	342	347	350	354	357	360	362	364	365
44	349	355	360	365	369	373	377	380	383	385	387
45	366	372	378	383	388	393	397	400	404	406	409
46	384	391	397	403	408	413	418	422	426	429	432
47	402	409	416	423	429	434	439	444	448	452	455
48	421	429	437	444	450	456	462	467	472	476	480
49	441	450	458	465	472	479	485	491	496	501	505
50	462	471	480	488	495	503	510	516	522	527	532
51	483	493	502	511	520	527	535	542	548	554	560
52	506	516	526	536	545	553	561	569	576	583	589
53	530	541	551	561	571	580	589	597	605	612	619
54	554	566	577	588	599	609	618	627	635	643	651
55	580	593	605	616	628	638	648	658	667	676	684
56	607	621	634	646	658	670	680	691	701	710	719
57	636	650	664	677	690	702	714	725	736	746	756
58	666	681	696	710	724	737	750	762	773	784	795
59	698	714	730	745	760	774	787	800	813	825	836
±60°	+1,732	+1,749	+1,766	+1,782	+1,798	+1,813	+1,827	+1,841	+1,854	+1,867	+1,879

18. Tafel des Koeffizienten I der Neigung

δ \ φ	40°	41°	42°	43°	44°	45°	46°	47°	48°	49°	50°
0°	+0,766	+0,755	+0,743	+0,731	+0,719	+0,707	+0,695	+0,682	+0,669	+0,656	+0,643
±1	777	766	755	743	731	719	707	695	682	669	656
2	788	778	767	755	744	732	720	708	695	682	670
3	800	789	778	767	756	744	732	720	708	696	683
4	811	801	790	779	768	757	745	733	721	709	696
5	822	812	802	791	780	769	758	746	734	722	710
6	834	824	813	803	792	781	770	759	747	735	723
7	845	835	825	815	805	794	783	772	760	749	737
8	856	847	837	827	817	806	796	785	774	762	750
9	868	859	849	839	829	819	809	798	787	776	764
10	879	870	861	852	842	832	821	811	800	789	778
11	891	882	873	864	854	845	834	824	814	803	792
12	903	894	885	876	867	857	848	837	827	816	806
13	914	906	898	889	880	870	861	851	841	830	820
14	926	918	910	901	893	883	874	864	854	844	834
15	938	931	922	914	905	897	887	878	868	858	848
16	950	943	935	927	919	910	901	892	882	872	862
17	963	955	948	940	932	923	915	906	896	887	877
18	975	968	961	953	945	937	928	920	911	901	892
19	987	981	974	966	959	951	942	934	925	916	907
20	1,000	993	987	980	972	964	956	948	940	931	922
21	013	1,007	1,000	993	986	979	971	963	954	946	937
22	026	020	013	1,007	1,000	993	985	977	969	961	952
23	039	033	027	021	014	1,007	1,000	992	985	976	968
24	052	047	041	035	029	022	015	1,008	1,000	992	984
25	066	061	055	049	043	037	030	023	016	1,008	1,000
26	080	075	070	064	058	052	046	039	032	024	016
27	094	089	084	079	073	067	061	055	048	041	033
28	108	104	099	094	089	083	077	071	064	057	050
29	122	118	114	109	104	099	093	087	081	074	067
30	137	133	129	125	120	115	110	104	098	092	085
31	152	149	145	141	137	132	127	121	116	110	103
32	168	165	161	158	153	149	144	139	133	128	121
33	183	181	178	174	170	166	162	157	152	146	140
34	200	197	194	191	188	184	180	175	170	165	159
35	216	214	212	209	206	202	198	194	189	185	179
36	233	231	229	227	224	221	217	213	209	204	199
37	250	249	247	245	243	240	237	233	229	225	220
38	268	267	266	264	262	260	257	253	250	246	241
39	287	286	285	284	282	280	277	274	271	267	263
40	305	305	305	304	302	300	298	296	293	289	286
41	325	325	325	324	323	322	320	318	315	312	309
42	345	345	346	345	345	344	342	341	338	336	333
43	365	366	367	367	367	366	365	364	362	360	357
44	387	388	389	390	390	390	389	388	387	385	383
45	409	411	412	413	414	414	414	413	412	411	409
46	432	434	436	438	439	439	440	439	439	438	436
47	455	458	461	463	464	465	466	466	466	465	464
48	480	483	486	489	491	492	494	494	494	494	494
49	505	509	513	516	518	521	522	523	524	524	524
50	532	537	541	544	547	550	552	554	555	555	556
51	560	565	569	574	577	580	583	585	587	588	589
52	589	594	600	604	608	612	615	618	620	622	623
53	619	625	631	636	641	645	649	653	655	658	659
54	651	658	664	670	675	680	685	689	692	695	697
55	684	692	699	705	711	717	722	726	730	734	737
56	719	727	735	742	749	755	761	766	771	775	778
57	756	765	774	782	789	796	802	808	813	818	822
58	795	805	814	823	831	839	846	852	858	864	869
59	836	847	857	866	875	884	892	899	906	912	918
±60°	+1,879	+1,891	+1,902	+1,913	+1,923	+1,932	+1,941	+1,949	+1,956	+1,963	+1,970

18. Tafel des Koeffizienten I der Neigung

δ \ φ	50°	51°	52°	53°	54°	55°	56°	57°	58°	59°	60°
0°	+0,643	+0,629	+0,616	+0,602	+0,588	+0,574	+0,559	+0,545	+0,530	+0,515	+0,500
± 1	656	643	629	616	602	588	574	559	545	530	515
2	670	656	643	630	616	602	588	574	560	545	530
3	683	670	657	644	630	617	603	589	574	560	545
4	696	684	671	658	644	631	617	603	589	575	561
5	710	697	685	672	659	645	632	618	604	590	576
6	723	711	698	686	673	660	646	633	619	605	591
7	737	725	712	700	687	674	661	648	634	620	606
8	750	739	726	714	701	689	676	663	649	636	622
9	764	752	740	728	716	703	690	677	664	651	637
10	778	766	755	743	730	718	705	693	679	666	653
11	792	780	769	757	745	733	720	708	695	682	668
12	806	795	783	772	760	748	735	723	710	697	684
13	820	809	798	786	775	763	751	738	726	713	700
14	834	823	812	801	789	778	766	754	741	729	716
15	848	838	827	816	805	793	781	769	757	745	732
16	862	852	842	831	820	808	797	785	773	761	748
17	877	867	857	846	835	824	813	801	789	777	765
18	892	882	872	861	851	840	829	817	805	794	781
19	907	897	887	877	866	856	845	833	822	810	798
20	922	912	902	892	882	872	861	850	839	827	815
21	937	928	918	908	898	888	877	867	855	844	832
22	952	943	934	924	915	905	894	883	873	861	850
23	968	959	950	941	931	921	911	901	890	879	868
24	984	975	967	957	948	938	928	918	907	897	886
25	1,000	992	983	974	965	956	946	936	925	915	904
26	016	1,008	1,000	991	982	973	964	954	944	933	922
27	033	025	017	1,009	1,000	991	982	972	962	952	941
28	050	043	035	026	018	1,009	1,000	991	981	971	960
29	067	060	052	045	036	028	019	1,010	1,000	990	980
30	085	078	071	063	055	047	038	029	020	1,010	1,000
31	103	096	089	082	074	066	057	049	039	030	020
32	121	115	108	101	093	085	077	069	060	051	041
33	140	134	127	120	113	106	098	089	081	072	062
34	159	154	147	141	133	126	118	110	102	093	084
35	179	173	167	161	154	147	140	132	124	115	106
36	199	194	188	182	176	169	162	154	146	138	129
37	220	215	209	204	197	191	184	177	169	161	153
38	241	236	231	226	220	214	207	200	192	185	177
39	263	259	254	249	243	237	231	224	217	209	201
40	286	281	277	272	267	261	255	248	242	234	227
41	309	305	301	296	291	286	280	274	267	260	253
42	333	329	325	321	316	311	306	300	294	287	280
43	357	354	350	347	342	337	332	327	321	314	308
44	383	380	377	373	369	365	360	355	349	343	336
45	409	406	404	400	397	393	388	383	378	372	366
46	436	434	432	429	426	422	418	413	408	403	397
47	464	463	461	458	455	452	448	444	439	434	429
48	494	492	491	489	486	483	480	476	472	467	462
49	524	523	522	521	518	516	513	509	505	501	496
50	556	555	555	554	552	550	547	544	541	537	532
51	589	589	589	588	587	585	583	580	577	574	569
52	623	624	624	624	623	622	620	618	615	612	608
53	659	661	661	662	661	661	659	658	655	653	649
54	697	699	700	701	701	701	700	699	697	695	692
55	737	739	741	742	743	743	743	742	741	739	737
56	778	781	784	786	787	788	788	788	787	786	784
57	822	826	829	832	834	835	836	836	836	835	834
58	869	873	877	880	882	884	886	887	887	887	886
59	918	923	927	931	934	937	939	940	941	942	941
±60°	+1,970	+1,975	+1,981	+1,985	+1,989	+1,992	+1,995	+1,997	+1,999	+2,000	+2,000

18. Tafel des Koeffizienten I der Neigung

δ \ φ	60°	61°	62°	63°	64°	65°	66°	67°	68°	69°	70°
0°	+0,500	+0,485	+0,469	+0,454	+0,438	+0,423	+0,407	+0,391	+0,375	+0,358	+0,342
± 1	515	500	485	470	454	438	423	407	391	375	358
2	530	515	500	485	470	454	439	423	407	391	375
3	545	531	516	501	485	470	455	439	423	407	391
4	561	546	531	516	501	486	471	455	439	424	408
5	576	561	547	532	517	502	487	471	456	440	424
6	591	577	562	548	533	518	503	487	472	456	441
7	606	592	578	563	549	534	519	504	488	473	457
8	622	608	594	579	565	550	535	520	505	490	474
9	637	623	609	595	581	566	551	537	521	506	491
10	653	639	625	611	597	582	568	553	538	523	508
11	668	655	641	627	613	599	584	570	555	540	525
12	684	671	657	643	629	615	601	586	572	557	542
13	700	687	673	660	646	632	618	603	589	574	559
14	716	703	690	676	662	649	635	620	606	591	576
15	732	719	706	693	679	665	652	637	623	609	594
16	748	736	723	709	696	682	669	655	640	626	611
17	765	752	739	726	713	700	686	672	658	644	629
18	781	769	756	743	730	717	704	690	676	662	647
19	798	786	773	761	748	735	721	708	694	680	666
20	815	803	791	778	766	752	739	726	712	698	684
21	832	821	808	796	783	771	757	744	731	717	703
22	850	838	826	814	802	789	776	763	749	736	722
23	868	856	844	832	820	807	795	781	768	755	741
24	886	874	863	851	839	826	813	801	787	774	760
25	904	893	881	869	857	845	833	820	807	794	780
26	922	911	900	889	877	865	852	840	827	814	800
27	941	930	919	908	896	884	872	860	847	834	821
28	960	950	939	928	916	905	892	880	868	855	842
29	980	970	959	948	937	925	913	901	889	876	863
30	1,000	990	979	968	957	946	934	922	910	897	885
31	020	1,010	1,000	989	978	967	956	944	932	919	907
32	041	031	021	1,011	1,000	989	978	966	954	942	929
33	062	053	043	033	022	1,011	1,000	989	977	965	952
34	084	075	065	055	045	034	023	1,012	1,000	988	976
35	106	097	088	078	068	057	046	035	024	1,012	1,000
36	129	120	111	101	091	081	070	060	048	037	025
37	153	144	135	125	116	106	095	084	073	062	050
38	177	168	159	150	141	131	120	110	099	088	076
39	201	193	184	176	166	157	147	136	125	114	103
40	227	219	210	202	193	183	173	163	153	142	131
41	253	245	237	229	220	210	201	191	181	170	159
42	280	272	264	256	248	239	229	220	209	199	188
43	308	300	293	285	277	268	259	249	239	229	218
44	336	329	322	314	306	298	289	280	270	260	249
45	366	359	352	345	337	329	320	311	302	292	282
46	397	391	384	377	369	361	353	344	335	325	315
47	429	423	416	409	402	395	386	378	369	360	350
48	462	456	450	444	437	429	421	413	404	395	386
49	496	491	485	479	472	465	458	450	441	432	423
50	532	527	522	516	510	503	495	488	480	471	462
51	569	565	560	554	548	542	535	527	520	511	502
52	608	604	600	594	589	583	576	569	561	553	545
53	649	645	641	636	631	625	619	612	605	597	589
54	692	689	685	680	675	670	664	658	651	643	635
55	737	734	730	726	722	717	711	705	699	692	684
56	784	781	778	775	771	766	761	755	749	742	735
57	834	832	829	826	822	818	813	808	802	796	789
58	886	884	882	880	877	873	869	864	858	852	846
59	941	940	939	937	934	931	927	923	918	912	906
±60°	+2,000	+2,000	+1,999	+1,997	+1,995	+1,992	+1,989	+1,985	+1,981	+1,975	+1,970

18. Tafel des Koeffizienten I der Neigung

δ \ φ	0°	1°	2°	3°	4°	5°	6°	7°	8°	9°	10°
± 30°	+1,000	+1,010	+1,020	+1,029	+1,038	+1,047	+1,055	+1,063	+1,071	+1,078	+1,085
31	000	010	020	030	039	049	057	066	074	082	089
32	000	011	021	031	041	051	060	069	077	085	093
33	000	011	022	033	043	053	062	072	081	089	098
34	000	012	023	034	045	055	065	075	084	093	102
35	000	012	024	035	046	057	068	078	088	097	106
36	000	013	025	037	048	060	070	081	091	101	111
37	000	013	026	038	050	062	073	084	095	106	116
38	000	013	027	040	052	064	076	088	099	110	120
39	000	014	028	041	054	067	079	091	103	114	125
40	000	014	029	043	056	069	082	095	107	119	131
41	000	015	030	044	058	072	085	098	111	124	136
42	000	016	031	046	060	075	089	102	116	129	141
43	000	016	032	047	063	077	092	106	120	134	147
44	000	017	033	049	065	080	095	110	125	139	152
45	000	017	034	051	067	083	099	114	129	144	158
46	000	018	036	053	070	086	103	119	134	150	165
47	000	019	037	055	072	090	107	123	140	155	171
48	000	019	038	057	075	093	111	128	145	161	178
49	000	020	040	059	078	096	115	133	150	168	185
50	000	021	041	061	081	100	119	138	156	174	192
51	000	021	042	063	084	104	124	143	162	181	199
52	000	022	044	066	087	108	128	149	168	188	207
53	000	023	046	068	090	112	133	154	175	195	215
54	000	024	047	071	094	116	138	160	182	203	224
55	000	025	049	073	097	121	144	167	189	211	233
56	000	026	051	076	101	125	149	173	197	220	242
57	000	027	053	079	105	130	155	180	205	229	252
58	000	028	055	082	109	136	162	188	213	238	263
59	000	029	057	086	114	141	168	195	222	248	274
60	000	030	060	089	118	147	176	204	231	259	286
61	000	031	062	093	123	153	183	212	241	270	298
62	000	033	065	097	129	160	191	222	252	282	311
63	000	034	068	101	134	167	200	232	263	295	326
64	000	036	071	106	141	175	209	242	276	308	341
65	000	037	074	111	147	183	219	254	289	323	357
66	000	039	078	116	154	192	229	266	303	339	375
67	000	041	082	122	162	202	241	280	318	356	394
68	000	043	086	128	170	212	253	294	335	375	415
69	000	045	090	135	179	223	267	310	353	395	437
70°00'	000	048	095	142	189	236	282	327	373	417	462
30	000	049	098	146	195	242	290	337	383	429	475
71 00	000	051	101	151	200	249	298	346	394	442	489
30	000	052	104	155	206	257	307	357	406	455	504
72 00	000	054	107	160	212	264	316	368	419	469	519
30	000	055	110	165	219	273	326	379	432	484	536
73 00	000	057	114	170	226	281	336	391	445	499	553
30	000	059	117	175	233	290	347	404	460	516	571
74 00	000	061	121	181	241	300	359	418	476	533	590
30	000	063	125	187	249	310	371	432	492	552	611
75 00	000	065	130	194	258	321	385	447	510	572	633
30	000	067	134	201	267	333	399	464	528	593	656
76 00	000	070	139	209	277	346	414	481	548	615	681
30	000	073	145	217	288	359	430	500	570	639	708
77 00	000	075	151	225	300	374	447	520	593	665	737
30	000	079	157	235	312	389	466	542	618	693	768
78 00	000	082	164	245	326	406	486	566	645	724	802
30	000	086	171	256	340	425	508	592	674	757	838
79 00	000	090	179	268	356	445	532	620	706	792	878
30	000	094	188	281	374	466	559	650	741	832	922
± 80°00'	+1,000	+1,099	+1,197	+1,295	+1,393	+1,490	+1,587	+1,684	+1,780	+1,875	+1,970

18. Tafel des Koeffizienten I der Neigung

δ \ φ	10°	11°	12°	13°	14°	15°	16°	17°	18°	19°	20°
± 30°	+1,085	+1,092	+1,098	+1,104	+1,110	+1,115	+1,120	+1,125	+1,129	+1,133	+1,137
31	089	096	103	110	116	121	127	132	137	141	145
32	093	101	108	115	121	128	133	139	144	149	153
33	098	106	113	120	127	134	140	146	152	157	162
34	102	110	118	126	133	141	147	154	159	165	170
35	106	115	124	132	140	147	154	161	167	173	179
36	111	120	129	138	146	154	162	169	176	182	188
37	116	125	135	144	153	161	169	177	184	191	197
38	120	131	141	150	159	168	177	185	192	200	207
39	125	136	147	157	166	176	184	193	201	209	217
40	131	142	153	163	173	183	193	202	210	219	227
41	136	147	159	170	181	191	201	210	220	229	237
42	141	153	165	177	188	199	209	220	229	239	248
43	147	160	172	184	196	207	218	229	239	249	259
44	152	166	179	192	204	216	227	239	249	260	270
45	158	172	186	199	212	225	237	249	260	271	282
46	165	179	193	207	221	234	247	259	271	283	294
47	171	186	201	216	230	243	257	270	282	295	306
48	178	194	209	224	239	253	267	281	294	307	320
49	185	201	217	233	249	264	278	293	307	320	333
50	192	209	226	242	259	274	290	305	319	334	347
51	199	217	235	252	269	286	302	317	333	348	362
52	207	226	244	262	280	297	314	331	347	362	377
53	215	235	254	273	291	309	327	344	361	378	394
54	224	244	264	284	303	322	341	359	376	394	410
55	233	254	275	296	316	336	355	374	392	410	428
56	242	265	286	308	329	350	370	390	409	428	447
57	252	275	298	321	343	364	386	407	427	447	466
58	263	287	311	334	357	380	402	424	446	467	487
59	274	299	324	349	373	397	420	443	465	487	509
60	286	312	338	364	389	414	439	463	486	509	532
61	298	326	353	380	407	433	459	484	509	533	557
62	311	340	369	397	425	453	480	506	532	558	583
63	326	356	386	416	445	474	502	530	558	584	611
64	341	373	404	436	466	497	526	556	585	613	641
65	357	391	424	457	489	521	552	583	614	644	673
66	375	410	445	480	514	547	580	613	645	677	708
67	394	431	468	504	540	576	611	645	679	713	745
68	415	454	493	531	569	607	643	680	716	751	786
69	437	479	520	560	601	640	679	718	756	794	831
70°00'	462	506	549	592	635	677	719	760	800	840	879
30	475	520	565	610	653	697	740	782	824	865	906
71 00	489	536	582	628	673	718	762	805	849	891	933
30	504	552	600	647	693	739	785	830	875	919	962
72 00	519	569	618	667	715	762	810	856	902	948	992
30	536	587	638	688	738	787	835	884	931	978	2,024
73 00	553	606	658	710	762	812	863	913	962	2,010	058
30	571	626	680	734	787	840	892	943	994	045	094
74 00	590	647	703	759	814	869	923	976	2,029	081	132
30	611	670	728	786	843	899	955	2,011	065	119	173
75 00	633	694	754	814	873	932	990	047	104	161	216
30	656	719	782	844	906	967	2,027	087	146	204	262
76 00	681	747	812	877	941	2,004	067	129	190	251	311
30	708	776	844	911	978	044	109	174	238	302	364
77 00	737	808	879	949	2,018	087	155	223	290	356	421
30	768	842	916	989	062	133	205	275	345	414	482
78 00	802	879	956	2,033	108	184	258	332	405	477	549
30	838	919	2,000	080	159	238	316	393	470	546	621
79 00	878	963	048	132	215	297	379	460	541	620	699
30	922	2,011	100	188	276	362	448	534	618	702	785
± 80°00'	+1,970	+2,064	+2,157	+2,250	+2,342	+2,434	+2,524	+2,614	+2,704	+2,792	+2,879

18. Tafel des Koeffizienten I der Neigung (OK)

δ \ φ	20°	21°	22°	23°	24°	25°	26°	27°	28°	29°	30°
± 60°	+1,532	+1,554	+1,576	+1,597	+1,618	+1,638	+1,658	+1,677	+1,696	+1,714	+1,732
61	557	580	603	625	647	669	690	710	730	749	768
62	583	608	632	655	679	701	723	745	766	786	806
63	611	637	662	687	712	736	759	782	804	826	847
64	641	668	695	722	747	773	798	822	846	869	891
65	673	702	731	758	786	813	839	865	890	914	938
66	708	738	769	798	827	856	883	911	937	964	989
67	745	778	810	841	872	902	932	961	989	2,017	2,044
68	786	821	854	888	920	952	984	2,015	2,045	075	104
69	831	867	903	938	973	2,007	2,041	074	106	138	169
70°00'	879	918	956	994	2,031	067	103	138	173	207	240
30	906	946	985	2,024	062	100	137	173	209	244	278
71 00	933	974	2,015	055	095	134	172	209	246	283	318
30	962	2,005	047	088	129	169	209	248	286	323	360
72 00	992	037	080	123	165	207	248	288	328	367	405
30	2,024	070	115	160	204	247	289	331	372	412	452
73 00	058	106	152	199	244	289	333	376	419	460	501
30	094	143	192	240	287	333	379	424	468	511	554
74 00	132	183	234	283	332	380	428	474	520	565	610
30	173	226	278	329	380	430	480	528	576	623	669
75 00	216	271	325	379	432	484	535	585	635	684	732
30	262	319	376	431	486	540	594	646	698	749	799
76 00	311	371	430	488	545	601	657	712	766	819	871
30	364	426	488	548	608	667	725	782	838	894	949
77 00	421	486	550	613	675	737	798	857	916	975	3,032
30	482	550	617	683	748	813	876	939	3,001	3,061	121
78 00	549	620	690	759	827	895	961	3,027	092	155	218
30	621	695	768	841	913	984	3,053	122	190	258	324
79 00	699	777	854	931	3,006	3,080	154	227	298	369	438
30	785	867	948	3,029	108	187	264	341	416	490	564
80 00	879	966	3,052	136	220	303	385	466	545	624	702
10	913	3,001	088	175	260	345	428	510	592	672	751
20	948	037	126	214	301	387	472	556	639	721	801
30	984	075	166	255	344	432	518	604	688	772	854
40	3,021	114	206	298	388	478	566	653	739	824	908
50	059	154	249	342	434	525	615	704	792	879	965
81 00	099	196	292	387	482	575	667	757	847	936	4,023
10	141	240	338	435	531	626	720	812	904	994	083
20	184	285	385	484	582	679	775	869	963	4,055	146
30	228	331	434	535	635	734	832	929	4,024	119	212
40	275	380	485	588	690	791	892	990	088	184	279
50	323	431	538	643	748	851	953	4,055	154	253	350
82 00	373	484	593	701	808	913	4,018	121	223	324	424
10	426	538	650	761	870	978	085	191	295	399	500
20	480	596	710	823	935	4,046	155	264	371	476	580
30	538	656	773	888	4,003	116	229	339	449	557	664
40	597	718	838	957	074	190	305	419	531	642	751
50	660	784	906	4,028	148	267	385	502	617	730	843
83 00	725	852	978	103	226	348	469	588	706	823	938
10	794	924	4,053	181	308	433	557	680	801	920	5,039
20	866	4,000	132	263	393	522	649	775	900	5,022	144
30	942	079	215	350	483	616	746	876	5,003	130	254
40	4,021	162	302	441	578	714	848	981	113	243	371
50	105	250	394	537	678	818	956	5,093	228	362	494
84 00	194	343	491	638	783	927	5,070	210	350	487	623
10	287	441	594	745	895	5,043	190	335	478	620	760
20	387	545	702	858	5,013	165	317	466	614	761	905
30	492	655	818	978	138	295	451	606	759	910	6,059
40	603	772	940	5,106	270	433	595	754	912	6,068	222
50	722	897	5,070	242	412	580	747	912	6,075	236	396
± 85°00'	+4,849	+5,030	+5,209	+5,387	+5,563	+5,737	+5,909	+6,080	+6,249	+6,416	+6,581

18. Tafel des Koeffizienten I der Neigung (OK)

δ \ φ	30°	31°	32°	33°	34°	35°	36°	37°	38°	39°	40°
± 60°	+1,732	+1,749	+1,766	+1,782	+1,798	+1,813	+1,827	+1,841	+1,854	+1,867	+1,879
61	768	786	804	821	838	854	869	884	899	912	926
62	806	826	845	863	881	898	914	930	946	961	975
63	847	868	888	908	927	945	963	980	996	2,012	2,028
64	891	913	935	955	976	995	2,014	2,033	2,050	067	084
65	938	962	984	2,007	2,028	2,049	070	089	108	127	145
66	989	2,014	2,038	062	085	107	129	150	171	191	210
67	2,044	071	096	122	146	170	194	216	238	260	280
68	104	132	160	187	213	239	264	288	312	335	357
69	169	199	229	258	286	313	340	366	392	417	441
70°00'	240	272	304	335	365	395	424	452	480	506	532
30	278	312	344	377	408	439	469	498	527	554	581
71 00	318	353	387	420	453	485	516	546	576	605	633
30	360	396	432	466	500	533	566	597	628	658	687
72 00	405	442	479	515	550	584	618	651	683	714	744
30	452	491	529	566	603	638	673	707	741	773	805
73 00	501	542	581	620	658	695	732	767	802	836	869
30	554	596	637	677	717	756	793	830	866	902	936
74 00	610	653	696	738	779	819	859	897	935	972	3,008
30	669	714	759	803	845	887	929	969	3,008	3,046	084
75 00	732	779	826	871	916	960	3,003	3,045	086	126	165
30	799	849	897	945	991	3,037	082	126	169	211	252
76 00	871	923	973	3,023	3,072	120	166	212	257	301	344
30	949	3,002	3,055	107	158	208	257	305	352	398	443
77 00	3,032	088	143	198	251	304	355	405	455	503	550
30	121	180	238	295	351	406	460	513	565	616	665
78 00	218	280	341	401	460	518	574	630	684	738	790
30	324	389	453	516	578	638	698	757	814	870	925
79 00	438	507	574	641	706	770	833	895	955	4,015	4,073
30	564	636	707	777	846	914	980	4,046	4,110	173	234
80 00	702	778	853	927	4,000	4,072	4,143	212	280	346	411
10	751	829	905	981	055	128	200	271	340	408	475
20	801	881	959	4,036	112	187	260	332	402	472	540
30	854	935	4,015	093	171	247	321	395	467	538	607
40	908	991	072	152	231	309	385	460	534	606	677
50	965	4,049	132	214	294	374	452	528	603	677	749
81 00	4,023	109	194	277	360	441	520	598	675	751	824
10	083	171	258	343	427	510	591	671	750	827	902
20	146	236	325	412	498	582	665	747	827	906	983
30	212	303	394	483	571	657	742	825	907	988	5,067
40	279	373	466	557	647	735	822	907	991	5,073	154
50	350	446	541	634	726	816	905	992	5,078	162	245
82 00	424	522	619	714	808	900	991	5,081	169	255	340
10	500	601	700	798	894	988	5,081	173	263	352	438
20	580	683	785	885	983	5,080	176	269	362	452	541
30	664	769	873	976	5,077	176	274	370	464	557	649
40	751	859	966	5,071	174	276	376	475	572	667	761
50	843	953	5,063	170	276	381	484	585	684	782	878
83 00	938	5,052	164	274	383	491	596	700	802	903	6,001
10	5,039	155	270	384	495	606	714	821	926	6,029	130
20	144	264	382	498	613	726	838	947	6,055	161	265
30	254	378	499	619	737	853	968	6,081	192	301	408
40	371	498	623	746	867	987	6,105	221	335	447	557
50	494	624	753	879	6,005	6,128	249	369	486	602	715
84 00	623	757	890	6,021	149	276	401	525	646	765	882
10	760	898	6,035	170	303	433	562	689	814	937	7,058
20	905	6,048	189	328	465	600	733	864	993	7,119	244
30	6,059	206	351	495	636	776	913	7,049	7,182	313	442
40	222	374	524	673	819	963	7,105	245	383	518	652
50	396	553	709	862	7,013	7,163	310	454	597	737	875
± 85°00'	+6,581	+6,744	+6,905	+7,064	+7,221	+7,375	+7,527	+7,677	+7,825	+7,970	+8,113

18. Tafel des Koeffizienten I der Neigung (OK)

δ \ φ	40°	41°	42°	43°	44°	45°	46°	47°	48°	49°	50°
± 60°	+1,879	+1,891	+1,902	+1,913	+1,923	+1,932	+1,941	+1,949	+1,956	+1,963	+1,970
61	926	938	950	962	973	983	992	2,001	2,010	2,018	2,025
62	975	989	2,002	2,014	2,026	2,037	2,048	057	067	075	084
63	2,028	2,042	056	070	083	095	106	117	128	137	146
64	084	100	115	130	144	157	170	181	193	203	213
65	145	162	178	194	209	224	237	250	263	275	286
66	210	228	246	263	280	295	310	325	338	351	363
67	280	300	320	338	356	373	389	405	420	434	447
68	357	379	399	419	439	457	475	492	508	524	539
69	441	464	486	508	529	549	569	587	605	622	638
70°00'	532	557	582	605	628	650	671	691	711	730	747
30	581	607	633	657	681	704	726	747	768	787	806
71 00	633	660	686	712	737	761	784	806	827	848	868
30	687	715	743	770	795	820	845	868	890	912	932
72 00	744	774	803	830	857	883	909	933	956	979	3,000
30	805	835	865	894	923	950	976	3,002	3,026	3,050	072
73 00	869	901	932	962	991	3,020	3,048	074	100	125	148
30	936	970	3,002	3,034	3,064	094	123	151	178	204	229
74 00	3,008	3,043	077	110	142	173	203	233	261	288	314
30	084	120	156	191	224	257	289	319	349	377	405
75 00	165	203	240	277	312	346	379	411	443	473	502
30	252	292	330	368	405	441	476	510	543	574	605
76 00	344	386	427	467	505	543	580	615	650	683	715
30	443	487	530	572	613	652	691	728	765	800	834
77 00	550	596	641	685	728	770	810	850	888	925	961
30	665	714	761	808	853	897	939	981	4,021	4,060	4,098
78 00	790	841	891	940	987	4,034	4,079	4,123	165	207	247
30	925	979	4,032	4,083	4,134	183	230	277	322	366	408
79 00	4,073	4,130	186	240	293	345	395	444	492	539	584
30	234	294	353	411	467	522	576	628	679	728	776
80 00	411	475	538	599	659	717	774	830	884	936	987
10	475	540	604	666	727	787	845	901	957	5,010	5,062
20	540	606	671	735	798	858	918	976	5,032	087	140
30	607	675	742	807	870	933	993	5,052	110	166	220
40	677	746	814	881	946	5,009	5,071	132	191	248	304
50	749	820	890	958	5,024	089	152	214	274	333	390
81 00	824	897	968	5,037	105	172	236	300	361	421	479
10	902	976	5,049	120	189	257	323	388	451	512	572
20	983	5,059	133	206	277	346	414	480	545	607	668
30	5,067	145	220	295	367	438	508	576	642	706	769
40	154	234	311	387	462	534	606	675	743	808	873
50	245	326	406	484	560	634	707	778	848	915	981
82 00	340	423	504	584	662	738	813	886	957	6,026	6,093
10	438	523	607	689	769	847	923	998	6,071	142	211
20	541	628	714	798	880	960	6,038	6,115	190	263	334
30	649	738	826	912	996	6,078	159	237	314	389	461
40	761	853	943	6,031	6,117	202	284	365	444	520	595
50	878	972	6,065	155	244	331	416	498	579	658	735
83 00	6,001	6,098	193	286	377	466	553	638	722	803	882
10	130	229	327	423	516	608	698	785	871	954	7,035
20	265	368	468	566	663	757	849	939	7,027	7,113	197
30	408	513	616	717	816	913	7,008	7,101	192	280	366
40	557	666	772	876	978	7,078	176	271	365	456	545
50	715	827	936	7,043	7,149	252	352	451	547	641	733
84 00	882	997	7,109	220	329	435	539	640	740	837	931
10	7,058	7,176	293	407	519	628	736	841	943	8,043	8,141
20	244	366	487	605	720	833	944	8,053	8,159	262	363
30	442	568	692	814	934	8,051	8,165	277	387	494	598
40	652	782	911	8,037	8,160	282	400	516	630	740	849
50	875	8,010	8,143	274	402	527	650	770	888	9,003	9,115
± 85°00'	+8,113	+8,253	+8,391	+8,527	+8,659	+8,789	+8,917	+9,041	+9,163	+9,282	+9,399

18. Tafel des Koeffizienten I der Neigung (OK)

δ \ φ	50°	51°	52°	53°	54°	55°	56°	57°	58°	59°	60°
± 60°	+1,970	+1,975	+1,981	+1,985	+1,989	+1,992	+1,995	+1,997	+1,999	+2,000	+2,000
61	2,025	2,031	2,037	2,043	2,047	2,051	2,055	2,058	2,060	061	062
62	084	091	098	104	109	114	118	122	125	127	129
63	146	155	162	169	176	181	186	191	194	197	200
64	213	223	231	239	247	253	259	264	269	272	276
65	286	296	306	314	323	330	337	343	349	353	357
66	363	375	386	396	405	413	421	428	435	440	445
67	447	460	472	483	494	503	512	520	528	534	540
68	539	553	566	579	590	601	611	620	629	637	643
69	638	654	668	682	695	708	719	729	739	748	756
70°00	747	765	781	796	811	824	837	849	860	870	879
30	806	824	841	857	872	887	900	913	925	936	946
71 00	868	886	904	921	937	953	967	980	993	3,004	3,015
30	932	952	971	989	3,006	3,022	3,037	3,051	3,064	077	088
72 00	3,000	3,021	3,041	3,060	078	095	111	126	140	153	165
30	072	094	115	135	154	172	189	205	220	234	247
73 00	148	171	193	214	234	253	271	288	304	319	333
30	229	253	276	298	319	339	358	376	393	409	424
74 00	314	340	364	387	409	430	450	469	487	504	520
30	405	432	457	482	505	527	549	569	588	606	623
75 00	502	530	557	582	607	631	653	675	695	714	732
30	605	634	663	690	716	741	765	788	809	829	849
76 00	715	746	776	805	833	859	884	908	931	953	973
30	834	866	898	928	958	986	4,012	4,038	4,062	4,085	4,107
77 00	961	996	4,029	4,061	4,092	4,122	150	177	203	228	251
30	4,098	4,135	170	204	237	269	299	328	355	381	406
78 00	247	286	323	359	394	427	460	490	520	548	574
30	408	449	489	527	564	600	634	667	698	728	757
79 00	584	627	670	710	750	788	824	859	893	925	955
30	776	822	867	911	953	993	5,032	5,070	5,106	5,140	5,173
80 00	987	5,037	5,085	5,131	5,176	5,219	261	301	339	376	411
10	5,062	113	162	209	255	300	342	383	423	460	496
20	140	192	242	290	337	383	426	468	509	547	584
30	220	273	325	374	422	469	513	556	598	637	675
40	304	358	410	461	510	558	603	647	690	730	769
50	390	445	499	551	601	650	697	742	785	827	867
81 00	479	536	591	644	696	745	794	840	884	927	968
10	572	630	686	741	794	845	894	941	987	6,031	6,073
20	668	728	785	841	895	948	998	6,047	6,094	139	182
30	769	829	888	946	6,001	6,055	6,106	156	204	250	295
40	873	935	995	6,054	111	166	219	270	319	367	412
50	981	6,045	6,107	167	225	282	336	389	439	488	535
82 00	6,093	159	223	284	344	402	458	512	564	614	662
10	211	278	343	407	468	528	585	641	694	746	795
20	334	403	470	535	598	659	718	775	830	883	933
30	461	532	601	668	733	796	856	915	971	7,026	7,078
40	595	668	739	807	874	939	7,001	7,061	7,120	176	229
50	735	810	883	953	7,022	7,088	153	215	274	332	388
83 00	882	959	7,033	7,106	177	245	311	375	437	496	553
10	7,035	7,115	192	266	339	409	477	543	607	668	727
20	197	278	358	435	509	582	652	720	785	849	909
30	366	450	532	611	688	763	836	906	973	8,038	8,101
40	545	631	716	797	877	954	8,029	6,101	8,171	238	303
50	733	822	909	993	8,075	8,155	232	307	379	448	515
84 00	931	8,023	8,113	8,200	285	367	447	524	599	670	740
10	8,141	236	329	419	507	592	674	754	831	905	977
20	363	461	557	650	741	829	914	997	9,077	9,154	9,228
30	598	700	799	896	990	9,081	9,169	9,255	337	417	494
40	849	954	9,057	9,157	9,254	348	440	528	614	697	777
50	9,115	9,224	331	434	535	633	728	820	909	995	10,078
± 85°00'	+9,399	+9,512	+9,623	+9,730	+9,835	+9,937	+10,035	+10,131	+10,223	+10,313	+10,399

18. Tafel des Koeffizienten I der Neigung (OK)

δ \ φ	60°	61°	62°	63°	64°	65°	66°	67°	68°	69°	70°
± 60°	+2,000	+2,000	+1,999	+1,997	+1,995	+1,992	+1,989	+1,985	+1,981	+1,975	+1,970
61	062	063	2,062	2,061	2,060	2,058	2,055	2,051	2,047	2,043	2,037
62	129	130	130	130	129	127	125	122	118	114	109
63	200	201	202	203	202	201	200	197	194	191	186
64	276	278	280	281	281	281	280	278	276	272	269
65	357	360	363	365	366	366	366	365	363	360	357
66	445	449	453	455	457	458	459	458	457	455	453
67	540	545	550	553	556	558	559	559	559	558	556
68	643	650	655	659	663	666	668	669	669	669	668
69	756	763	770	775	780	784	787	789	790	790	790
70°00'	879	888	895	902	908	913	917	920	922	923	924
30	946	955	963	970	976	982	987	990	993	995	996
71 00	3,015	3,025	3,034	3,042	3,049	3,055	3,060	3,064	3,067	3,070	3,071
30	088	099	108	117	125	131	137	142	146	149	150
72 00	165	177	187	196	205	212	218	224	228	232	234
30	247	259	270	280	289	297	304	310	315	319	322
73 00	333	346	357	368	378	387	395	402	407	412	416
30	424	437	450	462	473	482	491	498	505	510	514
74 00	520	535	549	561	573	583	593	601	608	614	619
30	623	639	653	667	679	691	701	710	718	725	730
75 00	732	749	765	779	793	805	816	826	835	843	849
30	849	867	884	899	914	927	939	950	960	968	976
76 00	973	993	4,011	4,028	4,043	4,058	4,071	4,083	4,093	4,103	4,111
30	4,107	4,128	147	165	182	198	212	225	237	247	256
77 00	251	273	294	313	331	348	364	378	391	402	412
30	406	430	452	473	493	511	527	543	557	569	581
78 00	574	600	623	646	667	686	705	721	737	751	763
30	757	784	809	833	856	877	897	915	932	947	961
79 00	955	984	5,012	5,038	5,062	5,085	5,107	5,126	5,145	5,161	5,176
30	5,173	5,204	233	261	288	313	336	357	377	396	412
80 00	411	445	477	507	536	563	588	611	633	653	671
10	496	531	564	595	624	651	677	701	724	745	763
20	584	620	653	685	715	743	770	795	818	839	859
30	675	711	746	778	809	838	866	891	915	937	957
40	769	806	842	875	907	937	965	991	6,016	6,039	6,060
50	867	905	941	976	6,008	6,039	6,068	6,095	120	144	165
81 00	968	6,007	6,044	6,080	113	145	175	203	229	253	275
10	6,073	113	151	187	222	255	285	314	341	366	389
20	182	223	262	299	335	368	400	430	457	483	507
30	295	337	377	416	452	487	519	550	579	605	630
40	412	456	497	537	574	610	643	675	704	732	757
50	535	579	622	663	701	738	773	805	835	864	890
82 00	662	708	752	794	834	871	907	940	972	7,001	7,028
10	795	842	887	930	971	7,010	7,047	7,082	7,114	144	172
20	933	982	7,029	7,073	7,115	155	193	229	262	294	323
30	7,078	7,128	176	222	265	307	346	383	417	450	480
40	229	281	330	377	422	465	505	543	579	613	644
50	388	441	492	540	587	631	672	712	749	783	815
83 00	553	608	661	711	758	804	847	888	926	962	995
10	727	783	838	889	939	986	8,030	8,072	8,112	8,149	8,184
20	909	968	8,024	8,077	8,128	8,177	223	266	307	346	382
30	8,101	8,161	219	274	327	377	425	470	512	552	590
40	303	365	425	482	536	588	638	684	728	770	808
50	515	580	641	701	757	811	862	910	956	999	9,039
84 00	740	806	870	931	990	9,046	9,099	9,149	9,196	9,241	283
10	977	9,046	9,112	9,175	9,236	294	349	401	450	496	540
20	9,228	299	368	434	496	556	613	668	719	767	812
30	494	568	639	707	773	835	894	951	10,004	10,054	10,101
40	777	854	928	998	10,066	10,131	10,193	10,251	307	359	408
50	10,078	10.158	10,234	10,308	379	446	510	571	629	683	734
± 85°00'	+10,399	+10,482	+10,562	+10,638	+10,712	+10,782	+10,849	+10,912	+10,972	+11,029	+11,083

18. Tafel des Koeffizienten I der Neigung (UK)

δ \ φ	20°	21°	22°	23°	24°	25°	26°	27°	28°	29°	30°
± 70°00'	0,000	-0,051	-0,102	-0,153	-0,204	-0,255	-0,306	-0,356	-0,407	-0,457	-0,508
30	-0,026	078	131	183	235	287	339	391	443	494	546
71 00	054	107	161	214	268	321	374	427	480	533	586
30	082	137	192	247	302	357	411	466	520	574	628
72 00	113	169	226	282	338	394	450	506	562	617	673
30	145	203	261	319	376	434	492	549	606	663	720
73 00	179	239	298	358	417	476	535	594	653	711	769
30	214	276	337	399	460	520	581	642	702	762	822
74 00	253	316	379	442	505	568	630	692	754	816	878
30	294	359	424	488	553	618	682	746	810	874	937
75 00	337	404	471	538	604	671	737	803	869	935	1,000
30	383	452	521	590	659	728	796	864	932	1,000	067
76 00	432	504	575	647	718	789	859	930	1,000	070	139
30	485	559	633	707	781	854	927	1,000	073	145	217
77 00	542	619	695	772	848	924	1,000	075	151	225	300
30	603	683	763	842	921	1,000	079	157	235	312	389
78 00	669	752	835	918	1,000	082	164	245	326	406	486
30	741	828	914	1,000	086	171	256	340	425	508	592
79 00	820	910	1,000	090	179	268	356	445	532	620	706
30	906	1,000	094	188	281	374	466	559	650	741	832
80 00	1,000	099	197	295	393	490	587	684	780	875	970
10	034	134	234	334	433	532	630	728	826	922	2,019
20	068	170	272	373	474	575	675	774	873	972	069
30	104	208	311	414	517	619	721	822	923	2,022	122
40	141	247	352	457	561	665	768	871	974	075	176
50	180	287	394	501	607	713	818	922	2,026	130	232
81 00	220	329	438	546	654	762	869	975	081	186	291
10	261	372	483	594	704	813	922	2,030	138	245	351
20	304	418	530	643	755	866	977	087	197	306	414
30	349	464	579	694	808	921	2,034	147	258	369	480
40	395	513	630	747	863	979	094	208	322	435	547
50	444	564	683	802	921	2,039	156	273	388	504	618
82 00	494	616	738	860	981	101	220	339	458	575	692
10	546	671	796	920	2,043	166	288	409	530	649	768
20	601	729	856	982	108	233	358	482	605	727	848
30	658	788	918	2,047	176	304	431	557	683	808	932
40	718	851	984	116	247	378	508	637	765	893	3,019
50	780	917	2,052	187	321	455	588	720	851	981	110
83 00	846	985	124	262	399	536	671	806	941	3,074	206
10	914	2,057	199	340	481	620	759	898	3,035	171	306
20	986	132	278	422	566	709	852	993	134	273	412
30	2,062	212	361	509	656	803	949	3,094	238	380	522
40	142	295	448	600	751	901	3,051	199	347	493	639
50	226	383	540	696	851	3,005	158	311	462	612	762
84 00	314	476	637	797	956	115	272	428	584	738	891
10	408	574	740	904	3,068	230	392	553	712	871	4,028
20	507	678	848	3,017	186	353	519	684	848	4,011	173
30	612	788	963	137	311	483	654	824	993	160	327
40	724	905	3,086	265	443	621	797	972	4,146	319	490
50	843	3,030	216	401	585	768	949	4,130	309	487	664
± 85°00'	-2,970	-3,163	-3,355	-3,546	-3,735	-3,924	-4,112	-4,298	-4,483	-4,667	-4,849

18. Tafel des Koeffizienten I der Neigung (UK)

δ \ φ	30°	31°	32°	33°	34°	35°	36°	37°	38°	39°	40°
± 60°	0,000	-0,035	-0,070	-0,105	-0,140	-0,174	-0,209	-0,244	-0,278	-0,313	-0,347
61	-0,036	072	108	144	180	216	251	287	323	358	394
62	074	111	149	186	223	260	296	333	370	406	443
63	115	154	192	230	268	307	345	382	420	458	495
64	159	199	238	278	317	357	396	435	474	513	552
65	206	247	288	329	370	411	451	492	532	572	612
66	257	300	342	385	427	469	511	553	595	636	678
67	312	356	400	444	488	532	576	619	662	705	748
68	372	418	464	509	555	600	646	691	736	780	825
69	437	485	532	580	628	675	722	769	816	862	908
70°00'	508	558	608	658	707	757	806	855	904	952	1,000
30	546	597	648	699	750	801	851	901	951	1,000	049
71 00	586	639	691	743	795	847	898	949	1,000	051	101
30	628	682	736	789	842	895	948	1,000	052	104	155
72 00	673	728	783	838	892	946	1,000	054	107	160	212
30	720	776	833	889	944	1,000	055	110	165	219	273
73 00	769	827	885	943	1,000	057	114	170	226	281	336
30	822	882	941	1,000	059	117	175	233	290	347	404
74 00	878	939	1,000	061	121	181	241	300	359	418	476
30	937	1,000	063	125	187	249	310	371	432	492	552
75 00	1,000	065	130	194	258	321	385	447	510	572	633
30	067	134	201	267	333	399	464	528	593	656	719
76 00	139	209	277	346	414	481	548	615	681	747	812
30	217	288	359	430	500	570	639	708	776	844	911
77 00	300	374	447	520	593	665	737	808	879	949	2,018
30	389	466	542	618	693	768	842	916	989	2,062	133
78 00	486	566	645	724	802	879	956	2,033	2,108	184	258
30	592	674	757	838	919	2,000	2,080	159	238	316	393
79 00	706	792	878	963	2,048	132	215	297	379	460	541
30	832	922	2,011	2,100	188	276	362	448	534	618	702
80 00	970	2,064	157	250	342	434	524	614	704	792	879
10	2,019	114	209	304	397	490	582	673	764	854	942
20	069	167	263	359	454	548	642	735	826	917	3,008
30	122	221	319	416	513	608	703	798	891	984	075
40	176	277	376	475	573	671	767	863	958	3,052	145
50	232	335	436	536	636	735	834	931	3,027	123	217
81 00	291	395	498	600	702	802	902	3,001	099	196	292
10	351	457	562	666	769	872	973	074	174	272	370
20	414	522	629	734	840	944	3,047	150	251	352	451
30	480	589	698	806	913	3,019	124	228	331	434	535
40	547	659	770	880	989	097	204	310	415	519	622
50	618	732	845	957	3,068	178	287	395	502	608	713
82 00	692	808	923	3,037	150	262	373	484	593	701	808
10	768	887	3,004	120	236	350	463	576	687	797	906
20	848	969	089	207	325	442	557	672	786	898	4,009
30	932	3,055	177	298	418	538	656	773	888	4,003	116
40	3,019	145	270	393	516	638	758	878	996	113	229
50	110	239	366	493	618	743	866	988	4,108	228	346
83 00	206	337	468	597	725	852	978	4,103	226	348	469
10	306	441	574	706	837	967	4,096	223	350	475	598
20	412	549	686	821	955	4,088	220	350	479	607	733
30	522	663	803	942	4,079	215	350	483	616	746	876
40	639	783	926	4,068	209	349	487	624	759	893	5,025
50	762	910	4,057	202	346	489	631	771	910	5,047	183
84 00	891	4,043	194	343	491	638	783	927	5,070	210	350
10	4,028	184	339	492	644	795	944	5,092	238	383	526
20	173	333	492	650	807	961	5,115	266	417	565	712
30	327	492	655	818	978	5,138	295	451	606	759	910
40	490	660	828	995	5,161	325	487	648	807	964	6,119
50	664	839	5,013	5,185	355	524	692	857	6,021	6,183	343
± 85°00'	-4,849	-5,030	-5,209	-5,387	-5,563	-5,737	-5,909	-6,080	-6,249	-6,416	-6,581

18. Tafel des Koeffizienten I der Neigung (UK)

δ \ φ	40°	41°	42°	43°	44°	45°	46°	47°	48°	49°	50°
± 60°	-0,347	-0,382	-0,416	-0,450	-0,484	-0,518	-0,551	-0,585	-0,618	-0,651	-0,684
61	394	429	464	499	534	569	603	637	672	705	739
62	443	479	515	551	587	623	658	693	729	763	798
63	495	533	570	607	644	681	717	753	789	825	861
64	552	590	629	667	705	743	780	817	855	891	928
65	612	652	692	731	770	809	848	886	925	962	1,000
66	678	719	760	800	841	881	921	961	1,000	1,039	078
67	748	791	833	875	917	959	1,000	1,041	082	122	162
68	825	869	913	957	1,000	1,043	086	128	170	212	253
69	908	954	1,000	1,045	090	135	179	223	267	310	353
70°00'	1,000	1,048	095	142	189	236	282	327	373	417	462
30	049	098	146	195	242	290	337	383	429	475	520
71 00	101	151	200	249	298	346	394	442	489	536	582
30	155	206	257	307	357	406	455	504	552	600	647
72 00	212	264	316	368	419	469	519	569	618	667	715
30	273	326	379	432	484	536	587	638	688	738	787
73 00	336	391	445	499	553	606	658	710	762	812	863
30	404	460	516	571	626	680	734	787	840	892	943
74 00	476	533	590	647	703	759	814	869	923	976	2,029
30	552	611	670	728	786	843	899	955	2,011	2,065	119
75 00	633	694	754	814	873	932	990	2,047	104	161	216
30	719	782	844	906	967	2,027	2,087	146	204	262	319
76 00	812	877	941	2,004	2,067	129	190	251	311	371	430
30	911	978	2,044	109	174	238	302	364	426	488	548
77 00	2,018	2,087	155	223	290	356	421	486	550	613	675
30	133	205	275	345	414	482	550	617	683	748	813
78 00	258	332	405	477	549	620	690	759	827	895	961
30	393	470	546	621	695	768	841	913	984	3,053	3,122
79 00	541	620	699	777	854	931	3,006	3,080	3,154	227	298
30	702	785	867	948	3,029	3,108	187	264	341	416	490
80 00	879	966	3,052	3,136	220	303	385	466	545	624	702
10	942	3,030	117	203	288	372	455	537	618	698	777
20	3,008	097	185	273	359	444	528	612	694	775	855
30	075	166	255	344	432	518	604	688	772	854	935
40	145	237	328	418	507	595	682	768	852	936	4,018
50	217	311	403	495	585	675	763	850	936	4,021	104
81 00	292	387	482	575	667	757	847	936	4,023	109	194
10	370	467	563	657	751	843	934	4,024	113	200	287
20	451	549	647	743	838	932	4,025	116	206	295	383
30	535	635	734	832	929	4,024	119	212	303	394	483
40	622	724	825	925	4,023	120	216	311	404	496	587
50	713	817	920	4,021	121	220	318	414	509	603	695
82 00	808	913	4,018	121	223	324	424	522	619	714	808
10	906	4,014	121	226	330	433	534	634	733	830	925
20	4,009	119	228	335	441	546	649	751	851	950	5,048
30	116	229	339	449	557	664	769	873	976	5,077	176
40	229	343	456	568	678	787	895	5,001	5,105	208	310
50	346	463	578	693	805	917	5,026	134	241	346	450
83 00	469	588	706	823	938	5,052	164	274	383	491	596
10	598	720	841	960	5,078	194	308	421	532	642	750
20	733	858	982	5,104	224	343	460	575	689	801	911
30	876	5,003	5,130	254	378	499	619	737	853	968	6,081
40	5,025	156	286	413	539	664	786	907	6,026	6,144	259
50	183	317	450	581	710	837	963	6,087	209	329	447
84 00	350	487	623	757	890	6,021	6,149	276	401	525	646
10	526	667	806	944	6,080	214	346	477	605	731	855
20	712	857	6,000	6,142	281	419	555	689	820	950	7,077
30	910	6,059	206	351	495	636	776	913	7,049	7,182	313
40	6,119	273	425	574	722	867	7,011	7,152	291	428	563
50	343	501	657	811	963	7,113	261	406	550	691	829
± 85°00'	-6,581	-6,744	-6,905	-7,064	-7,221	-7,375	-7,527	-7,677	-7,825	-7,970	-8,113

18. Tafel des Koeffizienten I der Neigung (UK)

δ \ φ	50°	51°	52°	53°	54°	55°	56°	57°	58°	59°	60°
± 60°	-0,684	-0,717	-0,749	-0,781	-0,813	-0,845	-0,877	-0,908	-0,939	-0,970	-1,000
61	739	773	806	839	872	904	936	968	1,000	1,031	062
62	798	832	866	900	934	967	1,000	1,033	065	097	129
63	861	896	931	966	1,000	1,034	068	101	134	167	200
64	928	964	1,000	1,036	071	106	141	175	209	242	276
65	1,000	1,037	074	111	147	183	219	254	289	323	357
66	078	116	154	192	229	266	303	339	375	410	445
67	162	202	241	280	318	356	394	431	468	504	540
68	253	294	335	375	415	454	493	531	569	607	643
69	353	395	437	479	520	560	601	640	679	718	756
70°00'	462	506	549	592	635	677	719	760	800	840	879
30	520	565	610	653	697	740	782	824	865	906	946
71 00	582	628	673	718	762	805	849	891	933	974	2,015
30	647	693	739	785	830	875	919	962	2,005	2,047	088
72 00	715	762	810	856	902	948	992	2,037	080	123	165
30	787	835	884	931	978	2,024	2,070	115	160	204	247
73 00	863	913	962	2,010	2,058	106	152	199	244	289	333
30	943	994	2,045	094	143	192	240	287	333	379	424
74 00	2,029	2,081	132	183	234	283	332	380	428	474	520
30	119	173	226	278	329	380	430	480	528	576	623
75 00	216	271	325	379	432	484	535	585	635	684	732
30	319	376	431	486	540	594	646	698	749	799	849
76 00	430	488	545	601	657	712	766	819	871	923	973
30	548	608	667	725	782	838	894	949	3,002	3,055	3,107
77 00	675	737	798	857	916	975	3,032	3,088	143	198	251
30	813	876	939	3,001	3,061	3,121	180	238	295	351	406
78 00	961	3,027	3,092	155	218	280	341	401	460	518	574
30	3,122	190	258	324	389	453	516	578	638	698	757
79 00	298	369	438	507	574	641	706	770	833	895	955
30	490	564	636	707	777	846	914	980	4,046	4,110	4,173
80 00	702	778	853	927	4,000	4,072	4,143	4,212	280	346	411
10	777	854	931	4,006	080	152	224	294	363	430	496
20	855	933	4,011	087	162	236	308	379	449	517	584
30	935	4,015	093	171	247	321	395	467	538	607	675
40	4,018	099	179	257	335	411	485	558	630	700	769
50	104	187	268	347	426	503	578	653	725	797	867
81 00	194	277	360	441	520	598	675	751	824	897	968
10	287	371	455	537	618	698	776	852	927	5,001	5,073
20	383	469	554	638	720	801	880	958	5,034	108	182
30	483	571	657	742	825	907	988	5,067	145	220	295
40	587	676	764	850	935	5,019	5,101	181	260	337	412
50	695	786	875	963	5,050	134	218	299	379	458	535
82 00	808	900	991	5,081	169	255	340	423	504	584	662
10	925	5,020	5,112	203	293	381	467	551	634	715	795
20	5,048	144	238	331	422	512	599	686	770	853	933
30	176	274	370	464	557	649	738	826	912	996	6,078
40	310	409	507	604	699	792	883	972	6,060	6,145	229
50	450	551	651	750	846	941	6,034	6,125	215	302	388
83 00	596	700	802	903	6,001	6,098	193	286	377	466	553
10	750	856	960	6,063	163	262	359	454	547	638	727
20	911	6,020	6,126	231	334	435	534	631	726	818	909
30	6,081	192	301	408	513	616	717	816	913	7,008	7,101
40	259	373	484	594	701	807	910	7,012	7,111	208	303
50	447	563	678	790	900	7,008	7,114	218	319	418	515
84 00	646	765	882	997	7,109	220	329	435	539	640	740
10	855	978	7,098	7,215	331	444	556	664	771	875	977
20	7,077	7,203	326	447	566	682	796	908	8,017	8,124	8,228
30	313	442	568	692	814	934	8,051	8,165	277	387	494
40	563	695	825	953	8,078	8,201	321	439	554	667	777
50	829	965	8,099	8,231	359	486	609	731	849	965	9,078
± 85°00'	-8,113	-8,253	-8,391	-8,527	-8,659	-8,789	-8,917	-9,041	-9,163	-9,282	-9,399

18. Tafel des Koeffienzenten I der Neigung (UK)

δ \ φ	60°	61°	62°	63°	64°	65°	66°	67°	68°	69°	70°
± 60°	-1,000	-1,030	-1,060	-1,089	-1,118	-1,147	-1,176	-1,204	-1,231	-1,259	-1,286
61	062	093	123	153	183	212	241	270	298	326	353
62	129	160	191	222	252	282	311	340	369	397	425
63	200	232	263	295	326	356	386	416	445	474	502
64	276	308	341	373	404	436	466	497	526	556	585
65	357	391	424	457	489	521	552	583	614	644	673
66	445	480	514	547	580	613	645	677	708	738	769
67	540	576	611	645	679	713	745	778	810	841	872
68	643	680	716	751	786	821	854	888	920	952	984
69	756	794	831	867	903	938	973	2,007	2,041	2,074	2,106
70°00'	879	918	956	994	2,031	2,067	2,103	138	173	207	240
30	946	985	2,024	2,062	100	137	173	209	244	278	312
71 00	2,015	2,055	095	134	172	209	246	283	318	353	387
30	088	129	169	209	248	286	323	360	396	432	466
72 00	165	207	248	288	328	367	405	442	479	515	550
30	247	289	331	372	412	452	491	529	566	603	638
73 00	333	376	419	460	501	542	581	620	658	695	732
30	424	468	511	554	596	637	677	717	756	793	830
74 00	520	565	610	653	696	738	779	819	859	897	935
30	623	669	714	759	803	845	887	929	969	3,008	3,046
75 00	732	779	826	871	916	960	3,003	3,045	3,086	126	165
30	849	897	945	991	3,037	3,082	126	169	211	252	292
76 00	973	3,023	3,072	3,120	166	212	257	301	344	386	427
30	3,107	158	208	257	305	352	398	443	487	530	572
77 00	251	304	355	405	455	503	550	596	641	685	728
30	406	460	513	565	616	665	714	761	808	853	897
78 00	574	630	684	738	790	841	891	940	987	4,034	4,079
30	757	814	870	925	979	4,032	4,083	4,134	4,183	230	277
79 00	955	4,015	4,073	4,130	4,186	240	293	345	395	444	492
30	4,173	234	294	353	411	467	522	576	628	679	728
80 00	411	475	538	599	659	717	774	830	884	936	987
10	496	561	625	687	747	806	864	920	975	5,028	5,079
20	584	650	714	777	838	898	957	5,013	5,069	122	175
30	675	742	807	870	933	993	5,052	110	166	220	273
40	769	837	903	967	5,030	5,092	152	210	267	322	375
50	867	935	5,002	5,068	131	194	255	314	371	427	481
81 00	968	5,037	105	172	236	300	361	421	479	536	591
10	5,073	143	212	279	345	409	472	533	592	649	705
20	182	253	323	392	458	523	587	648	708	766	823
30	295	367	438	508	576	642	706	769	829	888	946
40	412	486	558	629	698	765	830	894	955	6,015	6,073
50	535	610	683	755	825	893	959	6,024	6,086	147	206
82 00	662	738	813	886	957	6,026	6,093	159	223	284	344
10	795	873	948	6,022	6,095	165	234	300	365	428	488
20	933	6,012	6,090	165	239	310	380	447	513	577	639
30	6,078	159	237	314	389	461	532	601	668	733	796
40	229	311	391	469	546	620	692	762	830	896	960
50	388	471	553	632	710	785	859	930	999	7,066	7,131
83 00	553	638	722	803	882	959	7,033	7,106	7,177	245	311
10	727	814	899	981	7,062	7,140	217	291	363	432	500
20	909	998	7,085	7,169	251	331	409	485	558	629	698
30	7,101	7,192	280	366	450	532	611	688	763	836	906
40	303	395	486	574	660	743	824	903	979	8,053	8,124
50	515	510	702	793	880	966	8,048	8,129	8,207	282	355
84 00	740	837	931	8,023	8,113	8,200	285	367	447	524	599
10	977	8,076	8,173	267	359	448	535	619	701	780	856
20	8,228	330	429	526	620	711	800	886	970	9,050	9,128
30	494	598	700	799	896	990	9,081	9,169	9,255	337	417
40	777	884	989	9,090	9,189	9,286	379	470	557	642	724
50	9,078	9,188	9,295	400	502	601	697	790	880	966	10,050
± 85°00'	-9,399	-9,512	-9,623	-9,730	-9,835	-9,937	-10,035	-10,131	-10,223	-10,313	-10,399

19. Tafel des Koeffizienten K des Azimutes

δ ∓ φ \ φ	0°	1°	2°	3°	4°	5°	6°	7°	8°	9°	10°
∓30°	±0,577	±0,572	±0,566	±0,561	±0,556	±0,552	±0,547	±0,543	±0,539	±0,536	±0,532
29	0,554	549	544	539	535	531	527	523	519	516	513
28	0,532	527	522	518	514	510	506	503	500	497	494
27	0,510	505	501	497	493	490	486	483	480	477	475
26	0,488	484	480	476	473	470	467	464	461	458	456
25	0,466	463	459	456	453	450	447	444	442	440	438
24	0,445	442	439	436	433	430	428	425	423	421	419
23	0,424	421	419	416	413	411	409	406	405	403	401
22	0,404	401	399	396	394	392	390	388	386	384	383
21	0,384	381	379	377	375	373	371	369	368	366	365
20	0,364	362	360	358	356	354	352	351	350	348	347
19	0,344	342	340	339	337	336	334	333	332	331	330
18	0,325	323	321	320	318	317	316	315	314	313	312
17	0,306	304	303	301	300	299	298	297	296	295	295
16	0,287	285	284	283	282	281	280	279	278	278	277
15	0,268	267	266	265	264	263	262	261	261	260	260
14	0,249	248	247	246	246	245	244	244	243	243	243
13	0,231	230	229	228	228	227	227	226	226	226	225
12	0,213	212	211	211	210	209	209	209	208	208	208
11	0,194	194	193	193	192	192	192	191	191	191	191
10	0,176	176	175	175	175	174	174	174	174	174	174
9	0,158	158	158	157	157	157	157	157	156	156	156
8	0,141	140	140	140	140	139	139	139	139	139	139
7	0,123	123	122	122	122	122	122	122	122	122	122
6	0,105	105	105	105	105	105	105	105	105	105	105
5	0,087	087	087	087	087	087	087	087	087	087	087
4	0,070	070	070	070	070	070	070	070	070	070	070
3	0,052	052	052	052	052	052	052	052	053	053	053
2	0,035	035	035	035	035	035	035	035	035	035	035
∓ 1	±0,017	±0,017	±0,017	±0,017	±0,017	±0,017	±0,018	±0,018	±0,018	±0,018	±0,018
0	0,000	0,000	0,000	0,000	0,000	0,000	0,000	0,000	0,000	0,000	0,000
± 1	∓0,017	∓0,017	∓0,017	∓0,017	∓0,018	∓0,018	∓0,018	∓0,018	∓0,018	∓0,018	∓0,018
2	0,035	035	035	035	035	035	035	035	035	036	036
3	0,052	052	053	053	053	053	053	053	053	054	054
4	0,070	070	070	070	070	071	071	071	071	072	072
5	0,087	088	088	088	088	089	089	089	089	090	090
6	0,105	105	106	106	106	106	107	107	108	108	109
7	0,123	123	123	124	124	125	125	126	126	127	127
8	0,141	141	141	142	142	143	143	144	145	146	146
9	0,158	159	159	160	161	161	162	163	164	164	165
10	0,176	177	178	178	179	180	181	182	183	184	185
11	0,194	195	196	197	198	198	200	201	202	203	204
12	0,213	213	214	215	216	217	219	220	221	223	224
13	0,231	232	233	234	235	237	238	239	241	243	244
14	0,249	250	252	253	254	256	257	259	261	263	265
15	0,268	269	271	272	274	275	277	279	281	283	286
16	0,287	288	290	292	293	295	297	299	302	304	307
17	0,306	307	309	311	313	315	318	320	323	325	328
18	0,325	327	329	331	333	336	338	341	344	347	350
19	0,344	346	349	351	354	356	359	362	365	369	372
20	0,364	366	369	372	374	377	381	384	387	391	395
21	0,384	387	389	392	395	399	402	406	410	414	418
22	0,404	407	410	413	417	420	424	428	433	437	442
23	0,424	428	431	435	439	443	447	451	456	461	466
24	0,445	449	453	456	461	465	470	475	480	485	491
25	0,466	470	474	479	483	488	493	498	504	510	516
26	0,488	492	496	501	506	511	517	523	529	535	542
27	0,510	514	519	524	530	535	541	548	554	561	568
28	0,532	537	542	548	554	560	566	573	580	588	596
29	0,554	560	566	572	578	585	592	599	607	615	624
±30°	∓0,577	∓0,583	∓0,590	∓0,596	∓0,603	∓0,610	∓0,618	∓0,626	∓0,635	∓0,643	∓0,653

19 Tafel des Koeffizienten K des Azimutes

δ ∓ φ \ φ	10°	11°	12°	13°	14°	15°	16°	17°	18°	19°	20°
∓30°	±0,532	±0,529	±0,526	±0,523	±0,520	±0,518	±0,515	±0,513	±0,511	±0,509	±0,508
29	513	510	507	504	502	500	498	496	494	492	491
28	494	491	488	486	484	482	480	478	477	475	474
27	475	472	470	468	466	464	462	461	460	458	457
26	456	454	452	450	448	447	445	444	443	442	441
25	438	436	434	432	431	429	428	427	426	425	424
24	419	417	416	414	413	412	411	410	409	408	408
23	401	399	398	397	396	395	394	393	392	392	391
22	383	382	380	379	378	377	377	376	376	375	375
21	365	364	363	362	361	360	360	359	359	359	358
20	347	346	345	345	344	343	343	342	342	342	342
19	330	329	328	327	327	326	326	326	326	326	326
18	312	311	311	310	310	309	309	309	309	309	309
17	295	294	293	293	293	293	292	292	292	293	293
16	277	277	276	276	276	276	276	276	276	276	276
15	260	259	259	259	259	259	259	259	259	259	260
14	243	242	242	242	242	242	242	242	243	243	243
13	225	225	225	225	225	225	225	226	226	226	227
12	208	208	208	208	208	208	208	209	209	209	210
11	191	191	191	191	191	191	192	192	192	193	193
10	174	174	174	174	174	174	175	175	175	176	176
9	156	157	157	157	157	157	158	158	158	159	159
8	139	139	140	140	140	140	141	141	141	142	142
7	122	122	122	123	123	123	123	124	124	125	125
6	105	105	105	105	106	106	106	106	107	107	108
5	087	088	088	088	088	089	089	089	089	090	090
4	070	070	070	071	071	071	071	072	072	072	073
3	053	053	053	053	053	054	054	054	054	054	055
2	035	035	035	036	036	036	036	036	036	036	037
∓ 1	±0,018	±0,018	±0,018	±0,018	±0,018	±0,018	±0,018	±0,018	±0,018	±0,018	±0,018
0	0,000	0,000	0,000	0,000	0,000	0,000	0,000	0,000	0,000	0,000	0,000
± 1	∓0,018	∓0,018	∓0,018	∓0,018	∓0,018	∓0,018	∓0,018	∓0,018	∓0,018	∓0,019	∓0,019
2	036	036	036	036	036	036	037	037	037	037	038
3	054	054	054	054	055	055	055	056	056	056	057
4	072	072	073	073	073	074	074	075	075	076	076
5	090	091	091	092	092	093	093	094	095	095	096
6	109	109	110	111	111	112	113	114	114	115	116
7	127	128	129	130	131	131	132	133	134	136	137
8	146	147	148	149	150	151	152	154	155	156	158
9	165	166	168	169	170	171	173	174	176	177	179
10	185	186	187	189	190	192	193	195	197	199	201
11	204	206	207	209	211	212	214	216	218	220	223
12	224	226	228	229	231	233	235	238	240	243	245
13	244	246	248	250	252	255	257	260	262	265	268
14	265	267	269	272	274	277	279	282	285	288	292
15	286	288	290	293	296	299	302	305	309	312	316
16	307	309	312	315	318	322	325	329	332	336	341
17	328	331	334	338	341	345	349	353	357	361	366
18	350	353	357	361	364	368	373	377	382	387	392
19	372	376	380	384	388	393	397	402	408	413	419
20	395	399	403	408	413	418	423	428	434	440	446
21	418	423	427	432	437	443	449	455	461	468	475
22	442	447	452	457	463	469	475	482	489	496	504
23	466	471	477	483	489	496	503	510	518	526	534
24	491	497	503	509	516	523	531	539	547	556	565
25	516	522	529	536	544	552	560	569	578	588	598
26	542	549	556	564	572	581	590	599	609	620	631
27	568	576	584	593	602	611	621	631	642	654	666
28	596	604	613	622	632	642	653	664	676	688	702
29	624	633	642	652	663	674	686	698	711	725	739
±30°	∓0,653	∓0,663	∓0,673	∓0,684	∓0,695	∓0,707	∓0,720	∓0,733	∓0,747	∓0,762	∓0,778

19. Tafel des Koeffizienten K des Azimutes

φ / δ ∓ φ	20°	21°	22°	23°	24°	25°	26°	27°	28°	29°	30°
∓30°	±0,508	±0,506	±0,505	±0,504	±0,503	±0,502	±0,501	±0,501	±0,500	±0,500	±0,500
29	491	490	488	487	487	486	485	485	485	485	485
28	474	473	472	471	471	470	470	470	469	470	470
27	457	456	456	455	455	454	454	454	454	454	455
26	441	440	439	439	439	438	438	438	439	439	439
25	424	424	423	423	423	423	423	423	423	424	424
24	408	407	407	407	407	407	407	407	408	408	409
23	391	391	391	391	391	391	391	392	392	393	394
22	375	375	375	375	375	375	376	376	377	377	378
21	358	358	358	359	359	359	360	360	361	362	363
20	342	342	342	342	343	343	344	345	345	346	347
19	326	326	326	326	327	327	328	329	330	331	332
18	309	309	310	310	311	311	312	313	314	315	316
17	293	293	293	294	295	295	296	297	298	299	300
16	276	277	277	278	278	279	280	281	282	283	284
15	260	260	261	261	262	263	264	265	266	267	268
14	243	244	244	245	246	246	247	248	249	250	252
13	227	227	228	228	229	230	231	232	233	234	235
12	210	211	211	212	213	213	214	215	216	217	219
11	193	194	194	195	196	197	198	198	200	201	202
10	176	177	178	178	179	180	181	182	183	184	185
9	159	160	161	161	162	163	164	164	165	166	168
8	142	143	143	144	145	146	146	147	148	149	150
7	125	126	126	127	127	128	129	130	131	131	132
6	108	108	109	109	110	111	111	112	113	114	114
5	090	091	091	092	092	093	093	094	095	095	096
4	073	073	073	074	074	075	075	076	076	077	078
3	055	055	055	056	056	056	057	057	058	058	059
2	037	037	037	037	038	038	038	039	039	039	040
∓ 1	±0,018	±0,019	±0,019	±0,019	±0,019	±0,019	±0,019	±0,019	±0,020	±0,020	±0,020
0	0,000	0,000	0,000	0,000	0,000	0,000	0,000	0,000	0,000	0,000	0,000
± 1	∓0,019	∓0,019	∓0,019	∓0,019	∓0,019	∓0,019	∓0,020	∓0,020	∓0,020	∓0,020	∓0,020
2	038	038	038	039	039	039	040	040	040	041	041
3	057	057	058	058	059	059	060	060	061	062	062
4	076	077	078	078	079	080	081	081	082	083	084
5	096	097	098	099	100	101	102	103	104	105	106
6	116	117	118	120	121	122	123	125	126	128	129
7	137	138	139	141	142	144	145	147	149	151	153
8	158	159	161	162	164	166	168	170	172	174	177
9	179	181	183	184	187	189	191	193	196	199	201
10	201	203	205	207	209	212	215	217	220	223	227
11	223	225	228	230	233	236	239	242	246	249	253
12	245	248	251	254	257	260	264	268	271	275	280
13	268	271	275	278	282	285	289	294	298	303	308
14	292	295	299	303	307	311	316	321	326	331	336
15	316	320	324	328	333	338	343	348	354	360	366
16	341	345	350	355	360	365	371	377	383	390	397
17	366	371	376	382	387	393	400	406	413	421	429
18	392	398	403	409	416	423	430	437	445	453	462
19	419	425	431	438	445	453	460	469	477	487	496
20	446	453	460	468	475	484	492	501	511	521	532
21	475	482	490	498	507	516	525	536	546	558	569
22	504	512	521	530	539	549	560	571	583	595	608
23	534	543	553	562	573	584	596	608	621	635	649
24	565	575	586	596	608	620	633	646	661	676	692
25	598	608	620	632	644	657	672	686	702	719	737
26	631	643	655	668	682	697	712	728	746	764	784
27	666	678	692	706	721	737	754	772	792	812	834
28	702	716	730	746	763	780	799	818	840	862	886
29	739	754	770	787	806	825	845	867	890	915	941
±30°	∓0,778	∓0,795	∓0,812	∓0,831	∓0,851	∓0,872	∓0,894	∓0,918	∓0,944	∓0,971	∓1,000

19. Tafel des Koeffizienten K des Azimutes

δ \ φ	30°	31°	32°	33°	34°	35°	36°	37°	38°	39°	40°
0°	±0,500	±0,515	±0,530	±0,545	±0,559	±0,574	±0,588	±0,602	±0,616	±0,629	±0,643
± 1	485	500	515	530	545	559	574	588	602	616	629
2	470	485	500	515	530	545	560	574	588	602	616
3	455	470	485	501	516	531	545	560	574	589	603
4	439	455	471	486	501	516	531	546	561	575	589
5	424	440	456	471	487	502	517	532	547	561	576
6	409	425	441	456	472	487	503	518	533	548	562
7	394	410	426	442	457	473	488	504	519	534	549
8	378	395	411	427	443	458	474	490	505	520	535
9	363	379	396	412	428	444	460	475	491	506	521
10	347	364	380	397	413	429	445	461	477	492	508
11	332	348	365	382	398	414	431	447	462	478	494
12	316	333	350	366	383	399	416	432	448	464	480
13	300	317	334	351	368	384	401	417	434	450	466
14	284	301	318	336	352	369	386	403	419	436	452
15	268	285	303	320	337	354	371	388	405	421	438
16	252	269	287	304	321	339	356	373	390	406	423
17	235	253	271	288	306	323	340	358	375	392	409
18	219	237	254	272	290	307	325	342	360	377	394
19	202	220	238	256	274	292	309	327	344	362	379
20	185	203	221	239	257	275	293	311	329	346	364
21	168	186	204	223	241	259	277	295	313	331	349
22	150	169	187	206	224	243	261	279	297	315	333
23	132	151	170	189	207	226	244	263	281	299	318
24	114	133	152	171	190	209	228	246	265	283	302
25	096	115	134	154	173	192	211	229	248	267	286
26	078	097	116	136	155	174	193	212	231	250	269
27	059	078	098	117	137	156	176	195	214	233	252
28	040	059	079	099	118	138	158	177	197	216	235
29	± 020	040	060	080	100	120	139	159	179	199	218
30	000	± 020	040	060	081	101	121	141	161	181	201
31	∓0,020	000	± 020	041	061	081	102	122	142	162	183
32	041	∓0,021	000	± 021	041	062	082	103	123	144	164
33	062	042	∓0,021	000	± 021	042	062	083	104	125	145
34	084	063	042	∓0,021	000	± 021	042	063	084	105	126
35	106	085	064	043	∓0,021	000	± 021	043	064	085	106
36	129	108	086	065	043	∓0,022	000	± 022	043	065	086
37	153	131	109	087	066	044	∓0,022	000	± 022	044	066
38	177	155	133	111	089	066	044	∓0,022	000	± 022	044
39	201	179	157	135	112	090	067	045	∓0,022	000	± 022
40	227	204	182	159	136	114	091	068	046	∓0,023	000
41	253	230	207	184	161	139	115	092	069	046	∓0,023
42	280	257	234	211	187	164	141	117	094	070	047
43	308	284	261	237	214	190	167	143	119	095	072
44	336	313	289	265	241	217	193	169	145	121	097
45	366	342	318	294	270	246	221	197	172	148	123
46	397	373	348	324	299	275	250	225	200	175	150
47	429	404	380	355	330	305	280	255	229	204	179
48	462	437	412	387	362	336	311	285	260	234	208
49	496	471	446	420	395	369	343	317	291	265	238
50	532	506	481	455	429	403	376	350	323	297	270
51	569	543	517	491	465	438	411	384	357	330	303
52	608	582	556	529	502	475	448	420	393	365	338
53	649	622	595	568	541	513	486	458	430	402	374
54	692	665	637	610	582	554	526	497	469	440	412
55	737	709	681	653	625	596	568	539	510	481	451
56	784	756	727	699	670	641	612	582	553	523	493
57	834	805	776	747	717	688	658	628	598	567	537
58	886	857	827	798	768	737	707	676	645	614	583
59	941	912	881	851	821	790	759	727	696	664	632
± 60°	∓1,000	∓0,970	∓0,939	∓0,908	∓0,877	∓0,845	∓0,813	∓0,781	∓0,749	∓0,717	∓0,684

19. Tafel des Koeffizienten K des Azimuts

δ \ φ	40°	41°	42°	43°	44°	45°	46°	47°	48°	49°	50°
0°	±0,643	±0,656	±0,669	±0,682	±0,695	±0,707	±0,719	±0,731	±0,743	±0,755	±0,766
± 1	629	643	656	669	682	695	707	719	731	743	755
2	616	630	643	656	670	682	695	708	720	732	744
3	603	617	630	644	657	670	683	696	708	720	732
4	589	603	617	631	644	658	671	684	696	709	721
5	576	590	604	618	632	645	659	672	685	697	710
6	562	577	591	605	619	633	646	660	673	686	698
7	549	563	578	592	606	620	634	648	661	674	687
8	535	550	565	579	594	608	622	636	649	663	676
9	521	537	551	566	581	595	609	623	637	651	664
10	508	523	538	553	568	582	597	611	625	639	653
11	494	509	525	540	555	570	584	599	613	627	641
12	480	496	511	527	542	557	572	586	601	615	629
13	466	482	498	513	529	544	559	574	589	603	618
14	452	468	484	500	515	531	546	561	576	591	606
15	438	454	470	486	502	518	533	549	564	579	594
16	423	440	456	472	488	504	520	536	551	567	582
17	409	425	442	458	475	491	507	523	539	554	570
18	394	411	428	444	461	477	494	510	526	542	557
19	379	396	413	430	447	464	480	497	513	529	545
20	364	381	399	416	433	450	467	483	500	516	532
21	349	366	384	401	419	436	453	470	486	503	519
22	333	351	369	387	404	421	439	456	473	490	506
23	318	336	354	372	389	407	424	442	459	476	493
24	302	320	338	356	374	392	410	428	445	463	480
25	286	304	323	341	359	377	395	413	431	449	466
26	269	288	307	325	344	362	381	399	417	435	453
27	252	272	290	309	328	347	365	384	402	420	439
28	235	255	274	293	312	331	350	369	387	406	424
29	218	238	257	277	296	315	334	353	372	391	410
30	201	220	240	260	279	299	318	338	357	376	395
31	183	203	223	243	262	282	302	322	341	361	380
32	164	184	205	225	245	265	285	305	325	345	364
33	145	166	187	207	228	248	268	288	309	329	349
34	126	147	168	189	209	230	251	271	292	312	332
35	106	128	149	170	191	212	233	254	275	295	316
36	086	108	129	151	172	193	215	236	257	278	299
37	066	087	109	131	153	174	196	217	239	260	282
38	044	066	089	111	133	155	177	199	220	242	264
39	± 022	045	067	090	112	135	157	179	201	223	246
40	000	± 023	046	068	091	114	136	159	182	204	227
41	∓0,023	000	± 023	046	069	092	115	139	161	184	207
42	047	∓0,023	000	± 023	047	070	094	117	141	164	187
43	072	048	∓0,024	000	± 024	048	072	095	119	143	167
44	097	073	049	∓0,024	000	± 024	049	073	097	121	145
45	123	099	074	049	∓0,025	000	± 025	049	074	099	123
46	150	125	100	075	050	∓0,025	000	± 025	050	075	100
47	179	153	128	102	077	051	∓0,026	000	± 026	051	077
48	208	182	156	130	104	078	052	∓0,026	000	± 026	052
49	238	212	186	159	133	106	080	053	∓0,027	000	± 027
50	270	243	217	190	163	136	109	081	054	∓0,027	000
51	303	276	249	221	194	166	138	111	083	055	∓0,028
52	338	310	282	254	226	198	170	142	113	085	057
53	374	345	317	289	260	231	203	174	145	116	087
54	412	383	354	325	295	266	237	207	178	148	119
55	451	422	392	362	333	303	273	243	212	182	152
56	493	463	433	402	372	341	311	280	249	218	187
57	537	506	475	444	413	382	350	319	287	256	224
58	583	552	520	488	457	425	392	360	328	295	263
59	632	600	568	535	503	470	437	404	370	337	304
± 60°	∓0,684	∓0,651	∓0,618	∓0,585	∓0,551	∓0,518	∓0,484	∓0,450	∓0,416	∓0,382	∓0,347

19. Tafel des Koeffizienten K des Azimutes

δ \ φ	50°	51°	52°	53°	54°	55°	56°	57°	58°	59°	60°
0°	±0,766	±0,777	±0,788	±0,799	±0,809	±0,819	±0,829	±0,839	±0,848	±0,857	±0,866
± 1	755	766	777	788	799	809	819	829	839	848	857
2	744	755	767	778	788	799	810	820	830	839	849
3	732	744	756	767	778	789	800	810	820	830	840
4	721	733	745	757	768	779	790	801	811	821	831
5	710	722	734	746	758	769	780	791	802	812	822
6	698	711	723	735	747	759	770	781	792	803	813
7	687	700	712	725	737	749	760	772	783	794	805
8	676	689	701	714	726	739	750	762	774	785	796
9	664	677	690	703	716	728	740	752	764	776	787
10	653	666	679	693	705	718	730	743	755	766	778
11	641	655	668	682	695	708	720	733	745	757	769
12	629	643	657	671	684	697	710	723	735	748	760
13	618	632	646	660	673	687	700	713	726	738	751
14	606	620	635	649	662	676	690	703	716	729	741
15	594	609	623	637	652	665	679	693	706	719	732
16	582	597	611	626	640	655	669	682	696	709	723
17	570	585	600	615	629	644	658	672	686	700	713
18	557	573	588	603	618	633	647	662	676	690	704
19	545	560	576	591	607	622	636	651	666	680	694
20	532	548	564	580	595	610	626	640	655	670	684
21	519	536	552	568	583	599	614	630	645	659	674
22	506	523	539	555	572	587	603	619	634	649	664
23	493	510	527	543	560	576	592	607	623	639	654
24	480	497	514	531	547	564	580	596	612	628	643
25	466	484	501	518	535	552	568	585	601	617	633
26	453	470	488	505	522	539	556	573	590	606	622
27	439	456	474	492	510	527	544	561	578	595	611
28	424	443	461	479	496	514	532	549	566	583	600
29	410	428	447	465	483	501	519	537	554	572	589
30	395	414	433	451	470	488	506	524	542	560	577
31	380	399	418	437	456	475	493	511	530	548	566
32	364	384	403	423	442	461	480	498	517	535	554
33	349	368	388	408	427	447	466	485	504	523	541
34	332	353	373	393	413	432	452	471	491	510	529
35	316	336	357	377	397	418	437	457	477	497	516
36	299	320	341	361	382	402	423	443	463	483	503
37	282	303	324	345	366	387	408	428	449	469	489
38	264	285	307	328	350	371	392	413	434	455	475
39	246	268	289	311	333	355	376	398	419	440	461
40	227	249	271	294	316	338	360	382	403	425	446
41	207	230	253	275	298	321	343	365	387	409	431
42	187	211	234	257	280	303	326	348	371	393	416
43	167	190	214	237	261	284	308	331	354	377	400
44	145	169	193	217	241	265	289	313	336	360	383
45	123	148	172	197	221	246	270	294	318	342	366
46	100	125	150	175	200	225	250	275	299	324	348
47	077	102	128	153	179	204	229	255	280	305	330
48	052	078	104	130	156	182	208	234	260	285	311
49	± 027	053	080	106	133	159	186	212	238	265	291
50	000	± 027	054	081	109	136	163	190	217	243	270
51	∓0,028	000	± 028	055	083	111	138	166	194	221	249
52	057	∓0,028	000	± 028	057	085	113	142	170	198	226
53	087	058	∓0,029	000	± 029	058	087	116	145	174	203
54	119	089	059	∓0,030	000	± 030	059	089	119	148	178
55	152	122	091	061	∓0,030	000	± 030	061	091	122	152
56	187	156	125	094	062	∓0,031	000	± 031	062	094	125
57	224	192	160	128	096	064	∓0,032	000	± 032	064	096
58	263	230	197	164	132	099	066	∓0,033	000	± 033	066
59	304	270	237	203	169	135	102	068	∓0,034	000	± 034
± 60°	∓0,347	∓0,313	∓0,278	∓0,244	∓0,209	∓0,174	∓0.140	∓0,105	∓0,070	∓0,035	0,000

19. Tafel des Koeffizienten K des Azimutes

δ \ φ	60°	61°	62°	63°	64°	65°	66°	67°	68°	69°	70°
0°	±0,866	±0,875	±0,883	±0,891	±0,899	±0,906	±0,914	±0,921	±0,927	±0,934	±0,940
± 1	857	866	875	883	891	899	906	914	921	927	934
2	849	858	867	875	883	892	899	907	914	921	928
3	840	849	858	867	876	884	892	900	908	915	922
4	831	841	850	859	868	877	885	893	901	909	916
5	822	832	842	851	860	869	878	886	894	902	910
6	813	824	834	843	853	862	871	879	888	896	904
7	805	815	825	835	845	854	864	873	881	890	898
8	796	806	817	827	837	847	856	866	875	883	892
9	787	798	809	819	829	839	849	859	868	877	886
10	778	789	800	811	821	832	842	852	861	870	879
11	769	780	792	803	814	824	834	845	854	864	873
12	760	772	783	795	806	816	827	837	848	857	867
13	751	763	775	786	798	809	820	830	841	851	861
14	741	754	766	778	789	801	812	823	834	844	854
15	732	745	757	769	781	793	805	816	827	838	848
16	723	736	748	761	773	785	797	808	820	831	842
17	713	726	739	752	765	777	789	801	813	824	835
18	704	717	730	743	756	769	781	794	805	817	829
19	694	708	721	735	748	761	773	786	798	810	822
20	684	698	712	726	739	752	766	778	791	803	815
21	674	689	703	717	731	744	757	771	783	796	808
22	664	679	693	708	722	736	749	763	776	789	802
23	654	669	684	698	713	727	741	755	768	781	795
24	643	659	674	689	704	718	732	747	760	774	787
25	633	649	664	679	694	709	724	738	753	766	780
26	622	638	654	670	685	700	715	730	744	759	773
27	611	628	644	660	675	691	706	721	736	751	765
28	600	617	633	650	666	682	697	713	728	743	758
29	589	606	623	639	656	672	688	704	720	735	750
30	577	595	612	629	646	662	679	695	711	727	742
31	566	583	601	618	635	652	669	686	702	718	734
32	554	572	590	607	625	642	659	676	693	710	726
33	541	560	578	596	614	632	649	667	684	701	718
34	529	548	566	585	603	621	639	657	675	692	709
35	516	535	554	573	592	610	629	647	665	683	700
36	503	522	542	561	580	599	618	637	655	673	691
37	489	509	529	549	568	588	607	626	645	664	682
38	475	496	516	536	556	576	596	615	635	654	672
39	461	482	503	523	544	564	584	604	624	643	663
40	446	468	489	510	531	552	572	593	613	633	653
41	431	453	475	496	518	539	560	581	602	622	642
42	416	438	460	482	504	526	547	569	590	611	632
43	400	423	445	468	490	512	534	556	578	599	621
44	383	406	430	453	475	498	521	543	565	588	609
45	366	390	413	437	460	484	507	530	553	575	598
46	348	373	397	421	445	469	492	516	539	562	586
47	330	355	380	404	429	453	477	501	525	549	573
48	311	336	362	387	412	437	462	487	511	536	560
49	291	317	343	369	395	420	446	471	496	521	546
50	270	297	323	350	376	403	429	455	481	506	532
51	249	276	303	330	357	384	411	438	465	491	517
52	226	254	282	310	338	365	393	420	448	475	502
53	203	231	260	289	317	345	374	402	430	458	486
54	178	207	237	266	295	325	354	383	412	440	469
55	152	182	212	243	273	303	333	362	392	422	451
56	125	156	187	218	249	280	311	341	372	402	433
57	096	128	160	192	224	256	287	319	350	382	413
58	066	099	132	164	197	230	263	295	328	360	392
59	± 034	068	102	135	169	203	237	270	304	337	370
± 60°	0,000	±0,035	±0,070	±0,105	±0,140	±0,174	±0,209	±0,244	±0,278	±0,313	±0,347

19. Tafel des Koeffizienten K des Azimutes

δ \ φ	0°	1°	2°	3°	4°	5°	6°	7°	8°	9°	10°
±30°	∓0,577	∓0,560	∓0,542	∓0,524	∓0,506	∓0,488	∓0,470	∓0,451	∓0,433	∓0,414	∓0,395
31	601	583	566	548	530	511	493	475	456	437	418
32	625	607	590	572	554	535	517	498	480	461	442
33	649	632	614	596	578	560	541	523	504	485	466
34	675	657	639	621	603	585	566	548	529	510	491
35	700	683	665	647	629	610	592	573	554	535	516
36	727	709	691	673	655	637	618	599	580	561	542
37	754	736	718	700	682	664	645	626	607	588	568
38	781	764	746	728	710	691	672	654	635	615	596
39	810	792	774	756	738	720	701	682	663	643	624
40	839	822	804	786	767	749	730	711	692	672	653
41	869	852	834	816	797	779	760	741	722	702	682
42	900	883	865	847	828	810	791	771	752	733	713
43	933	915	897	879	860	842	823	804	784	765	745
44	966	948	930	912	894	875	856	837	817	797	777
45	1,000	982	964	946	928	909	890	871	851	831	811
46	036	1,018	1,000	982	963	944	925	906	886	866	846
47	072	055	037	1,019	1,000	981	962	943	923	903	882
48	111	093	075	057	038	1,019	1,000	980	961	941	920
49	150	133	115	096	078	059	040	1,020	1,000	980	959
50	192	174	156	138	119	100	081	061	041	1,021	1,000
51	235	217	199	181	162	143	124	104	084	063	042
52	280	262	244	226	207	188	168	149	128	108	087
53	327	309	291	273	254	235	215	195	175	154	133
54	376	359	341	322	303	284	264	244	224	203	182
55	428	410	392	374	355	336	316	296	275	254	233
56	483	465	447	428	409	390	370	350	329	308	286
57	540	522	504	485	466	447	427	407	386	364	343
58	600	583	564	546	527	507	487	467	446	424	402
59	664	647	628	610	590	571	551	530	509	487	465
60	732	714	696	677	658	638	618	597	576	554	532
61	804	786	768	749	730	710	690	669	647	625	603
62	881	863	845	826	806	786	766	745	723	701	679
63	1,963	945	927	908	888	868	847	826	804	782	759
64	2,050	2,033	2,014	995	976	955	935	913	891	869	846
65	145	127	108	2,089	2,070	2,049	2,028	2,007	984	962	938
66	246	228	210	191	171	150	129	107	2,085	2,062	2,038
67	356	338	320	300	280	260	238	216	194	170	146
68	475	457	439	419	399	379	357	335	312	288	264
69	605	587	569	549	529	508	486	464	441	417	392
70°00'	747	730	711	691	671	650	628	605	582	557	532
30	824	806	787	768	747	726	704	681	657	633	607
71 00	904	886	868	848	827	806	784	761	737	712	686
30	989	971	952	932	912	890	868	845	820	795	770
72 00	3,078	3,060	3,041	3,021	3,000	979	956	933	909	883	857
30	172	154	135	115	094	3,072	3,050	3,026	3,002	976	950
73 00	271	253	234	214	193	171	148	125	100	3,074	3,048
30	376	358	339	319	298	276	253	229	204	178	151
74 00	487	469	450	430	409	387	364	340	314	288	261
30	606	588	569	549	527	505	482	457	432	405	377
75 00	732	714	695	675	653	631	607	582	557	530	502
30	867	849	829	809	788	765	741	716	690	663	634
76 00	4,011	993	973	953	931	908	884	859	833	805	776
30	165	4,147	4,128	4,107	4,085	4,062	4,038	4,012	986	958	928
77 00	331	313	294	273	251	228	203	177	4,150	4,122	4,092
30	511	493	473	452	430	406	381	355	328	299	269
78 00	705	686	667	646	623	600	574	548	520	490	460
30	915	897	877	856	833	809	784	757	728	698	667
79 00	5,145	5,126	5,107	5,085	5,062	5,038	5,012	984	955	925	893
30	396	377	357	336	313	288	261	5,233	5,204	5,173	5,140
±80°00'	∓5,671	∓5,653	∓5,633	∓5,611	∓5,588	∓5,563	∓5,536	∓5,507	∓5,477	∓5,445	∓5,411

19. Tafel des Koeffizienten K des Azimutes

δ \ φ	10°	11°	12°	13°	14°	15°	16°	17°	18°	19°	20°
± 30°	∓0,395	∓0,376	∓0,357	∓0,338	∓0,318	∓0,299	∓0,279	∓0,260	∓0,240	∓0,220	∓0,201
31	418	399	380	361	341	322	302	282	262	243	223
32	442	423	403	384	364	345	325	305	285	265	245
33	466	447	427	408	388	368	349	329	309	288	268
34	491	471	452	432	413	393	373	353	332	312	292
35	516	497	477	457	437	418	397	377	357	336	316
36	542	522	503	483	463	443	423	402	382	361	341
37	568	549	529	509	489	469	449	428	408	387	366
38	596	576	556	536	516	496	475	455	434	413	392
39	624	604	584	564	544	523	503	482	461	440	419
40	653	633	613	593	572	552	531	510	489	468	446
41	682	663	642	622	602	581	560	539	518	496	475
42	713	693	673	652	632	611	590	569	547	526	504
43	745	725	704	684	663	642	621	599	578	556	534
44	777	757	737	716	695	674	653	631	609	588	565
45	811	791	770	749	728	707	686	664	642	620	598
46	846	826	805	784	763	741	720	698	676	654	631
47	882	862	841	820	799	777	755	733	711	688	666
48	920	899	878	857	836	814	792	770	747	725	702
49	959	938	917	896	874	852	830	808	785	762	739
50	1,000	979	958	936	914	892	870	847	824	801	778
51	042	1,021	1,000	978	956	934	911	889	865	842	818
52	087	066	044	1,022	1,000	978	955	932	908	885	861
53	133	112	090	068	046	1,023	1,000	977	953	929	905
54	182	160	138	116	094	071	047	1,024	1,000	976	951
55	233	211	189	167	144	121	097	073	049	1,025	1,000
56	286	265	242	220	197	173	149	125	101	076	051
57	343	321	298	275	252	229	205	180	155	130	105
58	402	380	357	334	311	287	263	238	213	188	162
59	465	443	420	397	373	349	324	299	274	248	222
60	532	509	486	463	439	414	389	364	338	312	286
61	603	580	557	533	509	484	459	433	407	380	353
62	679	655	632	608	583	558	532	506	480	453	425
63	759	736	712	687	662	637	611	584	558	530	502
64	846	822	798	773	747	722	695	668	641	613	585
65	938	914	890	865	839	813	786	758	731	702	673
66	2,038	2,014	989	964	937	911	883	856	827	798	769
67	146	122	2,096	2,071	2,044	2,017	989	961	932	902	872
68	264	239	213	187	160	132	2,104	2,075	2,045	2,015	984
69	392	366	340	313	286	258	229	199	169	138	2,106
70°00'	532	506	480	452	424	395	365	335	304	272	240
30	607	581	554	527	498	469	439	408	377	344	312
71 00	686	660	633	605	576	546	516	485	453	420	387
30	770	743	715	687	658	628	597	566	533	500	466
72 00	857	830	803	774	744	714	683	651	618	584	550
30	950	923	894	865	835	805	773	741	707	673	638
73 00	3,048	3,020	991	962	932	901	869	836	802	767	732
30	151	123	3,094	3,064	3,034	3,002	970	936	902	866	830
74 00	261	233	203	173	142	110	3,077	3,043	3,008	972	935
30	377	349	319	289	257	224	191	156	120	3,084	3,046
75 00	502	473	443	411	379	346	312	277	240	203	165
30	634	605	574	543	510	476	441	405	368	330	292
76 00	776	746	715	683	650	615	580	543	505	467	427
30	928	898	866	834	800	765	728	691	652	613	572
77 00	4,092	4,061	4,029	996	961	925	888	850	810	770	728
30	269	237	204	4,170	4,135	4,098	4,060	4,021	981	939	897
78 00	460	427	394	359	323	286	247	207	4,165	4,123	4,079
30	667	634	600	564	527	489	449	408	366	322	277
79 00	893	859	824	788	750	710	670	627	584	539	492
30	5,140	5,106	5,070	5,032	993	953	911	867	822	776	728
± 80°00'	∓5,411	∓5,376	∓5,339	∓5,301	∓5,261	∓5,219	∓5,176	∓5,131	∓5,085	∓5,037	∓4,987

19. Tafel des Koeffizienten K des Azimutes (OK)

δ \ φ	20°	21°	22°	23°	24°	25°	26°	27°	28°	29°	30°
± 60°	∓1,286	∓1,259	∓1,231	∓1,204	∓1,176	∓1,147	∓1,118	∓1,089	∓1,060	∓1,030	∓1,000
61	353	326	298	270	241	212	183	153	123	093	062
62	425	397	369	340	311	282	252	222	191	160	129
63	502	474	445	416	386	356	326	295	263	232	200
64	585	556	526	497	466	436	404	373	341	308	276
65	673	644	614	583	552	521	489	457	424	391	357
66	769	738	708	677	645	613	580	547	514	480	445
67	872	841	810	778	745	713	679	645	611	576	540
68	984	952	920	888	854	821	786	751	716	680	643
69	2,106	2,074	2,041	2,007	973	938	903	867	831	794	756
70°00'	240	207	173	138	2,103	2,067	2,031	994	956	918	879
30	312	278	244	209	173	137	100	2,062	2,024	985	946
71 00	387	353	318	283	246	209	172	134	095	2,055	2,015
30	466	432	396	360	323	286	248	209	169	129	088
72 00	550	515	479	442	405	367	328	288	248	207	165
30	638	603	566	529	491	452	412	372	331	289	247
73 00	732	695	658	620	581	542	501	460	419	376	333
30	830	793	756	717	677	637	596	554	511	468	424
74 00	935	897	859	819	779	738	696	653	610	565	520
30	3,046	3,008	969	929	887	845	803	759	714	669	623
75 00	165	126	3,086	3,045	3,003	960	916	871	826	779	732
30	292	252	211	169	126	3,082	3,037	991	945	897	849
76 00	427	386	344	301	257	212	166	3,120	3,072	3,023	973
30	572	530	487	443	398	352	305	257	208	158	3,107
77 00	728	685	641	596	550	503	455	405	355	304	251
30	897	853	808	761	714	665	616	565	513	460	406
78 00	4,079	4,034	987	940	891	841	790	738	684	630	574
30	277	230	4,183	4,134	4,083	4,032	979	925	870	814	757
79 00	492	444	395	345	293	240	4,186	4,130	4,073	4,015	955
30	728	679	628	576	522	467	411	353	294	234	4,173
80 00	987	936	884	830	774	717	659	599	538	475	411
10	5,079	5,028	975	920	864	806	747	687	625	561	496
20	175	122	5,069	5,013	957	898	838	777	714	650	584
30	273	220	166	110	5,052	993	933	870	807	742	675
40	375	322	267	210	152	5,092	5,030	967	903	837	769
50	481	427	371	314	255	194	131	5,068	5,002	935	867
81 00	591	536	479	421	361	300	236	172	105	5,037	968
10	705	649	592	533	472	409	345	279	212	143	5,073
20	823	766	708	648	587	523	458	392	323	253	182
30	946	888	829	769	706	642	576	508	438	367	295
40	6,073	6,015	955	894	830	765	698	629	558	486	412
50	206	147	6,086	6,024	959	893	825	755	683	610	535
82 00	344	284	223	159	6,093	6,026	957	886	813	738	662
10	488	428	365	300	234	165	6,095	6,022	948	873	795
20	639	577	513	447	380	310	239	165	6,090	6,012	933
30	796	733	668	601	532	461	389	314	237	159	6,078
40	960	896	830	762	692	620	546	469	391	311	229
50	7,131	7,066	999	930	859	785	710	632	553	471	388
83 00	311	245	7,177	7,106	7,033	959	882	803	722	638	553
10	500	432	363	291	217	7,140	7,062	981	899	814	727
20	698	629	558	485	409	331	251	7,169	7,085	998	909
30	906	836	763	688	611	532	450	366	280	7,192	7,101
40	8,124	8,053	979	903	824	743	660	574	486	395	303
50	355	282	8,207	8,129	8,048	966	880	793	702	610	515
84 00	599	524	447	367	285	8,200	8,113	8,023	931	837	740
10	856	780	701	619	535	448	359	267	8,173	8,076	977
20	9,128	9,050	970	886	800	711	620	526	429	330	8,228
30	417	337	9,255	9,169	9,081	990	896	799	700	598	494
40	724	642	557	470	379	9,286	9,189	9,090	989	884	777
50	10,050	966	880	790	697	601	502	400	9,295	9,188	9,078
± 85°00'	∓10,399	∓10,313	∓10,223	∓10,131	∓10,035	∓9,937	∓9,835	∓9,730	∓9,623	∓9,512	∓9,399

19. Tafel des Koeffizienten K des Azimutes (OK)

δ \ φ	30°	31°	32°	33°	34°	35°	36°	37°	38°	39°	40°
±60°	∓1,000	∓0,970	∓0,939	∓0,908	∓0,877	∓0,845	∓0,813	∓0,781	∓0,749	∓0,717	∓0,684
61	062	1,031	1,000	968	936	904	872	839	806	773	739
62	129	097	065	1,033	1,000	967	934	900	866	832	798
63	200	167	134	101	068	1,034	1,000	966	931	896	861
64	276	242	209	175	141	106	071	1,036	1,000	964	928
65	357	323	289	254	219	183	147	111	074	1,037	1,000
66	445	410	375	339	303	266	229	192	154	116	078
67	540	504	468	431	394	356	318	280	241	202	162
68	643	607	569	531	493	454	415	375	335	294	253
69	756	718	679	640	601	560	520	479	437	395	353
70°00'	879	840	800	760	719	677	635	592	549	506	462
30	946	906	865	824	782	740	697	653	610	565	520
71 00	2,015	974	933	891	849	805	762	718	673	628	582
30	088	2,047	2,005	962	919	875	830	785	739	693	647
72 00	165	123	080	2,037	992	948	902	856	810	762	715
30	247	204	160	115	2,070	2,024	978	931	884	835	787
73 00	333	289	244	199	152	106	2,058	2,010	962	913	863
30	424	379	333	287	240	192	143	094	2,045	994	943
74 00	520	474	428	380	332	283	234	183	132	2,081	2,029
30	623	576	528	480	430	380	329	278	226	173	119
75 00	732	684	635	585	535	484	432	379	325	271	216
30	849	799	749	698	646	594	540	486	431	376	319
76 00	973	923	871	819	766	712	657	601	545	488	430
30	3,107	3,055	3,002	949	894	838	782	725	667	608	548
77 00	251	198	143	3,088	3,032	975	916	857	798	737	675
30	406	351	295	238	180	3,121	3,061	3,001	939	876	813
78 00	574	518	460	401	341	280	218	155	3,092	3,027	961
30	757	698	638	578	516	453	389	324	258	190	3,122
79 00	955	895	833	770	706	641	574	507	438	369	298
30	4,173	4,110	4,046	980	914	846	777	707	636	564	490
80 00	411	346	280	4,212	4,143	4,072	4,000	927	853	778	702
10	496	430	363	294	224	152	080	4,006	931	854	777
20	584	517	449	379	308	236	162	087	4,011	933	855
30	675	607	538	467	395	321	247	171	093	4,015	935
40	769	700	630	558	485	411	335	257	179	099	4,018
50	867	797	725	653	578	503	426	347	268	187	104
81 00	968	897	824	751	675	598	520	441	360	277	194
10	5,073	5,001	927	852	776	698	618	537	455	371	287
20	182	108	5,034	958	880	801	720	638	554	469	383
30	295	220	145	5,067	988	907	825	742	657	571	483
40	412	337	260	181	5,101	5,019	935	850	764	676	587
50	535	458	379	299	218	134	5,050	963	875	786	695
82 00	662	584	504	423	340	255	169	5,081	991	900	808
10	795	715	634	551	467	381	293	203	5,112	5,020	925
20	933	853	770	686	599	512	422	331	238	144	5,048
30	6,078	996	912	826	738	649	557	464	370	274	176
40	229	6,145	6,060	972	883	792	699	604	507	409	310
50	388	302	215	6,125	6,034	941	846	750	651	551	450
83 00	553	466	377	286	193	6,098	6,001	903	802	700	596
10	727	638	547	454	359	262	163	6,063	960	856	750
20	909	818	726	631	534	435	334	231	6,126	6,020	911
30	7,101	7,008	913	816	717	616	513	408	301	192	6,081
40	303	208	7,111	7,012	910	807	701	594	484	373	259
50	515	418	319	218	7,114	7,008	900	790	678	563	447
84 00	740	640	539	435	329	220	7,109	997	882	765	646
10	977	875	771	664	556	444	331	7,215	7,098	978	855
20	8,228	8,124	8,017	908	796	682	566	447	326	7,203	7,077
30	494	387	277	8,165	8,051	934	814	692	568	442	313
40	777	667	554	439	321	8,201	8,078	953	825	695	563
50	9,078	965	849	731	609	486	359	8,231	8,099	965	829
±85°00'	∓9,399	∓9,282	∓9,163	∓9,041	∓8,917	∓8,789	∓8,659	∓8,527	∓8,391	∓8,253	∓8,113

19. Tafel des Koeffizienten K des Azimutes (OK)

φ / δ	40°	41°	42°	43°	44°	45°	46°	47°	48°	49°	50°
± 60°	∓0,684	∓0,651	∓0,618	∓0,585	∓0,551	∓0,518	∓0,484	∓0,450	∓0,416	∓0,382	∓0,347
61	739	705	672	637	603	569	534	499	464	429	394
62	798	763	729	693	658	623	587	551	515	479	443
63	861	825	789	753	717	681	644	607	570	533	495
64	928	891	855	817	780	743	705	667	629	590	552
65	1,000	962	925	886	848	809	770	731	692	652	612
56	078	1,039	1,000	961	921	881	841	800	760	719	678
57	162	122	082	1,041	1,000	959	917	875	833	791	748
68	253	212	170	128	086	1,043	1,000	957	913	869	825
69	353	310	267	223	179	135	090	1,045	1,000	954	908
70°00'	462	417	373	327	282	236	189	142	095	1,048	1,000
30	520	475	429	383	337	290	242	195	146	098	049
71 00	582	536	489	442	394	346	298	249	200	151	101
30	647	600	552	504	455	406	357	307	257	206	155
72 00	715	667	618	569	519	469	419	368	316	264	212
30	787	738	688	638	587	536	484	432	379	326	273
73 00	863	812	762	710	658	606	553	499	445	391	336
30	943	892	840	787	734	680	626	571	516	460	404
74 00	2,029	976	923	869	814	759	703	647	590	533	476
30	119	2,065	2,011	955	899	843	786	728	670	611	552
75 00	216	161	104	2,047	990	932	873	814	754	694	633
30	319	262	204	146	2,067	2,027	967	906	844	782	719
76 00	430	371	311	251	190	129	2,067	2,004	941	877	812
30	548	488	426	364	302	238	174	109	2,044	978	911
77 00	675	613	550	486	421	356	290	223	155	2,087	2,018
30	813	748	683	617	550	482	414	345	275	205	133
78 00	961	895	827	759	690	620	549	477	405	332	258
30	3,122	3,053	984	913	841	768	695	621	546	470	393
79 00	298	227	3,154	3,080	3,006	931	854	777	699	620	541
30	490	416	341	264	187	3,108	3,029	948	867	785	702
80 00	702	624	545	466	385	303	220	3,136	3,052	966	879
10	777	698	618	537	455	372	288	203	117	3,030	942
20	855	775	694	612	528	444	359	273	185	097	3,008
30	935	854	772	688	604	518	432	344	255	166	075
40	4,018	936	852	768	682	595	507	418	328	237	145
50	104	4,021	936	850	763	675	585	495	403	311	217
81 00	194	109	4,023	936	847	757	667	575	482	387	292
10	287	200	113	4,024	934	843	751	657	563	467	370
20	383	295	206	116	4,025	932	838	743	647	549	451
30	483	394	303	212	119	4,024	929	832	734	635	535
40	587	496	404	311	216	120	4,023	925	825	724	622
50	695	603	509	414	318	220	121	4,021	920	817	713
82 00	808	714	619	522	424	324	223	121	4,018	913	808
10	925	830	733	634	534	433	330	226	121	4,014	906
20	5,048	950	851	751	649	546	441	335	228	119	4,009
30	176	5,077	976	873	769	664	557	449	339	229	116
40	310	208	5,105	5,001	895	787	678	568	456	343	229
50	450	346	241	134	5,026	917	805	693	578	463	346
83 00	596	491	383	274	164	5,052	938	823	706	588	469
10	750	642	532	421	308	194	5,078	960	841	720	598
20	911	801	689	575	460	343	224	5,104	982	858	733
30	6,081	968	853	737	619	499	378	254	5,130	5,003	876
40	259	6,144	6,026	907	786	664	539	413	286	156	5,025
50	447	329	209	6,087	963	837	710	581	450	317	183
84 00	646	525	401	276	6,149	6,021	890	757	623	487	350
10	855	731	605	477	346	214	6,080	944	806	667	526
20	7,077	950	820	689	555	419	281	6,142	6,000	857	712
30	313	7,182	7,049	913	776	636	495	351	206	6,059	910
40	563	428	291	7,152	7,011	867	722	574	425	273	6,119
50	829	691	550	406	261	7,113	963	811	657	501	343
± 85°00'	∓8,113	∓7,970	∓7,825	∓7,677	∓7,527	∓7,375	∓7,221	∓7,064	∓6,905	∓6,744	∓6,581

19. **Tafel des Koeffizienten K des Azimutes (OK)**

δ \ φ	50°	51°	52°	53°	54°	55°	56°	57°	58°	59°	60°
± 60°	∓0,347	∓0,313	∓0,278	∓0,244	∓0,209	∓0,174	∓0,140	∓0,105	∓0,070	∓0,035	0,000
61	394	358	323	287	251	216	180	144	108	072	∓0,036
62	443	406	370	333	296	260	223	186	149	111	074
63	495	458	420	382	345	307	268	230	192	154	115
64	552	513	474	435	396	357	317	278	238	199	159
65	612	572	532	492	451	411	370	329	288	247	206
66	678	636	595	553	511	469	427	385	342	300	257
67	748	705	662	619	576	532	488	444	400	356	312
68	825	780	736	691	646	600	555	509	464	418	372
69	908	862	816	769	722	675	628	580	532	485	437
70°00'	1,000	952	904	855	806	757	707	658	608	558	508
30	049	1,000	951	901	851	801	750	699	648	597	546
71 00	101	051	1,000	949	898	847	795	743	691	639	586
30	155	104	052	1,000	948	895	842	789	736	682	628
72 00	212	160	107	054	1,000	946	892	838	783	728	673
30	273	219	165	110	055	1,000	944	889	833	776	720
73 00	336	281	226	170	114	057	1,000	943	885	827	769
30	404	347	290	233	175	117	059	1,000	941	882	822
74 00	476	418	359	300	241	181	121	061	1,000	939	878
30	552	492	432	371	310	249	187	125	063	1,000	937
75 00	633	572	510	447	385	321	258	194	130	065	1,000
30	719	656	593	528	464	399	333	267	201	134	067
76 00	812	747	681	615	548	481	414	346	277	209	139
30	911	844	776	708	639	570	500	430	359	288	217
77 00	2,018	949	879	808	737	665	593	520	447	374	300
30	133	2,062	989	916	842	768	693	618	542	466	389
78 00	258	184	2,108	2,033	956	879	802	724	645	566	486
30	393	316	238	159	2,080	2,000	919	838	757	674	592
79 00	541	460	379	297	215	132	2,048	963	878	792	706
30	702	618	534	448	362	276	188	2,100	2,011	922	832
80 00	879	792	704	614	524	434	342	250	157	2,064	970
10	942	854	764	673	582	490	397	304	209	114	2,019
20	3,008	917	826	735	642	548	454	359	263	167	069
30	075	984	891	798	703	608	513	416	319	221	122
40	145	3,052	958	863	767	671	573	475	376	277	176
50	217	123	3,027	931	834	735	636	536	436	335	232
81 00	292	196	099	3,001	902	802	702	600	498	395	291
10	370	272	174	074	973	872	769	666	562	457	351
20	451	352	251	150	3,047	944	840	734	629	522	414
30	535	434	331	228	124	3,019	913	806	698	589	480
40	622	519	415	310	204	097	989	880	770	659	547
50	713	608	502	395	287	178	3,068	957	845	732	618
82 00	808	701	593	484	373	262	150	3,037	923	808	692
10	906	797	687	576	463	350	236	120	3,004	887	768
20	4,009	898	786	672	557	442	325	207	089	969	848
30	116	4,003	888	773	656	538	418	298	177	3,055	932
40	229	113	996	878	758	638	516	393	270	145	3,019
50	346	228	4,108	988	866	743	618	493	366	239	110
83 00	469	348	226	4,103	978	852	725	597	468	337	206
10	598	475	350	223	4,096	967	837	706	574	441	306
20	733	607	479	350	220	4,088	955	821	686	549	412
30	876	746	616	483	350	215	4,079	942	803	663	522
40	5,025	893	759	624	487	349	209	4,068	926	783	639
50	183	5,047	910	771	631	489	346	202	4,057	910	762
84 00	350	210	5,070	927	783	638	491	343	194	4,043	891
10	526	383	238	5,092	944	795	644	492	339	184	4,028
20	712	565	417	266	5,115	961	807	650	492	333	173
30	910	759	606	451	295	5,138	978	818	655	492	327
40	6,119	964	807	648	487	325	5,161	995	828	660	490
50	343	6,183	6,021	857	692	524	355	5,185	5,013	839	664
± 85°00'	∓6,581	∓6,416	∓6,249	∓6,080	∓5,909	∓5,737	∓5,563	∓5,387	∓5,209	∓5,030	∓4,849

19. Tafel des Koeffizienten K des Azimutes (OK)

δ \ φ	60°	61°	62°	63°	64°	65°	66°	67°	68°	69°	70°
±60°	0,000	±0,035	±0,070	±0,105	±0,140	±0,174	±0,209	±0,244	±0,278	±0,313	±0,347
61	∓0,036	0,000	± 036	072	108	144	180	216	251	287	323
62	074	∓0,037	000	± 037	074	111	149	186	223	260	296
63	115	077	∓0,038	000	± 038	077	115	154	192	230	268
64	159	119	080	∓0,040	000	± 040	080	119	159	199	238
65	206	165	124	083	∓0,041	000	± 041	083	124	165	206
66	257	214	172	129	086	∓0,043	000	± 043	086	129	172
67	312	268	223	179	134	089	∓0,045	000	± 045	089	134
68	372	325	279	233	186	140	093	∓0,047	000	± 047	093
69	437	388	340	292	243	195	146	097	∓0,049	000	± 049
70°00'	508	457	407	356	306	255	204	153	102	∓0,051	000
30	546	494	443	391	339	287	235	183	131	078	∓0,026
71 00	586	533	480	427	374	321	268	214	161	107	054
30	628	574	520	466	411	357	302	247	192	137	082
72 00	673	617	562	506	450	394	338	282	226	169	113
30	720	663	606	549	492	434	376	319	261	203	145
73 00	769	711	653	594	535	476	417	358	298	239	179
30	822	762	702	642	581	520	460	399	337	276	214
74 00	878	816	754	692	630	568	505	442	379	316	253
30	937	874	810	746	682	618	553	488	424	359	294
75 00	1,000	935	869	803	737	671	604	538	471	404	337
30	067	1,000	932	864	796	728	659	590	521	452	383
76 00	139	070	1,000	930	859	789	718	647	575	504	432
30	217	145	073	1,000	927	854	781	707	633	559	485
77 00	300	225	151	075	1,000	924	848	772	695	619	542
30	389	312	235	157	079	1,000	921	842	763	683	603
78 00	486	406	326	245	164	082	1,000	918	835	752	669
30	592	508	425	340	256	171	086	1,000	914	828	741
79 00	706	620	532	445	356	268	179	090	1,000	910	820
30	832	741	650	559	466	374	281	188	094	1,000	906
80 00	970	875	780	684	587	490	393	295	197	099	1,000
10	2,019	922	826	728	630	532	433	334	234	134	034
20	069	972	873	774	675	575	474	373	272	170	068
30	122	2,022	923	822	721	619	517	414	311	208	104
40	176	075	974	871	768	665	561	457	352	247	141
50	232	130	2,026	922	818	713	607	501	394	287	180
81 00	291	186	081	975	869	762	654	546	438	329	220
10	351	245	138	2,030	922	813	704	594	483	372	261
20	414	306	197	087	977	866	755	643	530	418	304
30	480	369	258	147	2,034	921	808	694	579	464	349
40	547	435	322	208	094	979	863	747	630	513	395
50	618	504	388	273	156	2,039	921	802	683	564	444
82 00	692	575	458	339	220	101	981	860	738	616	494
10	768	649	530	409	288	166	2,043	920	796	671	546
20	848	727	605	482	358	233	108	982	856	729	601
30	932	808	683	557	431	304	176	2,047	918	788	658
40	3,019	893	765	637	508	378	247	116	984	851	718
50	110	981	851	720	588	455	321	187	2,052	917	780
83 00	206	3,074	941	806	671	536	399	262	124	985	846
10	306	171	3,035	898	759	620	481	340	199	2,057	914
20	412	273	134	993	852	709	566	422	278	132	986
30	522	380	238	3,094	949	803	656	509	361	212	2,062
40	639	493	347	199	3,051	901	751	600	448	295	142
50	762	612	462	311	158	3,005	851	696	540	383	226
84 00	891	738	584	428	272	115	956	797	637	476	314
10	4,028	871	712	553	392	230	3,068	904	740	574	408
20	173	4,011	848	684	519	353	186	3,017	848	678	507
30	327	160	993	824	654	483	311	137	963	788	612
40	490	319	4,146	972	797	621	443	265	3,086	905	724
50	664	487	309	4,130	949	768	585	401	216	3,030	843
±85°00'	∓4,849	∓4,667	∓4,483	∓4,298	∓4,112	∓3,924	∓3,735	∓3,546	∓3,355	∓3,163	∓2,970

19. Tafel des Koeffizienten K des Azimutes (UK)

δ \ φ	20°	21°	22°	23°	24°	25°	26°	27°	28°	29°	30°
± 70°00'	±2,924	±2,923	±2,922	±2,920	±2,917	±2,913	±2,908	±2,902	±2,895	±2,888	±2,879
30	996	995	993	990	987	982	976	970	963	955	946
71 00	3,071	3,070	3,067	3,064	3,060	3,055	3,049	3,042	3,034	3,025	3,015
30	150	149	146	142	137	131	125	117	108	099	088
72 00	234	232	228	224	218	212	205	196	187	177	165
30	322	319	315	310	304	297	289	280	270	259	247
73 00	416	412	407	402	395	387	378	368	357	346	333
30	514	510	505	498	491	482	473	462	450	437	424
74 00	619	614	608	601	593	583	573	561	549	535	520
30	730	725	718	710	701	691	679	667	653	639	623
75 00	849	843	835	826	816	805	793	779	765	749	732
30	976	968	960	950	939	927	914	899	884	867	349
76 00	4,111	4,103	4,093	4,083	4,071	4,058	4,043	4,028	4,011	993	973
30	256	247	237	225	212	198	182	165	147	4,128	4,107
77 00	412	402	391	378	364	348	331	313	294	273	251
30	581	569	557	543	527	511	493	473	452	430	406
78 00	763	751	737	721	705	686	667	646	623	600	574
30	961	947	932	915	897	877	856	833	809	784	757
79 00	5,176	5,161	5,145	5,126	5,107	5,085	5,062	5,038	5,012	984	955
30	412	396	377	357	336	313	288	261	233	5,204	5,173
80 00	671	653	633	611	588	563	536	507	477	445	411
10	763	745	724	701	677	651	624	595	564	531	496
20	859	839	818	795	770	743	715	685	653	620	584
30	957	937	915	891	866	838	809	778	746	711	675
40	6,060	6,039	6,016	991	965	937	907	875	842	806	769
50	165	144	120	6,095	6,068	6,039	6,008	976	941	905	867
81 00	275	253	229	203	175	145	113	6,080	6,044	6,007	968
10	389	366	341	314	285	255	222	187	151	113	6,073
20	507	483	457	430	400	368	335	299	262	223	182
30	630	605	579	550	519	487	452	416	377	337	295
40	757	732	704	675	643	610	574	537	497	456	412
50	890	864	335	805	773	738	701	663	622	579	535
82 00	7,028	7,001	972	940	907	871	834	794	752	708	662
10	172	144	7,114	7,082	7,047	7,010	971	930	887	842	795
20	323	294	262	229	193	155	7,115	7,073	7,029	982	933
30	480	450	417	383	346	307	265	222	176	7,128	7,078
40	644	613	579	543	505	465	422	377	330	281	229
50	815	783	749	712	672	631	587	540	492	441	388
83 00	995	962	926	888	847	804	758	711	661	608	553
10	8,184	8,149	8,112	8,072	8,030	986	939	889	838	783	727
20	382	346	307	266	223	8,177	8,128	8,077	8,024	968	909
30	590	552	512	470	425	377	327	274	219	8,161	8,101
40	808	770	728	684	638	588	536	482	425	365	303
50	9,039	999	956	910	862	811	757	701	641	580	515
84 00	283	9,241	9,196	9,149	9,099	9,046	990	931	870	806	740
10	540	496	450	401	349	294	9,236	9,175	9,112	9,046	977
20	812	767	719	668	613	556	496	434	368	299	9,228
30	10,101	10,054	10,004	951	894	835	773	707	639	568	494
40	408	359	307	10,251	10,193	10,131	10,066	998	928	854	777
50	734	683	629	571	510	446	379	10,308	10,234	10,158	10,078
± 85°00'	±11,083	±11,029	±10.972	±10,912	±10,849	±10,782	±10,712	±10,638	±10,562	±10,482	±10,399

19. Tafel des Koeffizienten K des Azimutes (UK)

δ \ φ	30°	31°	32°	33°	34°	35°	36°	37°	38°	39°	40°
±60°	±2,000	±2,000	±1,999	±1,997	±1,995	±1,992	±1,989	±1,985	±1,981	±1,975	±1,970
61	062	061	2,060	2,058	2,055	2,051	2,047	2,043	2,037	2,031	2,025
62	129	127	125	122	118	114	109	104	098	091	084
63	200	197	194	191	186	181	176	169	162	155	146
64	276	272	269	264	259	253	247	239	231	223	213
65	357	353	349	343	337	330	323	314	306	296	286
66	445	440	435	428	421	413	405	396	386	375	363
67	540	534	528	520	512	503	494	483	472	460	447
68	643	637	629	620	611	601	590	579	566	553	539
69	756	748	739	729	719	708	695	682	668	654	638
70°00'	879	870	860	849	837	824	811	796	781	765	747
30	946	936	925	913	900	887	872	857	841	824	806
71 00	3,015	3,004	993	980	967	953	937	921	904	886	868
30	088	077	3,064	3,051	3,037	3,022	3,006	989	971	952	932
72 00	165	153	140	126	111	095	078	3,060	3,041	3,021	3,000
30	247	234	220	205	189	172	154	135	115	094	072
73 00	333	319	304	288	271	253	234	214	193	171	148
30	424	409	393	376	358	339	319	298	276	253	229
74 00	520	504	487	469	450	430	409	387	364	340	314
30	623	606	588	569	549	527	505	482	457	432	405
75 00	732	714	695	675	653	631	607	582	557	530	502
30	849	829	809	788	765	741	716	690	663	634	605
76 00	973	953	931	908	884	859	833	805	776	746	715
30	4,107	4,085	4,062	4,038	4,012	986	958	928	898	866	834
77 00	251	228	203	177	150	4,122	4,092	4,061	4,029	996	961
30	406	381	355	328	299	269	237	204	170	4,135	4,098
78 00	574	548	520	490	460	427	394	359	323	286	247
30	757	728	698	667	634	600	564	527	489	449	408
79 00	955	925	893	859	824	788	750	710	670	627	584
30	5,173	5,140	5,106	5,070	5,032	993	953	911	867	822	776
80 00	411	376	339	301	261	5,219	5,176	5,131	5,085	5,037	987
10	496	460	423	383	342	300	255	209	162	113	5,062
20	584	547	509	468	426	383	337	290	242	192	140
30	675	637	598	556	513	469	422	374	325	273	220
40	769	730	690	647	603	558	510	461	410	358	304
50	867	827	785	742	697	650	601	551	499	445	390
81 00	968	927	884	840	794	745	696	644	591	536	479
10	6,073	6,031	987	941	894	845	794	741	686	630	572
20	182	139	6,094	6,047	998	948	895	841	785	728	668
30	295	250	204	156	6,106	6,055	6,001	946	888	829	769
40	412	367	319	270	219	166	111	6,054	995	935	873
50	535	488	439	389	336	282	225	167	6,107	6,045	981
82 00	662	614	564	512	458	402	344	284	223	159	6,093
10	795	746	694	641	585	528	468	407	343	278	211
20	933	883	830	775	718	659	598	535	470	403	334
30	7,078	7,026	971	915	856	796	733	668	601	532	461
40	229	176	7,120	7,061	7,001	939	874	807	739	668	595
50	388	332	274	215	153	7,088	7,022	953	883	810	735
83 00	553	496	437	375	311	245	177	7,106	7,033	959	882
10	727	668	607	543	477	409	339	266	192	7,115	7,035
20	909	849	785	720	652	582	509	435	358	278	197
30	8,101	8,038	973	906	836	763	688	611	532	450	366
40	303	238	8,171	8,101	8,029	954	877	797	716	631	545
50	515	448	379	307	232	8,155	8,075	993	909	822	733
84 00	740	670	599	524	447	367	285	8,200	8,113	8,023	931
10	977	905	831	754	674	592	507	419	329	236	8,141
20	9,228	9,154	9,077	997	914	829	741	650	557	461	363
30	494	417	337	9,255	9,169	9,081	990	896	799	700	598
40	777	697	614	528	440	348	9,254	9,157	9,057	954	849
50	10,078	995	909	820	728	633	535	434	331	9,224	9,115
±85°00'	±10,399	±10,313	±10,223	±10,131	±10,035	±9,937	±9,835	±9,730	±9,623	±9,512	±9,399

19. Tafel des Koeffizienten K des Azimutes (UK)

δ \ φ	40°	41°	42°	43°	44°	45°	46°	47°	48°	49°	50°
± 60°	±1,970	±1,963	±1,956	±1,949	±1,941	±1,932	±1,923	±1,913	±1,902	±1,891	±1,879
61	2,025	2,018	2,010	2,001	992	983	973	962	950	938	926
62	084	075	067	057	2,048	2,037	2,026	2,014	2,002	989	975
63	146	137	128	117	106	095	083	070	056	2,042	2,028
64	213	203	193	181	170	157	144	130	115	100	084
65	286	275	263	250	237	224	209	194	178	162	145
66	363	351	338	325	310	295	280	263	246	228	210
67	447	434	420	405	389	373	356	338	320	300	280
68	539	524	508	492	475	457	439	419	399	379	357
69	638	622	605	587	569	549	529	508	486	464	441
70°00'	747	730	711	691	671	650	628	605	582	557	532
30	806	787	768	747	726	704	681	657	633	607	581
71 00	868	848	827	806	784	761	737	712	686	660	633
30	932	912	890	868	845	820	795	770	743	715	687
72 00	3,000	979	956	933	909	883	857	830	803	774	744
30	072	3,050	3,026	3,002	976	950	923	894	865	835	805
73 00	148	125	100	074	3,048	3,020	991	962	932	901	869
30	229	204	178	151	123	094	3,064	3,034	3,002	970	936
74 00	314	288	261	233	203	173	142	110	077	3,043	3,008
30	405	377	349	319	289	257	224	191	156	120	084
75 00	502	473	443	411	379	346	312	277	240	203	165
30	605	574	543	510	476	441	405	368	330	292	252
76 00	715	683	650	615	580	543	505	467	427	386	344
30	834	800	765	728	691	652	613	572	530	487	443
77 00	961	925	888	850	810	770	728	685	641	596	550
30	4,098	4,060	4,021	981	939	897	853	808	761	714	665
78 00	247	207	165	4,123	4,079	4,034	987	940	891	841	790
30	408	366	322	277	230	183	4,134	4,083	4,032	979	925
79 00	584	539	492	444	395	345	293	240	186	4,130	4,073
30	776	728	679	628	576	522	467	411	353	294	234
80 00	987	936	884	830	774	717	659	599	538	475	411
10	5,062	5,010	957	901	845	787	727	666	604	540	475
20	140	087	5,032	976	918	858	798	735	671	606	540
30	220	166	110	5,052	993	933	870	807	742	675	607
40	304	248	191	132	5,071	5,009	946	881	814	746	677
50	390	333	274	214	152	089	5,024	958	890	820	749
81 00	479	421	361	300	236	172	105	5,037	968	897	824
10	572	512	451	388	323	257	189	120	5,049	976	902
20	668	607	545	480	414	346	277	206	133	5,059	983
30	769	706	642	576	508	438	367	295	220	145	5,067
40	873	808	743	675	606	534	462	387	311	234	154
50	981	915	848	778	707	634	560	484	406	326	245
82 00	6,093	6,026	957	886	813	738	662	584	504	423	340
10	211	142	6,071	998	923	847	769	689	607	523	438
20	334	263	190	6,115	6,038	960	880	798	714	628	541
30	461	389	314	237	159	6,078	996	912	826	738	649
40	595	520	444	365	284	202	6,117	6,031	943	853	761
50	735	658	579	498	416	331	244	155	6,065	972	878
83 00	882	803	722	638	553	466	377	286	193	6,098	6,001
10	7,035	954	871	785	698	608	516	423	327	229	130
20	197	7,113	7,027	939	849	757	663	566	468	368	265
30	366	280	192	7,101	7,008	913	816	717	616	513	408
40	545	456	365	271	176	7,078	978	876	772	666	557
50	733	641	547	451	352	252	7,149	7,043	936	827	715
84 00	931	837	740	640	539	435	329	220	7,109	997	882
10	8,141	8,043	943	841	736	628	519	407	293	7,176	7,058
20	363	262	8,159	8,053	944	833	720	605	487	366	244
30	598	494	387	277	8,165	8,051	934	814	692	568	442
40	849	740	630	516	400	282	8,160	8,037	911	782	652
50	9,115	9,003	888	770	650	527	402	274	8,143	8,010	875
± 85°00'	±9,399	±9,282	±9,163	±9,041	±8,917	±8,789	±8,659	±8,527	±8,391	±8,253	±8,113

19. Tafel des Koeffizienten K des Azimutes (UK)

δ \ φ	50°	51°	52°	53°	54°	55°	56°	57°	58°	59°	60°
± 60°	±1,879	±1,867	±1,854	±1,841	±1 827	±1,813	±1,798	±1,782	±1,766	±1,749	±1,732
61	926	912	899	884	869	854	838	821	804	786	768
62	975	961	946	930	914	898	881	863	845	826	806
63	2,028	2,012	996	980	963	945	927	908	888	868	847
64	084	067	2,050	2,033	2,014	995	976	955	935	913	891
65	145	127	108	089	070	2,049	2,028	2,007	984	962	938
66	210	191	171	150	129	107	085	062	2,038	2,014	989
67	280	260	238	216	194	170	146	122	096	071	2,044
68	357	335	312	288	264	239	213	187	160	132	104
69	441	417	392	366	340	313	286	258	229	199	169
70°00'	532	506	480	452	424	395	365	335	304	272	240
30	581	554	527	498	469	439	408	377	344	312	278
71 00	633	605	576	546	516	485	453	420	387	353	318
30	687	658	628	597	566	533	500	466	432	396	360
72 00	744	714	683	651	618	584	550	515	479	442	405
30	805	773	741	707	673	638	603	566	529	491	452
73 00	869	836	802	767	732	695	658	620	581	542	501
30	936	902	866	830	793	756	717	677	637	596	554
74 00	3,008	972	935	897	859	819	779	738	696	653	610
30	084	3,046	3,008	969	929	887	845	803	759	714	669
75 00	165	126	086	3,045	3,003	960	916	871	826	779	732
30	252	211	169	126	082	3,037	991	945	897	849	799
76 00	344	301	257	212	166	120	3,072	3,023	973	923	871
30	443	398	352	305	257	208	158	107	3,055	3,002	949
77 00	550	503	455	405	355	304	251	198	143	088	3,032
30	665	616	565	513	460	406	351	295	238	180	121
78 00	790	738	684	630	574	518	460	401	341	280	218
30	925	870	814	757	698	638	578	516	453	389	324
79 00	4,073	4,015	955	895	833	770	706	641	574	507	438
30	234	173	4,110	4,046	980	914	846	777	707	636	564
80 00	411	346	280	212	4,143	4,072	4,000	927	853	778	702
10	475	408	340	271	200	128	055	981	905	829	751
20	540	472	402	332	260	187	112	4,036	959	881	801
30	607	538	467	395	321	247	171	093	4,015	935	854
40	677	606	534	460	385	309	231	152	072	991	908
50	749	677	603	528	452	374	294	214	132	4,049	965
81 00	824	751	675	598	520	441	360	277	194	109	4,023
10	902	827	750	671	591	510	427	343	258	171	083
20	983	906	827	747	665	582	498	412	325	236	146
30	5,067	988	907	825	742	657	571	483	394	303	212
40	154	5,073	991	907	822	735	647	557	466	373	279
50	245	162	5,078	992	905	816	726	634	541	446	350
82 00	340	255	169	5,081	991	900	808	714	619	522	424
10	438	352	263	173	5,081	988	894	798	700	601	500
20	541	452	362	269	176	5,080	983	885	785	683	580
30	649	557	464	370	274	176	5,077	976	873	769	664
40	761	667	572	475	376	276	174	5,071	966	859	751
50	878	782	684	585	484	381	276	170	5,063	953	843
83 00	6,001	903	802	700	596	491	383	274	164	5,052	938
10	130	6,029	926	821	714	606	495	384	270	155	5,039
20	265	161	6,055	947	838	726	613	498	382	264	144
30	408	301	192	6,081	968	853	737	619	499	378	254
40	557	447	335	221	6,105	987	867	746	623	498	371
50	715	602	486	369	249	6,128	6,005	879	753	624	494
84 00	882	765	646	525	401	276	149	6,021	890	757	623
10	7,058	937	814	689	562	433	303	170	6,035	898	760
20	244	7,119	993	864	733	600	465	328	189	6,048	905
30	442	313	7,182	7,049	913	776	636	495	351	206	6,059
40	652	518	383	245	7,105	963	819	673	524	374	222
50	875	737	597	454	310	7,163	7,013	862	709	553	396
± 85°00'	±8,113	±7,970	±7,825	±7,677	±7,527	±7,375	±7,221	±7,064	±6,905	±6,744	±6,581

19. Tafel des Koeffizienten K des Azimutes (UK)

δ \ φ	60°	61°	62°	63°	64°	65°	66°	67°	68°	69°	70°
±60°	±1,732	±1,714	±1,696	±1,677	±1,658	±1,638	±1,618	±1,597	±1,576	±1,554	±1,532
61	768	749	730	710	690	669	647	625	603	580	557
62	806	786	766	745	723	701	679	655	632	608	583
63	847	826	804	782	759	736	712	687	662	637	611
64	891	869	846	822	798	773	747	722	695	668	641
65	938	914	890	865	839	813	786	758	731	702	673
66	989	964	937	911	883	856	827	798	769	738	708
67	2,044	2,017	989	961	932	902	872	841	810	778	745
68	104	075	2,045	2,015	984	952	920	888	854	821	786
69	169	138	106	074	2,041	2,007	973	938	903	867	831
70°00'	240	207	173	138	103	067	2,031	994	956	918	879
30	278	244	209	173	137	100	062	2,024	985	946	906
71 00	318	283	246	209	172	134	095	055	2,015	974	933
30	360	323	286	248	209	169	129	088	047	2,005	962
72 00	405	367	328	288	248	207	165	123	080	037	992
30	452	412	372	331	289	247	204	160	115	070	2,024
73 00	501	460	419	376	333	289	244	199	152	106	058
30	554	511	468	424	379	333	287	240	192	143	094
74 00	610	565	520	474	428	380	332	283	234	183	132
30	669	623	576	528	480	430	380	329	278	226	173
75 00	732	684	635	585	535	484	432	379	325	271	216
30	799	749	698	646	594	540	486	431	376	319	262
76 00	871	819	766	712	657	601	545	488	430	371	311
30	949	894	838	782	725	667	608	548	488	426	364
77 00	3,032	975	916	857	798	737	675	613	550	486	421
30	121	3,061	3,001	939	876	813	748	683	617	550	482
78 00	218	155	092	3,027	961	895	827	759	690	620	549
30	324	258	190	122	3,053	984	913	841	768	695	621
79 00	438	369	298	227	154	3,080	3,006	931	854	777	699
30	564	490	416	341	264	187	108	3,029	948	867	785
80 00	702	624	545	466	385	303	220	136	3,052	966	879
10	751	672	592	510	428	345	260	175	088	3,001	913
20	801	721	639	556	472	387	301	214	126	037	948
30	854	772	688	604	518	432	344	255	166	075	984
40	908	824	739	653	566	478	388	298	206	114	3,021
50	965	879	792	704	615	525	434	342	249	154	059
81 00	4,023	936	847	757	667	575	482	387	292	196	099
10	083	994	904	812	720	626	531	435	338	240	141
20	146	4,055	963	869	775	679	582	484	385	285	184
30	212	119	4,024	929	832	734	635	535	434	331	228
40	279	184	088	990	892	791	690	588	485	380	275
50	350	253	154	4,055	953	851	748	643	538	431	323
82 00	424	324	223	121	4,018	913	808	701	593	484	373
10	500	399	295	191	085	978	870	761	650	538	426
20	580	476	371	264	155	4,046	935	823	710	596	480
30	664	557	449	339	229	116	4,003	888	773	656	538
40	751	642	531	419	305	190	074	957	838	718	597
50	843	730	617	502	385	267	148	4,028	906	784	660
83 00	938	823	706	588	469	348	226	103	978	852	725
10	5,039	920	801	680	557	433	308	181	4,053	924	794
20	144	5,022	900	775	649	522	393	263	132	4,000	866
30	254	130	5,003	876	746	616	483	350	215	079	942
40	371	243	113	981	848	714	578	441	302	162	4,021
50	494	362	228	5,093	956	818	678	537	394	250	105
84 00	623	487	350	210	5,070	927	783	638	491	343	194
10	760	620	478	335	190	5,043	895	745	594	441	287
20	905	761	614	466	317	165	5,013	858	702	545	387
30	6,059	910	759	606	451	295	138	978	818	655	492
40	222	6,068	912	754	595	433	270	5,106	940	772	603
50	396	236	6,075	912	747	580	412	242	5,070	897	722
±85°00'	±6,581	±6,416	±6,249	±6,080	±5,909	±5,737	±5,563	±5,387	±5,209	±5,030	±4,849

20. Tafel zur Berechnung der Polhöhe aus Beobachtungen von α Ursae Minoris

φ	M_0	φ	M_0	φ	M_0	φ	M_0	φ	M_0
30°00'	13",10	38°00'	17",73	46°00'	23",50	54°00'	31",24	62°00'	42",69
10	19	10	84	10	64	10	43	10	99
20	28	20	95	20	78	20	63	20	43,29
30	37	30	18,05	30	92	30	82	30	60
40	46	40	16	40	24,06	40	32,02	40	91
50	55	50	27	50	20	50	22	50	44,23
31 00	64	39 00	38	47 00	34	55 00	42	63 00	55
10	73	10	49	10	48	10	62	10	87
20	82	20	60	20	63	20	82	20	45,20
30	91	30	71	30	77	30	33,03	30	53
40	14,00	40	82	40	92	40	23	40	86
50	09	50	93	50	25,06	50	44	50	46,20
32 00	18	40 00	19,05	48 00	21	56 00	65	64 00	54
10	28	10	16	10	36	10	86	10	88
20	37	20	27	20	51	20	34,08	20	47,23
30	46	30	39	30	66	30	29	30	59
40	55	40	50	40	81	40	51	40	95
50	65	50	62	50	96	50	73	50	48,31
33 00	74	41 00	73	49 00	26,11	57 00	95	65 00	68
10	83	10	85	10	26	10	35,18	10	49,05
20	93	20	96	20	42	20	40	20	42
30	15,02	30	20,08	30	58	30	63	30	81
40	12	40	20	40	73	40	86	40	50,19
50	21	50	32	50	89	50	36,09	50	58
34 00	31	42 00	44	50 00	27,05	58 00	32	66 00	98
10	41	10	56	10	21	10	56	10	51,38
20	50	20	68	20	37	20	80	20	79
30	60	30	80	30	53	30	37,04	30	52,20
40	70	40	92	40	70	40	28	40	62
50	80	50	21,04	50	86	50	53	50	53,04
35 00	89	43 00	17	51 00	28,03	59 00	78	67 00	47
10	99	10	29	10	20	10	38,03	10	91
20	16,09	20	41	20	37	20	28	20	54,35
30	19	30	54	30	54	30	53	30	80
40	29	40	67	40	71	40	79	40	55,25
50	39	50	79	50	88	50	39,05	50	71
36 00	49	44 00	92	52 00	29,05	60 00	31	68 00	56,18
10	59	10	22,05	10	23	10	58	10	65
20	69	20	18	20	40	20	85	20	57,13
30	80	30	31	30	58	30	40,12	30	62
40	90	40	44	40	76	40	39	40	58,12
50	17,00	50	57	50	94	50	67	50	62
37 00	10	45 00	70	53 00	30,12	61 00	95	69 00	59,13
10	21	10	83	10	30	10	41,23	10	65
20	31	20	96	20	49	20	52	20	60,17
30	42	30	23,10	30	67	30	80	30	71
40	52	40	23	40	86	40	42,10	40	61,25
50	63	50	37	50	31,05	50	39	50	80
38°00'	17",73	46°00'	23",50	54°00'	31",24	62°00'	42",69	70°00'	62",36

Dekl.	$(\frac{p}{p_0})^2$	Dekl.	$(\frac{p}{p_0})^2$	Dekl.	$(\frac{p}{p_0})^2$	Dekl.	$(\frac{p}{p_0})^2$
89°05'00"	1,1630	89°07'00"	1,0800	89°09'00"	1,0000	89°11'00"	0,9231
10	1560	10	0732	10	0,9935	10	9168
20	1490	20	0664	20	9870	20	9106
30	1420	30	0597	30	9805	30	9044
40	1350	40	0530	40	9740	40	8982
50	1280	50	0463	50	9676	50	8920
06 00	1211	08 00	0396	10 00	9612	12 00	8858
10	1142	10	0329	10	9548	10	8797
20	1073	20	0263	20	9484	20	8736
30	1004	30	0197	30	9420	30	8675
40	0936	40	0131	40	9357	40	8614
50	0868	50	0065	50	9294	50	8553
89°07'00"	1,0800	89°09'00"	1,0000	89°11'00"	0,9231	89°13'00"	0,8493

20. Tafel zur Berechnung der Polhöhe aus Beobachtungen von α Ursae Minoris

t (φ) +	−	30°	31°	32°	33°	34°	35°	36°	37°	38°	39°	40°	(φ) t −	+
0^h00^m	12^h00^m	0",00	0",00	0",00	0",00	0",00	0",00	0",00	0",00	0",00	0",00	0",00	12^h00^m	24^h00^m
10	10	00	00	00	00	00	00	00	00	00	00	00	50	50
20	20	00	00	00	00	00	00	00	00	00	00	00	40	40
30	30	00	00	00	00	00	00	00	01	01	01	01	30	30
40	40	01	01	01	01	01	01	01	01	01	01	01	20	20
50	50	01	01	01	01	01	01	01	01	01	02	02	10	10
1 00	13 00	01	02	02	02	02	02	02	02	02	02	02	11 00	23 00
10	10	02	02	02	02	02	02	03	03	03	03	03	50	50
20	20	02	03	03	03	03	03	03	03	03	04	04	40	40
30	30	03	03	03	03	04	04	04	04	04	05	05	30	30
40	40	04	04	04	04	04	04	05	05	05	05	06	20	20
50	50	04	04	05	05	05	05	05	06	06	06	07	10	10
2 00	14 00	05	05	05	06	06	06	06	07	07	07	08	10 00	22 00
10	10	05	06	06	06	06	07	07	07	08	08	09	50	50
20	20	06	06	07	07	07	07	08	08	09	09	09	40	40
30	30	07	07	07	07	08	08	09	09	09	10	10	30	30
40	40	07	07	08	08	08	09	09	10	10	11	11	20	20
50	50	08	08	08	09	09	09	10	10	11	11	12	10	10
3 00	15 00	08	08	09	09	09	10	10	11	11	12	12	9 00	21 00
10	10	08	09	09	09	10	10	11	11	12	12	13	50	50
20	20	08	09	09	10	10	10	11	11	12	13	13	40	40
30	30	09	09	09	10	10	11	11	12	12	13	13	30	30
40	40	09	09	09	10	10	11	11	12	12	13	13	20	20
50	50	09	09	09	10	10	11	11	12	12	13	13	10	10
4 00	16 00	08	09	09	10	10	10	11	11	12	12	13	8 00	20 00
10	10	08	08	09	09	10	10	11	11	12	12	13	50	50
20	20	08	08	08	09	09	10	10	11	11	12	12	40	40
30	30	07	08	08	08	09	09	09	10	10	11	11	30	30
40	40	07	07	07	08	08	08	09	09	10	10	11	20	20
50	50	06	06	07	07	07	08	08	08	09	09	10	10	10
5 00	17 00	05	06	06	06	06	07	07	07	08	08	08	7 00	19 00
10	10	05	05	05	05	05	06	06	06	07	07	07	50	50
20	20	04	04	04	04	04	05	05	05	05	06	06	40	40
30	30	03	03	03	03	03	04	04	04	04	04	04	30	30
40	40	02	02	02	02	02	02	03	03	03	03	03	20	20
50	50	01	01	01	01	01	01	01	01	01	01	02	10	10
6^h00^m +	18^h00^m −	0",00	0",00	0",00	0",00	0",00	0",00	0",00	0",00	0",00	0",00	0",00	6^h00^m −	18^h00^m +

Dekl.	$(\frac{p}{p_0})^3$	Dekl.	$(\frac{p}{p_0})^3$	Dekl.	$(\frac{p}{p_0})^3$	(Dekl.	$(\frac{p}{p_0})^3$
89°05'00"	1,254	89°07'00"	1,122	89°09'00"	1,000	89°11'00"	0,887
10	243	10	112	10	0,990	10	878
20	232	20	101	20	981	20	869
30	220	30	091	30	971	30	860
40	209	40	080	40	961	40	851
50	198	50	070	50	952	50	842
06 00	187	08 00	060	10 00	942	12 00	834
10	176	10	050	10	933	10	825
20	165	20	040	20	924	20	816
30	154	30	030	30	914	30	808
40	144	40	020	40	905	40	799
50	133	50	010	50	896	50	791
89°07'00"	1,122	89°09'00"	1,000	89°11'00"	0,887	89°13'00"	0,783

20. Tafel zur Berechnung der Polhöhe aus Beobachtungen von α Ursae Minoris

t +	t −	φ = 40°	41°	42°	43°	44°	45°	46°	47°	48°	49°	50°	t −	t +
0^h00^m	12^h00^m	0",00	0",00	0",00	0",00	0",00	0",00	0",00	0",00	0",00	0",00	0",00	12^h00^m	24^h00^m
10	10	00	00	00	00	00	00	00	00	00	00	00	50	50
20	20	00	00	00	00	00	00	00	00	00	00	00	40	40
30	30	01	01	01	01	01	01	01	01	01	01	01	30	30
40	40	01	01	01	01	01	01	01	01	02	02	02	20	20
50	50	02	02	02	02	02	02	02	02	02	03	03	10	10
1 00	13 00	02	02	02	03	03	03	03	03	03	04	04	11 00	23 00
10	10	03	03	03	03	04	04	04	04	05	05	05	50	50
20	20	04	04	04	04	05	05	05	05	06	06	06	40	40
30	30	05	05	05	05	06	06	06	07	07	08	08	30	30
40	40	06	06	06	07	07	07	08	08	09	09	10	20	20
50	50	07	07	07	08	08	08	09	09	10	11	11	10	10
2 00	14 00	08	08	08	09	09	10	10	11	11	12	13	10 00	22 00
10	10	09	09	09	10	10	11	12	12	13	14	14	50	50
20	20	09	10	10	11	11	12	13	13	14	15	16	40	40
30	30	10	11	11	12	13	13	14	15	16	16	17	30	30
40	40	11	12	12	13	13	14	15	16	17	18	19	20	20
50	50	12	12	13	14	14	15	16	17	18	19	20	10	10
3 00	15 00	12	13	14	14	15	16	17	18	19	20	21	9 00	21 00
10	10	13	13	14	15	16	16	17	18	19	20	22	50	50
20	20	13	14	15	15	16	17	18	19	20	21	22	40	40
30	30	13	14	15	16	16	17	18	19	20	21	23	30	30
40	40	13	14	15	16	16	17	18	19	20	21	23	20	20
50	50	13	14	15	15	16	17	18	19	20	21	23	10	10
4 00	16 00	13	14	14	15	16	17	18	19	20	21	22	8 00	20 00
10	10	13	13	14	15	15	16	17	18	19	20	21	50	50
20	20	12	13	13	14	15	16	16	17	18	19	20	40	40
30	30	11	12	13	13	14	15	15	16	17	18	19	30	30
40	40	11	11	12	12	13	14	14	15	16	17	18	20	20
50	50	10	10	11	11	12	12	13	14	14	15	16	10	10
5 00	17 00	08	09	09	10	10	11	11	12	13	13	14	7 00	19 00
10	10	07	08	08	08	09	09	10	10	11	12	12	50	50
20	20	06	06	06	07	07	08	08	08	09	09	10	40	40
30	30	04	05	05	05	05	06	06	06	07	07	08	30	30
40	40	03	03	03	04	04	04	04	04	05	05	05	20	20
50	50	02	02	02	02	02	02	02	02	02	02	03	10	10
6^h00^m +	18^h00^m −	0",00	0",00	0",00	0",00	0",00	0",00	0",00	0",00	0",00	0",00	0",00	6^h00^m −	18^h00^m +

Dekl.	$(\frac{p}{p_0})^3$	Dekl.	$(\frac{p}{p_0})^3$	Dekl.	$(\frac{p}{p_0})^3$	Dekl.	$(\frac{p}{p_0})^3$
89°05'00"	1,254	89°07'00"	1,122	89°09'00"	1,000	89°11'00"	0,887
10	243	10	112	10	0,990	10	878
20	232	20	101	20	981	20	869
30	220	30	091	30	971	30	860
40	209	40	080	40	961	40	851
50	198	50	070	50	952	50	842
06 00	187	08 00	060	10 00	942	12 00	834
10	176	10	050	10	933	10	825
20	165	20	040	20	924	20	816
30	154	30	030	30	914	30	808
40	144	40	020	40	905	40	799
50	133	50	010	50	896	50	791
89°07'00"	1,122	89°09'00"	1,000	89°11'00"	0,887	89°13'00"	0,783

20. Tafel zur Berechnung der Polhöhe aus Beobachtungen von α Ursae Minoris

t \ φ		50°	51°	52°	53°	54°	55°	56°	57°	58°	59°	60°	φ / t	
+	−												−	+
0^h00^m	12^h00^m	0",00	0",00	0",00	0",00	0",00	0",00	0",00	0",00	0",00	0",00	0",00	12^h00^m	24^h00^m
10	10	00	00	00	00	00	00	00	00	00	00	00	50	50
20	20	00	00	01	01	01	01	01	01	01	01	01	40	40
30	30	01	01	01	01	01	01	01	02	02	02	02	30	30
40	40	02	02	02	02	02	02	03	03	03	03	03	20	20
50	50	03	03	03	03	03	04	04	04	04	05	05	10	10
1 00	13 00	04	04	04	05	05	05	06	06	06	07	07	11 00	23 00
10	10	05	05	06	06	06	07	07	08	08	09	10	50	50
20	20	06	07	07	08	08	09	09	10	11	11	12	40	40
30	30	08	08	09	10	10	11	12	12	13	14	15	30	30
40	40	10	10	11	11	12	13	14	15	16	17	18	20	20
50	50	11	12	13	13	14	15	16	17	18	20	21	10	10
2 00	14 00	13	14	14	15	16	17	18	20	21	23	24	10 00	22 00
10	10	14	15	16	17	18	19	21	22	24	25	27	50	50
20	20	16	17	18	19	20	22	23	25	26	28	30	40	40
30	30	17	18	20	21	22	23	25	27	29	31	33	30	30
40	40	19	20	21	22	24	25	27	29	31	33	36	20	20
50	50	20	21	22	24	25	27	29	31	33	35	38	10	10
3 00	15 00	21	22	23	25	27	28	30	32	34	37	40	9 00	21 00
10	10	22	23	24	26	28	29	31	33	36	38	41	50	50
20	20	22	24	25	27	28	30	32	34	37	39	42	40	40
30	30	23	24	25	27	29	31	33	35	37	40	43	30	30
40	40	23	24	26	27	29	31	33	35	38	40	43	20	20
50	50	23	24	25	27	29	31	33	35	37	40	43	10	10
4 00	16 00	22	23	25	26	28	30	32	34	37	39	42	8 00	20 00
10	10	21	23	24	26	27	29	31	33	35	38	41	50	50
20	20	20	22	23	24	26	28	30	32	34	36	39	40	40
30	30	19	20	22	23	25	26	28	30	32	34	37	30	30
40	40	18	19	20	21	23	24	26	28	29	32	34	20	20
50	50	16	17	18	19	21	22	23	25	27	29	31	10	10
5 00	17 00	14	15	16	17	18	19	21	22	24	25	27	7 00	19 00
10	10	12	13	14	15	15	16	18	19	20	22	23	50	50
20	20	10	11	11	12	13	13	14	15	16	18	19	40	40
30	30	08	08	09	09	10	10	11	12	13	13	14	30	30
40	40	05	05	06	06	06	07	07	08	08	09	10	20	20
50	50	03	03	03	03	03	03	04	04	04	05	05	10	10
6^h00^m	18^h00^m	0",00	0",00	0",00	0",00	0",00	0",00	0",00	0",00	0",00	0",00	0",00	6^h00^m	18^h00^m
+	−												−	+

Dekl.	$(\frac{p}{p_0})^3$	Dekl.	$(\frac{p}{p_0})^3$	Dekl.	$(\frac{p}{p_0})^3$	Dekl.	$(\frac{p}{p_0})^3$
89°05'00"	1,254	89°07'00"	1,122	89°09'00"	1,000	89°11'00"	0,887
10	243	10	112	10	0,990	10	878
20	232	20	101	20	981	20	869
30	220	30	091	30	971	30	860
40	209	40	080	40	961	40	851
50	198	50	070	50	952	50	842
06 00	187	08 00	060	10 00	942	12 00	834
10	176	10	050	10	933	10	825
20	165	20	040	20	924	20	816
30	154	30	030	30	914	30	808
40	144	40	020	40	905	40	799
50	133	50	010	50	896	50	791
89°07'00"	1,122	89°09'00"	1,000	89°11'00"	0,887	89°13'00"	0,783

20. Tafel zur Berechnung der Polhöhe aus Beobachtungen von α Ursae Minoris

t (+)	t (−)	φ = 60°	61°	62°	63°	64°	65°	66°	67°	68°	69°	70°	t (−)	t (+)
0^h00^m	12^h00^m	0",00	0",00	0",00	0",00	0",00	0",00	0",00	0",00	0",00	0",00	0",00	12^h00^m	24^h00^m
10	10	00	00	00	00	00	00	00	00	00	00	01	50	50
20	20	01	01	01	01	01	01	01	01	02	02	02	40	40
30	30	02	02	02	02	03	03	03	03	04	04	04	30	30
40	40	03	04	04	04	05	05	05	06	06	07	08	20	20
50	50	05	06	06	06	07	08	08	09	10	11	12	10	10
1 00	13 00	07	08	08	09	10	11	12	13	14	16	17	11 00	23 00
10	10	10	10	11	12	13	14	16	17	19	21	23	50	50
20	20	12	13	14	15	17	18	20	22	24	26	29	40	40
30	30	15	16	18	19	21	22	25	27	29	32	36	30	30
40	40	18	20	21	23	25	27	29	32	35	39	43	20	20
50	50	21	23	25	27	29	31	34	37	41	45	50	10	10
2 00	14 00	24	26	28	31	33	36	39	43	47	52	57	10 00	22 00
10	10	27	29	32	34	37	40	44	48	53	58	65	50	50
20	20	30	33	35	38	41	45	49	53	59	65	72	40	40
30	30	33	36	38	41	45	49	53	58	64	70	78	30	30
40	40	36	38	41	45	48	53	57	63	69	76	84	20	20
50	50	38	41	44	47	51	56	61	67	73	81	89	10	10
3 00	15 00	40	43	46	50	54	59	64	70	77	85	94	9 00	21 00
10	10	41	44	48	52	56	61	67	73	80	88	97	50	50
20	20	42	46	49	53	58	63	68	75	82	90	1,00	40	40
30	30	43	46	50	54	59	64	69	76	83	92	02	30	30
40	40	43	46	50	54	59	64	70	76	84	92	02	20	20
50	50	43	46	50	54	58	63	69	76	83	92	01	10	10
4 00	16 00	42	45	49	53	57	62	68	74	82	90	00	8 00	20 00
10	10	41	44	47	51	56	60	66	72	79	87	0,96	50	50
20	20	39	42	45	49	53	58	63	69	76	83	92	40	40
30	30	37	39	43	46	50	54	59	65	71	78	87	30	30
40	40	34	36	39	43	46	50	55	60	66	72	80	20	20
50	50	31	33	36	39	42	45	50	54	59	66	73	10	10
5 00	17 00	27	29	31	34	37	40	44	48	53	58	64	7 00	19 00
10	10	23	25	27	29	32	34	37	41	45	49	55	50	50
20	20	19	20	22	24	26	28	30	33	37	40	45	40	40
30	30	14	16	17	18	20	21	23	25	28	31	34	30	30
40	40	10	10	11	12	13	14	16	17	19	21	23	20	20
50	50	05	05	06	06	07	07	08	09	09	10	12	10	10
6^h00^m +	18^h00^m −	0",00	0",00	0",00	0",00	0",00	0",00	0",00	0",00	0",00	0",00	0",00	6^h00^m −	18^h00^m +

Dekl.	$(\frac{p}{p_0})^3$	Dekl.	$(\frac{p}{p_0})^3$	Dekl.	$(\frac{p}{p_0})^3$	Dekl.	$(\frac{p}{p_0})^3$
89°05' 00"	1,254	89°07' 00"	1,122	89°09' 00"	1,000	89°11' 00"	0,887
10	243	10	112	10	0,990	10	878
20	232	20	101	20	981	20	869
30	220	30	091	30	971	30	860
40	209	40	080	40	961	40	851
50	198	50	070	50	952	50	842
06 00	187	08 00	060	10 00	942	12 00	834
10	176	10	050	10	933	10	825
20	165	20	040	20	924	20	816
30	154	30	030	30	914	30	808
40	144	40	020	40	905	40	799
50	133	50	010	50	896	50	791
89°07' 00"	1,122	89°09' 00"	1,000	89°11' 00"	0,887	89°13' 00"	0,783

21. Tafel zur Berechnung der Polhöhe aus Beobachtungen von σ Octantis

φ	M_0	φ	M_0	φ	M_0	φ	M_0	φ	M_0
30°00'	16",37	38°00'	22",15	46°00'	29",36	54°00'	39",02	62°00'	53",32
10	48	10	29	10	53	10	26	10	70
20	59	20	42	20	71	20	51	20	54,08
30	70	30	55	30	88	30	75	30	47
40	81	40	69	40	30,05	40	99	40	85
50	92	50	82	50	23	50	40,24	50	55,25
31 00	17,04	39 00	96	47 00	41	55 00	49	63 00	65
10	15	10	23,10	10	58	10	74	10	56,05
20	26	20	24	20	76	20	41,00	20	46
30	37	30	37	30	94	30	25	30	87
40	49	40	51	40	31,12	40	51	40	57,28
50	60	50	65	50	30	50	77	50	71
32 00	72	40 00	79	48 00	49	56 00	42,04	64 00	58,13
10	83	10	93	10	67	10	30	10	56
20	95	20	24,07	20	86	20	57	20	59,00
30	18,06	30	22	30	32,05	30	84	30	44
40	18	40	36	40	23	40	43,11	40	89
50	30	50	50	50	42	50	38	50	60,34
33 00	41	41 00	65	49 00	62	57 00	66	65 00	80
10	53	10	79	10	81	10	94	10	61,27
20	65	20	94	20	33,00	20	44,22	20	74
30	77	30	25,08	30	20	30	51	30	62,21
40	89	40	23	40	39	40	79	40	70
50	19,00	50	38	50	59	50	45,08	50	63,19
34 00	12	42 00	53	50 00	79	58 00	37	66 00	68
10	24	10	68	10	99	10	67	10	64,18
20	37	20	83	20	34,19	20	97	20	69
30	49	30	98	30	39	30	46,27	30	65,21
40	61	40	26,13	40	60	40	57	40	73
50	73	50	29	50	81	50	88	50	66,26
35 00	85	43 00	44	51 00	35,01	59 00	47,19	67 00	79
10	98	10	60	10	22	10	50	10	67,34
20	20,10	20	75	20	43	20	81	20	89
30	22	30	91	30	65	30	48,13	30	68,45
40	35	40	27,06	40	86	40	46	40	69,02
50	47	50	22	50	36,07	50	78	50	59
36 00	60	44 00	38	52 00	29	60 00	49,11	68 00	70,18
10	73	10	54	10	51	10	44	10	77
20	85	20	70	20	73	20	78	20	71,37
30	98	30	86	30	95	30	50,11	30	98
40	21,11	40	28,02	40	37,17	40	46	40	72,60
50	24	50	19	50	40	50	80	50	73,22
37 00	37	45 00	35	53 00	62	61 00	51,15	69 00	86
10	49	10	52	10	85	10	50	10	74,51
20	62	20	68	20	38,08	20	86	20	75,17
30	76	30	85	30	32	30	52,22	30	83
40	89	40	29,02	40	55	40	58	40	76,51
50	22,02	50	19	50	79	50	95	50	77,20
38°00'	22",15	46°00'	29",36	54°00'	39",02	62°00'	53",32	70°00'	77",90

Dekl.	$(\frac{p}{p_0})^2$	Dekl.	$(\frac{p}{p_0})^2$	Dekl.	$(\frac{p}{p_0})^2$
−89°00'00"	1,1080	−89°02'00"	1,0354	−89°04'00"	0,9652
10	1019	10	0295	10	9595
20	0958	20	0235	20	9538
30	0896	30	0176	30	9481
40	0835	40	0117	40	9424
50	0775	50	0059	50	9367
01 00	0714	03 00	0000	05 00	9311
10	0654	10	0,9942	10	9254
20	0593	20	9883	20	9198
30	0533	30	9825	30	9142
40	0473	40	9767	40	9086
50	0414	50	9710	50	9031
−89°02'00"	1,0354	−89°04'00"	0,9652	−89°06'00"	0,8975

21. Tafel zur Berechnung der Polhöhe aus Beobachtungen von σ Octantis

t \ φ		30°	31°	32°	33°	34°	35°	36°	37°	38°	39°	40°	φ / t	
+	−												−	+
0^h00^m	12^h00^m	0″,00	0″,00	0″,00	0″,00	0″,00	0″,00	0″,00	0″,00	0″,00	0″,00	0″,00	12^h00^m	24^h00^m
10	10	00	00	00	00	00	00	00	00	00	00	00	50	50
20	20	00	00	00	00	00	00	00	00	00	00	00	40	40
30	30	01	01	01	01	01	01	01	01	01	01	01	30	30
40	40	01	01	01	01	01	01	01	01	01	01	01	20	20
50	50	01	01	02	02	02	02	02	02	02	02	02	10	10
1 00	13 00	02	02	02	02	02	03	03	03	03	03	03	11 00	23 00
10	10	03	03	03	03	03	03	03	04	04	04	04	50	50
20	20	03	04	04	04	04	04	04	05	05	05	05	40	40
30	30	04	04	05	05	05	05	05	06	06	06	07	30	30
40	40	05	05	06	06	06	06	07	07	07	08	08	20	20
50	50	06	06	06	07	07	07	08	08	08	09	09	10	10
2 00	14 00	07	07	07	08	08	08	09	09	10	10	11	10 00	22 00
10	10	08	08	08	09	09	09	10	10	11	11	12	50	50
20	20	08	09	09	10	10	10	11	11	12	13	13	40	40
30	30	09	10	10	10	11	11	12	12	13	14	14	30	30
40	40	10	10	11	11	12	12	13	13	14	15	15	20	20
50	50	11	11	11	12	12	13	14	14	15	16	16	10	10
3 00	15 00	11	12	12	13	13	14	14	15	16	16	17	9 00	21 00
10	10	12	12	12	13	14	14	15	16	16	17	18	50	50
20	20	12	12	13	13	14	15	15	16	17	18	18	40	40
30	30	12	13	13	14	14	15	16	16	17	18	19	30	30
40	40	12	13	13	14	14	15	16	16	17	18	19	20	20
50	50	12	12	13	14	14	15	15	16	17	18	19	10	10
4 00	16 00	12	12	13	13	14	15	15	16	17	17	18	8 00	20 00
10	10	11	12	12	13	13	14	15	15	16	17	18	50	50
20	20	11	11	12	12	13	13	14	15	15	16	17	40	40
30	30	10	11	11	12	12	13	13	14	14	15	16	30	30
40	40	09	10	10	11	11	12	12	13	13	14	15	20	20
50	50	09	09	09	10	10	11	11	12	12	13	13	10	10
5 00	17 00	08	08	08	09	09	09	10	10	11	11	12	7 00	19 00
10	10	06	07	07	07	08	08	08	09	09	10	10	50	50
20	20	05	05	06	06	06	07	07	07	07	08	08	40	40
30	30	04	04	04	05	05	05	05	05	06	06	06	30	30
40	40	03	03	03	03	03	03	04	04	04	04	04	20	20
50	50	01	01	01	02	02	02	02	02	02	02	02	10	10
6^h00^m	18^h00^m	0″,00	0″,00	0″,00	0″,00	0″,00	0″,00	0″,00	0″,00	0″,00	0″,00	0″,00	6^h00^m	18^h00^m
+	−												−	+

Dekl.	$(\frac{p}{p_0})^3$	Dekl.	$(\frac{p}{p_0})^3$	Dekl.	$(\frac{p}{p_0})^3$
− 89°00′00″	1,166	− 89°02′00″	1,054	− 89°04′00″	0,948
10	157	10	045	10	940
20	147	20	035	20	931
30	137	30	027	30	923
40	128	40	018	40	915
50	118	50	009	50	907
01 00	109	03 00	000	05 00	898
10	100	10	0,991	10	890
20	090	20	983	20	882
30	081	30	974	30	874
40	072	40	965	40	866
50	063	50	957	50	858
− 89°02′00″	1,054	− 89°04′00″	0,948	− 89°06′00″	0,850

21. Tafel zur Berechnung der Polhohe aus Beobachtungen von σ Octantis

t ╲ φ		40°	41°	42°	43°	44°	45°	46°	47°	48°	49°	50°	φ ╱ t	
+	−												−	+
0^h00^m	12^h00^m	0",00	0",00	0",00	0",00	0",00	0",00	0",00	0",00	0",00	0",00	0",00	12^h00^m	24^h00^m
10	10	00	00	00	00	00	00	00	00	00	00	00	50	50
20	20	00	00	00	00	00	00	01	01	01	01	01	40	40
30	30	01	01	01	01	01	01	01	01	01	01	01	30	30
40	40	01	02	02	02	02	02	02	02	02	02	02	20	20
50	50	02	02	02	03	03	03	03	03	03	04	04	10	10
1 00	13 00	03	03	03	04	04	04	04	05	05	05	05	11 00	23 00
10	10	04	04	05	05	05	05	06	06	06	07	07	50	50
20	20	05	06	06	06	07	07	07	08	08	09	09	40	40
30	30	07	07	07	08	08	08	09	09	10	11	11	30	30
40	40	08	08	09	09	10	10	11	11	12	13	13	20	20
50	50	09	10	10	11	11	12	12	13	14	15	16	10	10
2 00	14 00	11	11	12	12	13	14	14	15	16	17	18	10 00	22 00
10	10	12	12	13	14	14	15	16	17	18	19	20	50	50
20	20	13	14	14	15	16	17	18	19	20	21	22	40	40
30	30	14	15	16	17	18	18	19	21	22	23	24	30	30
40	40	15	16	17	18	19	20	21	22	23	25	26	20	20
50	50	16	17	18	19	20	21	22	23	25	26	28	10	10
3 00	15 00	17	18	19	20	21	22	24	25	26	28	29	9 00	21 00
10	10	18	19	20	21	22	23	24	26	27	29	30	50	50
20	20	18	19	20	21	22	24	25	26	28	29	31	40	40
30	30	19	20	21	22	23	24	25	27	28	30	32	30	30
40	40	19	20	21	22	23	24	25	27	28	30	32	20	20
50	50	19	20	21	22	23	24	25	27	28	30	32	10	10
4 00	16 00	18	19	20	21	22	24	25	26	28	29	31	8 00	20 00
10	10	18	19	20	21	22	23	24	25	27	28	30	50	50
20	20	17	18	19	20	21	22	23	24	26	27	29	40	40
30	30	16	17	18	18	19	20	22	23	24	25	27	30	30
40	40	15	15	16	17	18	19	20	21	22	24	25	20	20
50	50	13	14	15	15	16	17	18	19	20	21	23	10	10
5 00	17 00	12	12	13	14	14	15	16	17	18	19	20	7 00	19 00
10	10	10	11	11	12	12	13	14	14	15	16	17	50	50
20	20	08	09	09	10	10	11	11	12	12	13	14	40	40
30	30	06	07	07	07	08	08	08	09	09	10	11	30	30
40	40	04	04	05	05	05	05	06	06	06	07	07	20	20
50	50	02	02	02	02	03	03	03	03	03	03	04	10	10
6^h00^m	18^h00^m	0",00	0",00	0",00	0",00	0",00	0",00	0",00	0",00	0",00	0",00	0",00	6^h00^m	18^h00^m
+	−												−	+

Dekl	$(\frac{p}{p_0})^3$	Dekl.	$(\frac{p}{p_0})^3$	Dekl.	$(\frac{p}{p_0})^3$
− 89°00' 00"	1,166	− 89°02' 00"	1,054	− 89°04' 00"	0,948
10	157	10	045	10	940
20	147	20	035	20	931
30	137	30	027	30	923
40	128	40	018	40	915
50	118	50	009	50	907
01 00	109	03 00	000	05 00	898
10	100	10	0,991	10	890
20	090	20	983	20	882
30	081	30	974	30	874
40	072	40	965	40	866
50	063	50	957	50	858
− 89°02' 00"	1,054	− 89°04' 00"	0,948	− 89°06' 00"	0,850

21. Tafel zur Berechnung der Polhöhe aus Beobachtungen von σ Octantis

t (+)	t (−)	φ = 50°	51°	52°	53°	54°	55°	56°	57°	58°	59°	60°	t (−)	t (+)
0^h00^m	12^h00^m	0",00	0",00	0",00	0",00	0",00	0",00	0",00	0",00	0",00	0",00	0",00	12^h00^m	24^h00^m
10	10	00	00	00	00	00	00	00	00	00	00	00	50	50
20	20	01	01	01	01	01	01	01	01	01	01	01	40	40
30	30	01	01	02	02	02	02	02	02	02	02	03	30	30
40	40	02	03	03	03	03	03	04	04	04	04	05	20	20
50	50	04	04	04	04	05	05	05	06	06	07	07	10	10
1 00	13 00	05	06	06	06	07	07	08	08	09	09	10	11 00	23 00
10	10	07	08	08	08	09	10	10	11	12	13	14	50	50
20	20	09	10	10	11	12	12	13	14	15	16	17	40	40
30	30	11	12	13	13	14	15	16	17	18	20	21	30	30
40	40	13	14	15	16	17	18	19	21	22	24	25	20	20
50	50	16	17	18	19	20	21	23	24	26	28	30	10	10
2 00	14 00	18	19	20	21	23	24	26	28	29	32	34	10 00	22 00
10	10	20	21	23	24	26	27	29	31	33	36	38	50	50
20	20	22	24	25	27	28	30	32	34	37	39	42	40	40
30	30	24	26	27	29	31	33	35	37	40	43	46	30	30
40	40	26	28	29	31	33	35	38	40	43	46	50	20	20
50	50	28	29	31	33	35	38	40	43	46	49	53	10	10
3 00	15 00	29	31	33	35	37	39	42	45	48	52	55	9 00	21 00
10	10	30	32	34	36	38	41	44	47	50	54	58	50	50
20	20	31	33	35	37	40	42	45	48	51	55	59	40	40
30	30	32	33	36	38	40	43	46	49	52	56	60	30	30
40	40	32	34	36	38	40	43	46	49	52	56	60	20	20
50	50	32	33	35	38	40	43	45	49	52	56	60	10	10
4 00	16 00	31	33	35	37	39	42	45	48	51	55	59	8 00	20 00
10	10	30	32	34	36	38	41	43	46	49	53	57	50	50
20	20	29	30	32	34	36	39	41	44	47	51	54	40	40
30	30	27	29	30	32	34	36	39	42	44	48	51	30	30
40	40	25	26	28	30	32	34	36	38	41	44	47	20	20
50	50	23	24	25	27	29	31	33	35	37	40	43	10	10
5 00	17 00	20	21	22	24	25	27	29	31	33	35	38	7 00	19 00
10	10	17	18	19	20	22	23	25	26	28	30	32	50	50
20	20	14	15	16	17	18	19	20	21	23	25	26	40	40
30	30	11	11	12	13	13	14	15	16	17	19	20	30	30
40	40	07	08	08	09	09	10	10	11	12	13	14	20	20
50	50	04	04	04	04	05	05	05	06	06	06	07	10	10
6^h00^m (+)	18^h00^m (−)	0",00	0",00	0",00	0",00	0",00	0",00	0",00	0",00	0",00	0",00	0",00	6^h00^m (−)	18^h00^m (+)

Dekl.	$(\frac{p}{p_0})^3$	Dekl.	$(\frac{p}{p_0})^3$	Dekl.	$(\frac{p}{p_0})^3$
− 89°00' 00"	1,166	− 89°02' 00"	1,054	− 89°04' 00"	0,948
10	157	10	045	10	940
20	147	20	035	20	931
30	137	30	027	30	923
40	128	40	018	40	915
50	118	50	009	50	907
01 00	109	03 00	000	05 00	898
10	100	10	0,991	10	890
20	090	20	983	20	882
30	081	30	974	30	874
40	072	40	965	40	866
50	063	50	957	50	858
− 89°02' 00"	1,054	− 89°04' 00"	0,948	− 89°06' 00"	0,850

21. Tafel zur Berechnung der Polhöhe aus Beobachtungen von σ Octantis

t	φ	60°	61°	62°	63°	64°	65°	66°	67°	68°	69°	70°	φ	t
+	−												−	+
0^h00^m	12^h00^m	0",00	0",00	0",00	0",00	0",00	0",00	0",00	0",00	0",00	0",00	0",00	12^h00^m	24^h00^m
10	10	00	00	00	00	00	00	00	01	01	01	01	50	50
20	20	01	01	01	01	02	02	02	02	02	03	03	40	40
30	30	03	03	03	03	04	04	04	05	05	06	06	30	30
40	40	05	05	05	06	06	07	08	08	09	10	11	20	20
50	50	07	08	08	09	10	11	12	13	14	15	17	10	10
1 00	13 00	10	11	12	13	14	15	16	18	20	22	24	11 00	23 00
10	10	14	15	16	17	18	20	22	24	26	29	32	50	50
20	20	17	19	20	22	23	25	28	30	33	37	41	40	40
30	30	21	23	25	27	29	31	34	37	41	45	50	30	30
40	40	25	27	29	32	35	38	41	45	49	54	60	20	20
50	50	30	32	34	37	40	44	48	52	57	63	70	10	10
2 00	14 00	34	37	39	43	46	50	55	60	66	72	80	10 00	22 00
10	10	38	41	44	48	52	56	62	67	74	82	90	50	50
20	20	42	45	49	53	57	62	68	75	82	90	1,00	40	40
30	30	46	50	54	58	63	68	74	81	89	98	09	30	30
40	40	50	53	58	62	68	73	80	88	96	1,06	17	20	20
50	50	53	57	61	66	72	78	85	93	1,02	13	25	10	10
3 00	15 00	55	60	64	70	75	82	89	98	07	18	31	9 00	21 00
10	10	58	62	67	72	78	85	93	1,02	12	23	36	50	50
20	20	59	64	69	74	80	87	95	04	15	26	40	40	40
30	30	60	65	70	75	82	89	97	06	16	28	42	30	30
40	40	60	65	70	76	82	89	97	06	17	29	43	20	20
50	50	60	64	70	75	82	89	97	06	16	28	42	10	10
4 00	16 00	59	63	68	74	80	87	95	04	14	26	39	8 00	20 00
10	10	57	61	66	71	77	84	92	00	10	22	35	50	50
20	20	54	59	63	68	74	80	88	0,96	05	16	29	40	40
30	30	51	55	59	64	70	76	83	90	0,99	09	21	30	30
40	40	47	51	55	59	64	70	76	84	92	01	12	20	20
50	50	43	46	50	54	58	63	69	76	83	0,92	01	10	10
5 00	17 00	38	41	44	48	52	56	61	67	73	81	0,89	7 00	19 00
10	10	32	35	38	41	44	48	52	57	63	69	76	50	50
20	20	26	28	31	33	36	39	43	47	51	56	62	40	40
30	30	20	22	23	25	27	30	32	35	39	43	48	30	30
40	40	14	15	16	17	18	20	22	24	26	29	32	20	20
50	50·	07	07	08	09	09	10	11	12	13	15	16	10	10
6^h00^m	18^h00^m	0",0C	0",00	0",00	0",00	0",00	0",00	0",00	0",00	0",0C	0",00	0",00	6^h00^m	18^h00^m
+	−												−	+

Dekl.	$(\frac{p}{p_0})^3$	Dekl.	$(\frac{p}{p_0})^3$	Dekl.	$(\frac{p}{p_0})^3$
− 89°00' 00"	1,166	− 89°02' 00"	1,054	− 89°04' 00"	0,948
10	157	10	045	10	940
20	147	20	035	20	931
30	137	30	027	30	923
40	128	40	018	40	915
50	118	50	009	50	907
01 00	109	03 00	000	05 00	898
10	100	10	0,991	10	890
20	090	20	983	20	882
30	081	30	974	30	874
40	072	40	965	40	866
50	063	50	957	50	858
− 89°02' 00"	1,054	− 89°04' 00"	0,948	− 89°06' 00"	0,850

0^h

	sin	tan	cot	cos			sin	tan	cot	cos	
0^m00^s	0,0000	0,0000	∞	1,0000	60^m00^s	10^m00^s	0,0436	0,0437	22,9038	0,9990	50^m00^s
10	0007	0007	1375,0985	0000	50	10	0443	0444	5278	9990	50
20	0015	0015	687,5489	0000	40	20	0451	0451	1640	9990	40
30	0022	0022	458,3655	0000	30	30	0458	0458	21,8117	9990	30
40	0029	0029	343,7737	0000	20	40	0465	0466	4704	9989	20
50	0036	0036	275,0185	0000	10	50	0473	0473	1396	9989	10
1 00	0044	0044	229,1817	0000	59 00	11 00	0480	0480	20,8188	9988	49 00
10	0051	0051	196,4410	0000	50	10	0487	0488	5076	9988	50
20	0058	0058	171,8854	0000	40	20	0494	0495	2056	9988	40
30	0065	0065	152,7866	0000	30	30	0502	0502	19,9122	9987	30
40	0073	0073	137,5074	0000	20	40	0509	0509	6273	9987	20
50	0080	0080	125,0063	0000	10	50	0516	0517	3504	9987	10
2 00	0087	0087	114,5886	0000	58 00	12 00	0523	0524	0811	9986	48 00
10	0095	0095	105,7737	0000	50	10	0531	0531	18,8193	9986	50
20	0102	0102	98,2179	0,9999	40	20	0538	0539	5645	9986	40
30	0109	0109	91,6696	9999	30	30	0545	0546	3165	9985	30
40	0116	0116	85,9398	9999	20	40	0552	0553	0750	9985	20
50	0124	0124	80,8840	9999	10	50	0560	0561	17,8398	9984	10
3 00	0131	0131	76,3900	9999	57 00	13 00	0567	0568	6106	9984	47 00
10	0138	0138	72,3690	9999	50	10	0574	0575	3872	9984	50
20	0145	0145	68,7501	9999	40	20	0581	0582	1693	9983	40
30	0153	0153	65,4758	9999	30	30	0589	0590	16,9569	9983	30
40	0160	0160	62,4992	9999	20	40	0596	0597	7496	9982	20
50	0167	0167	59,7813	9999	10	50	0603	0604	5473	9982	10
4 00	0175	0175	57,2900	9998	56 00	14 00	0610	0612	3499	9981	46 00
10	0182	0182	54,9979	9998	50	10	0618	0619	1570	9981	50
20	0189	0189	52,8821	9998	40	20	0625	0626	15,9687	9980	40
30	0196	0196	50,9230	9998	30	30	0632	0634	7846	9980	30
40	0204	0204	49,1039	9998	20	40	0640	0641	6048	9980	20
50	0211	0211	47,4102	9998	10	50	0647	0648	4290	9979	10
5 00	0218	0218	45,8294	9998	55 00	15 00	0654	0655	2571	9979	45 00
10	0225	0225	44,3505	9997	50	10	0661	0663	0889	9978	50
20	0233	0233	42,9641	9997	40	20	0669	0670	14,9244	9978	40
30	0240	0240	41,6617	9997	30	30	0676	0677	7635	9977	30
40	0247	0247	40,4358	9997	20	40	0683	0685	6059	9977	20
50	0254	0255	39,2800	9997	10	50	0690	0692	4517	9976	10
6 00	0262	0262	38,1885	9997	54 00	16 00	0698	0699	3007	9976	44 00
10	0269	0269	37,1559	9996	50	10	0705	0707	1528	9975	50
20	0276	0276	36,1776	9996	40	20	0712	0714	0079	9975	40
30	0284	0284	35,2495	9996	30	30	0719	0721	13,8659	9974	30
40	0291	0291	34,3678	9996	20	40	0727	0729	7267	9974	20
50	0298	0298	33,5291	9996	10	50	0734	0736	5903	9973	10
7 00	0305	0306	32,7303	9995	53 00	17 00	0741	0743	4566	9972	43 00
10	0313	0313	31,9686	9995	50	10	0748	0750	3255	9972	50
20	0320	0320	31,2416	9995	40	20	0756	0758	1969	9971	40
30	0327	0327	30,5468	9995	30	30	0763	0765	0707	9971	30
40	0334	0335	29,8823	9994	20	40	0770	0772	12,9469	9970	20
50	0342	0342	29,2460	9994	10	50	0777	0780	8254	9970	10
8 00	0349	0349	28,6363	9994	52 00	18 00	0785	0787	7062	9969	42 00
10	0356	0356	28,0514	9994	50	10	0792	0794	5892	9969	50
20	0364	0364	27,4899	9993	40	20	0799	0802	4742	9968	40
30	0371	0371	26,9504	9993	30	30	0806	0809	3614	9967	30
40	0378	0378	26,4316	9993	20	40	0814	0816	2505	9967	20
50	0385	0386	25,9324	9993	10	50	0821	0824	1416	9966	10
9 00	0393	0393	25,4517	9992	51 00	19 00	0828	0831	0346	9966	41 00
10	0400	0400	24,9885	9992	50	10	0835	0838	11,9295	9965	50
20	0407	0407	24,5418	9992	40	20	0843	0846	8262	9964	40
30	0414	0415	24,1107	9991	30	30	0850	0853	7246	9964	30
40	0422	0422	23,6945	9991	20	40	0857	0860	6248	9963	20
50	0429	0429	23,2925	9991	10	50	0864	0868	5266	9963	10
10^m00^s	0,0436	0,0437	22,9038	0,9990	50^m00^s	20^m00^s	0,0872	0,0875	11,4301	0,9962	40^m00^s

5^h

22. **Trigonometrische Funktionen der in Zeit ausgedrückten Winkel**

0^h

	sin	tan	cot	cos	
20^m00^s	0,0872	0,0875	11,4301	0,9962	40^m00^s
10	0879	0882	3351	9961	50
20	0886	0890	2417	9961	40
30	0893	0897	1498	9960	30
40	0901	0904	0594	9959	20
50	0908	0912	10,9705	9959	10
21 00	0915	0919	8829	9958	39 00
10	0922	0926	7967	9957	50
20	0930	0934	7119	9957	40
30	0937	0941	6284	9956	30
40	0944	0948	5462	9955	20
50	0951	0956	4652	9955	10
22 00	0958	0963	3854	9954	38 00
10	0966	0970	3068	9953	50
20	0973	0978	2294	9953	40
30	0980	0985	1532	9952	30
40	0987	0992	0780	9951	20
50	0995	1000	0040	9950	10
23 00	1002	1007	9,9310	9950	37 00
10	1009	1014	8591	9949	50
20	1016	1022	7882	9948	40
30	1024	1029	7183	9947	30
40	1031	1036	6494	9947	20
50	1038	1044	5814	9946	10
24 00	1045	1051	5144	9945	36 00
10	1053	1058	4483	9944	50
20	1060	1066	3831	9944	40
30	1067	1073	3188	9943	30
40	1074	1080	2553	9942	20
50	1081	1088	1927	9941	10
25 00	1089	1095	1309	9941	35 00
10	1096	1103	0700	9940	50
20	1103	1110	0098	9939	40
30	1110	1117	8,9504	9938	30
40	1118	1125	8918	9937	20
50	1125	1132	8340	9937	10
26 00	1132	1139	7769	9936	34 00
10	1139	1147	7205	9935	50
20	1146	1154	6648	9934	40
30	1154	1161	6098	9933	30
40	1161	1169	5555	9932	20
50	1168	1176	5019	9932	10
27 00	1175	1184	4490	9931	33 00
10	1183	1191	3966	9930	50
20	1190	1198	3450	9929	40
30	1197	1206	2939	9928	30
40	1204	1213	2434	9927	20
50	1211	1220	1936	9926	10
28 00	1219	1228	1443	9925	32 00
10	1226	1235	0957	9925	50
20	1233	1243	0476	9924	40
30	1240	1250	0000	9923	30
40	1248	1257	7,9530	9922	20
50	1255	1265	9066	9921	10
29 00	1262	1272	8606	9920	31000
10	1269	1280	8152	9919	50
20	1276	1287	7704	9918	40
30	1284	1294	7260	9917	30
40	1291	1302	6821	9916	20
50	1298	1309	6387	9915	10
30^m00^s	0,1305	0,1317	7,5958	0,9914	30^m00^s

	sin	tan	cot	cos	
30^m00^s	0,1305	0,1317	7,5958	0,9914	30^m00^s
10	1312	1324	5533	9914	50
20	1320	1331	5113	9913	40
30	1327	1339	4698	9912	30
40	1334	1346	4287	9911	20
50	1341	1354	3881	9910	10
31 00	1349	1361	3479	9909	29 00
10	1356	1368	3081	9908	50
20	1363	1376	2687	9907	40
30	1370	1383	2298	9906	30
40	1377	1391	1912	9905	20
50	1385	1398	1531	9904	10
32 00	1392	1405	1154	9903	28 00
10	1399	1413	0780	9902	50
20	1406	1420	0410	9901	40
30	1413	1428	0045	9900	30
40	1421	1435	6,9682	9899	20
50	1428	1443	9324	9898	10
33 00	1435	1450	8969	9897	27 00
10	1442	1457	8617	9895	50
20	1449	1465	8269	9894	40
30	1457	1472	7925	9893	30
40	1464	1480	7584	9892	20
50	1471	1487	7246	9891	10
34 00	1478	1495	6912	9890	26 00
10	1485	1502	6580	9889	50
20	1492	1509	6252	9888	40
30	1500	1517	5927	9887	30
40	1507	1524	5606	9886	20
50	1514	1532	5287	9885	10
35 00	1521	1539	4971	9884	25 00
10	1528	1547	4658	9883	50
20	1536	1554	4348	9881	40
30	1543	1561	4041	9880	30
40	1550	1569	3737	9879	20
50	1557	1576	3436	9878	10
36 00	1564	1584	3138	9877	24 00
10	1572	1591	2842	9876	50
20	1579	1599	2549	9875	40
30	1586	1606	2258	9873	30
40	1593	1614	1970	9872	20
50	1600	1621	1685	9871	10
37 00	1607	1629	1402	9870	23 00
10	1615	1636	1122	9869	50
20	1622	1644	0844	9868	40
30	1629	1651	0569	9866	30
40	1636	1658	0296	9865	20
50	1643	1666	0026	9864	10
38 00	1650	1673	5,9758	9863	22 00
10	1658	1681	9492	9862	50
20	1665	1688	9228	9860	40
30	1672	1696	8967	9859	30
40	1679	1703	8708	9858	20
50	1686	1711	8451	9857	10
39 00	1694	1718	8197	9856	21 00
10	1701	1726	7944	9854	50
20	1708	1733	7694	9853	40
30	1715	1741	7445	9852	30
40	1722	1748	7199	9851	20
50	1729	1756	6955	9849	10
40^m00^s	0,1736	0,1763	5,6713	0,9848	20^m00^s

5^h

22. Trigonometrische Funktionen der in Zeit ausgedrückten Winkel

0^h

	sin	tan	cot	cos	
40^m00^s	0,1736	0,1763	5,6713	0,9848	20^m00^s
10	1744	1771	6473	9847	50
20	1751	1778	6234	9846	40
30	1758	1786	5998	9844	30
40	1765	1793	5764	9843	20
50	1772	1801	5531	9842	10
41 00	1779	1808	5301	9840	19 00
10	1787	1816	5072	9839	50
20	1794	1823	4845	9838	40
30	1801	1831	4620	9836	30
40	1808	1838	4397	9835	20
50	1815	1846	4175	9834	10
42 00	1822	1853	3955	9833	18 00
10	1830	1861	3737	9831	50
20	1837	1868	3521	9830	40
30	1844	1876	3306	9829	30
40	1851	1883	3093	9827	20
50	1858	1891	2881	9826	10
43 00	1865	1899	2672	9824	17 00
10	1872	1906	2463	9823	50
20	1880	1914	2257	9822	40
30	1887	1921	2052	9820	30
40	1894	1929	1848	9819	20
50	1901	1936	1646	9818	10
44 00	1908	1944	1446	9816	16 00
10	1915	1951	1246	9815	50
20	1922	1959	1049	9813	40
30	1930	1966	0853	9812	30
40	1937	1974	0658	9811	20
50	1944	1982	0465	9809	10
45 00	1951	1989	0273	9808	15 00
10	1958	1997	0083	9806	50
20	1965	2004	4,9894	9805	40
30	1972	2012	9706	9804	30
40	1979	2019	9520	9802	20
50	1987	2027	9335	9801	10
46 00	1994	2035	9152	9799	14 00
10	2001	2042	8969	9798	50
20	2008	2050	8788	9796	40
30	2015	2057	8608	9795	30
40	2022	2065	8430	9793	20
50	2029	2072	8253	9792	10
47 00	2036	2080	8077	9790	13 00
10	2044	2088	7902	9789	50
20	2051	2095	7729	9787	40
30	2058	2103	7556	9786	30
40	2065	2110	7385	9784	20
50	2072	2118	7215	9783	10
48 00	2079	2126	7046	9781	12 00
10	2086	2133	6879	9780	50
20	2093	2141	6712	9778	40
30	2100	2148	6547	9777	30
40	2108	2156	6382	9775	20
50	2115	2164	6219	9774	10
49 00	2122	2171	6057	9772	11 00
10	2129	2179	5896	9771	50
20	2136	2186	5736	9769	40
30	2143	2194	5577	9768	30
40	2150	2202	5420	9766	20
50	2157	2209	5263	9765	10
50^m00^s	0,2164	0,2217	4,5107	0,9763	10^m00^s

	sin	tan	cot	cos	
50^m00^s	0,2164	0,2217	4,5107	0,9763	10^m00^s
10	2172	2225	4952	9761	50
20	2179	2232	4799	9760	40
30	2186	2240	4646	9758	30
40	2193	2247	4494	9757	20
50	2200	2255	4343	9755	10
51 00	2207	2263	4194	9753	9 00
10	2214	2270	4045	9752	50
20	2221	2278	3897	9750	40
30	2228	2286	3750	9749	30
40	2235	2293	3604	9747	20
50	2242	2301	3459	9745	10
52 00	2250	2309	3315	9744	8 00
10	2257	2316	3172	9742	50
20	2264	2324	3029	9740	40
30	2271	2332	2888	9739	30
40	2278	2339	2747	9737	20
50	2285	2347	2607	9735	10
53 00	2292	2355	2468	9734	7 00
10	2299	2362	2330	9732	50
20	2306	2370	2193	9730	40
30	2313	2378	2057	9729	30
40	2320	2385	1922	9727	20
50	2327	2393	1787	9725	10
54 00	2334	2401	1653	9724	6 00
10	2342	2408	1520	9722	50
20	2349	2416	1388	9720	40
30	2356	2424	1256	9719	30
40	2363	2432	1126	9717	20
50	2370	2439	0996	9715	10
55 00	2377	2447	0867	9713	5 00
10	2384	2455	0738	9712	50
20	2391	2462	0611	9710	40
30	2398	2470	0484	9708	30
40	2405	2478	0358	9706	20
50	2412	2486	0232	9705	10
56 00	2419	2493	0108	9703	4 00
10	2426	2501	3,9984	9701	50
20	2433	2509	9861	9699	40
30	2440	2516	9738	9698	30
40	2447	2524	9617	9696	20
50	2454	2532	9495	9694	10
57 00	2462	2540	9375	9692	3 00
10	2469	2547	9255	9691	50
20	2476	2555	9136	9689	40
30	2483	2563	9018	9687	30
40	2490	2571	8900	9685	20
50	2497	2578	8783	9683	10
58 00	2504	2586	8667	9681	2 00
10	2511	2594	8551	9680	50
20	2518	2602	8436	9678	40
30	2525	2609	8322	9676	30
40	2532	2617	8208	9674	20
50	2539	2625	8095	9672	10
59 00	2546	2633	7983	9670	1 00
10	2553	2641	7871	9669	50
20	2560	2648	7760	9667	40
30	2567	2656	7649	9665	30
40	2574	2664	7539	9663	20
50	2581	2672	7429	9661	10
60^m00^s	0,2588	0,2679	3,7321	0,9659	0^m00^s

5^h

22. Trigonometrische Funktionen der in Zeit ausgedrückten Winkel

1^{h}

	sin	tan	cot	cos	
$0^{m}00^{s}$	0,2588	0,2679	3,7321	0,9659	$60^{m}00^{s}$
10	2595	2687	7212	9657	50
20	2602	2695	7105	9655	40
30	2609	2703	6998	9654	30
40	2616	2711	6891	9652	20
50	2623	2718	6785	9650	10
1 00	2630	2726	6680	9648	59 00
10	2637	2734	6575	9646	50
20	2644	2742	6470	9644	40
30	2651	2750	6367	9642	30
40	2658	2758	6264	9640	20
50	2665	2765	6161	9638	10
2 00	2672	2773	6059	9636	58 00
10	2679	2781	5957	9634	50
20	2686	2789	5856	9632	40
30	2693	2797	5756	9630	30
40	2700	2805	5656	9628	20
50	2707	2812	5556	9627	10
3 00	2714	2820	5457	9625	57 00
10	2721	2828	5359	9623	50
20	2728	2836	5261	9621	40
30	2735	2844	5164	9619	30
40	2742	2852	5067	9617	20
50	2749	2860	4970	9615	10
4 00	2756	2867	4874	9613	56 00
10	2763	2875	4779	9611	50
20	2770	2883	4684	9609	40
30	2777	2891	4589	9607	30
40	2784	2899	4495	9605	20
50	2791	2907	4402	9603	10
5 00	2798	2915	4308	9600	55 00
10	2805	2923	4216	9598	50
20	2812	2931	4124	9596	40
30	2819	2938	4032	9594	30
40	2826	2946	3941	9592	20
50	2833	2954	3850	9590	10
6 00	2840	2962	3759	9588	54 00
10	2847	2970	3670	9586	50
20	2854	2978	3580	9584	40
30	2861	2986	3491	9582	30
40	2868	2994	3402	9580	20
50	2875	3002	3314	9578	10
7 00	2882	3010	3226	9576	53 00
10	2889	3018	3139	9574	50
20	2896	3026	3052	9572	40
30	2903	3033	2966	9569	30
40	2910	3041	2880	9567	20
50	2917	3049	2794	9565	10
8 00	2924	3057	2709	9563	52 00
10	2931	3065	2624	9561	50
20	2938	3073	2539	9559	40
30	2945	3081	2455	9557	30
40	2952	3089	2371	9554	20
50	2958	3097	2288	9552	10
9 00	2965	3105	2205	9550	51 00
10	2972	3113	2123	9548	50
20	2979	3121	2041	9546	4.
30	2986	3129	1959	9544	30
40	2993	3137	1878	9542	20
50	3000	3145	1797	9539	10
$10^{m}00^{s}$	0,3007	0,3153	3,1716	0,9537	$50^{m}00^{s}$

	sin	tan	cot	cos	
$10^{m}00^{s}$	0,3007	0,3153	3,1716	0,9537	$50^{m}00^{s}$
10	3014	3161	1636	9535	50
20	3021	3169	1556	9533	40
30	3028	3177	1476	9531	30
40	3035	3185	1397	9528	20
50	3042	3193	1318	9526	10
11 00	3049	3201	1240	9524	49 00
10	3056	3209	1162	9522	50
20	3062	3217	1084	9520	40
30	3069	3225	1007	9517	30
40	3076	3233	0930	9515	20
50	3083	3241	0853	9513	10
12 00	3090	3249	0777	9511	48 00
10	3097	3257	0701	9508	50
20	3104	3265	0625	9506	40
30	3111	3273	0550	9504	30
40	3118	3281	0475	9502	20
50	3125	3289	0400	9499	10
13 00	3132	3298	0326	9497	47 00
10	3139	3306	0252	9495	50
20	3145	3314	0178	9492	40
30	3152	3322	0105	9490	30
40	3159	3330	0032	9488	20
50	3166	3338	2,9959	9486	10
14 00	3173	3346	9887	9483	46 00
10	3180	3354	9815	9481	50
20	3187	3362	9743	9479	40
30	3194	3370	9672	9476	30
40	3201	3378	9600	9474	20
50	3208	3386	9530	9472	10
15 00	3214	3395	9459	9469	45 00
10	3221	3403	9389	9467	50
20	3228	3411	9319	9465	40
30	3235	3419	9249	9462	30
40	3242	3427	9180	9460	20
50	3249	3435	9111	9458	10
16 00	3256	3443	9042	9455	44 00
10	3263	3451	8974	9453	50
20	3269	3460	8906	9450	40
30	3276	3468	8838	9448	30
40	3283	3476	8770	9446	20
50	3290	3484	8703	9443	10
17 00	3297	3492	8636	9441	43 00
10	3304	3500	8569	9438	50
20	3311	3508	8502	9436	40
30	3317	3517	8436	9434	30
40	3324	3525	8370	9431	20
50	3331	3533	8304	9429	10
18 00	3338	3541	8239	9426	42 00
10	3345	3549	8174	9424	50
20	3352	3558	8109	9422	40
30	3359	3566	8044	9419	30
40	3365	3574	7980	9417	20
50	3372	3582	7916	9414	10
19 00	3379	3590	7852	9412	41 00
10	3386	3599	7789	9409	50
20	3393	3607	7725	9407	40
30	3400	3615	7662	9404	30
40	3407	3623	7600	9402	20
50	3413	3631	7537	9399	10
$20^{m}00^{s}$	0,3420	0,3640	2,7475	0,9397	$40^{m}00^{s}$

4^{h}

22. Trigonometrische Funktionen der in Zeit ausgedrückten Winkel

1^h

	sin	tan	cot	cos	
20^m00^s	0,3420	0,3640	2,7475	0,9397	40^m00^s
10	3427	3648	7413	9394	50
20	3434	3656	7351	9392	40
30	3441	3664	7289	9389	30
40	3448	3673	7228	9387	20
50	3454	3681	7167	9384	10
21 00	3461	3689	7106	9382	39 00
10	3468	3697	7046	9379	50
20	3475	3706	6985	9377	40
30	3482	3714	6925	9374	30
40	3488	3722	6865	9372	20
50	3495	3731	6806	9369	10
22 00	3502	3739	6746	9367	38 00
10	3509	3747	6687	9364	50
20	3516	3755	6628	9362	40
30	3522	3764	6569	9359	30
40	3529	3772	6511	9356	20
50	3536	3780	6453	9354	10
23 00	3543	3789	6395	9351	37 00
10	3550	3797	6337	9349	50
20	3557	3805	6279	9346	40
30	3563	3814	6222	9344	30
40	3570	3822	6165	9341	20
50	3577	3830	6108	9338	10
24 00	3584	3839	6051	9336	36 00
10	3590	3847	5994	9333	50
20	3597	3855	5938	9331	40
30	3604	3864	5882	9328	30
40	3611	3872	5826	9325	20
50	3618	3880	5770	9323	10
25 00	3624	3889	5715	9320	35 00
10	3631	3897	5660	9317	50
20	3638	3906	5605	9315	40
30	3645	3914	5550	9312	30
40	3651	3922	5495	9309	20
50	3658	3931	5441	9307	10
26 00	3665	3939	5386	9304	34 00
10	3672	3948	5332	9302	50
20	3679	3956	5279	9299	40
30	3685	3964	5225	9296	30
40	3692	3973	5172	9293	20
50	3699	3981	5118	9291	10
27 00	3706	3990	5065	9288	33 00
10	3712	3998	5012	9285	50
20	3719	4006	4960	9283	40
30	3726	4015	4907	9280	30
40	3733	4023	4855	9277	20
50	3739	4032	4803	9275	10
28 00	3746	4040	4751	9272	32 00
10	3753	4049	4699	9269	50
20	3760	4057	4648	9266	40
30	3766	4066	4596	9264	30
40	3773	4074	4545	9261	20
50	3780	4083	4494	9258	10
29 00	3786	4091	4443	9255	31 00
10	3793	4100	4393	9253	50
20	3800	4108	4342	9250	40
30	3807	4117	4292	9247	30
40	3813	4125	4242	9244	20
50	3820	4134	4192	9242	10
30^m00^s	0,3827	0,4142	2,4142	0,9239	30^m00^s

	sin	tan	cot	cos	
30^m00^s	0,3827	0,4142	2,4142	0,9239	30^m00^s
10	3834	4151	4093	9236	50
20	3840	4159	4043	9233	40
30	3847	4168	3994	9230	30
40	3854	4176	3945	9228	20
50	3860	4185	3896	9225	10
31 00	3867	4193	3847	9222	29 00
10	3874	4202	3799	9219	50
20	3881	4210	3750	9216	40
30	3887	4219	3702	9214	30
40	3894	4228	3654	9211	20
50	3901	4236	3606	9208	10
32 00	3907	4245	3558	9205	28 00
10	3914	4253	3511	9202	50
20	3921	4262	3464	9199	40
30	3927	4271	3416	9196	30
40	3934	4279	3369	9194	20
50	3941	4288	3322	9191	10
33 00	3947	4296	3276	9188	27 00
10	3954	4305	3229	9185	50
20	3961	4314	3183	9182	40
30	3967	4322	3136	9179	30
40	3974	4331	3090	9176	20
50	3981	4339	3044	9174	10
34 00	3987	4348	2998	9171	26 00
10	3994	4357	2953	9168	50
20	4001	4365	2907	9165	40
30	4007	4374	2862	9162	30
40	4014	4383	2817	9159	20
50	4021	4391	2772	9156	10
35 00	4027	4400	2727	9153	25 00
10	4034	4409	2682	9150	50
20	4041	4417	2637	9147	40
30	4047	4426	2593	9144	30
40	4054	4435	2549	9141	20
50	4061	4444	2504	9138	10
36 00	4067	4452	2460	9135	24 00
10	4074	4461	2416	9132	50
20	4081	4470	2373	9130	40
30	4087	4478	2329	9127	30
40	4094	4487	2286	9124	20
50	4101	4496	2242	9121	10
37 00	4107	4505	2199	9118	23 00
10	4114	4513	2156	9115	50
20	4120	4522	2113	9112	40
30	4127	4531	2070	9109	30
40	4134	4540	2028	9106	20
50	4140	4548	1985	9103	10
38 00	4147	4557	1943	9100	22 00
10	4154	4566	1901	9097	50
20	4160	4575	1859	9094	40
30	4167	4584	1817	9091	30
40	4173	4592	1775	9088	20
50	4180	4601	1733	9084	10
39 00	4187	4610	1692	9081	21 00
10	4193	4619	1650	9078	50
20	4200	4628	1609	9075	40
30	4206	4637	1568	9072	30
40	4213	4645	1527	9069	20
50	4220	4654	1486	9066	10
40^m00^s	0,4226	0,4663	2,1445	0,9063	20^m00^s

4^h

22. Trigonometrische Funktionen der in Zeit ausgedrückten Winkel

1^h

	sin	tan	cot	cos			sin	tan	cot	cos	
40^m00^s	0,4226	0,4663	2,1445	0,9063	20^m00^s	50^m00^s	0,4617	0,5206	1,9210	0,8870	10^m00^s
10	4233	4672	1404	9060	50	10	4624	5215	9176	8867	50
20	4239	4681	1364	9057	40	20	4630	5224	9142	8863	40
30	4246	4690	1324	9054	30	30	4637	5233	9108	8860	30
40	4253	4699	1283	9051	20	40	4643	5243	9074	8857	20
50	4259	4707	1243	9048	10	50	4650	5252	9040	8853	10
41 00	4266	4716	1203	9045	19 00	51 00	4656	5261	9007	8850	9 00
10	4272	4725	1163	9041	50	10	4663	5271	8973	8846	50
20	4279	4734	1123	9038	40	20	4669	5280	8940	8843	40
30	4285	4743	1084	9035	30	30	4675	5289	8907	8840	30
40	4292	4752	1044	9032	20	40	4682	5298	8873	8836	20
50	4299	4761	1005	9029	10	50	4688	5308	8840	8833	10
42 00	4305	4770	0965	9026	18 00	52 00	4695	5317	8807	8829	8 00
10	4312	4779	0926	9023	50	10	4701	5326	8774	8826	50
20	4318	4788	0887	9020	40	20	4708	5336	8742	8823	40
30	4325	4797	0848	9016	30	30	4714	5345	8709	8819	30
40	4331	4806	0809	9013	20	40	4720	5354	8676	8816	20
50	4338	4814	0771	9010	10	50	4727	5364	8643	8812	10
43 00	4344	4823	0732	9007	17 00	53 00	4733	5373	8611	8809	7 00
10	4351	4832	0694	9004	50	10	4740	5383	8578	8805	50
20	4358	4841	0655	9001	40	20	4746	5392	8546	8802	40
30	4364	4850	0617	8997	30	30	4752	5401	8514	8799	30
40	4371	4859	0579	8994	20	40	4759	5411	8482	8795	20
50	4377	4868	0541	8991	10	50	4765	5420	8450	8792	10
44 00	4384	4877	0503	8988	16 00	54 00	4772	5430	8418	8788	6 00
10	4390	4886	0465	8985	50	10	4778	5439	8386	8785	50
20	4397	4895	0428	8982	40	20	4784	5448	8354	8781	40
30	4403	4904	0390	8978	30	30	4791	5458	8322	8778	30
40	4410	4913	0353	8975	20	40	4797	5467	8291	8774	20
50	4416	4922	0315	8972	10	50	4804	5477	8259	8771	10
45 00	4423	4931	0278	8969	15 00	55 00	4810	5486	8228	8767	5 00
10	4429	4940	0241	8966	50	10	4816	5496	8196	8764	50
20	4436	4950	0204	8962	40	20	4823	5505	8165	8760	40
30	4442	4959	0167	8959	30	30	4829	5515	8134	8757	30
40	4449	4968	0130	8956	20	40	4835	5524	8103	8753	20
50	4455	4977	0094	8953	10	50	4842	5534	8071	8750	10
46 00	4462	4986	0057	8949	14 00	56 00	4848	5543	8040	8746	4 00
10	4468	4995	0020	8946	50	10	4854	5553	8010	8743	50
20	4475	5004	1,9984	8943	40	20	4861	5562	7979	8739	40
30	4481	5013	9948	8940	30	30	4867	5572	7948	8736	30
40	4488	5022	9912	8936	20	40	4874	5581	7917	8732	20
50	4494	5031	9876	8933	10	50	4880	5591	7887	8729	10
47 00	4501	5040	9840	8930	13 00	57 00	4886	5600	7856	8725	3 00
10	4507	5050	9804	8927	50	10	4893	5610	7826	8721	50
20	4514	5059	9768	8923	40	20	4899	5619	7796	8718	40
30	4520	5068	9732	8920	30	30	4905	5629	7765	8714	30
40	4527	5077	9697	8917	20	40	4912	5639	7735	8711	20
50	4533	5086	9661	8913	10	50	4918	5648	7705	8707	10
48 00	4540	5095	9626	8910	12 00	58 00	4924	5658	7675	8704	2 00
10	4546	5104	9591	8907	50	10	4931	5667	7645	8700	50
20	4553	5114	9556	8903	40	20	4937	5677	7615	8696	40
30	4559	5123	9521	8900	30	30	4943	5687	7585	8693	30
40	4566	5132	9486	8897	20	40	4950	5696	7556	8689	20
50	4572	5141	9451	8894	10	50	4956	5706	7526	8686	10
49 00	4579	5150	9416	8890	11 00	59 00	4962	5715	7496	8682	1 00
10	4585	5160	9382	8887	50	10	4968	5725	7467	8678	50
20	4592	5169	9347	8884	40	20	4975	5735	7438	8675	40
30	4598	5178	9313	8880	30	30	4981	5744	7408	8671	30
40	4605	5187	9278	8877	20	40	4987	5754	7379	8668	20
50	4611	5196	9244	8873	10	50	4994	5764	7350	8664	10
50^m00^s	0,4617	0,5206	1,9210	0,8870	10^m00^s	60^m00^s	0,5000	0,5774	1,7321	0,8660	0^m00^s

4^h

22. Trigonometrische Funktionen der in Zeit ausgedrückten Winkel

2^h

	sin	tan	cot	cos	
0^m00^s	0,5000	0,5774	1,7321	0,8660	60^m00^s
10	5006	5783	7291	8657	50
20	5013	5793	7262	8653	40
30	5019	5803	7234	8649	30
40	5025	5812	7205	8646	20
50	5031	5822	7176	8642	10
1 00	5038	5832	7147	8638	59 00
10	5044	5842	7119	8635	50
20	5050	5851	7090	8631	40
30	5057	5861	7062	8627	30
40	5063	5871	7033	8624	20
50	5069	5881	7005	8620	10
2 00	5075	5890	6977	8616	58 00
10	5082	5900	6948	8613	50
20	5088	5910	6920	8609	40
30	5094	5920	6892	8605	30
40	5100	5930	6864	8601	20
50	5107	5940	6836	8598	10
3 00	5113	5949	6808	8594	57 00
10	5119	5959	6781	8590	50
20	5125	5969	6753	8587	40
30	5132	5979	6725	8583	30
40	5138	5989	6698	8579	20
50	5144	5999	6670	8575	10
4 00	5150	6009	6643	8572	56 00
10	5157	6019	6615	8568	50
20	5163	6028	6588	8564	40
30	5169	6038	6561	8560	30
40	5175	6048	6534	8557	20
50	5182	6058	6507	8553	10
5 00	5188	6068	6479	8549	55 00
10	5194	6078	6452	8545	50
20	5200	6088	6426	8542	40
30	5206	6098	6399	8538	30
40	5213	6108	6372	8534	20
50	5219	6118	6345	8530	10
6 00	5225	6128	6319	8526	54 00
10	5231	6138	6292	8523	50
20	5237	6148	6265	8519	40
30	5244	6158	6239	8515	30
40	5250	6168	6212	8511	20
50	5256	6178	6186	8507	10
7 00	5262	6188	6160	8504	53 00
10	5268	6198	6134	8500	50
20	5274	6208	6107	8496	40
30	5281	6218	6081	8492	30
40	5287	6228	6055	8488	20
50	5293	6239	6029	8484	10
8 00	5299	6249	6003	8480	52 00
10	5305	6259	5977	8477	50
20	5312	6269	5952	8473	40
30	5318	6279	5926	8469	30
40	5324	6289	5900	8465	20
50	5330	6299	5875	8461	10
9 00	5336	6310	5849	8457	51 00
10	5342	6320	5824	8453	50
20	5348	6330	5798	8450	40
30	5355	6340	5773	8446	30
40	5361	6350	5747	8442	20
50	5367	6360	5722	8438	10
10^m00^s	0,5373	0,6371	1,5697	0,8434	50^m00^s

	sin	tan	cot	cos	
10^m00^s	0,5373	0,6371	1,5697	0,8434	50^m00^s
10	5379	6381	5672	8430	50
20	5385	6391	5647	8426	40
30	5391	6401	5622	8422	30
40	5398	6412	5597	8418	20
50	5404	6422	5572	8414	10
11 00	5410	6432	5547	8410	49 00
10	5416	6442	5522	8406	50
20	5422	6453	5497	8403	40
30	5428	6463	5472	8399	30
40	5434	6473	5448	8395	20
50	5440	6484	5423	8391	10
12 00	5446	6494	5399	8387	48 00
10	5452	6504	5374	8383	50
20	5459	6515	5350	8379	40
30	5465	6525	5325	8375	30
40	5471	6536	5301	8371	20
50	5477	6546	5277	8367	10
13 00	5483	6556	5253	8363	47 00
10	5489	6567	5228	8359	50
20	5495	6577	5204	8355	40
30	5501	6588	5180	8351	30
40	5507	6598	5156	8347	20
50	5513	6608	5132	8343	10
14 00	5519	6619	5108	8339	46 00
10	5525	6629	5085	8335	50
20	5531	6640	5061	8331	40
30	5538	6650	5037	8327	30
40	5544	6661	5013	8323	20
50	5550	6671	4990	8319	10
15 00	5556	6682	4966	8315	45 00
10	5562	6692	4943	8311	50
20	5568	6703	4919	8307	40
30	5574	6713	4896	8303	30
40	5580	6724	4872	8298	20
50	5586	6735	4849	8294	10
16 00	5592	6745	4826	8290	44 00
10	5598	6756	4802	8286	50
20	5604	6766	4779	8282	40
30	5610	6777	4756	8278	30
40	5616	6787	4733	8274	20
50	5622	6798	4710	8270	10
17 00	5628	6809	4687	8266	43 00
10	5634	6819	4664	8262	50
20	5640	6830	4641	8258	40
30	5646	6841	4618	8254	30
40	5652	6851	4596	8249	20
50	5658	6862	4573	8245	10
18 00	5664	6873	4550	8241	42 00
10	5670	6884	4527	8237	50
20	5676	6894	4505	8233	40
30	5682	6905	4482	8229	30
40	5688	6916	4460	8225	20
50	5694	6926	4437	8221	10
19 00	5700	6937	4415	8216	41 00
10	5706	6948	4393	8212	50
20	5712	6959	4370	8208	40
30	5718	6970	4348	8204	30
40	5724	6980	4326	8200	20
50	5730	6991	4304	8196	10
20^m00^s	0,5736	0,7002	1,4281	0,8192	40^m00^s

3^h

22. **Trigonometrische Funktionen der in Zeit ausgedrückten Winkel**

2^h

	sin	tan	cot	cos	
20^m00^s	0,5736	0,7002	1,4281	0,8192	40^m00^s
10	5742	7013	4259	8187	50
20	5748	7024	4237	8183	40
30	5754	7035	4215	8179	30
40	5760	7046	4193	8175	20
50	5766	7056	4172	8171	10
21 00	5771	7067	4150	8166	39 00
10	5777	7078	4128	8162	50
20	5783	7089	4106	8158	40
30	5789	7100	4084	8154	30
40	5795	7111	4063	8150	20
50	5801	7122	4041	8145	10
22 00	5807	7133	4019	8141	38 00
10	5813	7144	3998	8137	50
20	5819	7155	3976	8133	40
30	5825	7166	3955	8128	30
40	5831	7177	3934	8124	20
50	5837	7188	3912	8120	10
23 00	5842	7199	3891	8116	37 00
10	5848	7210	3870	8111	50
20	5854	7221	3848	8107	40
30	5860	7232	3827	8103	30
40	5866	7243	3806	8099	20
50	5872	7254	3785	8094	10
24 00	5878	7265	3764	8090	36 00
10	5884	7277	3743	8086	50
20	5890	7288	3722	8082	40
30	5895	7299	3701	8077	30
40	5901	7310	3680	8073	20
50	5907	7321	3659	8069	10
25 00	5913	7332	3638	8064	35 00
10	5919	7343	3618	8060	50
20	5925	7355	3597	8056	40
30	5931	7366	3576	8052	30
40	5937	7377	3555	8047	20
50	5942	7388	3535	8043	10
26 00	5948	7400	3514	8039	34 00
10	5954	7411	3494	8034	50
20	5960	7422	3473	8030	40
30	5966	7433	3453	8026	30
40	5972	7445	3432	8021	20
50	5977	7456	3412	8017	10
27 00	5983	7467	3392	8013	33 00
10	5989	7479	3371	8008	50
20	5995	7490	3351	8004	40
30	6001	7501	3331	7999	30
40	6007	7513	3311	7995	20
50	6012	7524	3291	7991	10
28 00	6018	7536	3270	7986	32 00
10	6024	7547	3250	7982	50
20	6030	7558	3230	7978	40
30	6036	7570	3210	7973	30
40	6041	7581	3190	7969	20
50	6047	7593	3171	7964	10
29 00	6053	7604	3151	7960	31 00
10	6059	7616	3131	7956	50
20	6065	7627	3111	7951	40
30	6070	7639	3091	7947	30
40	6076	7650	3072	7942	20
50	6082	7662	3052	7938	10
30^m00^s	0,6088	0,7673	1,3032	0,7934	30^m00^s

	sin	tan	cot	cos	
30^m00^s	0,6088	0,7673	1,3032	0,7934	30^m00^s
10	6093	7685	3013	7929	50
20	6099	7696	2993	7925	40
30	6105	7708	2974	7920	30
40	6111	7720	2954	7916	20
50	6116	7731	2935	7911	10
31 00	6122	7743	2915	7907	29 00
10	6128	7754	2896	7902	50
20	6134	7766	2876	7898	40
30	6139	7778	2857	7894	30
40	6145	7789	2838	7889	20
50	6151	7801	2819	7885	10
32 00	6157	7813	2799	7880	28 00
10	6162	7825	2780	7876	50
20	6168	7836	2761	7871	40
30	6174	7848	2742	7867	30
40	6180	7860	2723	7862	20
50	6185	7872	2704	7858	10
33 00	6191	7883	2685	7853	27 00
10	6197	7895	2666	7849	50
20	6202	7907	2647	7844	40
30	6208	7919	2628	7840	30
40	6214	7931	2609	7835	20
50	6219	7942	2591	7831	10
34 00	6225	7954	2572	7826	26 00
10	6231	7966	2553	7822	50
20	6237	7978	2534	7817	40
30	6242	7990	2516	7812	30
40	6248	8002	2497	7808	20
50	6254	8014	2478	7803	10
35 00	6259	8026	2460	7799	25 00
10	6265	8038	2441	7794	50
20	6271	8050	2423	7790	40
30	6276	8062	2404	7785	30
40	6282	8074	2386	7781	20
50	6288	8086	2367	7776	10
36 00	6293	8098	2349	7771	24 00
10	6299	8110	2331	7767	50
20	6304	8122	2312	7762	40
30	6310	8134	2294	7758	30
40	6316	8146	2276	7753	20
50	6321	8158	2258	7749	10
37 00	6327	8170	2239	7744	23 00
10	6333	8182	2221	7739	50
20	6338	8195	2203	7735	40
30	6344	8207	2185	7730	30
40	6350	8219	2167	7725	20
50	6355	8231	2149	7721	10
38 00	6361	8243	2131	7716	22 00
10	6366	8256	2113	7712	50
20	6372	8268	2095	7707	40
30	6378	8280	2077	7702	30
40	6383	8292	2059	7698	20
50	6389	8305	2041	7693	10
39 00	6394	8317	2024	7688	21 00
10	6400	8329	2006	7684	50
20	6406	8342	1988	7679	40
30	6411	8354	1970	7674	30
40	6417	8366	1953	7670	20
50	6422	8379	1935	7665	10
40^m00^s	0,6428	0,8391	1,1918	0,7660	20^m00^s

3^h

22. **Trigonometrische Funktionen der in Zeit ausgedrückten Winkel**

2^h

	sin	tan	cot	cos	
40^m00^s	0,6428	0,8391	1,1918	0,7660	20^m00^s
10	6433	8403	1900	7656	50
20	6439	8416	1882	7651	40
30	6445	8428	1865	7646	30
40	6450	8441	1847	7642	20
50	6456	8453	1830	7637	10
41 00	6461	8466	1812	7632	19 00
10	6467	8478	1795	7628	50
20	6472	8491	1778	7623	40
30	6478	8503	1760	7618	30
40	6483	8516	1743	7614	20
50	6489	8528	1726	7609	10
42 00	6494	8541	1708	7604	18 00
10	6500	8553	1691	7599	50
20	6506	8566	1674	7595	40
30	6511	8579	1657	7590	30
40	6517	8591	1640	7585	20
50	6522	8604	1623	7580	10
43 00	6528	8617	1606	7576	17 00
10	6533	8629	1589	7571	50
20	6539	8642	1571	7566	40
30	6544	8655	1554	7561	30
40	6550	8667	1538	7557	20
50	6555	8680	1521	7552	10
44 00	6561	8693	1504	7547	16 00
10	6566	8706	1487	7542	50
20	6572	8718	1470	7538	40
30	6577	8731	1453	7533	30
40	6583	8744	1436	7528	20
50	6588	8757	1420	7523	10
45 00	6593	8770	1403	7518	15 00
10	6599	8783	1386	7514	50
20	6604	8796	1369	7509	40
30	6610	8808	1353	7504	30
40	6615	8821	1336	7499	20
50	6621	8834	1320	7494	10
46 00	6626	8847	1303	7490	14 00
10	6632	8860	1286	7485	50
20	6637	8873	1270	7480	40
30	6643	8886	1253	7475	30
40	6648	8899	1237	7470	20
50	6653	8912	1220	7465	10
47 00	6659	8925	1204	7461	13 00
10	6664	8938	1188	7456	50
20	6670	8952	1171	7451	40
30	6675	8965	1155	7446	30
40	6680	8978	1139	7441	20
50	6686	8991	1122	7436	10
48 00	6691	9004	1106	7431	12 00
10	6697	9017	1090	7427	50
20	6702	9030	1074	7422	40
30	6708	9044	1058	7417	30
40	6713	9057	1041	7412	20
50	6718	9070	1025	7407	10
49 00	6724	9083	1009	7402	11 00
10	6729	9097	0993	7397	50
20	6734	9110	0977	7392	40
30	6740	9123	0961	7387	30
40	6745	9137	0945	7383	20
50	6751	9150	0929	7378	10
50^m00^s	0,6756	0,9163	1,0913	0,7373	10^m00^s

	sin	tan	cot	cos	
50^m00^s	0,6756	0,9163	1,0913	0,7373	10^m00^s
10	6761	9177	0897	7368	50
20	6767	9190	0881	7363	40
30	6772	9204	0865	7358	30
40	6777	9217	0850	7353	20
50	6783	9230	0834	7348	10
51 00	6788	9244	0818	7343	9 00
10	6793	9257	0802	7338	50
20	6799	9271	0786	7333	40
30	6804	9284	0771	7328	30
40	6809	9298	0755	7323	20
50	6815	9312	0739	7318	10
52 00	6820	9325	0724	7314	8 00
10	6825	9339	0708	7309	50
20	6831	9352	0692	7304	40
30	6836	9366	0677	7299	30
40	6841	9380	0661	7294	20
50	6847	9393	0646	7289	10
53 00	6852	9407	0630	7284	7 00
10	6857	9421	0615	7279	50
20	6862	9435	0599	7274	40
30	6868	9448	0584	7269	30
40	6873	9462	0569	7264	20
50	6878	9476	0553	7259	10
54 00	6884	9490	0538	7254	6 00
10	6889	9503	0522	7249	50
20	6894	9517	0507	7244	40
30	6899	9531	0492	7239	30
40	6905	9545	0477	7234	20
50	6910	9559	0461	7229	10
55 00	6915	9573	0446	7224	5 00
10	6920	9587	0431	7219	50
20	6926	9601	0416	7214	40
30	6931	9615	0401	7209	30
40	6936	9629	0385	7203	20
50	6941	9643	0370	7198	10
56 00	6947	9657	0355	7193	4 00
10	6952	9671	0340	7188	50
20	6957	9685	0325	7183	40
30	6962	9699	0310	7178	30
40	6967	9713	0295	7173	20
50	6973	9727	0280	7168	10
57 00	6978	9742	0265	7263	3 00
10	6983	9756	0250	7158	50
20	6988	9770	0235	7153	40
30	6994	9784	0221	7148	30
40	6999	9798	0206	7143	20
50	7004	9813	0191	7138	10
58 00	7009	9827	0176	7132	2 00
10	7014	9841	0161	7127	50
20	7019	9856	0147	7122	40
30	7025	9870	0132	7117	30
40	7030	9884	0117	7112	20
50	7035	9899	0102	7107	10
59 00	7040	9913	0088	7102	1 00
10	7045	9928	0073	7097	50
20	7050	9942	0058	7092	40
30	7056	9956	0044	7086	30
40	7061	9971	0029	7081	20
50	7066	0,9985	0015	7076	10
60^m00^s	0,7071	1,0000	1,0000	0,7071	0^m00^s

3^h

23. Tafel der Werte sec t

	0^m	1^m	2^m	3^m	4^m	5^m
0^s	1,0000000	1,0000095	1,0000381	1,0000857	1,0001523	1,0002380
1	0000	0098	0387	0866	1536	2396
2	0000	0102	0394	0876	1549	2412
3	0000	0105	0400	0886	1562	2428
4	0000	0108	0407	0895	1574	2444
5	0001	0112	0413	0905	1587	2460
6	0001	0115	0420	0915	1600	2476
7	0001	0119	0427	0925	1613	2493
8	0002	0122	0433	0935	1627	2509
9	0002	0126	0440	0945	1640	2525
10	0003	0130	0447	0955	1653	2542
11	0003	0133	0454	0965	1666	2558
12	0004	0137	0461	0975	1679	2575
13	0004	0141	0468	0985	1693	2591
14	0005	0145	0475	0995	1706	2608
15	0006	0149	0482	1006	1720	2624
16	0007	0153	0489	1016	1733	2641
17	0008	0157	0496	1026	1747	2658
18	0009	0161	0504	1037	1760	2675
19	0010	0165	0511	1047	1774	2691
20	0011	0169	0518	1058	1788	2708
21	0012	0173	0526	1068	1802	2725
22	0013	0178	0533	1079	1815	2742
23	0014	0182	0541	1090	1829	2759
24	0015	0187	0548	1101	1843	2776
25	0017	0191	0556	1111	1857	2794
26	0018	0196	0564	1122	1871	2811
27	0019	0200	0571	1133	1885	2828
28	0021	0205	0579	1144	1900	2845
29	0022	0209	0587	1155	1914	2863
30	0024	0214	0595	1166	1928	2880
31	0025	0219	0603	1177	1942	2898
32	0027	0224	0611	1189	1957	2915
33	0029	0229	0619	1200	1971	2933
34	0031	0234	0627	1211	1986	2951
35	0032	0239	0635	1222	2000	2968
36	0034	0244	0644	1234	2015	2986
37	0036	0249	0652	1245	2029	3004
38	0038	0254	0660	1257	2044	3022
39	0040	0259	0669	1268	2059	3040
40	0042	0264	0677	1280	2073	3058
41	0044	0270	0685	1292	2088	3076
42	0047	0275	0694	1303	2103	3094
43	0049	0281	0703	1315	2118	3112
44	0051	0286	0711	1327	2133	3130
45	0054	0292	0720	1339	2148	3148
46	0056	0297	0729	1351	2163	3166
47	0058	0303	0738	1363	2178	3185
48	0061	0308	0746	1375	2194	3203
49	0063	0314	0755	1387	2209	3222
50	0066	0320	0764	1399	2224	3240
51	0069	0326	0773	1411	2240	3259
52	0072	0332	0782	1423	2255	3277
53	0074	0338	0791	1436	2270	3296
54	0077	0344	0801	1448	2286	3315
55	0080	0350	0810	1460	2302	3333
56	0083	0356	0819	1473	2317	3352
57	0086	0362	0828	1485	2333	3371
58	0089	0368	0838	1498	2349	3390
59	0092	0374	0847	1511	2364	3409
60^s	1,0000095	1,0000381	1,0000857	1,0001523	1,0002380	1,0003428

23. Tafel der Werte sec t

	6^m	7^m	8^m	9^m	10^m	11^m
0^s	1,0003428	1,0004666	1,0006095	1,0007716	1,0009527	1,0011529
1	3447	4689	6121	7744	9559	1564
2	3466	4711	6146	7773	9591	1599
3	3485	4733	6172	7802	9622	1635
4	3505	4756	6198	7830	9654	1670
5	3524	4778	6223	7859	9686	1705
6	3543	4801	6249	7888	9718	1740
7	3563	4823	6275	7917	9751	1776
8	3582	4846	6300	7946	9783	1811
9	3602	4868	6326	7975	9815	1846
10	3621	4891	6352	8004	9847	1882
11	3641	4914	6378	8033	9880	1917
12	3660	4937	6404	8063	9912	1953
13	3680	4960	6430	8092	9945	1989
14	3700	4983	6456	8121	9977	2024
15	3720	5006	6483	8150	1,0010010	2060
16	3739	5029	6509	8180	0042	2096
17	3759	5052	6535	8209	0075	2132
18	3779	5075	6561	8239	0108	2168
19	3799	5098	6588	8268	0140	2203
20	3820	5121	6614	8298	0173	2239
21	3840	5145	6641	8328	0206	2276
22	3860	5168	6667	8358	0239	2312
23	3880	5192	6694	8387	0272	2348
24	3900	5215	6721	8417	0305	2384
25	3921	5239	6747	8447	0338	2420
26	3941	5262	6774	8477	0371	2457
27	3962	5286	6801	8507	0404	2493
28	3982	5309	6828	8537	0438	2529
29	4003	5333	6855	8567	0471	2566
30	4023	5357	6882	8597	0504	2602
31	4044	5381	6909	8628	0538	2639
32	4065	5405	6936	8658	0571	2676
33	4085	5429	6963	8688	0605	2712
34	4106	5453	6990	8718	0638	2749
35	4127	5477	7017	8749	0672	2786
36	4148	5501	7045	8779	0705	2823
37	4169	5525	7072	8810	0739	2860
38	4190	5549	7099	8841	0773	2897
39	4211	5574	7127	8871	0807	2934
40	4232	5598	7154	8902	0841	2971
41	4253	5622	7182	8933	0875	3008
42	4275	5647	7209	8963	0909	3045
43	4296	5671	7237	8994	0943	3082
44	4317	5696	7265	9025	0977	3120
45	4339	5720	7293	9056	1011	3157
46	4360	5745	7320	9087	1045	3194
47	4382	5770	7348	9118	1079	3232
48	4403	5794	7376	9149	1114	3269
49	4425	5819	7404	9180	1148	3307
50	4447	5844	7432	9212	1182	3344
51	4468	5869	7460	9243	1217	3382
52	4490	5894	7489	9274	1251	3420
53	4512	5919	7517	9306	1286	3458
54	4534	5944	7545	9337	1321	3495
55	4556	5969	7573	9369	1355	3533
56	4578	5994	7602	9400	1390	3571
57	4600	6019	7630	9432	1425	3609
58	4622	6045	7659	9463	1460	3647
59	4644	6070	7687	9495	1494	3685
60^s	1,0004666	1,0006095	1,0007716	1,0009527	1,0011529	1,0013723

23. Tafel der Werte sec t

	12^m	13^m	14^m	15^m	16^m	17^m
0^s	1,0013723	1,0016109	1,0018687	1,0021457	1,0024419	1,0027574
1	3762	6151	8731	1505	4470	7628
2	3800	6192	8776	1552	4521	7682
3	3838	6234	8821	1600	4572	7737
4	3877	6275	8866	1648	4623	7791
5	3915	6317	8910	1696	4675	7846
6	3953	6358	8955	1744	4726	7900
7	3992	6400	9000	1792	4777	7955
8	4030	6442	9045	1841	4829	8009
9	4069	6484	9090	1889	4880	8064
10	4108	6525	9135	1937	4931	8119
11	4146	6567	9180	1985	4983	8173
12	4185	6609	9225	2034	5035	8228
13	4224	6651	9271	2082	5086	8283
14	4263	6693	9316	2131	5138	8338
15	4302	6736	9361	2179	5190	8393
16	4341	6778	9407	2228	5241	8448
17	4380	6820	9452	2276	5293	8503
18	4419	6862	9498	2325	5345	8558
19	4458	6905	9543	2374	5397	8613
20	4497	6947	9589	2423	5449	8669
21	4537	6990	9634	2472	5501	8724
22	4576	7032	9680	2521	5553	8779
23	4615	7075	9726	2570	5606	8835
24	4655	7117	9772	2619	5658	8890
25	4694	7160	9818	2668	5710	8946
26	4734	7203	9864	2717	5762	9001
27	4773	7245	9910	2766	5815	9057
28	4813	7288	9956	2815	5867	9112
29	4853	7331	1,0020002	2864	5920	9168
30	4892	7374	0048	2914	5972	9224
31	4932	7417	0094	2963	6025	9280
32	4972	7460	0140	3013	6078	9336
33	5012	7503	0186	3062	6130	9391
34	5052	7546	0233	3112	6183	9447
35	5092	7590	0279	3161	6236	9504
36	5132	7633	0326	3211	6289	9560
37	5172	7676	0372	3261	6342	9616
38	5212	7719	0419	3310	6395	9672
39	5252	7763	0465	3360	6448	9728
40	5293	7806	0512	3410	6501	9785
41	5333	7850	0559	3460	6554	9841
42	5373	7893	0606	3510	6607	9897
43	5414	7937	0652	3560	6660	9954
44	5454	7981	0699	3610	6714	1,0030010
45	5495	8024	0746	3660	6767	0067
46	5535	8068	0793	3711	6821	0124
47	5576	8112	0840	3761	6874	0180
48	5617	8156	0887	3811	6928	0237
49	5657	8200	0935	3861	6981	0294
50	5698	8244	0982	3912	7035	0351
51	5739	8288	1029	3962	7088	0407
52	5780	8332	1076	4013	7142	0464
53	5821	8376	1124	4063	7196	0521
54	5862	8420	1171	4114	7250	0578
55	5903	8465	1219	4165	7304	0636
56	5944	8509	1266	4216	7358	0693
57	5985	8553	1314	4266	7412	0750
58	6027	8598	1361	4317	7466	0807
59	6068	8642	1409	4368	7520	0865
60^s	1,0016109	1,0018687	1,0021457	1,0024419	1,0027574	1,0030922

23. Tafel der Werte sec t

	18^m	19^m	20^m	21^m	22^m	23^m
0^s	1,0030922	1,0034463	1,0038198	1,0042127	1,0046251	1,0050569
1	0979	4524	8262	2195	6321	0643
2	1037	4585	8326	2262	6392	0717
3	1094	4645	8390	2329	6462	0790
4	1152	4706	8454	2396	6533	0864
5	1210	4767	8518	2464	6603	0938
6	1267	4828	8583	2531	6674	1012
7	1325	4889	8647	2599	6745	1086
8	1383	4950	8711	2666	6815	1160
9	1441	5011	8775	2734	6886	1234
10	1499	5072	8840	2801	6957	1308
11	1557	5134	8904	2869	7028	1382
12	1615	5195	8969	2937	7099	1456
13	1673	5256	9033	3004	7170	1531
14	1731	5318	9098	3072	7241	1605
15	1789	5379	9162	3140	7312	1679
16	1847	5440	9227	3208	7383	1754
17	1906	5502	9292	3276	7455	1828
18	1964	5563	9357	3344	7526	1903
19	2022	5625	9422	3412	7597	1977
20	2081	5687	9486	3480	7669	2052
21	2139	5749	9551	3549	7740	2127
22	2198	5810	9616	3617	7812	2202
23	2257	5872	9682	3685	7883	2276
24	2315	5934	9747	3753	7955	2351
25	2374	5996	9812	3822	8027	2426
26	2433	6058	9877	3890	8098	2501
27	2492	6120	9942	3959	8170	2576
28	2551	6182	1,0040008	4028	8242	2651
29	2609	6244	0073	4096	8314	2726
30	2668	6307	0139	4165	8386	2802
31	2728	6369	0204	4234	8458	2877
32	2787	6431	0270	4302	8530	2952
33	2846	6494	0335	4371	8602	3028
34	2905	6556	0401	4440	8674	3103
35	2964	6619	0467	4509	8746	3178
36	3024	6681	0533	4578	8819	3254
37	3083	6744	0598	4647	8891	3330
38	3142	6806	0664	4716	8963	3405
39	3202	6869	0730	4786	9036	3481
40	3261	6932	0796	4855	9108	3557
41	3321	6995	0862	4924	9181	3632
42	3381	7058	0928	4993	9253	3708
43	3440	7120	0994	5063	9326	3784
44	3500	7183	1061	5132	9399	3860
45	3560	7246	1127	5202	9471	3936
46	3620	7310	1193	5271	9544	4012
47	3680	7373	1260	5341	9617	4088
48	3740	7436	1326	5411	9690	4164
49	3800	7499	1393	5480	9763	4241
50	3860	7562	1459	5550	9836	4317
51	3920	7626	1526	5620	9909	4393
52	3980	7689	1592	5690	9982	4470
53	4040	7753	1659	5760	1,0050055	4546
54	4100	7816	1726	5830	0129	4623
55	4161	7880	1793	5900	0202	4699
56	4221	7943	1859	5970	0275	4776
57	4282	8007	1926	6040	0349	4852
58	4342	8071	1993	6110	0422	4929
59	4403	8135	2060	6181	0496	5006
60^s	1,0034463	1,0038198	1,0042127	1,0046251	1,0050569	1,0055083

23. Tafel der Werte sec t

	24^m	25^m	26^m	27^m	28^m	29^m
0^s	1,0055083	1,0059792	1,0064697	1,0069799	1,0075098	1,0080595
1	5160	9872	4781	9886	5188	0688
2	5237	9952	4864	9973	5278	0781
3	5314	1,0060033	4948	1,0070060	5368	0875
4	5391	0113	5031	0146	5459	0968
5	5468	0193	5115	0233	5549	1062
6	5545	0274	5199	0320	5639	1155
7	5622	0354	5282	0407	5729	1249
8	5699	0435	5366	0494	5820	1343
9	5777	0515	5450	0582	5910	1436
10	5854	0596	5534	0669	6001	1530
11	5931	0677	5618	0756	6091	1624
12	6009	0757	5702	0843	6182	1718
13	6087	0838	5786	0931	6272	1812
14	6164	0919	5870	1018	6363	1906
15	6242	1000	5954	1106	6454	2000
16	6319	1081	6039	1193	6545	2094
17	6397	1162	6123	1281	6636	2188
18	6475	1243	6207	1368	6726	2282
19	6553	1324	6292	1456	6817	2377
20	6631	1405	6376	1544	6908	2471
21	6709	1487	6461	1631	7000	2565
22	6787	1568	6545	1719	7091	2660
23	6865	1649	6630	1807	7182	2754
24	6943	1731	6714	1895	7273	2849
25	7021	1812	6799	1983	7364	2944
26	7099	1894	6884	2071	7456	3038
27	7178	1975	6969	2159	7547	3133
28	7256	2057	7054	2248	7639	3228
29	7334	2138	7139	2336	7730	3323
30	7413	2220	7224	2424	7822	3417
31	7491	2302	7309	2512	7913	3512
32	7570	2384	7394	2601	8005	3607
33	7649	2466	7479	2689	8097	3702
34	7727	2548	7564	2778	8189	3798
35	7806	2630	7650	2866	8281	3893
36	7885	2712	7735	2955	8372	3988
37	7964	2794	7820	3044	8464	4083
38	8043	2876	7906	3132	8556	4178
39	8121	2958	7991	3221	8649	4274
40	8200	3040	8077	3310	8741	4369
41	8280	3123	8162	3399	8833	4465
42	8359	3205	8248	3488	8925	4560
43	8438	3288	8334	3577	9017	4656
44	8517	3370	8419	3666	9110	4752
45	8596	3453	8505	3755	9202	4847
46	8676	3535	8591	3844	9295	4943
47	8755	3618	8677	3933	9387	5039
48	8834	3701	8763	4023	9480	5135
49	8914	3783	8849	4112	9572	5231
50	8994	3866	8935	4201	9665	5327
51	9073	3949	9021	4291	9758	5423
52	9153	4032	9108	4380	9851	5519
53	9233	4115	9194	4470	9943	5615
54	9312	4198	9280	4559	1,0080036	5711
55	9392	4281	9367	4649	0129	5807
56	9472	4364	9453	4739	0222	5904
57	9552	4447	9539	4829	0315	6000
58	9632	4531	9626	4918	0408	6097
59	9712	4614	9713	5008	0502	6193
60^s	1,0059792	1,0064697	1,0069799	1,0075098	1,0080595	1,0086290

23. Tafel der Werte sec t

	30^{m}	31^{m}	32^{m}	33^{m}	34^{m}	35^{m}
0^{s}	1,0086290	1,0092183	1,0098276	1,0104568	1,0111061	1,0117755
1	6386	2283	8379	4675	1171	7869
2	6483	2383	8482	4781	1281	7982
3	6580	2483	8586	4888	1391	8095
4	6676	2583	8689	4995	1501	8209
5	6773	2683	8792	5102	1611	8322
6	6870	2783	8896	5209	1722	8436
7	6967	2884	9000	5315	1832	8550
8	7064	2984	9103	5422	1942	8663
9	7161	3084	9207	5529	2053	8777
10	7258	3185	9311	5636	2163	8891
11	7355	3285	9414	5744	2273	9005
12	7452	3386	9518	5851	2384	9118
13	7550	3486	9622	5958	2495	9232
14	7647	3587	9726	6065	2605	9346
15	7744	3688	9830	6173	2716	9460
16	7842	3788	9934	6280	2827	9575
17	7939	3889	1,0100038	6388	2938	9689
18	8037	3990	0142	6495	3048	9803
19	8134	4091	0247	6603	3159	9917
20	8232	4192	0351	6710	3270	1,0120032
21	8330	4293	0455	6818	3381	0146
22	8427	4394	0560	6926	3492	0260
23	8525	4495	0664	7034	3604	0375
24	8623	4596	0769	7141	3715	0489
25	8721	4697	0873	7249	3826	0604
26	8819	4799	0978	7357	3937	0719
27	8917	4900	1083	7465	4049	0834
28	9015	5001	1187	7573	4160	0948
29	9113	5103	1292	7681	4272	1063
30	9211	5204	1397	7790	4383	1178
31	9310	5306	1502	7898	4495	1293
32	9408	5408	1607	8006	4606	1408
33	9506	5509	1712	8115	4718	1523
34	9605	5611	1817	8223	4830	1638
35	9703	5713	1922	8331	4942	1753
36	9802	5815	2027	8440	5054	1869
37	9900	5917	2132	8549	5166	1984
38	9999	6019	2238	8657	5277	2099
39	1,0090098	6121	2343	8766	5390	2215
40	0196	6223	2449	8875	5502	2330
41	0295	6325	2554	8983	5614	2446
42	0394	6427	2659	9092	5726	2561
43	0493	6529	2765	9201	5838	2677
44	0592	6631	2871	9310	5951	2793
45	0691	6734	2976	9419	6063	2908
46	0790	6836	3082	9528	6175	3024
47	0889	6939	3188	9637	6288	3140
48	0988	7041	3294	9747	6400	3256
49	1088	7144	3400	9856	6513	3372
50	1187	7246	3506	9965	6626	3488
51	1286	7349	3612	1,0110075	6738	3604
52	1386	7452	3718	0184	6851	3720
53	1485	7555	3824	0293	6964	3836
54	1585	7657	3930	0403	7077	3953
55	1684	7760	4036	0513	7190	4069
56	1784	7863	4143	0622	7303	4185
57	1884	7966	4249	0732	7416	4302
58	1983	8069	4355	0842	7529	4418
59	2083	8173	4462	0951	7642	4535
60^{s}	1,0092183	1,0098276	1,0104568	1,0111061	1,0117755	1,0124651

23. Tafel der Werte sec t

	36^m	37^m	38^m	39^m	40^m	41^m
0^s	1,0124651	1,0131750	1,0139051	1,0146556	1,0154266	1,0162181
1	4768	1870	9174	6683	4396	2315
2	4885	1990	9298	6810	4527	2449
3	5001	2110	9421	6937	4657	2582
4	5118	2230	9545	7064	4787	2716
5	5235	2350	9669	7191	4918	2850
6	5352	2471	9792	7318	5048	2984
7	5469	2591	9916	7445	5179	3118
8	5586	2711	1,0140040	7572	5310	3252
9	5703	2832	0164	7700	5440	3386
10	5820	2952	0288	7827	5571	3521
11	5937	3073	0412	7954	5702	3655
12	6055	3194	0536	8082	5833	3789
13	6172	3314	0660	8209	5964	3923
14	6289	3435	0784	8337	6095	4058
15	6407	3556	0908	8465	6226	4192
16	6524	3677	1032	8592	6357	4327
17	6642	3798	1157	8720	6488	4461
18	6759	3919	1281	8848	6619	4596
19	6877	4040	1406	8976	6750	4731
20	6995	4161	1530	9103	6882	4865
21	7113	4282	1655	9231	7013	5000
22	7230	4403	1779	9359	7144	5135
23	7348	4524	1904	9487	7276	5270
24	7466	4646	2029	9616	7408	5405
25	7584	4767	2153	9744	7539	5540
26	7702	4889	2278	9872	7671	5675
27	7820	5010	2403	1,0150000	7803	5810
28	7939	5132	2528	0129	7934	5946
29	8057	5253	2653	0257	8066	6081
30	8175	5375	2778	0386	8198	6216
31	8293	5497	2903	0514	8330	6352
32	8412	5618	3028	0643	8462	6487
33	8530	5740	3154	0771	8594	6623
34	8649	5862	3279	0900	8726	6758
35	8767	5984	3404	1029	8858	6894
36	8886	6106	3530	1158	8991	7029
37	9005	6228	3655	1286	9123	7165
38	9123	6350	3781	1415	9255	7301
39	9242	6472	3906	1544	9388	7437
40	9361	6595	4032	1673	9520	7573
41	9480	6717	4157	1802	9653	7709
42	9599	6839	4283	1932	9785	7845
43	9718	6962	4409	2061	9918	7981
44	9837	7084	4535	2190	1,0160050	8117
45	9956	7207	4661	2319	0183	8253
46	1,0130075	7329	4787	2449	0316	8389
47	0194	7452	4913	2578	0449	8526
48	0314	7574	5039	2708	0582	8662
49	0433	7697	5165	2837	0715	8798
50	0552	7820	5291	2967	0848	8935
51	0672	7943	5417	3097	0981	9071
52	0791	8066	5544	3226	1114	9208
53	0911	8189	5670	3356	1247	9345
54	1031	8312	5797	3486	1381	9481
55	1150	8435	5923	3616	1514	9618
56	1270	8558	6050	3746	1647	9755
57	1390	8681	6176	3876	1781	9892
58	1510	8804	6303	4006	1914	1,0170029
59	1630	8928	6429	4136	2048	0166
60^s	1,0131750	1,0139051	1,0146556	1,0154266	1,0162181	1,0170303

23. Tafel der Werte sec t

	42^m	43^m	44^m	45^m	46^m	47^m
0^s	1,0170303	1,0178631	1,0187167	1,0195912	1,0204866	1,0214030
1	0440	8771	7311	6059	5017	4185
2	0577	8912	7455	6207	5168	4339
3	0714	9053	7599	6354	5319	4494
4	0851	9194	7743	6502	5470	4649
5	0989	9334	7888	6650	5621	4803
6	1126	9475	8032	6798	5773	4958
7	1264	9616	8176	6945	5924	5113
8	1401	9757	8321	7093	6075	5268
9	1539	9898	8465	7241	6227	5423
10	1676	1,0180039	8610	7389	6378	5578
11	1814	0180	8754	7537	6530	5733
12	1952	0321	8899	7686	6682	5888
13	2090	0463	9044	7834	6833	6044
14	2227	0604	9189	7982	6985	6199
15	2365	0745	9334	8130	7137	6354
16	2503	0887	9478	8279	7289	6510
17	2641	1028	9623	8427	7441	6665
18	2779	1170	9768	8576	7593	6821
19	2918	1311	9913	8724	7745	6976
20	3056	1453	1,0190059	8873	7897	7132
21	3194	1595	0204	9022	8049	7288
22	3332	1737	0349	9170	8202	7443
23	3471	1878	0494	9319	8354	7599
24	3609	2020	0640	9468	8506	7755
25	3748	2162	0785	9617	8659	7911
26	3886	2304	0931	9766	8811	8067
27	4025	2446	1076	9915	8964	8223
28	4163	2588	1222	1,0200064	9116	8379
29	4302	2731	1367	0213	9269	8535
30	4441	2873	1513	0362	9422	8692
31	4580	3015	1659	0512	9574	8848
32	4719	3158	1805	0661	9727	9004
33	4858	3300	1951	0810	9880	9161
34	4997	3442	2097	0960	1,0210033	9317
35	5136	3585	2243	1109	0186	9474
36	5275	3728	2389	1259	0339	9630
37	5414	3870	2535	1408	0492	9787
38	5553	4013	2681	1558	0645	9944
39	5692	4156	2827	1708	0799	1,0220100
40	5832	4298	2973	1858	0952	0257
41	5971	4441	3120	2008	1105	0414
42	6111	4584	3266	2157	1259	0571
43	6250	4727	3413	2307	1412	0728
44	6390	4870	3559	2457	1566	0885
45	6529	5013	3706	2607	1719	1042
46	6669	5157	3852	2758	1873	1199
47	6809	5300	3999	2908	2027	1357
48	6949	5443	4146	3058	2180	1514
49	7089	5586	4293	3208	2334	1671
50	7228	5730	4440	3359	2488	1829
51	7368	5873	4587	3509	2642	1986
52	7509	6017	4734	3660	2796	2144
53	7649	6160	4881	3810	2950	2301
54	7789	6304	5028	3961	3104	2459
55	7929	6448	5175	4111	3258	2617
56	8069	6591	5322	4262	3413	2774
57	8210	6735	5469	4413	3567	2932
58	8350	6879	5617	4564	3721	3090
59	8490	7023	5764	4715	3876	3248
60^s	1,0178631	1,0187167	1,0195912	1,0204866	1,0214030	1,0223406

23. Tafel der Werte sec t

	48^m	49^m	50^m	51^m	52^m	53^m
0^s	1,0223406	1,0232994	1,0242795	1,0252811	1,0263041	1,0273488
1	3564	3156	2960	2979	3213	3664
2	3722	3317	3126	3148	3386	3840
3	3880	3479	3291	3317	3558	4016
4	4039	3641	3456	3486	3731	4192
5	4197	3803	3622	3655	3903	4368
6	4355	3964	3787	3824	4076	4544
7	4514	4126	3953	3993	4249	4721
8	4672	4288	4118	4162	4421	4897
9	4831	4451	4284	4331	4594	5074
10	4989	4613	4449	4501	4767	5250
11	5148	4775	4615	4670	4940	5427
12	5307	4937	4781	4839	5113	5603
13	5465	5099	4947	5009	5286	5780
14	5624	5262	5113	5178	5459	5957
15	5783	5424	5279	5348	5632	6133
16	5942	5587	5445	5518	5806	6310
17	6101	5749	5611	5687	5979	6487
18	6260	5912	5777	5857	6152	6664
19	6419	6075	5943	6027	6326	6841
20	6578	6237	6110	6197	6499	7018
21	6738	6400	6276	6367	6673	7196
22	6897	6563	6443	6537	6846	7373
23	7056	6726	6609	6707	7020	7550
24	7216	6889	6776	6877	7194	7727
25	7375	7052	6942	7047	7368	7905
26	7534	7215	7109	7217	7541	8082
27	7694	7378	7275	7388	7715	8260
28	7854	7541	7442	7558	7889	8437
29	8014	7705	7609	7728	8063	8615
30	8173	7868	7776	7899	8237	8793
31	8333	8031	7943	8069	8412	8970
32	8493	8195	8110	8240	8586	9148
33	8653	8358	8277	8411	8760	9326
34	8813	8522	8444	8581	8934	9504
35	8973	8685	8611	8752	9109	9682
36	9133	8849	8779	8923	9283	9860
37	9293	9013	8946	9094	9458	1,0280038
38	9454	9177	9113	9265	9632	0216
39	9614	9340	9281	9436	9807	0395
40	9774	9504	9448	9607	9982	0573
41	9935	9668	9616	9778	1,0270156	0751
42	1,0230095	9832	9783	9949	0331	0930
43	0256	9996	9951	1,0260121	0506	1108
44	0416	1,0240161	1,0250119	0292	0681	1287
45	0577	0325	0287	0463	0856	1465
46	0738	0489	0454	0635	1031	1644
47	0898	0653	0622	0806	1206	1823
48	1059	0818	0790	0978	1381	2002
49	1220	0982	0958	1149	1556	2181
50	1381	1147	1126	1321	1732	2359
51	1542	1311	1295	1493	1907	2538
52	1703	1476	1463	1665	2082	2717
53	1864	1641	1631	1836	2258	2897
54	2026	1805	1799	2008	2433	3076
55	2187	1970	1968	2180	2609	3255
56	2348	2135	2136	2352	2785	3434
57	2509	2300	2305	2524	2960	3614
58	2671	2465	2473	2697	3136	3793
59	2832	2630	2642	2869	3312	3972
60^s	1,0232994	1,0242795	1,0252811	1,0263041	1,0273488	1,0284152

23. Tafel der Werte sec t

	54^m	55^m	56^m	57^m	58^m	59^m
0^s	1,0284152	1,0295034	1,0306136	1,0317459	1,0329003	1,0340770
1	4332	5218	6323	7649	9197	0968
2	4511	5401	6510	7840	9392	1166
3	4691	5584	6697	8031	9586	1365
4	4871	5768	6884	8222	9781	1563
5	5050	5951	7071	8412	9975	1761
6	5230	6135	7259	8603	1,0330170	1959
7	5410	6318	7446	8794	0364	2158
8	5590	6502	7633	8985	0559	2356
9	5770	6686	7821	9176	0754	2555
10	5950	6869	8008	9367	0949	2753
11	6131	7053	8196	9559	1144	2952
12	6311	7237	8383	9750	1339	3151
13	6491	7421	8571	9941	1534	3349
14	6672	7605	8758	1,0320133	1729	3548
15	6852	7789	8946	0324	1924	3747
16	7033	7973	9134	0516	2119	3946
17	7213	8158	9322	0707	2314	4145
18	7394	8342	9510	0899	2510	4344
19	7574	8526	9698	1090	2705	4543
20	7755	8711	9886	1282	2901	4743
21	7936	8895	1,0310074	1474	3096	4942
22	8117	9080	0262	1666	3292	5141
23	8298	9264	0450	1858	3487	5341
24	8479	9449	0639	2050	3683	5540
25	8660	9633	0827	2242	3879	5739
26	8841	9818	1016	2434	4075	5939
27	9022	1,0300003	1204	2626	4271	6139
28	9203	0188	1393	2818	4467	6338
29	9384	0373	1581	3011	4663	6538
30	9566	0558	1770	3203	4859	6738
31	9747	0743	1959	3396	5055	6938
32	9929	0928	2147	3588	5251	7138
33	1,0290110	1113	2336	3781	5447	7338
34	0292	1298	2525	3973	5644	7538
35	0473	1484	2714	4166	5840	7738
36	0655	1669	2903	4359	6037	7938
37	0837	1855	3092	4552	6233	8139
38	1019	2040	3282	4744	6430	8339
39	1201	2226	3471	4937	6626	8539
40	1383	2411	3660	5130	6823	8740
41	1565	2597	3849	5323	7020	8940
42	1747	2783	4039	5516	7217	9141
43	1929	2968	4228	5710	7414	9341
44	2111	3154	4418	5903	7611	9542
45	2293	3340	4607	6096	7808	9743
46	2476	3526	4797	6290	8005	9944
47	2658	3712	4987	6483	8202	1,0350145
48	2840	3898	5177	6676	8399	0346
49	3023	4084	5366	6870	8596	0547
50	3205	4271	5556	7064	8794	0748
51	3388	4457	5746	7257	8991	0949
52	3571	4643	5936	7451	9188	1150
53	3753	4830	6126	7645	9386	1351
54	3936	5016	6317	7839	9584	1553
55	4119	5203	6507	8033	9781	1754
56	4302	5389	6697	8227	9979	1955
57	4485	5576	6887	8421	1,0340177	2157
58	4668	5763	7078	8615	0375	2358
59	4851	5949	7268	8809	0572	2560
60^s	1,0295034	1,0306136	1,0317459	1,0329003	1,0340770	1,0352762

24. Tafel der Werte $2 \cdot \sin^2 \frac{t}{2} \cdot \frac{1}{\sin 1''}$

0^m00^s	0",000	1^m00^s	1",964	2^m00^s	7",854	3^m00^s	17",671	4^m00^s	31",415
01	001	01	2,029	01	985	01	868	01	677
02	002	02	097	02	8,118	02	18,066	02	940
03	005	03	165	03	252	03	265	03	32,205
04	009	04	234	04	386	04	465	04	471
05	014	05	304	05	522	05	667	05	738
06	020	06	376	06	659	06	869	06	33,006
07	027	07	448	07	797	07	19,072	07	274
08	035	08	522	08	936	08	277	08	544
09	044	09	597	09	9,076	09	483	09	816
10	055	10	672	10	218	10	690	10	34,088
11	066	11	749	11	360	11	897	11	361
12	079	12	827	12	503	12	20,106	12	635
13	092	13	907	13	648	13	316	13	910
14	107	14	987	14	793	14	527	14	35,187
15	123	15	3,068	15	940	15	739	15	464
16	140	16	150	16	10,088	16	952	16	743
17	158	17	234	17	237	17	21,167	17	36,023
18	177	18	318	18	387	18	382	18	304
19	197	19	404	19	538	19	599	19	585
20	218	20	491	20	690	20	816	20	869
21	241	21	579	21	843	21	22,035	21	37,153
22	264	22	667	22	997	22	254	22	438
23	289	23	757	23	11,153	23	475	23	725
24	314	24	848	24	310	24	698	24	38,012
25	341	25	941	25	467	25	921	25	300
26	369	26	4,034	26	626	26	23,145	26	590
27	398	27	128	27	786	27	370	27	881
28	428	28	224	28	947	28	596	28	39,173
29	459	29	320	29	12,109	29	824	29	466
30	491	30	418	30	272	30	24,053	30	760
31	524	31	516	31	436	31	282	31	40,055
32	559	32	616	32	601	32	513	32	350
33	594	33	717	33	767	33	744	33	648
34	630	34	819	34	935	34	977	34	947
35	668	35	922	35	13,103	35	25,211	35	41,246
36	707	36	5,027	36	273	36	446	36	546
37	747	37	132	37	444	37	683	37	848
38	788	38	238	38	616	38	920	38	42,151
39	830	39	345	39	789	39	26,158	39	454
40	873	40	454	40	962	40	397	40	759
41	917	41	564	41	14,138	41	638	41	43,065
42	962	42	674	42	314	42	879	42	372
43	1,008	43	786	43	491	43	27,122	43	680
44	056	44	899	44	669	44	366	44	989
45	105	45	6,013	45	849	45	611	45	44,300
46	154	46	128	46	15,029	46	857	46	611
47	205	47	244	47	211	47	28,104	47	923
48	257	48	362	48	394	48	352	48	45,237
49	310	49	480	49	578	49	602	49	552
50	364	50	599	50	763	50	852	50	868
51	419	51	720	51	948	51	29,103	51	46,184
52	475	52	842	52	16,136	52	356	52	502
53	532	53	964	53	323	53	609	53	822
54	590	54	7,088	54	513	54	864	54	47,142
55	650	55	213	55	703	55	30,120	55	463
56	710	56	339	56	895	56	377	56	786
57	772	57	466	57	17,087	57	635	57	48,109
58	835	58	594	58	281	58	894	58	433
59	899	59	723	59	476	59	31,154	59	758
1^m00^s	1",964	2^m00^s	7",854	3^m00^s	17",671	4^m00^s	31",415	5^m00^s	49",086

25. Refraktionstafel

a) Normalrefraktion r_0

z'	r_0	z'	r_0	z'	r_0	z'	r_0	z'	r_0	z'	r_0
0°00'	0″00	10°00'	10″60	20°00'	21″87	30°00'	34″69	40°00'	0'50″40	50°00'	1'11″51
10	0,18	10	10,78	10	22,07	10	34,92	10	50,70	10	11,94
20	0,35	20	10,96	20	22,27	20	35,16	20	51,00	20	12,37
30	0,53	30	11,14	30	22,47	30	35,39	30	51,30	30	12,80
40	0,70	40	11,32	40	22,67	40	35,63	40	51,61	40	13,23
50	0,88	50	11,50	50	22,87	50	35,86	50	51,91	50	13,66
1 00	1,05	11 00	11,68	21 00	23,07	31 00	36,10	41 00	52,21	51 00	14,10
10	1,23	10	11,86	10	23,27	10	36,34	10	52,52	10	14,54
20	1,40	20	12,04	20	23,47	20	36,58	20	52,83	20	14,98
30	1,58	30	12,23	30	23,68	30	36,82	30	53,14	30	15,42
40	1,75	40	12,41	40	23,88	40	37,06	40	53,45	40	15,87
50	1,92	50	12,59	50	24,08	50	37,30	50	53,76	50	16,33
2 00	2,10	12 00	12,77	22 00	24,28	32 00	37,54	42 00	54,07	52 00	16,79
10	2,28	10	12,95	10	24,48	10	37,78	10	54,39	10	17,25
20	2,45	20	13,14	20	24,69	20	38,03	20	54,70	20	17,71
30	2,63	30	13,32	30	24,89	30	38,27	30	55,02	30	18,18
40	2,80	40	13,50	40	25,10	40	38,52	40	55,35	40	18,65
50	2,98	50	13,69	50	25,30	50	38,76	50	55,67	50	19,12
3 00	3,15	13 00	13,87	23 00	25,51	33 00	39,01	43 00	56,00	53 00	19,60
10	3,32	10	14,06	10	25,72	10	39,26	10	56,32	10	20,09
20	3,50	20	14,24	20	25,92	20	39,51	20	56,65	20	20,58
30	3,67	30	14,42	30	26,13	30	39,77	30	56,98	30	21,06
40	3,85	40	14,61	40	26,34	40	40,02	40	57,31	40	21,55
50	4,02	50	14,79	50	26,54	50	40,27	50	57,65	50	22,05
4 00	4,20	14 00	14,98	24 00	26,75	34 00	40,52	44 00	57,98	54 00	22,56
10	4,38	10	15,17	10	26,96	10	40,78	10	58,32	10	23,06
20	4,55	20	15,35	20	27,17	20	41,03	20	58,66	20	23,57
30	4,72	30	15,54	30	27,39	30	41,29	30	59,00	30	24,08
40	4,90	40	15,73	40	27,60	40	41,55	40	59,35	40	24,60
50	5,08	50	15,91	50	27,81	50	41,80	50	59,69	50	25,12
5 00	5,25	15 00	16,10	25 00	28,02	35 00	42,06	45 00	1'00,04	55 00	25,64
10	5,43	10	16,29	10	28,23	10	42,32	10	00,39	10	26,17
20	5,60	20	16,48	20	28,44	20	42,59	20	00,74	20	26,71
30	5,78	30	16,66	30	28,66	30	42,85	30	01,09	30	27,26
40	5,96	40	16,85	40	28,88	40	43,11	40	01,45	40	27,80
50	6,13	50	17,04	50	29,09	50	43,38	50	01,81	50	28,34
6 00	6,31	16 00	17,23	26 00	29,31	36 00	43,64	46 00	02,17	56 00	28,89
10	6,49	10	17,42	10	29,53	10	43,91	10	02,53	10	29,45
20	6,67	20	17,61	20	29,75	20	44,18	20	02,89	20	30,01
30	6,84	30	17,80	30	29,96	30	44,45	30	03,26	30	30,58
40	7,02	40	17,99	40	30,18	40	44,72	40	03,63	40	31,15
50	7,20	50	18,18	50	30,40	50	44,99	50	04,00	50	31,73
7 00	7,38	17 00	18,37	27 00	30,61	37 00	45,26	47 00	04,37	57 00	32,31
10	7,56	10	18,56	10	30,83	10	45,54	10	04,75	10	32,90
20	7,74	20	18,76	20	31,06	20	45,81	20	05,13	20	33,49
30	7,91	30	18,95	30	31,28	30	46,09	30	05,51	30	34,09
40	8,09	40	19,14	40	31,50	40	46,37	40	05,89	40	34,69
50	8,27	50	19,34	50	31,73	50	46,64	50	06,28	50	35,30
8 00	8,45	18 00	19,53	28 00	31,95	38 00	46,92	48 00	06,67	58 00	35,92
10	8,63	10	19,73	10	32,18	10	47,21	10	07,05	10	36,54
20	8,81	20	19,92	20	32,40	20	47,49	20	07,44	20	37,16
30	8,98	30	20,11	30	32,63	30	47,78	30	07,84	30	37,79
40	9,16	40	20,30	40	32,86	40	48,07	40	08,24	40	38,43
50	9,34	50	20,50	50	33,08	50	48,35	50	08,64	50	39,08
9 00	9,52	19 00	20,69	29 00	33,31	39 00	48,64	49 00	09,04	59 00	39,73
10	9,70	10	20,89	10	33,54	10	48,93	10	09,44	10	40,39
20	9,88	20	21,09	20	33,77	20	49,23	20	09,85	20	41,05
30	10,06	30	21,28	30	34,00	30	49,52	30	10,27	30	41,72
40	10,24	40	21,48	40	34,23	40	49,81	40	10,68	40	42,39
50	10,42	50	21,67	50	34,46	50	50,10	50	11,09	50	43,07
10°00'	10″60	20°00'	21″87	30°00'	34″69	40°00'	50″40	50°00'	1'11″51	60°00'	1'43″76

25. Refraktionstafel

a) Normalrefraktion r_o

z'	r_o	z'	r_o	z'	r_o	z'	r_o	z'	r_o	z'	r_o
60°00'	1'43"76	65°00'	2'08"25	70°00'	2'43"78	75°00'	3'41"00	80°00'	5'29"8	85°00'	10'13"5
10	44,46	10	09,21	10	45,25	10	43,51	10	35,1	10	30,7
20	45,16	20	10,20	20	46,75	20	46,09	20	40,6	20	48,9
30	45,87	30	11,19	30	48,27	30	48,73	30	46,3	30	11 08,0
40	46,59	40	12,20	40	49,81	40	51,42	40	52,2	40	28,1
50	47,31	50	13,22	50	51,38	50	54,16	50	58,3	50	49,3
61 00	48,04	66 00	14,26	71 00	52,97	76 00	56,97	81 00	6 04,5	86 00	12 11,8
10	48,78	10	15,30	10	54,58	10	59,84	10	11,0	10	35,6
20	49,53	20	16,36	20	56,23	20	4 02,78	20	17,7	20	13 00,9
30	50,29	30	17,44	30	57,91	30	05,79	30	24,6	30	27,7
40	51,05	40	18,53	40	59,61	40	08,86	40	31,7	40	56,2
50	51,82	50	19,62	50	3 01,34	50	12,01	50	39,1	50	14 26,5
62 00	52,60	67 00	20,74	72 00	03,10	77 00	15,23	82 00	46,8	87 00	58,8
10	53,39	10	21,87	10	04,89	10	18,5	10	54,7	10	15 33,3
20	54,19	20	23,03	20	06,71	20	21,9	20	7 03,0	20	16 10,2
30	54,99	30	24,19	30	08,57	30	25,4	30	11,5	30	49,7
40	55,81	40	25,36	40	10,46	40	28,9	40	20,4	40	17 32,1
50	56,64	50	26,56	50	12,39	50	32,6	50	29,7	50	18 17,6
63 00	57,47	68 00	27,78	73 00	14,34	78 00	36,3	83 00	39,3	88 00	19 06,6
10	58,30	10	29,01	10	16,34	10	40,1	10	49,3	10	59,4
20	59,15	20	30,25	20	18,37	20	44,0	20	59,7	20	20 56,4
30	2 00,02	30	31,51	30	20,44	30	48,1	30	8 10,6	30	21 58,2
40	00,89	40	32,80	40	22,55	40	52,2	40	21,9	40	23 05,1
50	01,77	50	34,10	50	24,70	50	56,4	50	33,8	50	24 17,8
64 00	02,67	69 00	35,43	74 00	26,89	79 00	5 00,8	84 00	46,1	89 00	25 37,0
10	03,57	10	36,77	10	29,12	10	05,3	10	59,0	10	27 03,3
20	04,49	20	38,13	20	31,40	20	09,9	20	9 12,5	20	28 37,6
30	05,41	30	39,52	30	33,73	30	14,7	30	26,7	30	30 20,9
40	06,35	40	40,92	40	36,10	40	19,6	40	41,6	40	32 14,2
50	07,29	50	42,34	50	38,53	50	24,6	50	57,2	50	34 18,8
65°00'	2'08"25	70°00'	2'43"78	75°00'	3'41"00	80°00'	5'29"8	85°00'	10'13"5	90°00'	36'36"0

b) Korrektionsfaktor F für Temperatur t (°C)

Temperatur t	F	Temperatur t	F	Temperatur t	F	Temperatur t	F
-20°	+1,0827	- 5°	+1,0195	+10°	+0,9631	+25°	+0,9123
19	0782	4	0155	11	9595	26	9091
18	0738	3	0116	12	9560	27	9059
17	0694	2	0077	13	9525	28	9028
16	0651	- 1	0038	14	9490	29	8996
15	0608	0	0000	15	9455	30	8965
14	0565	+ 1	0,9962	16	9421	31	8934
13	0523	2	9924	17	9387	32	8903
12	0481	3	9886	18	9353	33	8873
11	0439	4	9849	19	9320	34	8842
10	0398	5	9812	20	9286	35	8812
9	0357	6	9775	21	9253	36	8782
8	0316	7	9739	22	9220	37	8752
7	0275	8	9702	23	9188	38	8723
6	0235	9	9666	24	9155	39	8693
- 5°	+1,0195	+10°	+0,9631	+25°	+0,9123	+40°	+0,8664

25. Refraktionstafel

c) Korrektionsfaktor G für Druck p (Torr)

p	G	p	G	p	G	p	G	p	G
490	+0,6447	550	+0,7237	610	+0,8026	670	+0,8816	730	+0,9605
491	6461	551	7250	611	8039	671	8829	731	9618
492	6474	552	7263	612	8053	672	8842	732	9632
493	6487	553	7276	613	8066	673	8855	733	9645
494	6500	554	7289	614	8079	674	8868	734	9658
495	6513	555	7303	615	8092	675	8882	735	9671
496	6526	556	7316	616	8105	676	8895	736	9684
497	6539	557	7329	617	8118	677	8908	737	9697
498	6553	558	7342	618	8132	678	8921	738	9711
499	6566	559	7355	619	8145	679	8934	739	9724
500	6579	560	7368	620	8158	680	8947	740	9737
501	6592	561	7382	621	8171	681	8961	741	9750
502	6605	562	7395	622	8184	682	8974	742	9763
503	6618	563	7408	623	8197	683	8987	743	9776
504	6632	564	7421	624	8211	684	9000	744	9789
505	6645	565	7434	625	8224	685	9013	745	9803
506	6658	566	7447	626	8237	686	9026	746	9816
507	6671	567	7461	627	8250	687	9039	747	9829
508	6684	568	7474	628	8263	688	9053	748	9842
509	6697	569	7487	629	8276	689	9066	749	9855
510	6711	570	7500	630	8289	690	9079	750	9868
511	6724	571	7513	631	8303	691	9092	751	9882
512	6737	572	7526	632	8316	692	9105	752	9895
513	6750	573	7539	633	8329	693	9118	753	9908
514	6763	574	7553	634	8342	694	9132	754	9921
515	6776	575	7566	635	8355	695	9145	755	9934
516	6789	576	7579	636	8368	696	9158	756	9947
517	6803	577	7592	637	8382	697	9171	757	9961
518	6816	578	7605	638	8395	698	9184	758	9974
519	6829	579	7618	639	8408	699	9197	759	9987
520	6842	580	7632	640	8421	700	9211	760	1,0000
521	6855	581	7645	641	8434	701	9224	761	0013
522	6868	582	7658	642	8447	702	9237	762	0026
523	6882	583	7671	643	8461	703	9250	763	0039
524	6895	584	7684	644	8474	704	9263	764	0053
525	6908	585	7697	645	8487	705	9276	765	0066
526	6921	586	7711	646	8500	706	9289	766	0079
527	6934	587	7724	647	8513	707	9303	767	0092
528	6947	588	7737	648	8526	708	9316	768	0105
529	6961	589	7750	649	8539	709	9329	769	0118
530	6974	590	7763	650	8553	710	9342	770	0132
531	6987	591	7776	651	8566	711	9355	771	0145
532	7000	592	7789	652	8579	712	9368	772	0158
533	7013	593	7803	653	8592	713	9382	773	0171
534	7026	594	7816	654	8605	714	9395	774	0184
535	7039	595	7829	655	8618	715	9408	775	0197
536	7053	596	7842	656	8632	716	9421	776	0211
537	7066	597	7855	657	8645	717	9434	777	0224
538	7079	598	7868	658	8658	718	9447	778	0237
539	7092	599	7882	659	8671	719	9461	779	0250
540	7105	600	7895	660	8684	720	9474	780	0263
541	7118	601	7908	661	8697	721	9487	781	0276
542	7132	602	7921	662	8711	722	9500	782	0289
543	7145	603	7934	663	8724	723	9513	783	0303
544	7158	604	7947	664	8737	724	9526	784	0316
545	7171	605	7961	665	8750	725	9539	785	0329
546	7184	606	7974	666	8763	726	9553	786	0342
547	7197	607	7987	667	8776	727	9566	787	0355
548	7211	608	8000	668	8789	728	9579	788	0368
549	7224	609	8013	669	8803	729	9592	789	0382
550	+0,7237	610	+0,8026	670	+0,8816	730	+0,9605	790	+1,0395

26. Verwandlung von Mittlerer Zeit in Sternzeit

	0h	1h	2h	3h	4h	5h	6h	7h		
0m	0m 00s,000	0m 09s,856	0m 19s,713	0m 29s,569	0m 39s,426	0m 49s,282	0m 59s,139	1m 08s,995	0s	0s,000
1	00,164	10,021	19,877	29,734	39,590	49,447	59,303	09,160	1	,003
2	00,329	10,185	20,041	29,898	39,754	49,611	59,467	09,324	2	,005
3	00,493	10,349	20,206	30,062	39,919	49,775	59,632	09,488	3	,008
4	00,657	10,514	20,370	30,227	40,083	49,939	59,796	09,652	4	,011
5	0 00,821	0 10,678	0 20,534	0 30,391	0 40,247	0 50,104	0 59,960	1 09,817	5	0,014
6	00,986	10,842	20,699	30,555	40,412	50,268	1 00,124	09,981	6	,016
7	01,150	11,006	20,863	30,719	40,576	50,432	00,289	10,145	7	,019
8	01,314	11,171	21,027	30,884	40,740	50,597	00,453	10,310	8	,022
9	01,478	11,335	21,191	31,048	40,904	50,761	00,617	10,474	9	,025
10	0 01,643	0 11,499	0 21,356	0 31,212	0 41,069	0 50,925	1 00,782	1 10,638	10	0,027
11	01,807	11,663	21,520	31,376	41,233	51,089	00,946	10,802	11	,030
12	01,971	11,828	21,684	31,541	41,397	51,254	01,110	10,967	12	,033
13	02,136	11,992	21,849	31,705	41,561	51,418	01,274	11,131	13	,036
14	02,300	12,156	22,013	31,869	41,726	51,582	01,439	11,295	14	,038
15	0 02,464	0 12,321	0 22,177	0 32,034	0 41,890	0 51,746	1 01,603	1 11,459	15	0,041
16	02,628	12,485	22,341	32,198	42,054	51,911	01,767	11,624	16	,044
17	02,793	12,649	22,506	32,362	42,219	52,075	01,932	11,788	17	,047
18	02,957	12,813	22,670	32,526	42,383	52,239	02,096	11,952	18	,049
19	03,121	12,978	22,834	32,691	42,547	52,404	02,260	12,117	19	,052
20	0 03,285	0 13,142	0 22,998	0 32,855	0 42,711	0 52,568	1 02,424	1 12,281	20	0,055
21	03,450	13,306	23,163	33,019	42,876	52,732	02,589	12,445	21	,057
22	03,614	13,471	23,327	33,183	43,040	52,896	02,753	12,609	22	,060
23	03,778	13,635	23,491	33,348	43,204	53,061	02,917	12,774	23	,063
24	03,943	13,799	23,656	33,512	43,368	53,225	03,081	12,938	24	,066
25	0 04,107	0 13,963	0 23,820	0 33,676	0 43,533	0 53,389	1 03,246	1 13,102	25	0,068
26	04,271	14,128	23,984	33,841	43,697	53,554	03,410	13,266	26	,071
27	04,435	14,292	24,148	34,005	43,861	53,718	03,574	13,431	27	,074
28	04,600	14,456	24,313	34,169	44,026	53,882	03,739	13,595	28	,077
29	04,764	14,620	24,477	34,333	44,190	54,046	03,903	13,759	29	,079
30	0 04,928	0 14,785	0 24,641	0 34,498	0 44,354	0 54,211	1 04,067	1 13,924	30	0,082
31	05,093	14,949	24,805	34,662	44,518	54,375	04,231	14,088	31	,085
32	05,257	15,113	24,970	34,826	44,683	54,539	04,396	14,252	32	,088
33	05,421	15,278	25,134	34,990	44,847	54,703	04,560	14,416	33	,090
34	05,585	15,442	25,298	35,155	45,011	54,868	04,724	14,581	34	,093
35	0 05,750	0 15,606	0 25,463	0 35,319	0 45,176	0 55,032	1 04,888	1 14,745	35	0,096
36	05,914	15,770	25,627	35,483	45,340	55,196	05,053	14,909	36	,099
37	06,078	15,935	25,791	35,648	45,504	55,361	05,217	15,073	37	,101
38	06,242	16,099	25,955	35,812	45,668	55,525	05,381	15,238	38	,104
39	06,407	16,263	26,120	35,976	45,833	55,689	05,546	15,402	39	,107
40	0 06,571	0 16,427	0 26,284	0 36,140	0 45,997	0 55,853	1 05,710	1 15,566	40	0,110
41	06,735	16,592	26,448	36,305	46,161	56,018	05,874	15,731	41	,112
42	06,900	16,756	26,612	36,469	46,325	56,182	06,038	15,895	42	,115
43	07,064	16,920	26,777	36,633	46,490	56,346	06,203	16,059	43	,118
44	07,228	17,085	26,941	36,798	46,654	56,510	06,367	16,223	44	,120
45	0 07,392	0 17,249	0 27,105	0 36,962	0 46,818	0 56,675	1 06,531	1 16,388	45	0,123
46	07,557	17,413	27,270	37,126	46,983	56,839	06,695	16,552	46	,126
47	07,721	17,577	27,434	37,290	47,147	57,003	06,860	16,716	47	,129
48	07,885	17,742	27,598	37,455	47,311	57,168	07,024	16,880	48	,131
49	08,049	17,906	27,762	37,619	47,475	57,332	07,188	17,045	49	,134
50	0 08,214	0 18,070	0 27,927	0 37,783	0 47,640	0 57,496	1 07,353	1 17,209	50	0,137
51	08,378	18,234	28,091	37,947	47,804	57,660	07,517	17,373	51	,140
52	08,542	18,399	28,255	38,112	47,968	57,825	07,681	17,538	52	,142
53	08,707	18,563	28,419	38,276	48,132	57,989	07,845	17,702	53	,145
54	08,871	18,727	28,584	38,440	48,297	58,153	08,010	17,866	54	,148
55	0 09,035	0 18,892	0 28,748	0 38,605	0 48,461	0 58,317	1 08,174	1 18,030	55	0,151
56	09,199	19,056	28,912	38,769	48,625	58,482	08,338	18,195	56	,153
57	09,364	19,220	29,077	38,933	48,790	58,646	08,502	18,359	57	,156
58	09,528	19,384	29,241	39,097	48,954	58,810	08,667	18,523	58	,159
59	0 09,692	0 19,549	0 29,405	0 39,262	0 49,118	0 58,975	1 08,831	1 18,688	59	0,162

Verwandlung von Mittlerer Zeit in Sternzeit

	8^h	9^h	10^h	11^h	12^h	13^h	14^h	15^h		
0^m	$1^m18^s,852$	$1^m28^s,708$	$1^m38^s,565$	$1^m48^s,421$	$1^m58^s,278$	$2^m08^s,134$	$2^m17^s,991$	$2^m27^s,847$	0^s	$0^s,000$
1	19,016	28,873	38,729	48,585	58,442	08,298	18,155	28,011	1	,003
2	19,180	29,037	38,893	48,750	58,606	08,463	18,319	28,176	2	,005
3	19,345	29,201	39,058	48,914	58,771	08,627	18,483	28,340	3	,008
4	19,509	29,365	39,222	49,078	58,935	08,791	18,648	28,504	4	,011
5	1 19,673	1 29,530	1 39,386	1 49,243	1 59,099	2 08,956	2 18,812	2 28,668	5	0,014
6	19,837	29,694	39,550	49,407	59,263	09,120	18,976	28,833	6	,016
7	20,002	29,858	39,715	49,571	59,428	09,284	19,141	28,997	7	,019
8	20,166	30,022	39,879	49,735	59,592	09,448	19,305	29,161	8	,022
9	20,330	30,187	40,043	49,900	59,756	09,613	19,469	29,326	9	,025
10	1 20,495	1 30,351	1 40,207	1 50,064	1 59,920	2 09,777	2 19,633	2 29,490	10	0,027
11	20,659	30,515	40,372	50,228	2 00,085	09,941	19,798	29,654	11	,030
12	20,823	30,680	40,536	50,393	00,249	10,105	19,962	29,818	12	,033
13	20,987	30,844	40,700	50,557	00,413	10,270	20,126	29,983	13	,036
14	21,152	31,008	40,865	50,721	00,578	10,434	20,290	30,147	14	,038
15	1 21,316	1 31,172	1 41,029	1 50,885	2 00,742	2 10,598	2 20,455	2 30,311	15	0,041
16	21,480	31,337	41,193	51,050	00,906	10,763	20,619	30,475	16	,044
17	21,644	31,501	41,357	51,214	01,070	10,927	20,783	30,640	17	,047
18	21,809	31,665	41,522	51,378	01,235	11,091	20,948	30,804	18	,049
19	21,973	31,829	41,686	51,542	01,399	11,255	21,112	30,968	19	,052
20	1 22,137	1 31,994	1 41,850	1 51,707	2 01,563	2 11,420	2 21,276	2 31,133	20	0,055
21	22,302	32,158	42,014	51,871	01,727	11,584	21,440	31,297	21	,057
22	22,466	32,322	42,179	52,035	01,892	11,748	21,605	31,461	22	,060
23	22,630	32,487	42,343	52,200	02,056	11,912	21,769	31,625	23	,063
24	22,794	32,651	42,507	52,364	02,220	12,077	21,933	31,790	24	,066
25	1 22,959	1 32,815	1 42,672	1 52,528	2 02,385	2 12,241	2 22,097	2 31,954	25	0,068
26	23,123	32,979	42,836	52,692	02,549	12,405	22,262	32,118	26	,071
27	23,287	33,144	43,000	52,857	02,713	12,570	22,426	32,283	27	,074
28	23,451	33,308	43,164	53,021	02,877	12,734	22,590	32,447	28	,077
29	23,616	33,472	43,329	53,185	03,042	12,898	22,755	32,611	29	,079
30	1 23,780	1 33,636	1 43,493	1 53,349	2 03,206	2 13,062	2 22,919	2 32,775	30	0,082
31	23,944	33,801	43,657	53,514	03,370	13,227	23,083	32,940	31	,085
32	24,109	33,965	43,822	53,678	03,534	13,391	23,247	33,104	32	,088
33	24,273	34,129	43,986	53,842	03,699	13,555	23,412	33,268	33	,090
34	24,437	34,294	44,150	54,007	03,863	13,719	23,576	33,432	34	,093
35	1 24,601	1 34,458	1 44,314	1 54,171	2 04,027	2 13,884	2 23,740	2 33,597	35	0,096
36	24,766	34,622	44,479	54,335	04,192	14,048	23,905	33,761	36	,099
37	24,930	34,786	44,643	54,499	04,356	14,212	24,069	33,925	37	,101
38	25,094	34,951	44,807	54,664	04,520	14,377	24,233	34,090	38	,104
39	25,258	35,115	44,971	54,828	04,684	14,541	24,397	34,254	39	,107
40	1 25,423	1 35,279	1 45,136	1 54,992	2 04,849	2 14,705	2 24,562	2 34,418	40	0,110
41	25,587	35,444	45,300	55,156	05,013	14,869	24,726	34,582	41	,112
42	25,751	35,608	45,464	55,321	05,177	15,034	24,890	34,747	42	,115
43	25,916	35,772	45,629	55,485	05,341	15,198	25,054	34,911	43	,118
44	26,080	35,936	45,793	55,649	05,506	15,362	25,219	35,075	44	,120
45	1 26,244	1 36,101	1 45,957	1 55,814	2 05,670	2 15,527	2 25,383	2 35,239	45	0,123
46	26,408	36,265	46,121	55,978	05,834	15,691	25,547	35,404	46	,126
47	26,573	36,429	46,286	56,142	05,999	15,855	25,712	35,568	47	,129
48	26,737	36,593	46,450	56,306	06,163	16,019	25,876	35,732	48	,131
49	26,901	36,758	46,614	56,471	06,327	16,184	26,040	35,897	49	,134
50	1 27,066	1 36,922	1 46,778	1 56,635	2 06,491	2 16,348	2 26,204	2 36,061	50	0,137
51	27,230	37,086	46,943	56,799	06,656	16,512	26,369	36,225	51	,140
52	27,394	37,251	47,107	56,963	06,820	16,676	26,533	36,389	52	,142
53	27,558	37,415	47,271	57,128	06,984	16,841	26,697	36,554	53	,145
54	27,723	37,579	47,436	57,292	07,149	17,005	26,861	36,718	54	,148
55	1 27,887	1 37,743	1 47,600	1 57,456	2 07,313	2 17,169	2 27,026	2 36,882	55	0,151
56	28,051	37,908	47,764	57,621	07,477	17,334	27,190	37,046	56	,153
57	28,215	38,072	47,928	57,785	07,641	17,498	27,354	37,211	57	,156
58	28,380	38,236	48,093	57,949	07,806	17,662	27,519	37,375	58	,159
59	1 28,544	1 38,400	1 48,257	1 58,113	2 07,970	2 17,826	2 27,683	2 37,539	59	0,162

26. Verwandlung von Mittlerer Zeit in Sternzeit

	16^h	17^h	18^h	19^h	20^h	21^h	22^h	23^h		
0^m	$2^m37^s,704$	$2^m47^s,560$	$2^m57^s,417$	$3^m07^s,273$	$3^m17^s,129$	$3^m26^s,986$	$3^m36^s,842$	$3^m46^s,699$	0^s	$0^s,000$
1	37,868	47,724	57,581	07,437	17,294	27,150	37,007	46,863	1	,003
2	38,032	47,889	57,745	07,602	17,458	27,314	37,171	47,027	2	,005
3	38,196	48,053	57,909	07,766	17,622	27,479	37,335	47,192	3	,008
4	38,361	48,217	58,074	07,930	17,787	27,643	37,500	47,356	4	,011
5	2 38,525	2 48,381	2 58,238	3 08,094	3 17,951	3 27,807	3 37,664	3 47,520	5	0,014
6	38,689	48,546	58,402	08,259	18,115	27,972	37,828	47,685	6	,016
7	38,853	48,710	58,566	08,423	18,279	28,136	37,992	47,849	7	,019
8	39,018	48,874	58,731	08,587	18,444	28,300	38,157	48,013	8	,022
9	39,182	49,039	58,895	08,751	18,608	28,464	38,321	48,177	9	,025
10	2 39,346	2 49,203	2 59,059	3 08,916	3 18,772	3 28,629	3 38,485	3 48,342	10	0,027
11	39,511	49,367	59,224	09,080	18,936	28,793	38,649	48,506	11	,030
12	39,675	49,531	59,388	09,244	19,101	28,957	38,814	48,670	12	,033
13	39,839	49,696	59,552	09,409	19,265	29,122	38,978	48,834	13	,036
14	40,003	49,860	59,716	09,573	19,429	29,286	39,142	48,999	14	,038
15	2 40,168	2 50,024	2 59,881	3 09,737	3 19,594	3 29,450	3 39,307	3 49,163	15	0,041
16	40,332	50,188	3 00,045	09,901	19,758	29,614	39,471	49,327	16	,044
17	40,496	50,353	00,209	10,066	19,922	29,779	39,635	49,492	17	,047
18	40,661	50,517	00,373	10,230	20,086	29,943	39,799	49,656	18	,049
19	40,825	50,681	00,538	10,394	20,251	30,107	39,964	49,820	19	,052
20	2 40,989	2 50,846	3 00,702	3 10,558	3 20,415	3 30,271	3 40,128	3 49,984	20	0,055
21	41,153	51,010	00,866	10,723	20,579	30,436	40,292	50,149	21	,057
22	41,318	51,174	01,031	10,887	20,744	30,600	40,456	50,313	22	,060
23	41,482	51,338	01,195	11,051	20,908	30,764	40,621	50,477	23	,063
24	41,646	51,503	01,359	11,216	21,072	30,929	40,785	50,641	24	,066
25	2 41,810	2 51,667	3 01,523	3 11,380	3 21,236	3 31,093	3 40,949	3 50,806	25	0,068
26	41,975	51,831	01,688	11,544	21,401	31,257	41,114	50,970	26	,071
27	42,139	51,995	01,852	11,708	21,565	31,421	41,278	51,134	27	,074
28	42,303	52,160	02,016	11,873	21,729	31,586	41,442	51,299	28	,077
29	42,468	52,324	02,180	12,037	21,893	31,750	41,606	51,463	29	,079
30	2 42,632	2 52,488	3 02,345	3 12,201	3 22,058	3 31,914	3 41,771	3 51,627	30	0,082
31	42,796	52,653	02,509	12,366	22,222	32,078	41,935	51,791	31	,085
32	42,960	52,817	02,673	12,530	22,386	32,243	42,099	51,956	32	,088
33	43,125	52,981	02,838	12,694	22,551	32,407	42,263	52,120	33	,090
34	43,289	53,145	03,002	12,858	22,715	32,571	42,428	52,284	34	,093
35	2 43,453	2 53,310	3 03,166	3 13,023	3 22,879	3 32,736	3 42,592	3 52,448	35	0,096
36	43,617	53,474	03,330	13,187	23,043	32,900	42,756	52,613	36	,099
37	43,782	53,638	03,495	13,351	23,208	33,064	42,921	52,777	37	,101
38	43,946	53,802	03,659	13,515	23,372	33,228	43,085	52,941	38	,104
39	44,110	53,967	03,823	13,680	23,536	33,393	43,249	53,106	39	,107
40	2 44,275	2 54,131	3 03,988	3 13,844	3 23,700	3 33,557	3 43,413	3 53,270	40	0,110
41	44,439	54,295	04,152	14,008	23,865	33,721	43,578	53,434	41	,112
42	44,603	54,460	04,316	14,173	24,029	33,885	43,742	53,598	42	,115
43	44,767	54,624	04,480	14,337	24,193	34,050	43,906	53,763	43	,118
44	44,932	54,788	04,645	14,501	24,358	34,214	44,070	53,927	44	,120
45	2 45,096	2 54,952	3 04,809	3 14,665	3 24,522	3 34,378	3 44,235	3 54,091	45	0,123
46	45,260	55,117	04,973	14,830	24,686	34,543	44,399	54,256	46	,126
47	45,424	55,281	05,137	14,994	24,850	34,707	44,563	54,420	47	,129
48	45,589	55,445	05,302	15,158	25,015	34,871	44,728	54,584	48	,131
49	45,753	55,610	05,466	15,322	25,179	35,035	44,892	54,748	49	,134
50	2 45,917	2 55,774	3 05,630	3 15,487	3 25,343	3 35,200	3 45,056	3 54,913	50	0,137
51	46,082	55,938	05,795	15,651	25,507	35,364	45,220	55,077	51	,140
52	46,246	56,102	05,959	15,815	25,672	35,528	45,385	55,241	52	,142
53	46,410	56,267	06,123	15,980	25,836	35,692	45,549	55,405	53	,145
54	46,574	56,431	06,287	16,144	26,000	35,857	45,713	55,570	54	,148
55	2 46,739	2 56,595	3 06,452	3 16,308	3 26,165	3 36,021	3 45,878	3 55,734	55	0,151
56	46,903	56,759	06,616	16,472	26,329	36,185	46,042	55,898	56	,153
57	47,067	56,924	06,780	16,637	26,493	36,350	46,206	56,063	57	,156
58	47,231	57,088	06,944	16,801	26,657	36,514	46,370	56,227	58	,159
59	2 47,396	2 57,252	3 07,109	3 16,965	3 26,822	3 36,678	3 46,535	3 56,391	59	0,162

27. Verwandlung der Sternzeit in Mittlere Zeit

	0^h	1^h	2^h	3^h	4^h	5^h	6^h	7^h		
0^m	$0^m00^s,000$	$0^m09^s,830$	$0^m19^s,659$	$0^m29^s,489$	$0^m39^s,318$	$0^m49^s,148$	$0^m58^s,977$	$1^m08^s,807$	0^s	$0^s,000$
1	00,164	09,993	19,823	29,653	39,482	49,312	59,141	08,971	1	,003
2	00,328	10,157	19,987	29,816	39,646	49,475	59,305	09,135	2	,005
3	00,491	10,321	20,151	29,980	39,810	49,639	59,469	09,298	3	,008
4	00,655	10,485	20,314	30,144	39,974	49,803	59,633	09,462	4	,011
5	0 00,819	0 10,649	0 20,478	0 30,308	0 40,137	0 49,967	0 59,796	1 09,626	5	0,014
6	00,983	10,813	20,642	30,472	40,301	50,131	0 59,960	09,790	6	,016
7	01,147	10,976	20,806	30,635	40,465	50,295	1 00,124	09,954	7	,019
8	01,311	11,140	20,970	30,799	40,629	50,458	00,288	10,118	8	,022
9	01,474	11,304	21,134	30,963	40,793	50,622	00,452	10,281	9	,025
10	0 01,638	0 11,468	0 21,297	0 31,127	0 40,957	0 50,786	1 00,616	1 10,445	10	0,027
11	01,802	11,632	21,461	31,291	41,120	50,950	00,779	10,609	11	,030
12	01,966	11,795	21,625	31,455	41,284	51,114	00,943	10,773	12	,033
13	02,130	11,959	21,789	31,618	41,448	51,278	01,107	10,937	13	,035
14	02,294	12,123	21,953	31,782	41,612	51,441	01,271	11,100	14	,038
15	0 02,457	0 12,287	0 22,117	0 31,946	0 41,776	0 51,605	1 01,435	1 11,264	15	0,041
16	02,621	12,451	22,280	32,110	41,939	51,769	01,599	11,428	16	,044
17	02,785	12,615	22,444	32,274	42,103	51,933	01,762	11,592	17	,046
18	02,949	12,778	22,608	32,438	42,267	52,097	01,926	11,756	18	,049
19	03,113	12,942	22,772	32,601	42,431	52,260	02,090	11,920	19	,052
20	0 03,277	0 13,106	0 22,936	0 32,765	0 42,595	0 52,424	1 02,254	1 12,083	20	0,055
21	03,440	13,270	23,099	32,929	42,759	52,588	02,418	12,247	21	,057
22	03,604	13,434	23,263	33,093	42,922	52,752	02,582	12,411	22	,060
23	03,768	13,598	23,427	33,257	43,086	52,916	02,745	12,575	23	,063
24	03,932	13,761	23,591	33,421	43,250	53,080	02,909	12,739	24	,066
25	0 04,096	0 13,925	0 23,755	0 33,584	0 43,414	0 53,243	1 03,073	1 12,903	25	0,068
26	04,259	14,089	23,919	33,748	43,578	53,407	03,237	13,066	26	,071
27	04,423	14,253	24,082	33,912	43,742	53,571	03,401	13,230	27	,074
28	04,587	14,417	24,246	34,076	43,905	53,735	03,564	13,394	28	,076
29	04,751	14,581	24,410	34,240	44,069	53,899	03,728	13,558	29	,079
30	0 04,915	0 14,744	0 24,574	0 34,403	0 44,233	0 54,063	1 03,892	1 13,722	30	0,082
31	05,079	14,908	24,738	34,567	44,397	54,226	04,056	13,886	31	,085
32	05,242	15,072	24,902	34,731	44,561	54,390	04,220	14,049	32	,087
33	05,406	15,236	25,065	34,895	44,725	54,554	04,384	14,213	33	,090
34	05,570	15,400	25,229	35,059	44,888	54,718	04,547	14,377	34	,093
35	0 05,734	0 15,563	0 25,393	0 35,223	0 45,052	0 54,882	1 04,711	1 14,541	35	0,096
36	05,898	15,727	25,557	35,386	45,216	55,046	04,875	14,705	36	,098
37	06,062	15,891	25,721	35,550	45,380	55,209	05,039	14,868	37	,101
38	06,225	16,055	25,885	35,714	45,544	55,373	05,203	15,032	38	,104
39	06,389	16,219	26,048	35,878	45,707	55,537	05,367	15,196	39	,106
40	0 06,553	0 16,383	0 26,212	0 36,042	0 45,871	0 55,701	1 05,530	1 15,360	40	0,109
41	06,717	16,546	26,376	36,206	46,035	55,865	05,694	15,524	41	,112
42	06,881	16,710	26,540	36,369	46,199	56,028	05,858	15,688	42	,115
43	07,045	16,874	26,704	36,533	46,363	56,192	06,022	15,851	43	,117
44	07,208	17,038	26,867	36,697	46,527	56,356	06,186	16,015	44	,120
45	0 07,372	0 17,202	0 27,031	0 36,861	0 46,690	0 56,520	1 06,350	1 16,179	45	0,123
46	07,536	17,366	27,195	37,025	46,854	56,684	06,513	16,343	46	,126
47	07,700	17,529	27,359	37,189	47,018	56,848	06,677	16,507	47	,128
48	07,864	17,693	27,523	37,352	47,182	57,[illegible]1	06,841	16,671	48	,131
49	08,027	17,857	27,687	37,516	47,346	57,175	07,005	16,834	49	,134
50	0 08,191	0 18,021	0 27,850	0 37,680	0 47,510	0 57,339	1 07,169	1 16,998	50	0,137
51	08,355	18,185	28,014	37,844	47,673	57,503	07,332	17,162	51	,139
52	08,519	18,349	28,178	38,008	47,837	57,667	07,496	17,326	52	,142
53	08,683	18,512	28,342	38,171	48,001	57,831	07,660	17,490	53	,145
54	08,847	18,676	28,506	38,335	48,165	57,994	07,824	17,654	54	,147
55	0 09,010	0 18,840	0 28,670	0 38,499	0 48,329	0 58,158	1 07,988	1 17,817	55	0,150
56	09,174	19,004	28,833	38,663	48,493	58,322	08,152	17,981	56	,153
57	09,338	19,168	28,997	38,827	48,656	58,486	08,315	18,145	57	,156
58	09,502	19,331	29,161	38,991	48,820	58,650	08,479	18,309	58	,158
59	0 09,666	0 19,495	0 29,325	0 39,154	0 48,984	0 58,814	1 08,643	1 18,473	59	0,161

 Verwandlung der Sternzeit in Mittlere Zeit

	8^h	9^h	10^h	11^h	12^h	13^h	14^h	15^h		
0^m	$1^m18^s,636$	$1^m28^s,466$	$1^m38^s,296$	$1^m48^s,125$	$1^m57^s,955$	$2^m07^s,784$	$2^m17^s,614$	$2^m27^s,443$	0^s	$0^s,000$
1	18,800	28,630	38,459	48,289	58,119	07,948	17,778	27,607	1	,003
2	18,964	28,794	38,623	48,453	58,282	08,112	17,942	27,771	2	,005
3	19,128	28,958	38,787	48,617	58,446	08,276	18,105	27,935	3	,008
4	19,292	29,121	38,951	48,780	58,610	08,440	18,269	28,099	4	,011
5	1 19,456	1 29,285	1 39,115	1 48,944	1 58,774	2 08,603	2 18,433	2 28,263	5	0,014
6	19,619	29,449	39,279	49,108	58,938	08,767	18,597	28,426	6	,016
7	19,783	29,613	39,442	49,272	59,102	08,931	18,761	28,590	7	,019
8	19,947	29,777	39,606	49,436	59,265	09,095	18,924	28,754	8	,022
9	20,111	29,940	39,770	49,600	59,429	09,259	19,088	28,918	9	,025
10	1 20,275	1 30,104	1 39,934	1 49,763	1 59,593	2 09,423	2 19,252	2 29,082	10	0,027
11	20,439	30,268	40,098	49,927	59,757	09,586	19,416	29,245	11	,030
12	20,602	30,432	40,262	50,091	1 59,921	09,750	19,580	29,409	12	,033
13	20,766	30,596	40,425	50,255	2 00,084	09,914	19,744	29,573	13	,035
14	20,930	30,760	40,589	50,419	00,248	10,078	19,907	29,737	14	,038
15	1 21,094	1 30,923	1 40,753	1 50,583	2 00,412	2 10,242	2 20,071	2 29,901	15	0,041
16	21,258	31,087	40,917	50,746	00,576	10,406	20,235	30,065	16	,044
17	21,422	31,251	41,081	50,910	00,740	10,569	20,399	30,228	17	,046
18	21,585	31,415	41,244	51,074	00,904	10,733	20,563	30,392	18	,049
19	21,749	31,579	41,408	51,238	01,067	10,897	20,727	30,556	19	,052
20	1 21,913	1 31,743	1 41,572	1 51,402	2 01,231	2 11,061	2 20,890	2 30,720	20	0,055
21	22,077	31,906	41,736	51,566	01,395	11,225	21,054	30,884	21	,057
22	22,241	32,070	41,900	51,729	01,559	11,388	21,218	31,048	22	,060
23	22,404	32,234	42,064	51,893	01,723	11,552	21,382	31,211	23	,063
24	22,568	32,398	42,227	52,057	01,887	11,716	21,546	31,375	24	,066
25	1 22,732	1 32,562	1 42,391	1 52,221	2 02,050	2 11,880	2 21,710	2 31,539	25	0,068
26	22,896	32,726	42,555	52,385	02,214	12,044	21,873	31,703	26	,071
27	23,060	32,889	42,719	52,548	02,378	12,208	22,037	31,867	27	,074
28	23,224	33,053	42,883	52,712	02,542	12,371	22,201	32,031	28	,076
29	23,387	33,217	43,047	52,876	02,706	12,535	22,365	32,194	29	,079
30	1 23,551	1 33,381	1 43,210	1 53,040	2 02,870	2 12,699	2 22,529	2 32,358	30	0,082
31	23,715	33,545	43,374	53,204	03,033	12,863	22,692	32,522	31	,085
32	23,879	33,708	43,538	53,368	03,197	13,027	22,856	32,686	32	,087
33	24,043	33,872	43,702	53,531	03,361	13,191	23,020	32,850	33	,090
34	24,207	34,036	43,866	53,695	03,525	13,354	23,184	33,013	34	,093
35	1 24,370	1 34,200	1 44,030	1 53,859	2 03,689	2 13,518	2 23,348	2 33,177	35	0,096
36	24,534	34,364	44,193	54,023	03,852	13,682	23,512	33,341	36	,098
37	24,698	34,528	44,357	54,187	04,016	13,846	23,675	33,505	37	,101
38	24,862	34,691	44,521	54,351	04,180	14,010	23,839	33,669	38	,104
39	25,026	34,855	44,685	54,514	04,344	14,174	24,003	33,833	39	,106
40	1 25,190	1 35,019	1 44,849	1 54,678	2 04,508	2 14,337	2 24,167	2 33,996	40	0,109
41	25,353	35,183	45,012	54,842	04,672	14,501	24,331	34,160	41	,112
42	25,517	35,347	45,176	55,006	04,835	14,665	24,495	34,324	42	,115
43	25,681	35,511	45,340	55,170	04,999	14,829	24,658	34,488	43	,117
44	25,845	35,674	45,504	55,334	05,163	14,993	24,822	34,652	44	,120
45	1 26,009	1 35,838	1 45,668	1 55,497	2 05,327	2 15,156	2 24,986	2 34,816	45	0,123
46	26,172	36,002	45,832	55,661	05,491	15,320	25,150	34,979	46	,126
47	26,336	36,166	45,995	55,825	05,655	15,484	25,314	35,143	47	,128
48	26,500	36,330	46,159	55,989	05,818	15,648	25,478	35,307	48	,131
49	26,664	36,494	46,323	56,153	05,982	15,812	25,641	35,471	49	,134
50	1 26,828	1 36,657	1 46,487	1 56,316	2 06,146	2 15,976	2 25,805	2 35,635	50	0,137
51	26,992	36,821	46,651	56,480	06,310	16,139	25,969	35,799	51	,139
52	27,155	36,985	46,815	56,644	06,474	16,303	26,133	35,962	52	,142
53	27,319	37,149	46,978	56,808	06,638	16,467	26,297	36,126	53	,145
54	27,483	37,313	47,142	56,972	06,801	16,631	26,460	36,290	54	,147
55	1 27,647	1 37,476	1 47,306	1 57,136	2 06,965	2 16,795	2 26,624	2 36,454	55	0,150
56	27,811	37,640	47,470	57,299	07,129	16,959	26,788	36,618	56	,153
57	27,975	37,804	47,634	57,463	07,293	17,122	26,952	36,781	57	,156
58	28,138	37,968	47,798	57,627	07,457	17,286	27,116	36,945	58	,158
59	1 28,302	1 38,132	1 47,961	1 57,791	2 07,620	2 17,450	2 27,280	2 37,109	59	0,161

27. Verwandlung der Sternzeit in Mittlere Zeit

	16^h	17^h	18^h	19^h	20^h	21^h	22^h	23^h		
0^m	$2^m37^s,273$	$2^m47^s,103$	$2^m56^s,932$	$3^m06^s,762$	$3^m16^s,591$	$3^m26^s,421$	$3^m36^s,250$	$3^m46^s,080$	0^s	$0^s,000$
1	37,437	47,266	57,096	06,925	16,755	26,585	36,414	46,244	1	,003
2	37,601	47,430	57,260	07,089	16,919	26,748	36,578	46,408	2	,005
3	37,764	47,594	57,424	07,253	17,083	26,912	36,742	46,571	3	,008
4	37,928	47,758	57,587	07,417	17,247	27,076	36,906	46,735	4	,011
5	2 38,092	2 47,922	2 57,751	3 07,581	3 17,410	3 27,240	3 37,069	3 46,899	5	0,014
6	38,256	48,085	57,915	07,745	17,574	27,404	37,233	47,063	6	,016
7	38,420	48,249	58,079	07,908	17,738	27,568	37,397	47,227	7	,019
8	38,584	48,413	58,243	08,072	17,902	27,731	37,561	47,391	8	,022
9	38,747	48,577	58,407	08,236	18,066	27,895	37,725	47,554	9	,025
10	2 38,911	2 48,741	2 58,570	3 08,400	3 18,229	3 28,059	3 37,889	3 47,718	10	0,027
11	39,075	48,905	58,734	08,564	18,393	28,223	38,052	47,882	11	,030
12	39,239	49,068	58,898	08,728	18,557	28,387	38,216	48,046	12	,033
13	39,403	49,232	59,062	08,891	18,721	28,551	38,380	48,210	13	,035
14	39,567	49,396	59,226	09,055	18,885	28,714	38,544	48,373	14	,038
15	2 39,730	2 49,560	2 59,389	3 09,219	3 19,049	3 28,878	3 38,708	3 48,537	15	0,041
16	39,894	49,724	59,553	09,383	19,212	29,042	38,872	48,701	16	,044
17	40,058	49,888	59,717	09,547	19,376	29,206	39,035	48,865	17	,046
18	40,222	50,051	2 59,881	09,711	19,540	29,370	39,199	49,029	18	,049
19	40,386	50,215	3 00,045	09,874	19,704	29,533	39,363	49,193	19	,052
20	2 40,549	2 50,379	3 00,209	3 10,038	3 19,868	3 29,697	3 39,527	3 49,356	20	0,055
21	40,713	50,543	00,372	10,202	20,032	29,861	39,691	49,520	21	,057
22	40,877	50,707	00,536	10,366	20,195	30,025	39,855	49,684	22	,060
23	41,041	50,871	00,700	10,530	20,359	30,189	40,018	49,848	23	,063
24	41,205	51,034	00,864	10,693	20,523	30,353	40,182	50,012	24	,066
25	2 41,369	2 51,198	3 01,028	3 10,857	3 20,687	3 30,516	3 40,346	3 50,176	25	0,068
26	41,532	51,362	01,192	11,021	20,851	30,680	40,510	50,339	26	,071
27	41,696	51,526	01,355	11,185	21,015	30,844	40,674	50,503	27	,074
28	41,860	51,690	01,519	11,349	21,178	31,008	40,837	50,667	28	,076
29	42,024	51,853	01.683	11,513	21,342	31,172	41,001	50,831	29	,079
30	2 42,188	2 52,017	3 01,847	3 11,676	3 21,506	3 31,336	3 41,165	3 50,995	30	0,082
31	42,352	52,181	02,011	11,840	21,670	31,499	41,329	51,159	31	,085
32	42,515	52,345	02,175	12,004	21,834	31,663	41,493	51,322	32	,087
33	42,679	52,509	02,338	12,168	21,997	31,827	41,657	51,486	33	,090
34	42,843	52,673	02,502	12,332	22,161	31,991	41,820	51,650	34	,093
35	2 43,007	2 52,836	3 02,666	3 12,496	3 22,325	3 32,155	3 41,984	3 51,814	35	0,096
36	43,171	53,000	02,830	12,659	22,489	32,319	42,148	51,978	36	,098
37	43,335	53,164	02,994	12,823	22,653	32,482	42,312	52,141	37	,101
38	43,498	53,328	03,157	12,987	22,817	32,646	42,476	52,305	38	,104
39	43,662	53,492	03,321	13,151	22,980	32,810	42,640	52,469	39	,106
40	2 43,826	2 53,656	3 03,485	3 13,315	3 23,144	3 32,974	3 42,803	3 52,633	40	0,109
41	43,990	53,819	03,649	13,479	23,308	33,138	42,967	52,797	41	,112
42	44,154	53,983	03,813	13,642	23,472	33,301	43,131	52,961	42	,115
43	44,317	54,147	03,977	13,806	23,636	33,465	43,295	53,124	43	,117
44	44,481	54,311	04,140	13,970	23,800	33,629	43,459	53,288	44	,120
45	2 44,645	2 54,475	3 04,304	3 14,134	3 23,963	3 33,793	3 43,623	3 53,452	45	0,123
46	44,809	54,639	04,468	14,298	24,127	33,957	43,786	53,616	46	,126
47	44,973	54,802	04,632	14,461	24,291	34,121	43,950	53,780	47	,128
48	45,137	54,966	04,796	14,625	24,455	34,284	44,114	53,944	48	,131
49	45,300	55,130	04,960	14,789	24,619	34,448	44,278	54,107	49	,134
50	2 45,464	2 55,294	3 05,123	3 14,953	3 24,783	3 34,612	3 44,442	3 54,271	50	0,137
51	45,628	55,458	05,287	15,117	24,946	34,776	44,605	54,435	51	,139
52	45,792	55,621	05,451	15,281	25,110	34,940	44,769	54,599	52	,142
53	45,956	55,785	05,615	15,444	25,274	35,104	44,933	54,763	53	,145
54	46,120	55,949	05,779	15,608	25,438	35,267	45,097	54,927	54	,147
55	2 46,283	2 56,113	3 05,943	3 15,772	3 25,602	3 35,431	3 45,261	3 55,090	55	0,150
56	46,447	56,277	06,106	15,936	25,765	35,595	45,425	55,254	56	,153
57	46,611	56,441	06,270	16,100	25,929	35,759	45,588	55,418	57	,156
58	46,775	56,604	06,434	16,264	26,093	35,923	45,752	55,582	58	,158
59	2 46,939	2 56,768	3 06,598	3 16,427	3 26,257	3 36,087	3 45,916	3 55,746	59	0,161

28. Verwandlung der Minuten und Sekunden in Dezimalteile der Stunde oder des Grades (und umgekehrt

Minuten	Stunde oder Grad	Sekunden	Stunde oder Grad
0	0,0000	0	0,0000
1	0167	1	0003
2	0333	2	0006
3	0500	3	0008
4	0667	4	0011
5	0833	5	0014
6	1000	6	0017
7	1167	7	0019
8	1333	8	0022
9	1500	9	0025
10	0,1667	10	0,0028
11	1833	11	0031
12	2000	12	0033
13	2167	13	0036
14	2333	14	0039
15	2500	15	0042
16	2667	16	0044
17	2833	17	0047
18	3000	18	0050
19	3167	19	0053
20	0,3333	20	0,0056
21	3500	21	0058
22	3667	22	0061
23	3833	23	0064
24	4000	24	0067
25	4167	25	0069
26	4333	26	0072
27	4500	27	0075
28	4667	28	0078
29	4833	29	0081
30	0,5000	30	0,0083
31	5167	31	0086
32	5333	32	0089
33	5500	33	0092
34	5667	34	0094
35	5833	35	0097
36	6000	36	0100
37	6167	37	0103
38	6333	38	0106
39	6500	39	0108
40	0,6667	40	0,0111
41	6833	41	0114
42	7000	42	0117
43	7167	43	0119
44	7333	44	0122
45	7500	45	0125
46	7667	46	0128
47	7833	47	0131
48	8000	48	0133
49	8167	49	0136
50	0,8333	50	0,0139
51	8500	51	0142
52	8667	52	0144
53	8833	53	0147
54	9000	54	0150
55	9167	55	0153
56	9333	56	0156
57	9500	57	0158
58	9667	58	0161
59	9833	59	0164
60	1,0000	60	0,0167

Stunde oder Grad	Minuten,	Sekunden
$0^{\mathrm{h}\,\circ}$,0	$0^{\mathrm{m}\,\prime}$	$0^{\mathrm{s}\,\prime\prime}$
1	6	0
2	12	0
3	18	0
4	24	0
5	30	0
6	36	0
7	42	0
8	48	0
9	54	0
1,0	60	0
0,00	0	0
01	0	36
02	1	12
03	1	48
04	2	24
05	3	0
06	3	36
07	4	12
08	4	48
09	5	24
0,10	6	0
0,000	0	0,0
001	0	3,6
002	0	7,2
003	0	10,8
004	0	14,4
005	0	18,0
006	0	21,6
007	0	25,2
008	0	28,8
009	0	32,4
0,010	0	36,0
0,0000	0	0,0
0001	0	0,4
0002	0	0,7
0003	0	1,1
0004	0	1,4
0005	0	1,8
0006	0	2,2
0007	0	2,5
0008	0	2,9
0009	0	3,2
0,0010	0	3,6

29. Verwandlung von Stunden, Minuten und Sekunden in Dezimalteile des Tages

	0^h	1^h	2^h	3^h	4^h	5^h		
0^m	0^d,00000	0^d,04167	0^d,08333	0^d,12500	0^d,16667	0^d,20833	0^s	0^d,00000
1	,00069	,04236	,08403	,12569	,16736	,20903	1	,00001
2	,00139	,04306	,08472	,12639	,16806	,20972	2	,00002
3	,00208	,04375	,08542	,12708	,16875	,21042	3	,00003
4	,00278	,04444	,08611	,12778	,16944	,21111	4	,00005
5	0,00347	0,04514	0,08681	0,12847	0,17014	0,21181	5	0,00006
6	,00417	,04583	,08750	,12917	,17083	,21250	6	,00007
7	,00486	,04653	,08819	,12986	,17153	,21319	7	,00008
8	,00556	,04722	,08889	,13056	,17222	,21389	8	,00009
9	,00625	,04792	,08958	,13125	,17292	,21458	9	,00010
10	0,00694	0,04861	0,09028	0,13194	0,17361	0,21528	10	0,00012
11	,00764	,04931	,09097	,13264	,17431	,21597	11	,00013
12	,00833	,05000	,09167	,13333	,17500	,21667	12	,00014
13	,00903	,05069	,09236	,13403	,17569	,21736	13	,00015
14	,00972	,05139	,09306	,13472	,17639	,21806	14	,00016
15	0,01042	0,05208	0,09375	0,13542	0,17708	0,21875	15	0,00017
16	,01111	,05278	,09444	,13611	,17778	,21944	16	,00019
17	,01181	,05347	,09514	,13681	,17847	,22014	17	,00020
18	,01250	,05417	,09583	,13750	,17917	,22083	18	,00021
19	,01319	,05486	,09653	,13819	,17986	,22153	19	,00022
20	0,01389	0,05556	0,09722	0,13889	0,18056	0,22222	20	0,00023
21	,01458	,05625	,09792	,13958	,18125	,22292	21	,00024
22	,01528	,05694	,09861	,14028	,18194	,22361	22	,00025
23	,01597	,05764	,09931	,14097	,18264	,22431	23	,00027
24	,01667	,05833	,10000	,14167	,18333	,22500	24	,00028
25	0,01736	0,05903	0,10069	0,14236	0,18403	0,22569	25	0,00029
26	,01806	,05972	,10139	,14306	,18472	,22639	26	,00030
27	,01875	,06042	,10208	,14375	,18542	,22708	27	,00031
28	,01944	,06111	,10278	,14444	,18611	,22778	28	,00032
29	,02014	,06181	,10347	,14514	,18681	,22847	29	,00034
30	0,02083	0,06250	0,10417	0,14583	0,18750	0,22917	30	0,00035
31	,02153	,06319	,10486	,14653	,18819	,22986	31	,00036
32	,02222	,06389	,10556	,14722	,18889	,23056	32	,00037
33	,02292	,06458	,10625	,14792	,18958	,23125	33	,00038
34	,02361	,06528	,10694	,14861	,19028	,23194	34	,00039
35	0,02431	0,06597	0,10764	0,14931	0,19097	0,23264	35	0,00041
36	,02500	,06667	,10833	,15000	,19167	,23333	36	,00042
37	,02569	,06736	,10903	,15069	,19236	,23403	37	,00043
38	,02639	,06806	,10972	,15139	,19306	,23472	38	,00044
39	,02708	,06875	,11042	,15208	,19375	,23542	39	,00045
40	0,02778	0,06944	0,11111	0,15278	0,19444	0,23611	40	0,00046
41	,02847	,07014	,11181	,15347	,19514	,23681	41	,00047
42	,02917	,07083	,11250	,15417	,19583	,23750	42	,00049
43	,02986	,07153	,11319	,15486	,19653	,23819	43	,00050
44	,03056	,07222	,11389	,15556	,19722	,23889	44	,00051
45	0,03125	0,07292	0,11458	0,15625	0,19792	0,23958	45	0,00052
46	,03194	,07361	,11528	,15694	,19861	,24028	46	,00053
47	,03264	,07431	,11597	,15764	,19931	,24097	47	,00054
48	,03333	,07500	,11667	,15833	,20000	,24167	48	,00056
49	,03403	,07569	,11736	,15903	,20069	,24236	49	,00057
50	0,03472	0,07639	0,11806	0,15972	0,20139	0,24306	50	0,00058
51	,03542	,07708	,11875	,16042	,20208	,24375	51	,00059
52	,03611	,07778	,11944	,16111	,20278	,24444	52	,00060
53	,03681	,07847	,12014	,16181	,20347	,24514	53	,00061
54	,03750	,07917	,12083	,16250	,20417	,24583	54	,00062
55	0,03819	0,07986	0,12153	0,16319	0,20486	0,24653	55	0,00064
56	,03889	,08056	,12222	,16389	,20556	,24722	56	,00065
57	,03958	,08125	,12292	,16458	,20625	,24792	57	,00066
58	,04028	,08194	,12361	,16528	,20694	,24861	58	,00067
59	0,04097	0,08264	0,12431	0,16597	0,20764	0,24931	59	0,00068

29. Verwandlung von Stunden, Minuten und Sekunden in Dezimalteile des Tages

	6^h	7^h	8^h	9^h	10^h	11^h		
0^m	$0^d,25000$	$0^d,29167$	$0^d,33333$	$0^d,37500$	$0^d,41667$	$0^d,45833$	0^s	$0^d,00000$
1	,25069	,29236	,33403	,37569	,41736	,45903	1	,00001
2	,25139	,29306	,33472	,37639	,41806	,45972	2	,00002
3	,25208	,29375	,33542	,37708	,41875	,46042	3	,00003
4	,25278	,29444	,33611	,37778	,41944	,46111	4	,00005
5	0,25347	0,29514	0,33681	0,37847	0,42014	0,46181	5	0,00006
6	,25417	,29583	,33750	,37917	,42083	,46250	6	,00007
7	,25486	,29653	,33819	,37986	,42153	,46319	7	,00008
8	,25556	,29722	,33889	,38056	,42222	,46389	8	,00009
9	,25625	,29792	,33958	,38125	,42292	,46458	9	,00010
10	0,25694	0,29861	0,34028	0,38194	0,42361	0,46528	10	0,00012
11	,25764	,29931	,34097	,38264	,42431	,46597	11	,00013
12	,25833	,30000	,34167	,38333	,42500	,46667	12	,00014
13	,25903	,30069	,34236	,38403	,42569	,46736	13	,00015
14	,25972	,30139	,34306	,38472	,42639	,46806	14	,00016
15	0,26042	0,30208	0,34375	0,38542	0,42708	0,46875	15	0,00017
16	,26111	,30278	,34444	,38611	,42778	,46944	16	,00019
17	,26181	,30347	,34514	,38681	,42847	,47014	17	,00020
18	,26250	,30417	,34583	,38750	,42917	,47083	18	,00021
19	,26319	,30486	,34653	,38819	,42986	,47153	19	,00022
20	0,26389	0,30556	0,34722	0,38889	0,43056	0,47222	20	0,00023
21	,26458	,30625	,34792	,38958	,43125	,47292	21	,00024
22	,26528	,30694	,34861	,39028	,43194	,47361	22	,00025
23	,26597	,30764	,34931	,39097	,43264	,47431	23	,00027
24	,26667	,30833	,35000	,39167	,43333	,47500	24	,00028
25	0,26736	0,30903	0,35069	0,39236	0,43403	0,47569	25	0,00029
26	,26806	,30972	,35139	,39306	,43472	,47639	26	,00030
27	,26875	,31042	,35208	,39375	,43542	,47708	27	,00031
28	,26944	,31111	,35278	,39444	,43611	,47778	28	,00032
29	,27014	,31181	,35347	,39514	,43681	,47847	29	,00034
30	0,27083	0,31250	0,35417	0,39583	0,43750	0,47917	30	0,00035
31	,27153	,31319	,35486	,39653	,43819	,47986	31	,00036
32	,27222	,31389	,35556	,39722	,43889	,48056	32	,00037
33	,27292	,31458	,35625	,39792	,43958	,48125	33	,00038
34	,27361	,31528	,35694	,39861	,44028	,48194	34	,00039
35	0,27431	0,31597	0,35764	0,39931	0,44097	0,48264	35	0,00041
36	,27500	,31667	,35833	,40000	,44167	,48333	36	,00042
37	,27569	,31736	,35903	,40069	,44236	,48403	37	,00043
38	,27639	,31806	,35972	,40139	,44306	,48472	38	,00044
39	,27708	,31875	,36042	,40208	,44375	,48542	39	,00045
40	0,27778	0,31944	0,36111	0,40278	0,44444	0,48611	40	0,00046
41	,27847	,32014	,36181	,40347	,44514	,48681	41	,00047
42	,27917	,32083	,36250	,40417	,44583	,48750	42	,00049
43	,27986	,32153	,36319	,40486	,44653	,48819	43	,00050
44	,28056	,32222	,36389	,40556	,44722	,48889	44	,00051
45	0,28125	0,32292	0,36458	0,40625	0,44792	0,48958	45	0,00052
46	,28194	,32361	,36528	,40694	,44861	,49028	46	,00053
47	,28264	,32431	,36597	,40764	,44931	,49097	47	,00054
48	,28333	,32500	,36667	,40833	,45000	,49167	48	,00056
49	,28403	,32569	,36736	,40903	,45069	,49236	49	,00057
50	0,28472	0,32639	0,36806	0,40972	0,45139	0,49306	50	0,00058
51	,28542	,32708	,36875	,41042	,45208	,49375	51	,00059
52	,28611	,32778	,36944	,41111	,45278	,49444	52	,00060
53	,28681	,32847	,37014	,41181	,45347	,49514	53	,00061
54	,28750	,32917	,37083	,41250	,45417	,49583	54	,00062
55	0,28819	0,32986	0,37153	0,41319	0,45486	0,49653	55	0,00064
56	,28889	,33056	,37222	,41389	,45556	,49722	56	,00065
57	,28958	,33125	,37292	,41458	,45625	,49792	57	,00066
58	,29028	,33194	,37361	,41528	,45694	,49861	58	,00067
59	0,29097	0,33264	0,37431	0,41597	0,45764	0,49931	59	0,00068

30. Verwandlung der Tage, Stunden und Minuten in Dezimalteile des julianischen Jahres und umgekehrt

Tage	Jahr
0^d	0,00000
10	02738
20	05476
30	08214
40	10951
50	13689
60	16427
70	19165
80	21903
90	24641
100	27379
110	30116
120	32854
130	35592
140	38330
150	41068
160	43806
170	46543
180	49281
190	52019
200	54757
210	57495
220	60233
230	62971
240	65708
250	68446
260	71184
270	73922
280	76660
290	79398
300	82136
310	84873
320	87611
330	90349
340	93087
350	95825
360^d	98563
0^d	0,00000
1	00274
2	00548
3	00821
4	01095
5	01369
6	01643
7	01916
8	02190
9	02464
10^d	0,02738

Stunden	Jahr
0^h	0,00000
1	00011
2	00023
3	00034
4	00046
5	00057
6	00068
7	00080
8	00091
9	00103
10	00114
11	00125
12	00137
13	00148
14	00160
15	00171
16	00183
17	00194
18	00205
19	00217
20	00228
21	00240
22	00251
23	00262
24^h	00274

Minuten	Jahr
0^m	0,00000
1	00000
2	00000
3	00001
4	00001
5	00001
6	00001
7	00001
8	00002
9	00002
10	00002
11	00002
12	00002
13	00002
14	00003
15	00003
16	00003
17	00003
18	00003
19	00004
20	00004
21	00004
22	00004
23	00004
24	00005
25	00005
26	00005
27	00005
28	00005
29	00006
30	00006
31	00006
32	00006
33	00006
34	00006
35	00007
36	00007
37	00007
38	00007
39	00007
40	00008
41	00008
42	00008
43	00008
44	00008
45	00009
46	00009
47	00009
48	00009
49	00009
50	00010
51	00010
52	00010
53	00010
54	00010
55	00010
56	00011
57	00011
58	00011
59	00011
60^m	0,00011

Jahr	d	h	m
$0^a,0$	0^d	0^h	00^m
1	36	12	36
2	73	1	12
3	109	13	48
4	146	2	24
5	182	15	00
6	219	3	36
7	255	16	12
8	292	4	48
9	328	17	24
1,0	365	6	00
0,00	0	0	00
01	3	15	40
02	7	7	19
03	10	22	59
04	14	14	38
05	18	6	18
06	21	21	58
07	25	13	37
08	29	5	17
09	32	20	56
0,10	36	12	36
0,000	0	0	00
001	0	8	46
002	0	17	32
003	1	2	18
004	1	11	04
005	1	19	50
006	2	4	36
007	2	13	22
008	2	22	08
009	3	6	54
0,010	3	15	40
0,0000	0	0	00
0001	0	0	53
0002	0	1	45
0003	0	2	38
0004	0	3	30
0005	0	4	23
0006	0	5	16
0007	0	6	08
0008	0	7	01
0009	0	7	53
0,0010	0	8	46
0,00000	0	0	00
00001	0	0	05
00002	0	0	11
00003	0	0	16
00004	0	0	21
00005	0	0	26
00006	0	0	32
00007	0	0	37
00008	0	0	42
00009	0	0	48
$0^a,00010$	0^d	0^h	53^m

31. Interpolationstafel

Argument	Funktion	I. Diff.	II. Diff.	III. Diff.	IV. Diff.
a_{-2}	f_{-2}				
		$\Delta^{I}_{-3/2}$			
a_{-1}	f_{-1}		Δ^{II}_{-1}		
		$\Delta^{I}_{-1/2}$		$\Delta^{III}_{-1/2}$	
a_0	f_0		Δ^{II}_{0}		Δ^{IV}_{0}
		$\Delta^{I}_{+1/2}$		$\Delta^{III}_{+1/2}$	
a_{+1}	f_{+1}		Δ^{II}_{+1}		Δ^{IV}_{+1}
		$\Delta^{I}_{+3/2}$		$\Delta^{III}_{+3/2}$	
a_{+2}	f_{+2}		Δ^{II}_{+2}		
		$\Delta^{I}_{+5/2}$			
a_{+3}	f_{+3}				

$$f\,(a_n) = f_0 + n\Delta_{+1/2} + b\,\left(\frac{\Delta_0^{II} + \Delta_{+1}^{II}}{2}\right) + c\Delta^{III}_{+1/2} + d\,\left(\frac{\Delta_0^{IV} + \Delta_{+1}^{IV}}{2}\right)$$

$$b = \frac{n\,(n-1)}{2} \qquad c = \frac{n\,(n-1)\,(n-\frac{1}{2})}{6} \qquad d = \frac{(n+1)\,n\,(n-2)}{24}$$

n	b		c		d		n
0,00	− 0,00000	495	+ 0,00000	81 −	+ 0,0000	8	1,00
01	00495	485	00081	76	0008	8	0,99
02	00980	475	00157	71	0016	9	98
03	01455	465	00228	66	0025	8	97
04	01920	455	00294	62	0033	8	96
05	02375	445	00356	58	0041	7	95
06	02820	435	00414	53	0048	8	94
07	03255	425	00467	48	0056	8	93
08	03680	415	00515	45	0064	7	92
09	04095	405	00560	40	0071	7	91
10	04500	395	00600	36	0078	8	90
11	04895	385	00636	33	0086	7	89
12	05280	375	00669	28	0093	7	88
13	05655	365	00697	25	0100	6	87
14	06020	355	00722	22	0106	7	86
15	06375	345	00744	18	0113	7	85
16	06720	335	00762	14	0120	6	84
17	07055	325	00776	11	0126	6	83
18	07380	315	00787	8	0132	6	82
19	07695	305	00795	5	0138	6	81
20	08000	295	00800	2	0144	6	80
21	08295	285	00802	1	0150	5	79
22	08580	275	00801	4	0155	6	78
23	08855	265	00797	7	0161	5	77
24	09120	255	00790	9	0166	5	76
25	09375	245	00781	11	0171	5	75
26	09620	235	00770	14	0176	4	74
27	09855	225	00756	17	0180	5	73
28	10080	215	00739	18	0185	4	72
29	10295	205	00721	21	0189	4	71
30	10500	195	00700	23	0193	4	70
31	10695	185	00677	24	0197	4	69
32	10880	175	00653	27	0201	4	68
33	11055	165	00626	28	0205	3	67
34	11220	155	00598	29	0208	3	66
35	11375	145	00569	31	0211	3	65
36	11520	135	00538	33	0214	3	64
37	11655	125	00505	34	0217	2	63
38	11780	115	00471	35	0219	3	62
39	11895	105	00436	36	0222	2	61
40	12000	95	00400	37	0224	2	60
41	12095	85	00363	38	0226	2	59
42	12180	75	00325	39	0228	1	58
43	12255	65	00286	40	0229	2	57
44	12320	55	00246	40	0231	1	56
45	12375	45	00206	40	0232	1	55
46	12420	35	00166	41	0233	0	54
47	12455	25	00125	42	0233	1	53
48	12480	15	00083	41	0234	0	52
49	12495	5	00042	42	0234	0	51
0,50	− 0,12500		+ 0,00000	−	+ 0,0234		0,50

32. Hilfstafel zur Berechnung der geozentrischen Breite und des geozentrischen Radius

φ	S	C	φ	S	C
0°	0,9933055	1,0000000	45°	0,9949721	1,0016778
1	9933065	0000010	46	9950304	0017366
2	9933095	0000041	47	9950886	0017952
3	9933146	0000092	48	9951468	0018537
4	9933216	0000163	49	9952047	0019120
5	9933307	0000254	50	9952623	0019701
6	9933418	0000366	51	9953196	0020278
7	9933548	0000497	52	9953765	0020850
8	9933699	0000648	53	9954329	0021418
9	9933868	0000819	54	9954888	0021980
10	9934057	0001009	55	9955440	0022536
11	9934265	0001219	56	9955986	0023086
12	9934492	0001447	57	9956524	0023627
13	9934738	0001694	58	9957053	0024160
14	9935001	0001960	59	9957574	0024685
15	9935283	0002243	60	9958085	0025199
16	9935582	0002544	61	9958587	0025704
17	9935898	0002863	62	9959077	0026198
18	9936231	0003198	63	9959556	0026680
19	9936581	0003550	64	9960023	0027150
20	9936946	0003918	65	9960478	0027608
21	9937327	0004302	66	9960920	0028053
22	9937724	0004701	67	9961348	0028484
23	9938135	0005114	68	9961761	0028900
24	9938560	0005542	69	9962161	0029302
25	9938998	0005984	70	9962545	0029689
26	9939450	0006439	71	9962913	0030060
27	9939914	0006906	72	9963266	0030415
28	9940391	0007386	73	9963601	0030753
29	9940879	0007877	74	9963920	0031074
30	9941377	0008379	75	9964222	0031377
31	9941886	0008891	76	9964506	0031663
32	9942404	0009413	77	9964772	0031931
33	9942932	0009944	78	9965020	0032180
34	9943468	0010483	79	9965249	0032411
35	9944011	0011030	80	9965459	0032622
36	9944562	0011585	81	9965649	0032814
37	9945119	0012145	82	9965821	0032987
38	9945681	0012712	83	9965972	0033140
39	9946249	0013283	84	9966104	0033272
40	9946821	0013859	85	9966216	0033385
41	9947396	0014438	86	9966308	0033477
42	9947975	0015021	87	9966379	0033549
43	9948555	0015605	88	9966430	0033600
44	9949138	0016191	89	9966461	0033631
45°	0,9949721	1,0016778	90°	0,9966471	1,0033642

33. Konstanten

a) Hilfskonstanten

	Numerus	Logarithmus
Basis der natürlichen Logarithmen	$e = 2{,}718\ 281\ 8285$	0.434 294 4819
Modul der Brigg'schen Logarithmen	$M = 0{,}434\ 294\ 4819$	9.637 784 3113-10
Ludolph'sche Zahl	$\pi = 3{,}141\ 592\ 6536$	0.497 149 8727
Radius des Kreises in Graden	$\rho^{\circ} = 57{,}^{\circ}295\ 7795$	1.758 122 6324
Minuten	$\rho' = 3\ 437{,}'746\ 77$	3.536 273 8828
Sekunden	$\rho'' = 206\ 264{,}''806$	5.314 425 1332
Sinus 1° = 0,017 452 406 44		8.241 855 3184-10
Sinus $1'$ = 0,000 290 888 205		6.463 726 1109-10
Sinus $1''$ = 0,000 004 848 1368		4.685 574 8668-10

b) Astronomische Konstanten

I. Definitions-Konstanten

Anzahl der Ephemeridensekunden in einem tropischen Jahr (1900)	$S = 31\ 556\ 925{,}9747$
Gauß'sche Konstante	$k = 0{,}017\ 202\ 098\ 95$

II. Primäre Konstanten

Länge der Astronomischen Einheit [m]	$A = 149\ 600 \cdot 10^{6}$
Lichtgeschwindigkeit [$m\ s^{-1}$]	$c = 299\ 792{,}5 \cdot 10^{3}$
Äquatorradius der Erde [m]	$a_e = 6\ 378\ 160$
Dynamischer Formfaktor der Erde	$J_2 = 0{,}001\ 0827$
Geozentrische Gravitationskonstante [$m^3\ s^{-2}$]	$GE = 398\ 603 \cdot 10^{9}$
Masse des Mondes in Einheiten der Erdmasse	$\mu = \frac{1}{81{,}30}$
Allgemeine Präzession in Länge pro tropisches Jahrhundert (1900)	$p = 5\ 025{,}''64$
Schiefe der Ekliptik (1900)	$\varepsilon = 23^{\circ}\ 27'\ 08{,}''26$
Nutationskonstante (1900)	$N = 9{,}''210$

III. Abgeleitete Konstanten

Sonnenparallaxe	$\arcsin\left(\frac{a_e}{A}\right) =$	$\pi_{\odot} = 8{,}''794\ 05$
Aberrationskonstante		$k = 20{,}''4958$
Abplattung der Erde		$f = \frac{1}{298{,}25}$
Massenverhältnis Sonne/Erde		$S/E = 332\ 958$
Mittlerer Abstand des Mondes [m]		$a_{☾} = 384\ 400 \cdot 10^{3}$
Mittlere Mondparallaxe	$\arcsin\left(\frac{a_e}{a_{☾}}\right) =$	$\pi_{☾} = 3\ 422{,}''451$

Reduktion von Vertikaldurchgängen

wegen Krümmung der Gestirnsbahn, Kollimation und Neigung

$-(\Delta t)_1^s = \frac{\varrho''}{15}\, 2\sin^2\frac{\vartheta}{2}\cot(\mu - t)$; $(\Delta t)_2^s = k^s \sec\delta \sec q = k^s\frac{1}{\lambda}$; (stets +)

$(\Delta t)_3^s = i^s \cos z \frac{1}{\lambda} = \frac{1}{\pi\lambda}$; (i positiv, wenn W-Zapfen zuhoch) $\sin q = \sin a \cos\varphi \sec\delta = \lambda' \sec\delta$

Krümmungseinfluß $(\Delta t)_1$:

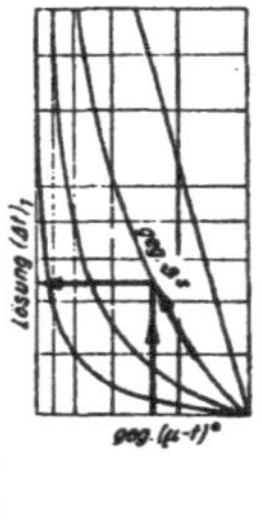

Kollimationseinfluß $(\Delta t)_2$:

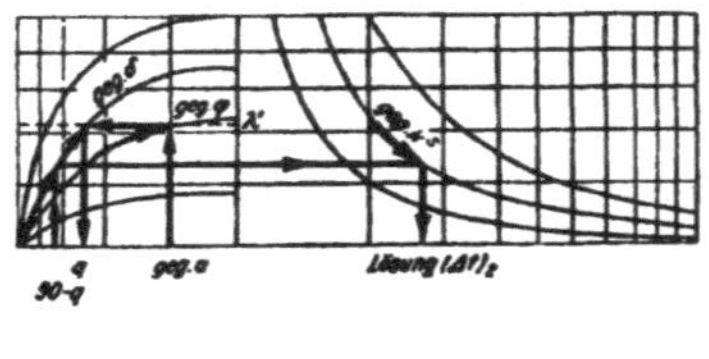

Neigungseinfluß $(\Delta t)_3$:

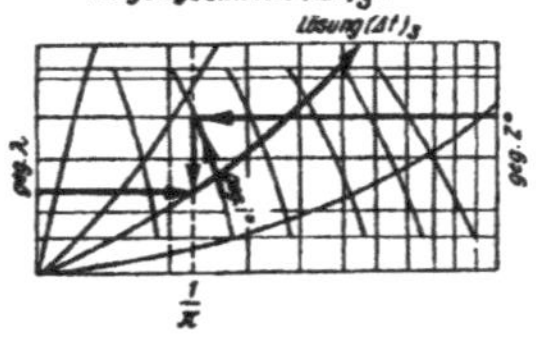

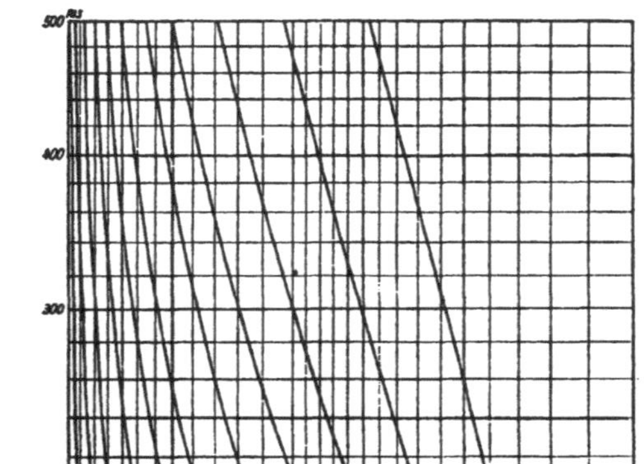
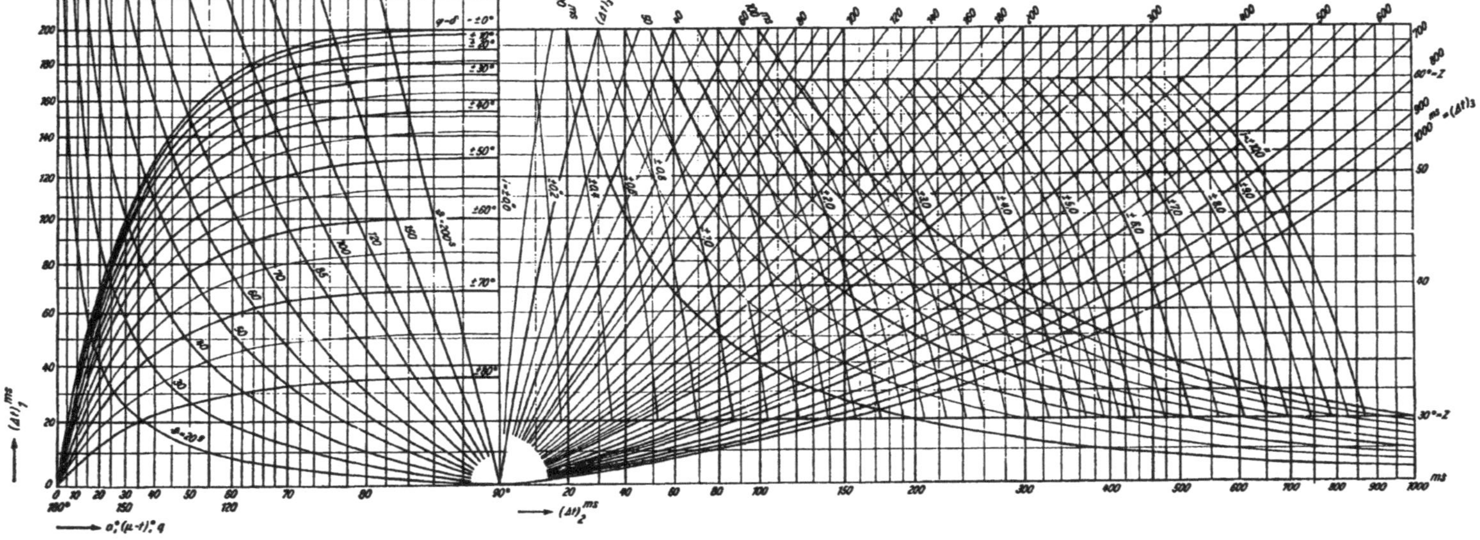

Entnommen der Wissenschaftlichen Zeitschrift der TU Dresden, Jahrgang 1963, Heft 6

Erläuterungen zu den Tafeln

Vorbemerkung: In allen Tafeln ist bei doppeltem Vorzeichen das obere stets für die Nordhalbkugel, das untere für die Südhalbkugel der Erde zu nehmen. Die Breite φ ist vorzeichenlos in die Formeln einzusetzen.

1. Tafel der halben Tagbogen t_0
(Stundenwinkel t_0 des Auf- und des Untergangspunktes)

$$\cos t_0 = \frac{\cos (90^\circ + 36'\!.6) - \sin \varphi \sin \delta}{\cos \varphi \cos \delta}$$

Horizontrefraktion: $R = 36'\!.6$

2. Tafel der Morgen- und Abendweiten
(Abstand des Auf- bzw. des Untergangspunktes vom Ost- bzw. Westpunkt)

$$\sin a_0 = \frac{\sin \delta - \cos (90^\circ + 36'\!.6) \sin \varphi}{\sin (90^\circ + 36'\!.6) \cos \varphi}$$

Horizontrefraktion: $R = 36'\!.6$
Für die Nordhalbkugel geben positive Deklinationen (einschließlich $\delta = 0^\circ$) Abstände nach Norden, negative nach Süden. Für die Südhalbkugel ist es umgekehrt.

3. Stundenwinkel für den Durchgang durch den I. Vertikal

$$\cos t = \frac{\tan \delta}{\tan \varphi}$$

t ist positiv nach Westen und negativ nach Osten zu nehmen.

4. Zenitdistanz für den Durchgang durch den I. Vertikal

$$\cos z = \frac{\sin \delta}{\sin \varphi}$$

5. Stundenwinkel für den Durchgang durch den Almukantarat $z = 30^\circ$

$$\cos t = \frac{0{,}865941 \mp \sin \delta \sin \varphi}{\cos \delta \cos \varphi}$$

Refraktion für $z = 30^\circ$: $R = 34''\!.7$

Die Tafel wurde zur Platzersparnis mit den Argumenten φ und $\delta \pm \varphi$ aufgestellt. t ist positiv nach Westen und negativ nach Osten zu nehmen.

6. Azimut für den Durchgang durch den Almukantarat $z = 30^\circ$

$$\cos a = \frac{\pm \sin \delta - 0{,}865941 \sin \varphi}{0{,}5001457 \cos \varphi}$$

Refraktion für $z = 30^\circ$: $R = 34''\!.7$
Die Tafelwerte sind für die Nordhalbkugel Horizontabstände vom Nordpunkt nach beiden Seiten, für die Südhalbkugel vom Südpunkt nach beiden Seiten.

7. Tafel zur Reduktion der Almukantaratdurchgänge ($z = 30^{\circ}$)

Die Tafel gibt der Wert $\frac{\cot^2 q}{2} \frac{\tan \delta}{\cos q}$ für die Reduktion der Almukantaratdurchgänge wegen Krümmung des Parallels in Abhängigkeit von φ und δ. (Vergl. Abschn. IX 1, bzw. Guinot, Bulletin Astronomiques 18. 291 f. (1955)).
q = Parallaktischer Winkel

8. Tafel zur näherungsweisen Berechnung des Azimutes von α Ursae Minoris

$$a = \frac{90^{\circ} - \delta}{90^{\circ} - \delta_0} A$$

$$A = [- (90^{\circ} - \delta_0) \sin t - \tfrac{1}{2} (90^{\circ} - \delta_0)^2 \sin 1' \tan \varphi \sin 2t] \sec \varphi$$

Die beiden Faktoren können unmittelbar der Tafel entnommen werden.
Der Wert $\delta_0 = 89^{\circ}\ 09'$ gilt für 1975.

9. Tafel zur näherungsweisen Berechnung der Zenitdistanz von α Ursae Minoris

$$z = R + S + 90^{\circ} - \varphi$$

R und S können direkt der Tafel entnommen werden.

10. Tafel zur näherungsweisen Berechnung des Azimutes von σ Octantis

Vergl. Tafel 8
Dem Tafelwert müssen 180° hinzugefügt werden, um das Azimut zu erhalten.
Der Wert $\delta_0 = -89^{\circ}\ 03'$ gilt für 1975.

11. Tafel zur näherungsweisen Berechnung der Zenitdistanz von σ Octantis

Vergl. Tafel 9

$$z = R + S + 90^{\circ} - \varphi$$

12. Tafel zur näherungsweisen Berechnung des Azimutes der Südsterne (Für die Südhalbkugel: Nordsterne)

$$\left(15 \frac{\cos \delta}{\sin (\varphi \mp \delta)}\right) t = \left\} \begin{array}{l} a - 180^{\circ} \text{ für die Nordhalbkugel} \\ 360^{\circ} - a \text{ für die Südhalbkugel} \end{array}\right.$$

($a - 180^{\circ}$) bzw. ($360^{\circ} - a$) in Bogenminuten
t in Zeitminuten
Die Tafel gibt den Faktor $\left(15 \frac{\cos \delta}{\sin (\varphi \mp \delta)}\right)$ von t.

13. Tafel der näherungsweisen Berechnung der Zenitdistanz der Südsterne (für die Südhalbkugel: Nordsterne)

$$z = \varphi \mp \delta + \frac{15^2 \cdot 60}{2} \sin 1' \frac{\cos \varphi \cos \delta}{\sin (\varphi \mp \delta)} t^2$$

t in Zeitminuten

Die Tafel gibt den Faktor von t^2 in Abhängigkeit von φ und δ.
Die Korrektion ist immer positiv. und wird in Bogensekunden erhalten.

14. Quadrate des Stundenwinkels

Für $t < 15^m$ für jede Sekunde

15. Stundenwinkel für den Durchgang durch den I. Vertikal
(für zenitnahe Sterne)

Die Berechnung erfolgte wie bei Tafel 3, jedoch auf $0\overset{m}{,}1$.
Als vertikales Argument ist $\varphi \mp \delta$ gegeben. t ist positiv nach Westen und negativ nach Osten zu nehmen.

16. Zenitdistanz für den Durchgang durch den I. Vertikal
(für zenitnahe Sterne)

Die Berechnung erfolgte wie bei Tafel 4, jedoch auf Bogenminuten.
Als vertikales Argument ist $\varphi \mp \delta$ gegeben.

17. Tafel des Koeffizienten C der Kollimation

18. Tafel des Koeffizienten I der Neigung

$$I = \frac{\cos(\varphi \mp \delta)}{\cos \delta} \quad \begin{cases} - \text{ Obere Kulmination} \\ + \text{ Untere Kulmination} \end{cases}$$

Die Tafel wurde aus Gründen der Platzersparnis für die Äquatorzone mit den Argumenten $\delta \mp \varphi$ und φ aufgestellt.

19. Tafel des Koeffizienten K des Azimutes

$$K = \frac{\sin(\varphi \mp \delta)}{\cos \delta} \quad \begin{cases} - \text{ Obere Kulmination} \\ + \text{ Untere Kulmination} \end{cases}$$

Die Tafel wurde aus Gründen der Platzersparnis für die Äquatorzone mit den Argumenten $\delta \mp \varphi$ und φ aufgestellt.

20. Tafel zur Berechnung der Polhöhe aus Beobachtungen von α Ursae Minoris

$$\varphi = 90^\circ - z - p \cos t + \left(\frac{p}{p_0}\right)^2 M_0 \sin^2 t + \left(\frac{p}{p_0}\right)^3 N_0$$

$$M_0 = \tfrac{1}{2} p_0^2 \sin 1'' \tan \varphi$$

$$N_0 = \tfrac{1}{6} p_0^3 \sin^2 1'' (1 + 3 \tan^2 \varphi) \sin^2 t \cos t$$

$$p_0 = 90^\circ - \delta_0 = 0^\circ\ 51' = 3060''$$

$p = 90^\circ - \delta$; ist die scheinbare Deklination von α Ursae Minoris für den Beobachtungstag. p ist in Bogensekunden zu nehmen.

Die Tafel gibt M_0 in Abhängigkeit von φ; N_0 in Abhängigkeit von φ und t.

21. Tafel zur Berechnung der Polhöhe aus Beobachtungen von σ Octantis

Vergl. Tafel 20

$$p_0 = 0^\circ\ 57' = 3420''$$

22. Trigonometrische Funktionen der in Zeit ausgedrückten Winkel
4-stellige numerische Tafel

23. Tafel der Werte sec t

7-stellige numerische Werte für jede Zeitsekunde bis $t = 60^m$

24. Tafel der Werte $2 \sin^2 \frac{t}{2} \frac{1}{\sin 1''}$

Numerische Werte in Bogensekunden bis $t = 5^m$

25. Refraktionstafel

Die Tafel ist dem Astronomisch-Geodätischen Jahrbuch für 1957, herausgegeben vom Astronomischen Recheninstitut in Heidelberg, entnommen. Der Tafel liegt die Theorie von Radau zu Grunde, jedoch wurden zwei Glieder vernachlässigt, die erst für $z' > 65^\circ$ von Einfluß sind (a. a. O. S. 444)

Es bedeuten:

r_0 = Normalrefraktion ($t_0 = 0^\circ$, p_0 = 760 Torr) in Abhängigkeit von der scheinbaren Zenitdistanz z'

$F = \frac{1 - 0{,}00016\ t}{1 + 0{,}00367\ t}$ Korrektionsfaktor für Temperatur t (in °C)

$G = \frac{p}{760}$ Korrektionsfaktor für Druck p (in Torr)

Die Refraktion berechnet sich als Produkt der drei Tafelwerte

$$r = r_0 \cdot F \cdot G$$

Die Tafel gibt in Teil a) Die Normalrefraktion r_0

Teil b) Den Korrektionsfaktor F für die Temperatur t

Teil c) Den Korrektionsfaktor G für den Druck p

Die wahre Zenitdistanz z errechnet sich zu

$$z = z' + r$$

26. Verwandlung von Mittlerer Zeit in Sternzeit

Die Korrektionen müssen zu dem in Mittlerer Zeit gemessenen Intervall addiert werden, um Sternzeit zu erhalten.

27. Verwandlung von Sternzeit in Mittlere Zeit

Die Korrektionen müssen von dem in Sternzeit gemessenen Intervall abgezogen werden, um Mittlere Zeit zu erhalten.

28. Verwandlung der Minuten und Sekunden in Dezimalteile der Stunde oder des Grades (und umgekehrt)

29. Verwandlung von Stunden, Minuten und Sekunden in Dezimalteile des Tages

30. Verwandlung der Tage, Stunden und Minuten in Dezimalteile des Julianischen Jahres (und umgekehrt)

31. Interpolationstafel nach Bessel

32. Hilfstafel zur Berechnung der geozentrischen Breite und des geozentrischen Radius

$$S = \frac{1 - e^2}{\sqrt{1 - e^2 \sin^2 \varphi}} \qquad C = \frac{1}{\sqrt{1 - e^2 \sin^2 \varphi}}$$

$$e^2 = 2\,\alpha - \alpha^2 \qquad \alpha = \frac{1}{298{,}25}$$

Mit den tabulierten Hilfsgrößen S und C ergeben sich die geozentrische Breite φ' und der geozentrische Radius ρ eines Beobachtungspunktes der Breite φ und der Seehöhe h [m] aus folgenden Formeln:

$$\rho \sin \varphi' = (S + 0{,}1568 \cdot 10^{-6}\,h) \sin \varphi$$
$$\rho \cos \varphi' = (C + 0{,}1568 \cdot 10^{-6}\,h) \cos \varphi$$
$$\tan \varphi' = (0{,}993307 + 0{,}11 \cdot 10^{-8}\,h) \tan \varphi$$

33. Konstanten

Die unter b) aufgeführten astronomischen Konstanten entsprechen dem auf der XII. Generalversammlung der Internationalen Astronomischen Union in Hamburg 1964 angenommenen neuen System der Astronomischen Konstanten.

34. Graphische Netztafel zur Reduktion von Vertikaldurchgängen wegen Krümmung der Gestirnsbahn (Parallel), Kollimation und Neigung (am Schluß des Tafelteils beigeheftet).

Die Tafel wurde der Dissertation von M. Schädlich entnommen. (Wiss. Zeitschrift der TU Dresden 12 = Mitteil. des Lohrmann-Instituts der TU Dresden Nr. 7, 1963)

Die Formeln befinden sich auf der Netztafel. Die oben rechts beigegebenen Übersichtstäfelchen geben den Lösungsweg bei Benutzung der Netztafel an. (Vergl. Abschn. VIII. 2)

Explanation to the Tables

Preliminary remark: If there is a double sign in the tables, take allways the upper for the northern hemisphere, the lower for the southern hemisphere. Put the latitude φ without sign into all formulae.

1. Table for the half diurnal arcs
(Hour angle t_0 for rising and setting)

$$\cos t_0 = \frac{\cos(90^\circ + 36\overset{'}{.}6) - \sin\varphi \sin\delta}{\cos\varphi \cos\delta}$$

Refraction for $z = 0^\circ$: $R = 36\overset{'}{.}6$

2. Distances of the rising resp. setting point from east resp. west point

$$\sin a_0 = \frac{\sin\delta - \cos(90^\circ + 36\overset{'}{.}6) \sin\varphi}{\sin(90^\circ + 36\overset{'}{.}6) \cos\varphi}$$

Refraction for $z = 0^\circ$: $R = 36\overset{'}{.}6$

Declinations with positive sign (incl. $\delta = 0^\circ$) on the northern hemisphere belong to distances in the northern direction, with negative sign in the southern direction. For the southern hemisphere the reverse.

3. Hour angle for the prime vertical

$$\cos t = \frac{\tan\delta}{\tan\varphi}$$

t is in western direction positive, in eastern negative.

4. Zenith distance for the prime vertical

$$\cos z = \frac{\sin\delta}{\sin\varphi}$$

5. Hour angle for the almucantar $z = 30^\circ$

$$\cos t = \frac{0{,}865941 \mp \sin\delta \sin\varphi}{\cos\delta \cos\varphi}$$

Refraction for $z = 30^\circ$: $R = 34\overset{''}{.}7$

For shortening the table was arranged with φ and $\delta \mp \varphi$ as arguments.

6. Azimuth for the almucantar $z = 30^\circ$

$$\cos a = \frac{\pm \sin\delta - 0{,}865941 \sin\varphi}{0{,}5001457 \cos\varphi}$$

Refraction for $z = 30^\circ$: $R = 34\overset{''}{.}7$

The quantities of the table mean distances from the north point in both directions for the northern hemisphere, distances from the south point in in both directions for the southern hemisphere.

7. Table for the reduction of passages through the almucantar $z = 30^\circ$

The table contains the quantities $\frac{\cot^2 q}{2} \; \frac{\tan\delta}{\cos q}$ wich are needed for the reduction on account of the curvature of the parallel. (See part IX.1. in the text , resp. Guinot, Bull. Astr. 18. 291 f. (1955)).
q = parallactic angle

8. Table for the approximative calculation of azimuth of α Ursae Minoris

$$a = \frac{90^\circ - \delta}{90^\circ - \delta_0} A$$

$$A = [- (90^\circ - \delta_0) \sin t - \tfrac{1}{2}(90^\circ - \delta_0)^2 \sin 1' \tan \varphi \sin 2t] \sec \varphi$$

Take both factors immediately from the table. The quantity $\delta_0 = 89^\circ 09'$ is valid for 1975.

9. Table for the approximative calculation of zenith distance of α Ursae Minoris

$$z = R + S + 90^\circ - \varphi$$

Take R and S immediately from the table.

10. Table for the approximative calculation of azimuth of σ Octantis
See table 8

To obtain azimuth add 180°. The quantity $\delta_0 = - 89^\circ 03'$ is valid for 1975.

11. Table for the approximative calculation of zenith distance of σ Octantis
See table 9

$$z = R + S + 90^\circ - \varphi$$

12. Table for the approximative calculation of azimuth of southern transit stars (Northern transit stars for the southern hemisphere)

$$\left(15 \frac{\cos \delta}{\sin (\varphi \mp \delta)}\right) t = \left\} \begin{array}{l} a - 180^\circ \text{ for the northern hemisphere} \\ 360^\circ - a \text{ for the southern hemisphere} \end{array}\right.$$

a - 180°, resp. 360° - a in minutes of arc
t in minutes of time

The table contains the factor $\left(15 \frac{\cos \delta}{\sin (\varphi \mp \delta)}\right)$ of t.

13. Table for the approximative calculation of zenith distance of southern transit stars (Northern transit stars for the southern hemisphere)

$$z = \varphi \mp \delta + \frac{15^2 \cdot 60}{2} \sin 1' \frac{\cos \varphi \cos \delta}{\sin (\varphi \mp \delta)} t^2$$

t in minutes of time

The table contains the factor of t^2, dependènt on φ and δ. The correction is allways positive. in seconds of arc.

14. Square of hour angle

For $t < 15^m$ for each second

15. Hour angle for the prime vertical (for $|\varphi - \delta| < 3^\circ$)

Calculation by the same formula as for table 3, but giving $0^m\!,1$.
The argument for the lines is $\varphi \mp \delta$. t is in western direction positive in eastern negative.

16. Zenith distance for the prime vertical (for $|\varphi - \delta| < 3^\circ$)

Calculation by the same formula as for table 4, but giving minutes of arc.
The argument for the lines is $\varphi \mp \delta$.

17. Table for the coefficient C of the collimation

18. Table for the coefficient I of the inclination

$$I = \frac{\cos(\varphi \mp \delta)}{\cos \delta} \quad \Big\} \begin{matrix} - \text{ upper culmination} \\ + \text{ lower culmination} \end{matrix}$$

For shortening the table was arranged for the aequator zone with $\delta \mp \varphi$ and φ as arguments.

19. Table for the coefficient K of the azimuth

$$K = \frac{\sin(\varphi \mp \delta)}{\cos \delta} \quad \Big\} \begin{matrix} - \text{ upper culmination} \\ + \text{ lower culmination} \end{matrix}$$

For shortening the table was arranged for the aequator zone with $\delta \mp \varphi$ and φ as arguments.

20. Table for the calculation of the latitude by observations of α Ursae Minoris

$$\varphi = 90^\circ - z - p \cos t + \left(\frac{p}{p_0}\right)^2 M_0 \sin^2 t + \left(\frac{p}{p_0}\right)^3 N_0$$

$M_0 = \frac{1}{2} p_0^2 \sin 1'' \tan \varphi$

$N_0 = \frac{1}{6} p_0^3 \sin^2 1'' (1 + 3 \tan^2 \varphi) \sin^2 t \cos t$

$p_0 = 90^\circ - \delta_0 = 0^\circ\, 51' = 3060''$

$p = 90^\circ - \delta$; δ means the apparent declination of α Ursae Minoris valid for the day of observation. Take p in seconds of arc.

The table contains in the first part M_0 depending on φ; in the second part N_0 depending on φ and t.

21. Table for calculation of the latitude by observations of σ Octantis
See table 20 $p_0 = 0^\circ\, 57' = 3420''$

22. Trigonometric functions for the angle expressed in time
Numerical quantities, four places

23. Table for sec t
Seven places for each second of time for $t < 60^m$

24. Table for $2 \sin^2 \frac{t}{2} \frac{1}{\sin 1''}$
Numerical quantities (seconds of arc) for $t < 5^m$

25. Refraction Table

Taken from "Astronomisch-Geodätisches Jahrbuch 1957", published by Astronomisches Recheninstitut at Heidelberg. The table is founded on the theory of Radau, with the exception of two small terms having no influence for $z' < 65^\circ$. (loc. cit. p. 444)

r_0 = Normal refraction ($t_0 = 0^\circ$, $p = 760$ torr) depending on apparent zenith distance z'

$F = \frac{1 - 0{,}00016\, t}{1 + 0{,}00367\, t}$ Correcting factor for temperature t [°C]

$G = \frac{p}{760}$ Correcting factor for pressure p [torr]

The refracting is calculated by multiplying the quantities of the three tables

$$r = r_0 \cdot F \cdot G$$

The table contains part a) Normal refraction r_0
b) Correcting factor F for temperature t
c) Correcting factor G for pressure p

The true zenith distance is calculated by

$$z = z' + r$$

26. Conversion of mean solar to sidereal time
Correction to be added to a mean time interval.

27. Conversion of sidereal to mean solar time
Correction to be subtracted from a sidereal time interval.

28. Conversion of minutes and seconds in decimals of hour resp. degree
(and the reverse)

29. Conversion of hours, minutes and seconds in decimals of the day

30. Conversion of days, hours and minutes in decimals of the Julian Year
(and the reverse)

31. Table for Interpolation according to Bessel

32. Table for the calculation of the geocentric latitude and the geocentric radius

$$S = \frac{1 - e^2}{\sqrt{1 - e^2 \sin^2 \varphi}} \qquad C = \frac{1}{\sqrt{1 - e^2 \sin^2 \varphi}}$$

$$e^2 = 2\alpha - \alpha^2 \qquad \alpha = \frac{1}{298,25}$$

Take S and C from the table and calculate for the place of observation (latitude φ and height h over sea-level) the geocentric latitude φ' and radius ρ by the formulas

$$\rho \sin \varphi' = (S + 0,1568 \cdot 10^{-6}\, h) \sin \varphi$$
$$\rho \cos \varphi' = (C + 0,1568 \cdot 10^{-6}\, h) \cos \varphi$$
$$\tan \varphi' = (0,993307 + 0,11 \cdot 10^{-8}\, h) \tan \varphi$$

33. Constants

The astronomical constants in part b) are in agreement with the System of Astronomical Constants, adopted by the XIIth General Assemby of the International Astronomical Union 1964 at Hamburg.

34. Graphic for the reduction of passages through a vertical (curvature of parallel, collimation and inclination). The graphic table will be found at the end of the tables.
Taken from the dissertation of M. Schädlich (Wiss. Zeitschr. d. Technischen Universität Dresden 12. 1963 = Mitt. des Lohrmann Instituts Dresden Nr. 7, 1963).

The formulas are specified on the graphic. The general sketches in the upper right corner show how to use the graphic. (See part VIII.2. in the text)

Об'яснения к таблицам

Замечание: Если в таблицах указан двойной знак, то верхним следует пользоваться для северного полушария Земли, нижним – для южного. Широту φ необходимо поставить в формулы без учета знаков.

1. Таблица половинных дневных дуг t_0
(Часовой угол t_0 точки восхода и захода)

$$\cos t_0 = \frac{\cos(90^\circ + 36'\!.6) - \sin\varphi \sin\delta}{\cos\varphi \cos\delta}$$

Рефракция в горизонте: $R = 36'\!.6$

2. Таблица расстояний точки восхода и захода от точки востока или запада

$$\sin a_0 = \frac{\sin\delta - \cos(90^\circ + 36'\!.6)\sin\varphi}{\sin(90^\circ + 36'\!.6)\cos\varphi}$$

Рефракция в горизонте: $R = 36'\!.6$
Для северного полушария склонения $\delta \geqq 0^\circ$ дают расстояния к северу, отрицательные – к югу. Для южного полушария надо поступать обратным путем.

3. Часовой угол для прохождения через 1. вертикал

$$\cos t = \frac{\tan\delta}{\tan\varphi}$$

$t > 0$ к западу, $t < 0$ к востоку.

4. Зенитное расстояние для прохождения через 1. вертикал

$$\cos z = \frac{\sin\delta}{\sin\varphi}$$

5. Часовой угол для прохождения через альмукантарат $z = 30^\circ$

$$\cos t = \frac{0{,}865941 \mp \sin\delta \sin\varphi}{\cos\delta \cos\varphi}$$

Рефракция при $z = 30^\circ$: $R = 34''\!.7$
Чтобы экономить место, таблицы были составлены по аргументам φ и $\delta \pm \varphi$.
$t > 0$ к западу, $t < 0$ к востоку.

6. Азимут для прохождения через альмукантарат $z = 30^\circ$

$$\cos a = \frac{\pm \sin\delta - 0{,}865941 \sin\varphi}{0{,}5001457 \cos\varphi}$$

Рефракция при $z = 30^\circ$: $R = 34''\!.7$
Табличные значения для северного полушария являются горизонтальными расстояниями от точки севера к обеим сторонам, для южного полушария – от точки юга к обеим сторонам.

7. Таблица для приведения прохождений через альмукантарат $z = 30^{\circ}$

Таблица дает значение $\frac{\cot^2 q}{2} \frac{\tan \delta}{\cos q}$ для приведения прохождений

через альмукантарат из-за кривизны параллели в зависимости от φ и δ (Ср. IX.1 или Guinot, Bulletin Astronomiques 18. 291, 1955).
q является параллактическим углом.

8. Таблица для приближенных вычислений азимута α Ursae Minoris

$$a = \frac{90^{\circ} - \delta}{90^{\circ} - \delta_0} A$$

$$A = [-(90^{\circ} - \delta_0) \sin t - \tfrac{1}{2}(90^{\circ} - \delta_0)^2 \sin 1' \tan\varphi \sin 2t] \sec \varphi$$

Оба множителя можно непосредственно найти в таблице, значение $\delta_0 = 89^{\circ}\ 09'$ соответствует 1975 году.

9. Таблица для приближенного вычисления зенитного расстояния α Ursae Minoris

$$z = R + S + 90^{\circ} - \varphi$$

R и S можно непосредственно найти в таблице.

10. Таблица для приближенного вычисления азимута σ Octantis

ср. таблица 8
К табличному значению необходимо прибавить 180°, чтобы получить нужный азимут.
Значение $\delta_0 = -89^{\circ}\ 03'$ соответствует 1975 году.

11. Таблица для приближенных вычислений зенитного расстояния σ Octantis

ср. таблица 9

$$z = R + S + 90^{\circ} - \varphi$$

12. Таблица для приближенных вычислений азимута южных звезд (для южного полушария - северных звезд).

$$(15 \frac{\cos \delta}{\sin (\varphi \mp \delta)}) t = \left\} \begin{array}{ll} a - 180^{\circ} & \text{для северного полушария} \\ 360^{\circ} - a & \text{для южного полушария} \end{array} \right.$$

$(a - 180^{\circ})$ и $(360^{\circ} - a)$ - в минутах дуги
t - в минутах времени

Таблица содержит множитель $(15 \frac{\cos \delta}{\sin (\varphi \mp \delta)})$ при t.

13. Таблица для приближенного вычисления зенитных расстояний южных звезд (для южного полушария - северных звезд).

$$z = \varphi \mp \delta + \frac{15^2 \cdot 60}{2} \sin 1' \frac{\cos \varphi \cos \delta}{\sin (\varphi \mp \delta)} t^2$$

t в минутах времени
Таблица содержит множитель при t^2 в зависимости от φ и δ.
Поправка всегда положительна и получается в секундах дуги.

14. Квадраты часового угла
Для $t < 15^m$ для каждой секунды

15. Часовой угол для прохождения через 1. вертикал (для близзенитных звезд)

Вычисление производится как при табл. 3, только до $0^m\!,1$. Вертикальным аргументом является $\varphi \mp \delta$. t положительное к западу, отрицательное к востоку.

16. Зенитное расстояние для прохождения через 1. вертикал (для близзенитных звезд)
Вычисление производится как при табл. 4, только до минут дуги. Вертикальным аргументом является $\varphi \mp \delta$.

17. Таблица коэффициента C коллимации

18. Таблица коэффициента I наклона

$$I = \frac{\cos(\varphi \mp \delta)}{\cos\delta} \quad \begin{cases} - & \text{верхняя кульминация} \\ + & \text{нижняя кульминация} \end{cases}$$

Чтобы экономить место, таблица была составлена по аргументам $\delta \mp \varphi$ и φ.

19. Таблица коэффициента K азимута

$$K = \frac{\sin(\varphi \mp \delta)}{\cos\delta} \quad \begin{cases} - & \text{верхняя кульминация} \\ + & \text{нижняя кульминация} \end{cases}$$

Таблица составлена по аргументам $\delta \mp \varphi$ и φ.

20. Таблица для вычисления высоты полюса из наблюдений α Ursae Minoris

$$\varphi = 90^\circ - z - p\cos t + \left(\frac{p}{p_0}\right)^2 M_0 \sin^2 t + \left(\frac{p}{p_0}\right)^3 N_0$$
$$M_0 = \tfrac{1}{2} p_0^2 \sin 1'' \tan\varphi$$
$$N_0 = \tfrac{1}{6} p_0^3 \sin^2 1'' (1 + 3\tan^2\varphi) \sin^2 t \cos t$$
$$p_0 = 90^\circ - \delta_0 = 0^\circ\, 51' = 3060''$$
$p = 90^\circ - \delta$ – видимое склонение α Ursae Minoris для дня наблюдения. p нужно брать в секундах дуги.

Таблица содержит M_0 в зависимости от φ и величину N_0 в зависимости от φ и t.

21. Таблица для вычисления высоты полюса из наблюдений σ Octantis

ср. таблица 20

$$p_0 = 0^\circ\, 57' = 3420''$$

22. Тригонометрические функции углов, выраженные в долях времени.
4^x- значная таблица

23. Таблица значений sec t
7-значные данные для каждой секунды времени до $t = 60^m$

24. Таблица значений $2 \sin^2 \frac{t}{2} \frac{1}{\sin 1''}$

Значения в секундах дуги до $t = 5^m$

25. Таблица рефракции

Таблица взята из Астрономо - геодезического ежегодника 1957, изданного Астрономическим вычислительным институтом в Гейдельберге. Таблицы составлены на основе теории Радо. Здесь не учтены 2 члена, которые имеют значение только при $z' > 65^{\circ}$ (см. там, стр. 444).

r_0 = нормальная рефракция ($t = 0^{\circ}$, $p = 760$ Torr) в зависимости от видимого зенитного расстояния z'

$F = \frac{1 - 0{,}00016\,t}{1 + 0{,}00367\,t}$ - поправка за температуру t (в °C)

$G = \frac{p}{760}$ - поправка за давление p (в Torr)

Рефракция получается как произведение трех табличных величин

$$r = r_0 \cdot F \cdot G$$

В таблице содержится в части a) нормальная рефракция r_0
в части b) поправочный множитель F за температуру t
в части c) поправочный множитель G за давление p

Истинное зенитное расстояние получается как сумма

$$z = z' + r$$

26. Приведение среднего времени в звездное
Чтобы получить звездное время, к измеренному интервалу среднего времени надо прибавить данные поправки.

27. Приведение звездного времени в среднее
Поправки прибавляются к измеренному интервалу по звездному времени, чтобы получить среднее время.

28. Приведение минут и секунд в десятичные доли часа или градуса (или наоборот)

29. Приведение часов, минут и секунд в десятичные доли дня

30. Приведение дней, часов и минут в десятичные доли юлианского года (или наоборот)

31. Интерполяционная таблица по Бесселю

32. Вспомогательная таблица для вычисления геоцентрической широты и геоцентрического радиуса

$$S = \frac{1 - e^2}{\sqrt{1 - e^2 \sin^2 \varphi}} \qquad C = \frac{1}{\sqrt{1 - e^2 \sin^2 \varphi}}$$

$$e^2 = 2\alpha - \alpha^2 \qquad \alpha = \frac{1}{298{,}25}$$

Из табулированных вспомогательных величин S и C получаем геоцентрическую широту φ' и геоцентрический радиус ρ точки наблюдения широтой φ и высотой h [m] над уровнем моря, пользуясь следующими формулами:

$$\rho \sin \varphi' = (S + 0{,}1568 \cdot 10^{-6}\, h) \sin \varphi$$
$$\rho \cos \varphi' = (C + 0{,}1568 \cdot 10^{-6}\, h) \cos \varphi$$
$$\tan \varphi' = (0{,}993307 + 0{,}11 \cdot 10^{-8}\, h) \tan \varphi$$

33. Постоянные

Приведенные при b) астрономические постоянные соответствуют новой системе астрономических постоянных, принятой XII. Генеральной ассамблеей Международной Астрономической ассоциацией в Гамбурге 1964.

34. Графики для приведения прохождений через вертикал из-за кривизны параллели, коллимации и наклона (в конце табличной части). Графики взяты из работы М. Шедлиха (Wiss. Zeitschrift der TU Dresden 12 - Сообщения Института им. Лормана Дрезденского университета Nr. 7,1963).
Формулы указаны на графиках. В правом верхнем углу указан принцип применения графиков (ср. VIII. 2).

N O T I Z E N

N O T I Z E N:

Durch ein drucktechnisches Versehen ist der Offsetteil nicht numeriert worden.

Auf Seite 78 Tabelle 3 letzte Zeile muß statt – 48 der Wert ± 48 stehen.

2016/30 Albrecht: Formeln . . .

Kolibri 360 GmbH
Ferdinand-Jühlke-Straße 7
99095 Erfurt, Deutschland
produktsicherheit@kolibri360.de